발간등록번호
11-1611000-002639-14

2012

항만 및 어항공사 표준시방서

시방서 개정에 따른 경과조치

본 「항만 및 어항공사 표준시방서」 개정 관보공고일 이전에 이미 시행중에 있는 설계용역이나 건설공사에 대하여는 발주기관의 장이 필요하다고 인정하는 경우 종전에 적용하고 있는 기준을 그대로 사용할 수 있습니다.

머 리 말

최근 빈번한 이상기후로 인해 대형 태풍, 이상파랑 및 쓰나미 등과 같은 자연재해의 규모가 엄청나게 커지면서 항만구조물의 자연재해에 대한 안정성 확보가 더욱 중요하게 되었습니다. 또한 정부에서는 저탄소, 온실가스저감 등을 통한 녹색항만 및 친환경적인 항만설계를 주요 화두로 정책을 추진하고 있습니다. 이러한 여건에서 본 표준시방서는 항만시설물의 안전 및 공사시행의 적정성과 품질 확보를 위한 표준적인 시공기준으로의 보완이 필요하여 개정을 추진하여 왔습니다.

그간『항만 및 어항공사 표준시방서』는 1967년 제정이후, 1977년, 1986년, 1996년, 2005년 등 총 4차례에 걸쳐 개정되었으며, 금번 개정에서는 상위기술기준 및 타 분야 기준의 변경내용을 반영함은 물론, 매스콘크리트, 덮개콘크리트, 상치콘크리트 등의 관련 시방과, 필터매트, 함선, 안벽 기타부속시설의 관련시방을 보완하였으며, 전국적으로 활성화되고 있는 마리나시설에 대한 관련 시방을 새롭게 신설하는 등 표준시방서 작성요령에 따라 그 체계를 대폭 보완하여 개정하게 되었습니다.

본 표준시방서는 개정을 위해 여러 전문가들이 참여하여 많은 토론과 검증을 거쳤으나, 건설기술자가 현장에서 적용하는데 있어 일부 미흡하거나 개선이 필요한 부분이 있으리라 생각됩니다. 이에 대해서도 앞으로 지속적으로 보완, 발전시킬 것을 약속드리며, 본 시방서를 건설현장에서 효율적으로 활용하고, 충분히 그 기능을 수행할 수 있도록 노력을 다할 것입니다.

끝으로 본 표준시방서 개정작업에 헌신적으로 참여하여 주신 집필위원과 심의위원, 중앙건설기술심의위원회 위원, 한국항만협회 및 국토해양부 관계자 여러분의 노고를 지면을 빌어 깊은 감사의 뜻을 표합니다.

2012년 12월

국토해양부 항만정책관 김 진 숙

목　　차

■ 인사말

제 1 장 총　칙

제 2 장 조 사

제 3 장 지반개량

제 4 장 준 설 및 매 립

제 5 장 사 석 및 고르기

제 6 장 콘크리트

제 7 장 말 뚝

제 9 장 방 식

제 10 장 부두포장

제 11 장 항로표지

제 12 장 항만하역장비

제 13 장 마리나 시설

▣ 참여자 명단

제1장 총칙

제 1 장 총 칙

1-1 일반적인 조건

1. 일반사항

1.1 일반사항

1.1.1 적용 범위

(1) 본 시방서는 항만 및 어항공사에 관한 일반적인 표준을 규정한다.

(2) 본 시방서에 정하지 않은 사항이나 본 시방서와 상호 모순이 있는 사항에 대해서는 관련 분야별 표준시방서 또는 전문시방서 및 관계규정에 따른다.

(3) 적용순서

① 설계서(목적물 물량이 표시된 내역서는 제외한다)는 상호보완의 효력을 가지며 상호 모순이 있어 적용상 혼란 등의 문제가 발생할 경우에는 아래 순서에 따라 적용한다.

가. 현장설명서 및 질의응답

나. 본 공사시방서

다. 설계도면

라. 공사비 내역서

② 공사계약 일반조건 제3조에 의한 계약문서는 상호보완의 효력을 가지되 계약문서 간에 상호모순이 있어 해석이 불가능할 경우에는 다음의 순서에 따른다.

가. 계약서

나. 공사계약 일반조건 및 특수조건

다. 공사시방서

라. 설계도면

마. 표준시방서 및 전문시방서

사. 입찰내역서

③ 설계서를 구성하는 어느 한 문서의 사항이 특별히 불합리하거나 중대한 하자가 있는 등, 특별한 경우에는 발주자의 사실판단이나 설계 및 공사 관계자 등의 의견을 들어 조정 시행할 수 있다.

1.1.2 용어의 정의

(1) 전문용어

① 공식(孔蝕, 點蝕, pitting) : 국부부식이 공상(孔狀)으로 진행하는 부식형태, 일반적으로 개구부의 직경에 비해 깊이가 큰 공식이 생기는 경우를 말한다.

② 기본수준면(基本水準面, datum level, D.L) : 수심 및 조위가 0이 되는 기준면으로서 항만시설의 계획 및 설계에 사용하는 공사용 기준면이다. 한국에서는 약최저저조위(略最低低潮位, approx. lowest low water)를 기본수준면으로 채택하고 있다. 약최저저조위는 각 조위관측소의 국지 평균해면으로부터 주요 4개 분조(M_2, S_2, K_1, O_1)의 반조차의 합 만큼 아래로 내려간 조위면이다.

③ 기상조(氣象潮, meteorological tide) : 태풍 등 강풍이나 저기압 통과 등의 기상요인에 의하여 발생하는 조위의 변화를 기상조라고 한다. 반면에 천체의 운동에 의하여 발생하는 규칙적인 조석을 천문조(天文潮, astronomical tide)라고 한다.

④ 도류제(導流堤, training wall, jetty) : 하천이나 해안에서 연안의 침식이나 퇴적을 방지하기 위하여 하천수나 해수의 흐름방향을 유도하는 시설로 제방의 일종이다.

⑤ 돌제(突堤, groin) : 해안의 표사이동을 방지할 목적으로 해안에서 직각방향 또는 임의의 각도로 축조되는 구조물이며 소형선의 접안기능을 겸할 수도 있다.

⑥ 돌핀(dolphin) : 육지와 상당한 거리에 있는 해상의 일정 수심이 확보되는 위치에 소정의 선박이 계류하여 하역할 수 있도록 시설한 구조물로서 육지와는 도교로 연결한 해상시설이며 주로 대형 유조선이나 석탄 및 특수화물 전용선 등이 접안하여 하역하는 계류시설이다. 일명 시버드(seaberth)라고도 한다.

⑦ 물양장(物楊場, lighter's wharf) : 전면수심이 일반적으로 (-)4.5m 미만으로 주로 소형선, 어선 및 부선 등이 접안하여 하역하는 접안시설이다

⑧ 박지(泊地, anchorage) : 항내나 항외에 각종 선박이 정박대기 하거나 수리 및 하역을 할 수 있는 지정된 수면을 박지 또는 정박지라 하며 특정한 수심을 유지하여야 한다.

⑨ 방식전류(防蝕電流, protection current) : 음극방식에 있어서 피방식체인 금속에 대해 외부에서 인위적으로 전류(방식전류)를 유입시키면 전위가 높은 음극부에서 전류가 유입되어 음극부의 전위가 차차 저하되다가 양극부의 전위에 가까워져서 결국 음극부의 전위와 양극부의 전위가 같아진다. 이렇게 방식전위를 유지하기 위해 음극(cathode)에 대해 흘려야 할 전류를 말한다.

⑩ 방식전위(防蝕電位, protection potential) : 음극방식에 있어서 부식을 정지시키기 위해 도달하여야 할 정도로 필요한 전위를 말한다.

⑪ 방사제(防砂堤, groin, groyne) : 해안표사가 항내 또는 항로에 유입하는 것을 방지하기 위하여 설치하는 시설이며 방파제와 함께 외곽시설의 한 종류이다.

⑫ 방파제(防波堤, breakwater) : 항만시설 중 기본시설인 외곽시설에 속하며 내습파랑으로부터 항만시설물과 항만 내에 정박 중인 선박을 보호하기 위한 구조물이다.

⑬ 부진동(副振動, seiche) : 폭풍, 지진파 또는 급격한 대기압 변동에 의하여 외해로부터 장주기파가 전파되어 항만이나 내만에서 주기가 수 분~수십 분의 공진(共振)을 일으켜서 파고가 증폭되는 현상을 말한다. 부진동은 항만의 고유진동주기에 집중되어 나타나며, 이는 항만의 길이와 수심에 의하여 결정된다.

⑭ 셀블록(cellular block) : 밑이 없고 내부가 비어 있는 상자형태(바닥에 거치된 경우 밑이 있음)로 제작된 콘크리트 구조물로서 일명 중공블록이라고 하며 방파제와 안벽 직립부 등의 구조물용으로 사용되고 내부는 모래나 사석으로 채운다.

⑮ 안벽(岸壁, quay wall) : 선박을 안전하게 접안하여 화물의 하역 및 승객을 승하선시킬 수 있는 구조물로서 전면수심 (-)4.5m 이상으로 대형 선박이 접안하는 시설을 말한다.

⑯ 여굴(餘堀) : 수중작업으로 준설선을 투입하여 준설하면 파랑, 조류 등과 준설선 기계 성능상 계획수심을 굴착하더라도 굴착면에 굴적(堀跡)이 생긴다. 계획수심은 굴적의 상부 면이므로 실제로 준설 깊이는 굴적의 깊이만큼 더 파야 계획수심이 확보되므로 깊게 더 파진 두께를 여굴이라 하며 준설량에 가산하고 있다.

⑰ 여쇄(餘碎) : 단단한 자갈석인 토사나 암반을 파쇄한 후 계획수심까지 준설해야 하므로 여굴 외에 여분으로 쇄암할 필요가 있다. 이를 여쇄라 하며 여굴에 토질별로 정하여진 두께를 가산하여 파쇄량으로 계산한다.

⑱ 여유폭(餘裕幅) : 일정한 폭을 준설하면 비탈부분도 굴착으로 인한 여굴현상이 생기고 장기간 파도나 조류의 작용으로 비탈면이 자연경사로 변형되어 유지단면이 형성되므로 일정한 여유 폭을 가산하게 된다. 한쪽 준설 및 유지준설일 경우 양폭의 1/2을 가산한다.

⑲ 유의파고(有義波高, significant wave height, $H_{1/3}$) : 파랑의 주파수 스펙트럼에서 에너지가 가장 큰 주파수에 해당하는 파고(Hs)를 말한다. 영점 상(하)향교차법으로 구한 1/3 최대파고($H_{1/3}$)를 유의파고라고도 한다. 1/3 최대파고는 파군을 파고가 큰 순으로 배열하여 최대파부터 상위 1/3에 해당하는 파고의 평균이다.

⑳ 잔류수압(殘留水壓, residual water pressure) : 계선안, 호안 등 항만구조물의 배후지반 혹은 뒷채움 뒤의 토사에 간만의 차이로 조위가 하강했을 때 토층내의 수위는 하강속도가 늦어 조위와 수위차가 발생하게 되는데, 이때의 토층 내 수위를 잔류수위라 하고, 이 수위차가 구조물에 작용하는 수압을 잔류수압이라 한다.

㉑ 조석의 비조화상수(非調和常數, non-harmonic constant) : 조석의 조화상수(각 분조의 반조차와 지각)로부터 산정되는 평균고조간격, 각종 조위면, 조차, 조석형태수를 말한다. 항만설계에 이용되는 각종 조위면과 조차의 예는 아래와 같다.

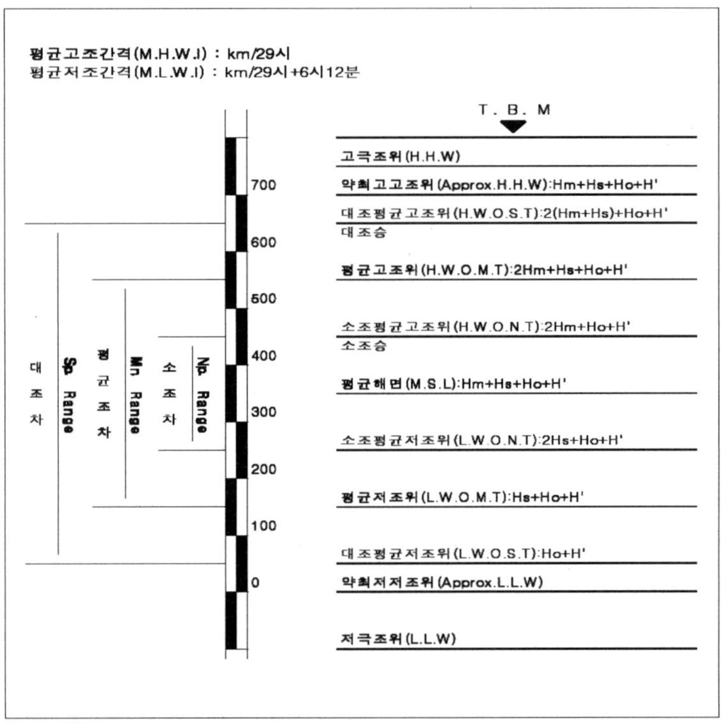

㉒ 지진해일(地震海溢, seismic sea wave 또는 tsunami) : 해양성 지진이나 해저화산 폭발 시 해저지반의 융기 또는 침강에 의하여 해수가 급격하게 교란되었다가, 중력에 의하여 해수면이 평형상태로 회복되는 과정에서 발생하는 장주기 파동을 말한다.

㉓ 조석(潮汐, tide) : 지구와 달, 태양 사이의 중력의 크기와 방향의 변동이 지구 자전과 어우러져 형성되는 장주기 파동으로서, 천문조(天文潮, astronomical tide)라고도 한다.

㉔ 케이슨(caisson) : 상자형태로 제작된 콘크리트 구조물로서 규모가 대형이므로 진수하는 방식으로 제작되고 방파제, 안벽 등의 구조물 축조용으로 사용되며 토사나 사석 또는 해수 등의 재료로 채우고, 경우에 따라서는 내부격실의 일부를 비워두기도 한다.

㉕ 평균해면(平均海面, mean sea level, M.S.L) : 일정기간 관측한 조위의 평균치를 말한다. 평균해면은 보통 1년간 관측한 연평균해면을 채용한다. 평균해면은 기압, 바람, 강수, 해수 밀도, 해류 등에 따라 변화하며, 한국 연안의 월평균해면은 겨울철에 낮고 여름철에 높으며 그 차는 대체로 300~600mm이다.

㉖ 폭풍해일(暴風海溢, storm surge) : 고·저기압의 통과에 수반되는 기압 변동이나 바람 등의 기상에 기인하는 해수면의 변동을 말한다. 주요인은 기압 강하에 따른 조위 상승, 이것이 장파로 변형하는 경우의 상승, 이에 유발되는 부진동, 그리고 바람에 의한 해수의 상승 등이 있다.

㉗ 해저음파탐사(海底音波探查, sub-bottom seismic survey) : 해상에서 음파를 주사하고 반사법 또는 굴절법을 이용하여 해저의 지층을 연속적으로 탐사하는 작업을 말한다.

(2) 일반용어

① 발주청 또는 발주자(發注廳 또는 發注者)

본 시방서에서 『발주청』 또는 『발주자』라 함은 해당공사의 시행 주체로서 공사를 시행하기 위하여 입찰을 집행하거나 공사를 발주하고 계약을 체결하여 이를 집행하는 자를 말한다.

② 수급인(受給人)

본 시방서에서 『수급인』이라 함은 공사계약일반조건 제2조의 제2호 『계약상대자』를 말하며 본 시방서에서 『시공자』 또는 『도급자』라고 표기된 경우도 또한 같다.

③ 공사감독자(工事監督者)

본 시방서에서 『공사감독자』라 함은 『공사계약일반조건 제2조제3호의 『공사감독관』으로서 발주청에서 임명한 기술직원 또는 그의 대리인이나 또는 건설기술관리법 제27조 시행령 제102조의 규정에 의하여 책임 감리를 하는 공사에 있어서는 본 공사의 감리를 수행하는 감리원을 말한다. 본 시방서에서 감독자 또는 공사감독자, 감리원이라고 표현될 수 있다.

④ 현장근무자(現場勤務者)

본 시방서에서 『현장근무자』라 함은 당해 공사에 상당한 기술과 경험이 있는 자로서 수급인이 지정 또는 고용하여 현장 시공을 담당하게 한 건설기술자를 말한다.

⑤ 현장대리인(現場代理人)

본 시방서에서『현장대리인』이라 함은 공사계약일반조건 제14조의 『공사현장대리인』을 말하며, 공사에 관한 전반적인 관리 및 공사업무를 책임 있게 시행할 수 있는 권한을 가진 건설기술자(전기기술자 및 통신기술자를 포함한다)를 말한다.

⑥ 본 시방서에서『공사』라 함은 본 공사와 가설공사 또는 이에 준하는 공사를 말한다.『본 공사』라 함은 계약에 의하여 시공되는(설비를 포함한) 영구(永久)공사를 말한다.『가설공사』라 함은 공사의 실시 및 준공과 하자보수에 필요한 모든 종류의 임시 공사를 말한다.

⑦『제작자, 製作者』라 함은 공사에 사용할 제품을 제조 또는 제작하여 공급하는 제조업체 또는 제작업체를 말하며, 관련부분 시방서에서는 이들을 별도 구별하지 아니하고 모두 제작자라 칭한다.

⑧『납품자, 納品者』라 함은 공사에 사용할 제품을 공급하는 업체로서 납품업자 또는 공급업자를 말한다.

⑨『하수급인, 下受給人』라 함은 수급인으로부터 건설공사를 하도급 받은 자를 말한다.

⑩『설계도서, 設計圖書』라 함은 발주청이 제공한 본 공사의 모든 설계도면과 계산서 및 계약서에 의해서 발주청 또는 공사감독자가 수급인에게 제공하는 모든 종류의 기술자료 및 도면, 계산서, 견본, 양식, 모형, 그리고 수급인이 제출하고 공사감독자가 승인한 유사한 종류의 다른 기술 자료를 말한다.

⑪『현장, 現場』이라 함은 공사가 실시되는 장소로서 발주청이 제공하는 장소와 계약에 의해 특별히 지정된 다른 장소를 말한다.

⑫『승인, 承認』이라 함은 수급인으로부터 서면으로 제출되어 요청 받은 사항에 대하여 공사감독자가 그 권한의 범위 내에서 서면으로 동의한 것을 말한다.

⑬『지시, 指示』라 함은 발주청 또는 공사감독자가 수급인에 대하여 그 권한의 범위 내에서 필요한 사항을 서면으로 지시하여 실시토록 하는 것을 말한다.

⑭『협의, 協議』라 함은 공사감독자 또는 발주청이 수급인으로부터 서면으로 제출된 내용에 대하여 수급인과 토의를 통하여 상호 합의에 도달하여 공사감독자 또는 발주청이 서면으로 인정 또는 수정하여 인정하는 것을 말하며, 공사감독자 또는 발주청이 서면으로 수급인에게 제출하여 수급인과 상호 합의에 도달하여 수급인이 서면으로 인정 또는 수정하여 인정하는 경우도 또한 같다.

⑮ 『확인, 確認』이라 함은 발주청 또는 공사감독자가 본 시방서 또는 관련 법규 및 계약내용에 의하여 관련내용에 대하여 검측, 계측, 목측 등을 통하여 확인하고, 서면으로 동의하는 것을 말한다.

1.1.3 공사감독자의 업무

(1) 공사감독자는 계약된 공사의 원활한 수행과 품질의 확보 및 향상을 위하여 수급인, 현장대리인, 현장요원, 수급인이 본 공사를 위하여 지정하거나 고용한 자 및 수급인과 하도급계약을 체결한 자에 대하여 관련 법규 및 계약조건이 정하는 범위 내에서 공사시행에 필요한 지시, 확인, 검토 및 검사, 승인 등을 행하며 그 권한의 범위 내에서 공사전반에 대하여 발주청을 대신하여 업무를 행한다.

(2) 공사감독자가 수급인에 대하여 행하는 지시, 승인, 확인 등 공사추진과 관련된 모든 행위는 서면으로 한다. 다만, 계약문서 내용의 변경을 수반하지 않는 시정지시 및 이행촉구 등은 구두로 행할 수 있되 수급인이 필요하다고 판단할 경우 문서로 이를 확인할 수 있으며 공사감독자는 이 같은 수급인의 요구에 응하여야 한다.

(3) 공사감독자는 수급인이 건설공사의 설계도서·시방서 기타 관계서류의 내용과 적합하지 아니하게 해당건설공사를 시공하는 경우에는 재시공·공사 중지명령 등 기타 필요한 조치를 할 수 있으며, 수급인은 공사감독자의 업무수행에 특별한 사유가 없는 한 적극적인 자세로 협조하여야 한다.

(4) 공사감독자는 수급인에게 재시공·공사 중지명령 등 기타 필요한 조치를 한 경우에는 수급인에게 이를 통보하고 시정여부를 확인하여 공사 재개, 지시 등 필요한 조치를 한다.

(5) 공사감독자는 계약변경을 유발하거나 발주청에 비용 부담이 되는 어떠한 행위도 발주청의 승인을 받지 않고는 할 수가 없다.

1.1.4 수급인의 책무

(1) 일반적 의무

① 수급인은 본 공사의 계약에 따라 공사를 근면하고 성실하게 시행·준공하여야 하며 또한 관련법규 및 계약조건에 명시된 어떠한 하자에 대해서도 계약에 따라 성실하게 보수하여야 한다.

② 수급인은 계약내용에서 수급인이 제공하도록 명시되어 있거나 또는 계약내용으로부터 합리적으로 추정할 수 있는 한, 관련설계 또는 공사를 수행함에 있어서나 하자보수 시 그 수행내용을 스스로 감독하여야 하며 노동력, 재료 또는 자재, 플랜트, 수급인의 장비 등 동 업무수행을 위하여 필요한 모든 것을 제공하여야 한다.

③ 수급인은 공사감독자의 업무수행에 특별한 사유가 없는 한 적극적인 자세로 협조하여야 한다.

(2) 설계도서 검토

① 수급인은 공사착수 전에 설계도서를 면밀히 검토하고, 설계서의 오류, 누락 등으로 인하여 공사에 잘못이 발생하거나 공기가 지연되지 않도록 조치하여야 한다. 공사가 진행 중이라도 같다.

② 수급인은 공사 착공 전 또는 진행 중에 설계 도서를 검토한 결과 아래와 같은 경우가 있을 때에는 해당공종 착수 전까지 검토의견서를 첨부하여 발주청에 통지하고 발주청의 해석 또는 지시를 받은 후에 공사를 시행하여야 한다.

가. 『본 시방서 1.1.6(1) 설계변경 사유』에 명시한 사유가 있는 경우

나. 『1-2 공사준비 및 시공관리의 1.3 공사협의 및 조정』에 따라 협의 및 조정을 필요로 하는 사항이 있는 경우

다. 설계도서와 같이 시공하는 것이 불가능한 사항이 있는 경우

라. 공사기한 연기를 필요로 하는 사항이 있는 경우

마. 수급인이 지급받을 권리가 있다고 생각되는 추가비용이 있는 경우

바. 하자발생이 우려되는 사항이 있는 경우

사. 기타 공사시행과 관련하여 수급인의 판단으로 발주청의 해석, 지시 또는 발주청과 협의할 사항이 있을 경우

③ 앞의 (2)항과 관련하여 발주청이 해석 또는 지시 등을 내리기 전에 임의로 수행한 공사에 대하여는 발주청의 재량으로 기성량으로 인정하지 않을 수 있다. 또, 수급인이 임의로 시행한 공사에 대하여 발주청의 원상복구나 시정지시가 있을 때에는 수급인 부담으로 즉시 이행하여야 한다.

(3) 책임한계

① 수급인은 현장대리인 등 수급인이 당해 공사를 위하여 임명·지정·고용한 자 및 수급인과 납품계약 또는 하도급계약을 체결한 자의 공사와 관련된 행위 및 결과에 대한 일체의 책임을 진다.

② 공사목적물을 발주청에 서면으로 인도하기 전에 발생한 공사목적물의 파손, 오염, 분실, 변형 등으로 인한 피해나 수급인 등이 제3자에게 끼친 손해에 대하여는 수급인이 교체, 원상복구, 손해배상 등 일체의 책임을 진다. 수급인은 공사 중 또는 공사 중이 아닐지라도 재해 또는 기타 원인에 의해 그 공사의 모든 부분에 손상이 없도록 필요한 예방조치를 강구하여야 한다.

③ 수급인은 본 공사에서 발생한 모든 손상과 피해를 준공검사 이전에 복구, 보수 완료하여야 한다.

④ 수급인은 공기가 연장되는 경우에도 공사구간을 관리할 책임이 있으며, 적절한 배수처리 등 공사구간에서의 피해를 방지하기 위한 필요한 예방조치를 취하여야 한다.

⑤ 수급인이 발주청에 대하여 행하는 보고, 통지, 요청, 문제점 또는 이의제기는 서면으로 하여야만 그 효력을 발생한다.

(4) 현장대리인 등의 현장상주

① 수급인이 지정・배치한 현장대리인, 현장요원, 안전관리자, 품질관리자, 시험사는 현장에 상주하여야 한다.

② 공사의 전부, 또는 일부의 착공지연기간 동안의 현장요원, 안전관리자, 품질관리자, 시험사 등의 상주여부 및 인원수 등에 대하여는 발주청과 협의하여 정한다.

(5) 공사감독자 경유

수급인 및 현장대리인이 발주청에 통지 또는 제출하는 서류는 특별한 언급이 없는 한 건설공사 공사감독자를 경유하여야 한다.

(6) 설계도서등의 관리

수급인은 현장사무실에 공사계약문서 사본 및 설계도서와 관련자료 등을 비치하여야 하고, 관리번호에 의한 관리대장을 작성 관리하여야하며 관리책임자를 선임하여 공사관계자 외 출입제한 등 보안관리를 철저히 하여야한다.

1.1.5 공사기간 연기

(1) 연기요청

수급인이『공사계약일반조건 제26조제1항』에 따라 계약기간(공사기간) 연장을 발주청에 요청할 수 있는 일수는 수급인이 제출한 공사예정표 상의 주공정이 해당 연기사유로 인하여 불가피하게 지연된 일수를 초과할 수 없다. 다만, 완성물의 사용일정계획을 감안하여 발주청과 협의하여 승인을 득하였을 경우에는 그러하지 아니하다.

(2) 제출

공사기간의 연기 요청시의 제출서류, 부수 및 시기 등은 공사감독자와 협의하여야 한다.

1.1.6 설계변경

(1) 설계변경 사유

① 설계변경에 관련한 사항은『공사계약일반조건』의 관련규정에 의한다.

② 다음과 같은 사유가 발생하여 설계도서의 변경이 불가피한 경우에는 발주청의 승인을 득하여 설계변경을 할 수 있다.

가. 본 시방서『1.1.13 법령 및 규준의 준수』의 규정에 따라 설계도서의 변경이 수반되는 경우.

나.『1-2 공사준비 및 시공관리의 1.3 공사협의 및 조정의 (2)협의 및 조정에 따른 설계변경』에 규정되어 있는 사항.

다. 설계도서와 당해 공사의 관급자재 구입계약서 및 시방서가 합치되지 않는 사항.

라. 기타 본 시방서의 각 절에 설계변경에 대하여 명시되어 있는 사항.

③ 『공사계약일반조건 제19조의5(발주기관의 필요에 의한 설계변경)에 의거 발주청이 수급인에게 설계변경을 지시할 경우에는 수급인은 이에 따라야 하며 이를 이유로 계약에 대한 어떤 이의도 제기할 수 없다. 다만, 동 설계변경에 의하여 계약금액의 조정이 필요할 경우에는『공사계약일반조건』의 관련규정에 의하여 계약금액을 조정한다.

(2) 변경요청서류

설계변경 요청에 필요한 제출서류, 부수 및 시기 등은『공사계약일반조건 제19조』및『1-2 공사준비 및 시공관리, 1.4 제출서류 및 공정관리의 1.4.1 제출서류 (11) 기타제출 및 보고서류』에 따른다.

1.1.7 계약금액의 조정

『공사계약일반조건』의 관련규정을 따르되 본 시방서에 특별한 언급이 있을 경우에는 이에 따른다.

1.1.8 하도급

(1) 하도급에 관한 내용은 공사계약일반조건 제42조 및 제43조를 따른다.

(2) 하도급의 통보를 건설산업기본법 등 관련법령에 정한 바에 의하여 발주청에 통보하여야 하며 하도급 통보를 하였다 하더라도 수급인은 하도급인 및 그의 대리인, 종업원 또는 근로자의 모든 행위나 결과 등에 대하여 책임을 져야 하며, 하도급으로 인하여 발주청과 수급인 사이에 체결된 계약내용은 어떤 영향도 받지 아니한다.

(3) 수급인은 다음의 경우에 다른 계약문서에 특별한 언급이 없는 한 발주청의 승인을 받지 아니한다.

① 노무제공에 관한 사항

② 계약에 구체적으로 명시된 기준에 따라 구입되는 재료 또는 자재에 관한 사항

③ 계약에서 하도급인이 지명되어 있는 공사부분의 하도급계약, 단 이 경우에는 하도급 계약 후 발주청에 통보하여야 한다.

(4) 하도급 통보 시에는 다음사항이 포함되어야 한다. 또한 수급인은 발주청으로부터 건설공사 하도급심사지침 관련규정에 의한 추가서류제출 요청이 있는 경우에는 추가서류를 제출하여야 한다.

① 하도급계약서(변경계약서를 포함한다)사본

② 공사량(규모)·공사단가 및 공사금액 등이 명시된 공사내역서

③ 예정공정표

④ 하도급대금 지급보증서 사본

1.1.9 추가지급에 대한 청구 또는 요구의 절차

(1) 청구 또는 요구의 통지

수급인이 본 공사의 수행과 관련하여 그 자신의 귀책이 아닌 사유로 인하여 손실이 발생하여 본 공사 계약의 관련항목에 근거하여 계약금액의 증액을 가져오는 어떠한 청구나 요구를 하고자 하는 경우에는 계약의 다른 규정의 내용에 불구하고 그 청구 또는 요구의 원인이 되는 사안이 처음으로 발생한 후 30일 이내에 공사감독자와 발주청에 그 같은 의사를 통지하여야 한다.

(2) 기록 및 입증서류의 보관

① 앞의 1.1.9 (1)항에서 언급된 사안이 발생하면 수급인은 이후에 제기할지도 모르는 청구 또는 요구를 뒷받침하는데 필요한 당시의 기록 및 서류를 유지하여야 한다.

② 공사감독자와 발주청은 앞의 1.1.9 (1)항에 의한 통지를 받으면 발주청의 책임여부에 대한 판단 없이도 당시의 기록이나 서류 등을 조사·검토하고 객관적으로 입증 할 수 있는 자료를 요구하거나 기록을 유지하도록 지시할 수 있다.

(3) 청구 또는 요구의 입증

① 앞의 1.1.9 (1)항에 의한 통지를 하고 30일 이내에 수급인은 공사감독자와 발주청에 상세한 청구 또는 요구액의 산출내역서와 청구의 근거를 송부해야 한다.

② 청구 또는 요구를 제기하게 한 사안이 계속하여 지속될 때에는 앞의 ①항에 의한 계산서는 중간산출내역서로 간주하며 수급인은 발주청이나 공사감독자가 요구하는 간격 또는 시기에 추가적인 중간산출내역서(이전의 금액을 포함)와 그 추가근거를 송부하여야 한다.

③ 앞의 ②항에 의하여 중간 산출내역서를 제시하는 경우에는 앞의 ②항에 의한 사안이 종료되고 30일 이내에 최종 산출내역서를 송부해야 한다.

(4) 불이행

수급인이 제기하려고 하는 청구 또는 요구에 대해서 본 시방서의『1.1.9 추가지급에 대한 청구 또는 요구의 절차』에서 정한 규정에 따르지 아니한 경우, 발주청은 수급인이 그의 청구 또는 요구의 권리의 상당부분을 포기한 것으로 간주할 수 있으며 발주청이 당시의 기록을 근거로 명확하게 입증된 부분에 한하여 청구 또는 요구에 대한 적절한 금액을 결정하였을 때 수급인은 이에 따라야 한다.

(5) 청구 또는 요구에 의한 계약금액 조정

발주청은 수급인이 제기한 청구 또는 요구의 내용이 정당하다고 판단하여 계약금액을 조정하여야 할 필요가 있는 경우에는 수급인이 제출한 산출내역서와 입증서류를 검토하여 실비를 초과하지 아니하는 범위 안에서 이를 조정한다.

1.1.10 공사중지

(1) 수급인은 관련법령에 따라 공사감독자의 지시가 있을 경우 공사감독자가 필요하다고 판단하는 기간과 방법에 따라 공사의 진행을 중지하여야 하며, 중지기간 중에는 공사감독자의 지시에 따라 수행된 공사의 부분 또는 전체를 적절하게 보호하여야 한다.

(2) 공사감독자의 공사 중지명령이 건설기술관리법 관련 규정에 근거하였을 경우에는 동 규정에 따라야 한다. 그 외의 경우로 공사 중지를 지시할 경우에는 공사감독자는 공사 중지 지시 이전에 발주청의 승인을 받아야 한다.

(3) 앞의 1.1.10 (1)에 의한 공사 중지가 다음에 의하지 아니한 경우에는 발주청은 수급인의 요청이 있을 경우 수급인과 협의하여 적절한 공사기간과 손실비용을 보전해 줄 수 있다.

① 계약에 별도로 규정되거나 계약문서에 의해 명백히 의도된 경우

② 공사 중지가 수급인의 태만 또는 계약위반의 사유로 인한 경우나 수급인의 귀책사유로 인한 경우

③ 공사 중지가 현장의 기상조건으로 인한 경우

④ 공사 중지가 공사의 적절한 시행과 안전을 위하여 필요한 경우(공사의 중지가 공사감독자나 발주청의 잘못이나 행위로 인한 경우와 발주청의 위험사유에 의한 경우는 제외)

(4) 수급인이 공사를 중지하고자 할 경우에는 공사계약 일반조건 관련조항의 절차에 따라야 한다.

1.1.11 손실 또는 손상 복구의 책임

(1) 수급인의 복구책임

① 공사 시공 중에 1.1.11 (3)에 의한 규정된 발주청의 위험 이외의 원인으로 인하여 공사의 전체 또는 부분, 재료, 플랜트 등에 손실 또는 손상이 발생되는 경우에는 수급인은 그 원인을 불문하고 발생된 손실 또는 손상을 자신의 부담으로 복구하여야 한다. 복구는 계약의 관련 규정에 적합하고 발주청 또는 공사감독자의 요구수준에 부합되게 이루어져야 한다.

② 공사 시공 중 또는 하자 담보책임 기간 중 수급인에 의한 손실 또는 손상의 복구공사 시행과 관련, 그로 인하여 발생하는 모든 손실 또는 손상에 대한 책임은 수급인에게 있다.

(2) 발주자의 책임

① 공사 시공 중에 다음의 1.1.11 (3)항에서 규정한 발주청 부담의 위험이나 또는 복합적인 원인으로 인하여 발생하는 모든 손실 또는 손상의 경우 수급인은 공사감독자 또는 발주청이 요구하는 수준에 부합되게 손실 또는 손상을 복구하여야 한다.

② 앞의 ①항에 의하여 소요되는 비용은 발주청의 부담으로 하되, 손실 또는 손상의 원인이 복합적일 경우에는 손실 또는 손상에 대한 발주청과 수급인의 책임의 비율에 따라 서로 협의하여 적절하게 결정한다.

(3) 발주청이 부담하는 위험은 다음과 같다.

① 공사계약 일반조건의 관련 규정에 따른다. 다만, 불가항력의 경우 수급인이 불가항력의 사유에 대하여 그 위험을 면하거나 최소로 하기 위하여 경험 있는 기술자로서 합리적이고 적절한 대책을 세운 경우에 한한다.

② 수급인이 제공하였거나 수급인에게 책임이 있는 설계의 일부가 아닌 공사설계에 기인하는 손실 또는 손상.

1.1.12 인명 및 재산에 대한 손상

(1) 수급인은 계약에 달리 규정된 경우를 제외하고는 공사의 시행 및 하자보수와 관련하여 발생될 수도 있는 다음의 모든 손실과 청구에 대하여 변상의 책임을 진다.

① 인명의 사망 또는 상해

② 공사목적물 이외의 재산 (이하『1.1.12 인명 및 재산에 대한 손상』에서『재산』이라함)에 대한 손실이나 손상

(2) 앞의 1.1.12 (1)항에 의한 수급인의 변상은 다음의 1.1.12 (3)항에 의한 예외사항을 제외하고는 모든 청구, 소송, 손해배상, 비용, 부과금 기타 모든 경비를 포함한다.

(3) 앞의 1.1.12 (2)항에서 언급한 예외사항은 다음과 같다.

① 공사목적물의 전부 또는 일부에 의한 토지의 영구적 사용 또는 점용과 관련하여 발생하는 재산상의 손실이나 손상

② 계약내용에 의거한 공사의 시공 또는 하자보수 시행의 불가피한 결과로서 발생되는 재산상의 손실 또는 피해

③ 발주청이나 그의 대리인 또는 피고용자, 수급인에 의하여 고용되지 않은 타 시공자의 행위나 과실로 인하여 발생한 인명, 재산상의 손실이나 피해 또는 이와 관련하여 발생하는 ②항의 모든 경비

(4) 앞의 1.1.12.(3)의 ③항과 관련, 수급인이나 그의 대리인 또는 피고용자가 피해나 손상 등에 책임이 있는 경우에는 수급인은 그에 상당하는 변상을 하여야 한다.

(5) 근로자의 사고 또는 상해

발주청이나 그의 대리인 또는 피고용자의 행위나 태만에 기인하는 경우를 제외하고는 발주청은 수급인 또는 하수급인이 고용한 근로자나 다른 사람에게 지불하는 손해 또는 보상 등의 일체의 책임을 지지 않는다.

1.1.13 법령 및 규정의 준수

(1) 수급인은 모든 점에서 다음의 규정을 준수하여야 하며 이는 통지의 발급과 수수료 지불 등을 포함한다.

① 대한민국의 법령 또는 공사의 실시와 준공, 하자보수 등과 관련하여 적법하게 구성된 기관의 규칙이나 조례, 훈령(국토해양부와 지방해양항만청을 포함한다.)

② 공사의 시행과 관련하여 어떤 식으로든 재산이나 권리가 영향을 받게 되는 공공기관이나 회사의 규칙이나 규정

(2) 수급인은 앞의 1.1.13.(1)항의 규정 등의 위반으로 인한 모든 종류의 책임과 벌칙에 대하여 발주청에게 책임이 없도록 해야 한다.

(3) 수급인은 본 시방서에서『관련법규(조례를 포함한다. 이하 본 시방서에서는 같다)의 규정에도 불구하고 이 절에서 정하는 바에 따른다.』라고 명시 또는 그와 유사한 취지의 별도 명시가 있지 않는 한, 본 시방서를 포함한 설계서의 내용이 대한민국 관련법규의 규정과 상호 모순될 경우(공사 중에 관련법규가 변경되고 변경된 규정에 따라야 할 경우를 포함한다)에는 대한민국 관련법규의 규정을 우선하여 준수하되 발주청에서 특별히 요구하는 경우에는 이에 따라야 한다.

1.1.14 발굴물의 처리

(1) 발굴물의 처리는『공사계약일반조건』의 관련규정을 따른다.

(2) 수급인이 발굴물의 처리에 대한 발주청의 지시에 따르므로 인하여 공사지연과 추가적인 비용이 발생하였을 경우에는 발주청은 발굴물의 처리에 소요되는 공기를 연장하여야 하며 발굴물 처리에 소요되는 비용(수급인의 이윤을 제외한다)을 지불하여야 한다.

1.1.15 권리사용료

(1) 계약에 특별히 규정한 경우를 제외하고 수급인은 공사에 소요되는 석재, 모래, 자갈, 기타 자재의 입수를 위한 모든 채취료, 권리사용료, 보상료, 임대료 기타 지급금을 지불하여야 한다. 공사로 인하여 발생하는 굴착토 등의 부산물 처리 시에도 같다.

(2) 수급인이 공사수행을 위하여 특허권 기타 제3자의 권리의 대상으로 되어있는 시공방법을 사용 할 경우 그 사용에 관한 일체의 책임을 져야한다. 그러나 발주청이 계약서에 시공방법을 명기하지 않고 그 시공법을 요구할 경우에는 발주청은 이에 대한 비용(이윤을 제외한다)을 수급인에게 지급 할 수 있다.

1.1.16 교통 및 인접재산의 간섭

(1) 공사시행과 관련한 모든 작업은 계약의 조건을 이행하는 한 다음의 사항이 불필요하게 또는 부적절하게 간섭되지 않도록 시행되어야 한다.

① 공공의 편의시설

② 발주청 또는 기타 누구의 소유에 관계없이 재산 또는 공공도로, 사설도로, 보도 등으로의 진출과 점용 및 사용

(2) 수급인은 수급인 자신에게 책임이 있는 앞의 1.1.16 (1)항과 관련하여 발생하는 모든 청구, 소송, 비용, 부과금 및 경비에 대하여 일체의 책임을 져야한다.

(3) 수급인은 공사시행과 관련하여 사용하는 도로, 교량 등이 손상 또는 파손되지 않도록 적절한 예방수단을 강구하여야 하며 공사용 자재 또는 장비 등의 운송으로 인하여 도로, 교량 등이 파손 또는 손상됨으로써 발생하는 변상 등 모든 법적인 책임을 짐으로써 발주청에 손해가 없도록 하여야 한다.

(4) 앞의 1.1.16 (1) 내지 1.1.16 (3)항은 수상운송의 경우에는 갑문, 안벽, 항로 등도 대상시설물에 포함하는 것으로 해석한다.

1.1.17 타 시공자에 대한 편의 및 시설 등의 제공

(1) 수급인은 공사감독자 또는 발주청의 요구에 따라 다음의 사람들이 그들의 공사 시행을 위하여 필요한 모든 적절한 편의를 제공하여야 한다.

① 발주청에 고용된 타시공자와 근로자

② 발주청의 직원

③ 공공기관 등에서 본 공사의 현장이나 인근에서 본 계약에 포함되지 아니한 작업을 시행하거나 발주청이 본 공사와 관련하여 부수적으로 체결한 계약을 시행하는 근로자

(2) 앞의 1.1.17 (1)항에 따라서 수급인은 발주청이나 공사감독자의 서면요구가 있으면 다음 사항을 타시공자, 발주청 또는 공공기관에게 제공하여야 한다.

① 수급인이 유지관리에 책임이 있는 도로나 통로의 이용

② 현장에 있는 수급인의 장비 또는 가설공사물의 사용에 대한 허용

③ 수급인이 제공할 수 있는 모든 종류의 역무

(3) 수급인이 앞의 1.1.17 (2)항에 규정된 사항을 제공함으로서 추가비용이 발생될 때에는 발주청은 이에 대한 비용(이윤을 제외한다)을 수급인에게 지급할 수 있다.

1.1.18 자재, 설비 및 시공기술

(1) 자재, 설비 및 시공기술의 품질

① 모든 자재, 설비, 시공기술은 다음을 충족시켜야 한다.

가. 계약에 기재되거나 규정된 종류의 것으로서 공사감독자 또는 발주청의 지시에 일치하여야 한다.

나. 제조, 제작, 조립 또는 준비 장소나, 공사현장, 계약에 명시된 장소, 기타 지정된 다른 장소에서 수시로 공사감독자 또는 발주청이 지시하는 시험을 받아야 한다.

② 수급인은 자재나 설비의 시험 및 검사, 검측에 통상적으로 필요한 지원, 노무, 전기, 연료, 창고, 선박, 기구 및 기기를 제공하여야 하며, 공사감독자나 발주청이 요구하는 시험 등을 위하여 필요하다고 지시하는 경우 공사에 사용하기 전에 자재의 견본을 시험용으로 공급하여야 한다.

(2) 견본의 비용

모든 견본은 계약에 명백하게 명문화되어 있거나 규정되어 있는 경우에는 수급인의 비용부담으로 공급되어야 한다.

(3) 시험비용

다음과 같은 시험을 실시하는데 소요되는 비용은 수급인이 부담하여야 한다.

① 계약에 의하여 명백하게 명문화되거나 규정되어 있는 경우

② 재하시험이나 완공 또는 부분적으로 완공된 공사에 대하여 당초 설계가 의도한 목적에 부합되는지를 확인하기 위한 시험인 경우 수급인이 제출한 입찰서 등에 그와 같은 비용이 계상되었거나 설계서 등 계약문서에서 수급인이 그 같은 비용을 계상할 수 있을 정도의 내용으로 명시되어 있는 경우

(4) 규정 외의 시험비용

① 공사감독자나 발주청이 요구한 시험이 다음과 같은 경우에는 그 비용(이윤은 제외한다)을 발주청이 부담한다. 또한, 이로 인하여 공기연장의 사유가 발생하였을 경우에는 발주청은 적절한 공기의 연장을 허가하여야 한다.

가. 계약에 명문화되거나 규정되어 있지 않은 경우

나. 비록 계약에서 명문화되거나 규정되어 있을 경우라도 공사현장 또는 제조, 제작, 조립장소 또는 준비 장소가 아닌 다른 곳에서 공사감독자 또는 발주청의 지시에 따라 시험을 실시할 경우

② 앞의 ①항에 의한 시험의 경우라도 시험의 결과가 공사감독자나 발주청에서 만족할 수 있도록 계약의 관련규정에 부합되지 않을 경우에는 수급인이 그 비용을 부담하여야 한다.

(5) 검사 및 시험

① 공사감독자는 자재나 설비가 제조, 제작, 조립 또는 준비되는 공장 등 모든 장소에 적절한 시간대에는 언제든지 출입할 수 있으며 수급인은 이를 위하여 모든 지원과 편의를 제공하여야 한다.

② 공사감독자는 제조, 제작, 조립, 준비 중에 있는 자재나 설비를 검사하고 시험할 권리가 있다. 만약 그 장소가 수급인의 장소가 아닌 공장이나 기타, 다른 장소일 경우에는 수급인은 공사감독자가 그 장소에 출입하여 검사 또는 시험을 시행할 수 있도록 필요한 허가 등을 얻어야 한다.

③ 공사감독자가 앞의 ②항에 의하여 시행하는 검사나 시험은 계약에 근거한 수급인의 의무나 책임을 면제시키지는 아니한다.

④ 수급인은 계약에 규정된 바에 따라 자재나 설비에 대한 검사나 시험을 실시하기 위한 일시와 장소에 관해서 공사감독자와 합의하여야 한다. 공사감독자는 수급인에게 검사를 시행하거나 시험에 입회한다는 의향을 적어도 24시간 전에 통지하여야 한다. 공사감독자가 합의한 일시에 입회하지 않고 또한 다른 지시가 없을 경우에도 수급인은 시험을 진행할 수 있으며, 이 경우의 시험은 공사감독자가 입회한 것으로 간주하고 수급인은 시험성과에 대하여 정당하게 확인된 사본을 공사감독자에게 제출해야 하며 공사감독자는 그 시험성과를 정당한 것으로 받아 들여야 한다.

(6) 불합격 자재 또는 설비의 거부

① 앞의 1.1.18 (5)항에서 합의된 일시와 장소에서 자재와 설비가 검사나 시험을 위하여 준비되어 있지 않거나 시험 또는 검사의 결과가 결함이 있거나 계약에 합치되지 않을 때에는 동 자재 또는 설비의 사용을 거부하고 이를 수급인에게 즉시 통보하여야 한다. 이 통지에는 거부의 사유가 포함되어야 한다.

② 수급인은 공사감독자로부터 거부의사를 통보받은 경우 신속하게 동 자재 또는 설비의 결함을 제거하거나 계약의 내용에 부합되도록 하여야 한다. 이 경우 공사감독자의 요구가 있는 경우 거부된 자재 또는 설비에 대하여 동일한 조건으로 시험을 시행 또는 반복하여야 한다.

③ 시험의 반복으로 인하여 발주청에 부과된 비용이 있는 경우에는 수급인이 이를 부담하여야 한다.

(7) 검사의 의뢰

공사감독자는 자재나 설비의 검사와 시험을 외부기관이나 독립적인 자에게 의뢰할 수 있다. 이러한 의도는 적어도 7일 전에 수급인에게 통보되어야 한다.

(8) 복개, 피복, 매몰 또는 차폐 전 공사의 검사

① 공사의 어느 부분도 공사감독자의 승인 없이는 복개, 피복, 매몰, 차폐 등(이하 이 조항에서『차폐 등』이라 한다)을 해서는 안 되며, 수급인은 차폐 등을 하려고 하는 부분과 후속공사가 이어질 기초부분에 대한 검사 또는 검측을 시행할 충분한 여유를 공사감독자에게 주어야 한다.

② 수급인은 상기 ①항에서 언급한 공사의 부분 또는 기초에 대한 검사 또는 검측을 받을 준비가 되었을 때에는 공사감독자에게 이를 통보하여야 한다. 공사감독자는 통보를 받았을 경우 부당하게 지체하지 않고 검사 또는 검측을 하기 위해 입회하여야 한다. 다만, 공사감독자가 검사나 검측이 불필요하다고 판단하여 수급인에게 통지한 경우에는 그러하지 아니하다.

(9) 차폐물 등의 철거 또는 제거

① 수급인은 공사감독자가 수시로 지시하는 바에 따라 공사의 어느 부분의 차폐물을 철거 또는 제거하고 해당부분을 보수 및 차폐 또는 복개하여야 한다.

② 만약, 철거 또는 제거된 부분이 앞의 1.1.18 (8)항 규정에 따라 차폐 또는 복개 등이 되었고 계약에 부합되게 시공되었다면, 발주청은 차폐 등에 소요되는 비용을 포함한 전체비용(이윤을 제외한다)을 계약금액에 가산하여야 한다. 이와 다른 경우에는 모든 비용을 수급인이 부담하여야 한다.

(10) 부실공사, 자재 또는 설비의 제거

① 공사감독자는 수시로 다음 사항에 관한 지시를 내릴 권한을 갖는다.

가. 공사감독자의 견해로 계약에 위배된다고 판단하는 자재와 설비를 지시된 기간 내에 공사 현장으로부터 철수한다.

나. 적절하고 적합한 자재 또는 설비로 대체한다.

다. 이전에 시험을 실시하였거나 기성을 받은 부분이라도 공사감독자의 견해로 자재나 설비 또는 시공기술, 수급인에 의한 설계 또는 수급인이 책임이 있는 설계에 의한 공사가 계약에 합치되지 않는 경우 이들의 제거와 적절한 조치를 한다.

(11) 수급인의 준수 태만

① 수급인(수급인의 고용인, 대리인, 하수급인등을 포함)이 지시된 시간 내에 또는 합리적이고 적절한 시간 내(시간에 대한 지시가 없을 경우)에 지시된 사항을 이행하는데 태만한 경우에는 발주청은 다른 사람을 고용하여 동 지시사항을 이행할 수 있게 할 권리가 있다.

② 상기 ①항에 의하여 소요된 비용은 발주청이 수급인에게 청구하며 동 비용은 기성금 등 발주청의 수급인에 대한 채무에서 공제할 수 있다.

1.1.19 공사의 착공과 지연

(1) 공사의 착공

수급인은 계약문서에서 정하는 바에 따라 공사를 착공하여야 하며 착공 시에는 본 시방서의『1-2 공사준비 및 시공관리, 1.4 제출서류 및 공정관리』에서 규정하는 서류 등을 제출하여야 한다.

(2) 공사현장의 점유 및 출입

① 발주청은 계약에 규정되어 있는 경우에는 계약내용에 따라 공사수행에 지장이 없도록 적어도 수급인이 수시로 점유할 필요가 있는 넓이의 공사현장을 출입 및 점유할 수 있도록 제공하여야 한다.

② 발주청은 계약에 명시되어 있지 않더라도, 적어도 수급인이 그가 제출한 공사공정예정표에 따라 공사를 착수하고 시행하는데 필요한 만큼의 공사현장에 대한 점유와 이의 출입권을 제공하여야 한다.

(3) 공사현장 인도의 불이행

발주청의 과실로 앞의 1.1.19.(2)항에 의한 공사현장을 인도하지 못하므로 인하여 공기지연 또는 비용이 발생하게 될 경우에는 공기연장 또는 비용(이윤은 제외한다)을 수급인의 신청에 따라 지급할 수 있다. 다만, 공기연장의 경우에는『공사계약일반조건』의 관련규정에 따르며, 손실 비용의 경우에는 수급인은 본 시방서『1.1.9 추가지급에 대한 청구 또는 요구의 절차』를 따른다.

(4) 공사현장 출입

수급인은 공사현장 출입에 필요한 특별 또는 일시적 통행권 또는 통행로에 대한 모든 비용과 부과금을 부담하여야 한다. 또한, 수급인은 공사수행을 위하여 필요로 하는 추가시설(공사현장 밖의 시설 등)은 자신의 비용으로 준비하여야 한다.

(5) 공정지연

① 수급인에게 공사기간을 연장해줄 사유가 없다고 하더라도 공사감독자는 공사의 전체 또는 특정 공종의 공사 진행이 지연되고 있어 준공기한을 준수할 수 없다고 판단할 때에는 이를 수급인과 발주청에 통지하여야 한다.

② 수급인은 앞의 ①항의 통지를 받은 때에는 공사감독자의 승인을 받아 부진공정을 만회하기 위한 조치를 취해야 한다. 이러한 조치의 시행을 위하여 소요되는 비용은 수급인이 부담하여야 한다.

③ 앞의 ②항에 의한 공정만회 조치를 위하여 야간 및 휴일작업이 필요할 경우에는『공사계약일반조건』의 관련규정에 따른다. 다만, 1.1.19.(5)항의 책임을 위하여 추가로 공사감독(감리 및 발주청 직원에 의한 공사감독)을 위하여 소요되는 비용이 있을 경우 발주청은 수급인과 협의하여 추가비용을 결정하고 이비용은 수급인이 부담하여야 한다.

1.1.20 하자책임 등

(1) 준설공사의 하자책임

준설공사인 경우에는 설계서에 따라 공사가 완료되어 계약내용에 의하여 적정하게 준공검사가 완료되었을 경우에는 수급인은 하자에 대한 책임을 지지 아니한다.

(2) 수급인에 의한 하자조사

① 하자책임기간의 종료 전에 하자 등의 결함이 있어 발주청에서 수급인에게 하자보수 지시를 할 경우 수급인은『공사계약일반조건』의 관련 규정에 따라 하자보수를 하되, 발주청의 지시를 수용할 수 없을 경우에는 공사감독자의 지시를 받아 그 원인을 조사할 수 있다.

② 하자의 원인이 계약에 의해서 수급인에게 책임이 있는 경우가 아니라면 발주청은 공사감독자 및 수급인과 협의하여 조사비용을 수급인에게 지불하여야 한다. 하자의 원인이 수급인의 책임인 경우에는 조사비용 및 보수비용은 수급인이 부담하여야 한다.

1.1.21 관련규준 등의 비치

(1) 수급인은 항만공사의 원활하고 신속한 추진 및 적정한 품질관리를 위하여 현장사무실에 아래의 규준 등을 상시 비치하여야 한다.

① 본 공사와 관련된 계약문서 사본 일체

② 관련 지급자재 구입계약서 및 자재시방서

③ 본 공사와 관련된 계약 및 건설 관련 법규 및 조례

④ 관련 한국산업표준(KS)

⑤ 적격심사서류 및 부대입찰심사서류

⑥ 기타 1-2 공사준비 및 시공관리『1.4 제출서류 및 공정관리』에 명시되어 있는 서류

1.1.22 용어의 해석

(1) 본 시방서에 사용된 용어의 해석은 아래의 우선순위에 따라서 그에 명시된 용어의 정의 또는 사용된 의미에 준하여 해석한다.

① 계약문서(국가를 당사자로 하는 계약에 관한법률 및 동법 시행령, 시행규칙 포함)

② 건설기술관리법, 동법 시행령 및 시행규칙

③ 기타 건설관련법규

④ 한국산업표준(KS)

⑤ 토목공사 등에 대한 전문용어사전

⑥ 국어사전

1.2 공사량 측정

1.2.1 적용범위

이 항은 수급인이 시공한 공사량을 측정하는 일반적인 요건을 제시한다. 본 시방서의 관련 절에서 구체적으로 공사량의 측정방법을 제시하는 경우와 다른 계약문서에 관련 규정이 있는 경우는 그 내용에 따라야 한다.

1.2.2 측정방법

(1) 계약에 따라 완성된 모든 공사의 수량은 미터법에 따라 공사감독자가 측정한다.

(2) 육상면적을 산출하기 위하여 종단방향으로 길이를 측정할 때에는 본 시방서의 관련 절 또는 설계도서에 별도 규정이 없는 한 수평면에서의 길이로 측정하며 1㎡ 이상의 면적을 가지는 공종은 수량 산출에 반영한다.

(3) 육상면적을 산출하기 위하여 횡단방향으로 길이를 측정할 때에는 준공(기성)도면에 표시된 치수 또는 공사감독자가 서면으로 표시한 치수에 의해 검측 한다.

(4) 수심측량을 할 경우에는 특별한 사유가 없는 한 음향측심기를 사용하여야 한다. 준설공사 후 부유층 두께의 측정은 표준시방서의 규정 또는 공사감독자의 지시에 따른다.

(5) 중량으로 측정할 때에는 공사감독자가 인정하는 계중기 또는 기타 방법을 사용하여 정확히 실시하여야 한다. 만일 자재를 차량으로 운반할 경우 자재의 순중량을 확인할 수 있는 방법이 제시되면 차량에 적재된 상태로 계중할 수 있다.

(6) 체적으로 측정하여 지불하는 경우에는 소정규격의 차량에 적재된 상태로 그 체적을 측정할 수 있다.

(7) 역청재료는 계약당시 표시한 바에 따라 리터(ℓ) 또는 톤(ton)으로 그 중량을 측정한다. 역청재료의 체적은 상온(15℃)에서 측정되어야 하며 상온에서 측정할 수 없을 경우에는 보정방식에 의거 15℃에서의 체적으로 환산하여야 한다.

(8) 시멘트의 중량은 톤(ton) 또는 포대 단위로 측정한다. 포대는 40㎏ 짜리 시멘트를 말한다.

(9) 면적, 중량, 체적으로 측정할 수 없는 공사량에 대하여는 개(個), 조(組), 식(式) 등으로 가장 적정한 단위로서 공사감독자와 수급인이 협의하여 측정한다.

1.3 재해예방

1.3.1 적용범위

이 항은 수급인이 공사수행 중 공사현장의 시설물과 동원된 육・해상 장비 및 인력이 폭풍, 태풍, 해일 및 지진 등으로 인한 재해를 예방 또는 저감하기위한 일반적인 사항을 정한다. 이항에 규정 하지 않은 내용은 관련 절에서 규정한 사항에 따른다.

1.3.2 적용규준

자연재해대책법, 시행령 및 시행규칙

1.3.3 재해예방

(1) 재해예방계획

① 수급인은 폭풍, 태풍, 해일 및 지진 등에 의한 재해예방계획을 작성하여 공사감독자에게 제출하여야 한다.

② 공사감독자는 앞의 ①항의 계획에 대한 내용을 검토하여 보완하여야할 사항이 있는 경우 수급인에게 보완할 수 있도록 요구할 수 있으며 수급인은 이에 따라야 한다.

③ 재해예방계획 내용에는 아래사항이 포함되어야 한다.

가. 재해예방기구 조직도(총괄책임자, 분야별책임자, 담당자 및 구성원)

나. 재해예방시설 및 기구

다. 재해예방교육 및 훈련계획

라. 기상예보 청취 및 피난대책(해상, 육상)에 관한사항

마. 재해복구에 관한사항

바. 재해대책을 위한 인력, 장비, 물자 등의 조달 및 비축, 수송

사. 비상시 통신에 관한사항

아. 기타 재해대책에 필요하다고 인정되는 사항

(2) 재해예방 훈련실시

① 수급인은 재해예방 및 복구 등에 신속히 대처할 수 있도록 방재집행계획을 수립하고 공사감독자와 협의하여 재해예방 훈련을 분기별 정기적으로 실시하여야한다.

② 수급인은 재해예방 및 긴급복구에 필요한 기구 및 물자를 비축하여야 한다.

③ 수급인은 자연재해대책법 시행령 제25조에 의한 방재의 날(매년 5월 25일)행사의 필요한 사항을 시행하여야한다.

(3) 재해위험시 응급대책

① 총괄책임자는 재해예방계획에 의하여 재해발생 우려나 재해 발생 시에는 재해예방 또는 재해경감을 위하여 다음사항을 실시하여야한다.

가. 경보발령 또는 전달, 피난의 권고 또는 지시

나. 수방, 지진방재, 진화, 기타의 응급조치와 구조 활동

다. 피해시설의 응급복구

라. 방역 과 방범 및 질서유지

마. 긴급수송 및 구조수단의 확보

바. 기타 재해발생을 예방하거나 재해경감을 위하여 필요한 사항

② 총괄책임자는 앞의 ①항에 의한 재해응급대책을 위하여 필요한 경우에는 다른 재해예방조직이나 관계기관에 협조요청을 할 수 있으며 요청받은 자는 특별한 사유가 없는 한 이에 응하여야 하며 본 현장 총괄책임자도 협조요청을 받는 경우에는 동일하다.

(4) 재해위험시설의 보강 및 철거지시

① 수급인은 평상시 현장점검을 실시하여 재해위험성이 있는 시설물의 보강 또는 안전조치 및 철거하여 재해요인을 사전에 제거하여야 한다.

② 공사감독자는 앞의 ①항의 규정에 의한 수급인의 활동이 미흡할 경우에는 재해위험성 있는 시설물의 안전조치 및 보강 또는 철거를 지시할 수 있으며 수급인은 지시에 따라야 하며 그 비용은 수급인이 부담한다.

(5) 재해 발견자의 신고

수급인은 자연재해대책법 제37조의 규정에 의거 재해발생의 우려가 있는 이상 자연현상이나 징후가 있는 경우에는 즉시 공사감독자 및 그 지역관활 기관장에게 신고하고 재해에 관한 예보경보, 통지 및 응급조치를 하여야 한다.

(6) 피해복구지원

수급인은 인근 재해지역의 복구지원 요청이 있는 경우에는 공사감독자와 협의하여 특별한 지장이 없는 한 적극협조 하여야한다.

(7) 위험지구 출입통제

본 공사 총괄책임자는 현장 내 재해위험이 있는 지역은 공사감독자와 협의하여 경계구역을 설정하고 일반인의 출입통제 및 기타행위 금지와 퇴거, 대피명령을 할 수 있으며 필요한 사항을 표시한 표지판을 통행인이 보기 쉬운 곳에 설치하여야 한다.

1.3.4 피해상황보고

수급인은 재해요인이 소멸된 후 재해발생현황, 응급복구현황, 기타 필요한 사항을 신속히 파악하여 공사감독자에게 보고하여야하며 2차 재해발생 예방활동을 지속하여야 한다.

1.3.5 비용분담

피해복구비용은 자연재해대책법 제58조 및 제59조 및 관련규정에 따른다.

1.4 공사준공

1.4.1 적용 범위

이 항은 공사 준공 절차, 최종청소, 조정, 공사기록문서, 운전 및 유지관리자료 그리고 개별 제품시방에서 직접 참조할 수 있는 제품보증 등에 관한 일반적인요건을 제시한다.

1.4.2 준공 절차

(1) 수급인은 준공예정일 2개월 전에 예비 준공검사를 실시하여 공사시설물의 완성을 확인하고 공사감독자에게 준공계획서를 작성 제출하여야 한다.

(2) 수급인은 다음의 제출 자료를 발주자 또는 공사감독자에게 제출해야 한다.

① 공사 중 발생한 사고에 대한 현황을 정리한 보고서(유형, 원인 및 조치결과 등)

② 보관용 도면 : 최초 도면으로부터 변경된 작업범위를 표시한 도면과 최종 시공 제작도면(CD-ROM 포함)

③ 보관용 시방서 등 : 공사 기간 중 각종양식으로 발행한 추가보고서, 설계와 공사 변경 명령 및 이와 유사한 변경사항이 포함된 자료

④ 시공 상세도면

⑤ 준공사진이 포함된 준공 사진첩 및 CD

⑥ 최종현황 측량보고서 : 측량 원부 및 원도면이어야 한다.(실시할 경우)

⑦ 기타 공사감독자 또는 발주자가 요구하는 최종기록 자료

(3) 시설물의 안전관리에 관한 특별법 제2조 제2항의 1종 및 2종 시설물에 해당되는 시설물을 시공한 수급인은 아래의 준공도서 사본을 국토해양부 및 한국시설안전공단이 제시한『준공도서 사본작성・관리지침』에 따라 CD-ROM으로 2세트를 작성하여 준공 후 3개월 이내에 발주자 및 시설안전관리공단에 1세트씩 제출하여야 한다.

① 준공도면

② 준공내역서 및 유지관리시방서(필요시)

③ 구조계산서

④ 안전점검에 관한 종합보고서

⑤ 기타 시공상 특기한 사항에 대한 보고서 등

(4) 조정된 계약금액, 기 수령액 및 수령 잔액을 명기한 최종기성부분 신청서를 제출해야 한다.

(5) 발주자는 준공완료 전이라도 시설물의 전부 또는 일부를 사용할 수 있다.

(6) 도구, 부품, 잉여자재 및 이와 유사한 품목과 자물쇠 시스템을 최종 확정하여 발주자에 그 열쇠를 양도하고 이에 대한 참고사항을 알려준다.

(7) 시설물의 유지관리 지침과 각 시스템에 대한 시험운전을 끝내고 발주자에 유지관리지침서를 작성・정리하여 제출한다.

1.4.3 최종 현장 청소

(1) 준공검사 전에 최종 현장청소를 해야 한다.

(2) 내외부의 유리, 시선에 노출된 표면은 청소하고, 명판, 얼룩 및 이물질은 제거하고, 투명하고 미끄러운 표면은 진공청소를 해야 한다.

(3) 기기와 정착물은 청소할 표면과 재료에 적합한 청소재료로 청결한 상태로 청소해야 한다.

(4) 운전기기의 여과지는 청소 또는 대체해야 한다.

(5) 지붕, 고랑, 측구, 홈통 및 배수계통에서 부스러기를 제거해야 한다.

(6) 공사도구와 시설물, 폐자재와 잉여자재, 쓰레기 및 임시시설물의 사용을 중지(또는 용도에서 제외)시키거나 현장에서 철거한다.

(7) 기타 공사감독자가 제거하여야 한다고 지시하는 잡초 및 오물 등 기타 부분에 대하여도 청소하여야 한다.

1.4.4 조정

운전제품과 기기는 조정해서 원활하고 지장이 없이 운전할 수 있도록 해야 한다.

1.4.5 공사 기록문서

(1) 수급인은 준공검사를 받기 위해 현장에 다음의 기록문서 1부를 비치해야 하며, 공사의 실제 변경사항을 알 수 있도록 하여야 한다.

① 시방서

② 도 면

③ 추가사항

④ 설계변경 지시서와 계약수정사항

⑤ 검열된 시공도면, 제품자료 및 시료

⑥ 제작자의 조립, 설치 및 조정에 대한 지침서

⑦ 기성검사 및 공사시행 중 협의되어 공사의 내용이 변경 또는 수정된 내용이 수록된 각종 회의록 및 관련자료

(2) 공사기록 문서는 발주자가 장래에 참조할 수 있도록 완벽하고, 정확하게 기재되어야 한다.

(3) 기록문서는 공사에 사용된 문서와 분리해서 보관해야 한다.

(4) 공사 진척에 따르는 정보를 기록해야 한다.

(5) 시방서에는 설치된 제품에 대한 항목을 마련하여 제품에 대한 설명과 다음 사항이 포함된 내용을 기록하여야 한다.

① 제작자의 명칭, 제품 모델 및 번호

② 제품의 대체 또는 변경사항

③ 추가와 수정사항에 의한 설계변경

(6) 도면과 시공도면에는 각 항목을 표시하고, 다음 사항을 포함하는 실제시공 치수를 기록해야 한다.

① 마무리된 바닥 면에서 잰 기초의 깊이

② 영구적인 부지공사 시 설치된 지중설비와 부품의 수평 및 수직위치
③ 시야에 보이고 접근할 수 있는 지장물에서의 매설된 내부설비와 부품의 수평 및 수직위치
④ 공사목적물의 각종 수평 또는 수직 치수와 높이
⑤ 당초의 계약도면에 없는 내용이 있는 경우에는 그에 대한 상세도
⑥ 기타 공사감독자 또는 발주자에서 필요하다고 요구하는 내용

(7) 공사기록 문서는 준공계와 함께 제출하여야 한다.

1.4.6 운전 및 유지관리 자료

(1) 수급인은 발주자에 공사 목적물인 장비 또는 설비시스템의 시동, 가동중지, 제어, 조정, 문제점의 발견, 비상시 운전 및 안전유지, 윤활유 및 연료의 주입, 소음・진동의 조절, 청소, 손질, 보수, 서비스를 요청하는 방법 및 유지관리지침을 보는 방법 등 운전 및 유지관리에 필요한 전반적인 사항에 대하여 시범 및 교육을 시행하여야 한다.

(2) 자료는 공사감독자 또는 발주청에서 지정하는 규격치 또는 사용하기 편리한 치수로 바인더에 철해서 제출해야 한다.

(3) 바인더의 표지에는 운전 및 유지관리 자료, 공사명, 바인더가 여러 개일 경우, 각 바인더의 해당주제 등을 기입해야 한다.

(4) 바인더의 내용은 내부에 페이지 디바이더로 구분해야 한다.

(5) 각 책에는 각 제품 또는 계통을 구별해서 목차를 작성해야 하며, 다음의 3개 편으로 구성한다.

① 제1편 : 공사감독자, 수급인, 하수급인 및 주요 기기납품업자의 이름, 주소 및 전화번호 등 명부
② 제2편 : 계통별, 시방서별로 분류된 운전 및 유지관리 지침서와 항목별 하도급시 공자 및 납품업자의 이름, 주소 및 전화번호, 그리고 다음에 열거한 사항

가. 주요 설계기준
나. 기기 목록
다. 부품 목록
라. 운전 지침서
마. 기기 및 계통에 대한 유지관리지침서(이 내용에는 비상조치 지침, 잔여부속목록, 각종 보증서 사본, 배선도, 점검주기, 점검절차, 시공제작도, 자재자료와 이와 유사한 자료가 포함되어야 한다.)
바. 청소 방법 및 재료, 유해한 약품에 대한 특별 주의사항 등을 포함한 보수지침서.

③ 제3편 : 다음 사항을 포함한 공사문서 및 확인서

가. 시공도면과 제품자료

나. 제품 및 설치확인서 등

다. 제품보증서의 원본 또는 사본

(6) 준공검사 15일 전에 원본의 사본 1부를 제출해야 한다. 이 사본은 준공검사 후에 공사감독자의 검토소견을 붙여 반환되며, 최종 제출 전에 요구된 대로 내용을 수정해야 한다.

(7) 준공검사 후 10일 이내에 수정 본 2부를 제출해야 한다.

1.4.7 예비부품 및 유지관리 제품

(1) 예비부품, 유지관리 및 과외제품은 해당 개별시방서에 명시된 수량으로 제공해야 한다.

(2) 준공검사 완료 후 10일 이내에 공사현장 또는 지정된 위치에 납품하고 수령증을 받아야 한다.

1.4.8 제품보증서 및 보증서

(1) 공증된 사본 2부를 제출해야 한다.

(2) 준공계 제출 전에 제출해야 한다.

(3) 제품보증서 등의 명의는 발주자로 되어야 한다.

1.4.9 준공잔무처리의 협조

수급인은 준공검사 후에도 공사감독자의 준공 잔무처리에 적극 협조하여야 한다.

1-2 공사준비 및 시공관리

1. 일반사항

1.1 적용범위

본 시방서는 공정추진계획에 맞추어 공종별로 공사를 수행하기 전 및 시공 중에 수급인이 수행하여야 하는 일반적인 내용을 규정한다.

1.2 공사준비

1.2.1 설계도서의 검토

수급인은 본 시방서 1-1 일반적인 조건 1. 일반사항 『1.1 일반사항 1.1.4(1)항과 1.1.4(2)항에서 규정한 내용에 따라 설계도서를 검토하고 문제점이 있을 경우 발주청에 보고하여야 한다.

1.2.2 현장사무실의 설치

(1) 공사의 원활한 추진을 위하여 수급인은 계약에 따라 공사현장 사무실을 설치하여야 한다.

(2) 공사현장 사무실의 설치에 관한 사항은 1-7 가시설물 1. 일반사항 『1.1 가설 공급시설물』 및 『1.2 임시 가설시설물』 의 규정에 따른다.

(3) 수급인은 공사의 품질관리 및 시험을 위한 시험실을 설치하여야 하며, 1-4 품질관리 및 시공점검, 검측 『1.1 품질관리, 1.1.2』 의 관련 규정을 따른다.

1.2.3 공사표지판 등의 설치

수급인은 본 시방서 1-7 가시설물 1. 일반사항 『1.2 임시 가설시설물』 의 『1.2.6 공사표지판』 항목에서 규정한 바에 의거 공사감독자의 지시에 따라 공사표지판 등 필요한 입간판을 설치하여야 한다.

1.2.4 조위표의 설치

(1) 수급인은 해상공사를 위하여 공사감독자와 협의하여 확인하기 쉽고 관측하기 쉬운 적절한 장소에 조위표를 설치하여야 한다.

(2) 조위표는 수급인의 책임 하에 보호되어야 하며 이의 관리가 태만하여 파손, 이동 등으로 조위관측에 문제가 있다고 판단하여 공사감독자가 지시할 경우에는 이를 다시 설치하여야 한다.

1.2.5 측량기준점 및 확인측량

(1) 측량기준점의 보호

① 수급인은 발주청에서 설치한 삼각점, 도근점, 수준점 등의 측량기준점이 있을 경우 이를 이동 또는 손상시키지 않도록 하여야 하며, 만일 이동이 필요할 때에는 공사감독자의 승인을 받아야 한다.

② 수급인은 측량기준점의 위치나 높이가 변동되지 않도록 적절하게 보호할 책임이 있다. 공사 진행에 따라 존치하지 못할 경우에는 공사감독자의 지시에 따라 이설하여야 한다.

(2) 규준시설의 설치

① 수급인은 토공 및 각종 구조물의 위치, 고저, 시공범위, 방향 등을 표시하는 토공 규준틀 등을 설치하여야 한다.

② 토공을 위한 토공 규준틀은 절토부, 성토부의 위치, 경사, 높이 등을 표시하며 직선구간은 2개 측점, 곡선구간은 매 측점마다 설치하고 구배, 비탈 끝의 위치를 파악할 수 있도록 설치하여야 한다.

③ 암거, 옹벽 등의 기초부위에는 수평규준틀을 설치하고, 시종점을 알 수 있도록 표지판을 설치하여야 한다.

④ 건축물의 경우 건물의 위치, 높이 및 기초의 폭, 길이 등을 파악하기 위한 수평규준틀과 조적공사의 고저, 수직면의 기준을 정하기 위한 세로규준틀 등을 설치하여야 한다.

⑤ 규준시설은 다음 각 호와 같이 설치하고 준공 시까지 잘 보호되도록 조치하여야 하며, 시공도중 파손되어 복구가 필요하거나 이설이 필요한 경우에는 수급인은 공사감독자의 지시를 받아서 처리하며 재설치한 규준시설은 공사감독자의 확인검사를 받아야 한다.

가. 설치위치 : 공사추진에 지장이 없고 바라보기 용이한 곳이어야 한다.

나. 설치방법 : 공사 기간 중 이동될 우려가 없는 시설물을 이용하거나 쉽게 파손되지 않고 변형이 없도록 설치하고 주위를 보호조치 하여야 한다.

1.2.6 착수 전 확인측량의 실시

(1) 수급인은 공사 착공과 동시에 공사감독자와 협의하여 발주 설계도면과 실제 현장의 이상 유무를 확인하는 착수 전 측량(수심측량을 포함한다)을 실시하여야 한다.

① 삼각점 또는 도근점에서 중간점(IP) 등의 측량기준점의 위치(좌표)를 확인하고 기준점은 공사 시 유실방지를 위하여 필히 인조점을 설치하여야 하며, 시공 중에도 활용할 수 있도록 인조점과 기준점과의 관계를 도면화하여 비치하여야 한다.

② 공사 준공까지 보존할 수 있는 가 수준점(TBM : tidal bench mark)을 시공에 편리한 위치에 설치하고, 표고는 국토지리연구원에서 설치한 주변의 수준점 또는 발주청이 지정한 수준점으로부터 왕복수준측량을 실시하여 "공공측량표준작업규정"에서 정한 왕복 허용오차 이내여야 한다.

③ 인접공구 또는 기존시설물과의 접속부 등을 상호확인 및 측량결과를 교환하여 이상 유무를 확인하여야 한다.

(2) 수급인은 착수 전 확인측량 시 공사감독자를 입회시켜 확인케 하여야 한다.

1.2.7 착수 전 확인측량 결과의 처리

(1) 수급인은 착수 전 확인측량 결과 설계내용과 측량결과가 현저히 상이할 때에는 발주청에게 그 내용을 보고하고 발주청의 지시를 받아 실제 시공에 착수하여야 한다.

(2) 수급인은 착수 전 확인측량을 공동으로 시행한 후에는 다음의 서류를 작성 제출하여야 하며 착수 전 측량 도면의 표지에 측량을 실시한 현장대리인, 실시설계용역회사의 책임자(입회한 경우), 공사감독자의 서명날인을 받아 발주청에 제출하여야 한다.

① 공사감독자의 검토의견서
② 착수 전 확인측량 결과 도서(기준점 조서, 측령계산서, 종·횡단면도, 평면도, 구조물도 등 착수 전 측령 결과를 확인할 수 있는 관련 도서)
③ 산출내역서
④ 공사비 증감 대비표
⑤ 기타 참고사항

1.2.8 현지여건 조사

(1) 수급인은 공사감독자와 공동으로 공사 착공 후 빠른 시간 내에 공사 추진에 지장이 없도록 다음 각 호의 사항을 현지 조사하여 시공 자료로 활용하고 당초 설계내용의 변경이 필요한 경우에는 설계변경 절차에 따라 처리하여야 한다.
① 각종 재료원 확인
② 지반 및 지질상태
③ 진입도로 현황
④ 인접도로의 교통규제 상황
⑤ 지하매설물 및 장애물
⑥ 기후 및 기상상태
⑦ 기타 항만공사용 기준면 등 공사에 필요한 각종 정보 및 현지여건

(2) 수급인과 공사감독자는 현지여건을 조사한 내용과 설계서의 공법 등을 검토하여 인근 주민에 대한 피해발생 가능성이 있거나 공사수행과 관련하여 문제점이 예상되는 경우에는 다음 각 호의 상황에 대한 대책을 강구하여야 하며, 설계변경이 필요한 경우에는 설계변경 절차에 의거 처리하여야 한다.
① 인근 가옥 및 가축 등에 대한 대책
② 지하매설물, 인근의 도로, 교통시설물 등의 손괴에 대한 예방대책
③ 선박 및 차량, 주민 등의 통행지장에 대한 대책
④ 소음·진동대책
⑤ 낙진·먼지대책
⑥ 지반침하대책
⑦ 하수로 인한 인근 주민, 농작물 피해 대책
⑧ 오탁 및 오수발생으로 인한 어장피해 대책
⑨ 우기 중 배수대책

⑩ 환경영향평가(전략환경영향평가 포함)협의사항 미비로 인한 민원예측 및 처리 대책

1.3 공사협의 및 조정

1.3.1 공사 상호간의 마찰방지

(1) 협의 및 조정

① 수급인은 당해공사와 연관된 다른 건설업자들이 있을 경우 상호간의 마찰을 방지하고 전체공사가 계획대로 완성될 수 있도록 모든 공사 관련자 및 공사감독자가 면밀히 상호 협조하여 공사 착수시기, 시공순서, 공사 진행속도, 공사 준비, 구조물 보호 등 필요한 최선의 조치를 파악·도출, 공사전체의 진행에 지장이 없도록 하여야 한다.

② 앞의 ①항에서 규정한 업무를 소홀히 하여 재시공 또는 수정·보완등 공사추진에 문제점이 발생되었을 경우에는 수급인이 책임을 져야 한다.

(2) 협의 및 조정에 따른 설계변경

① 수급인은 당해공사와 연관된 다른 공사와의 상호간의 마찰방지를 위한 협의 및 조정 결과 아래와 같은 경우에는 발주청에 설계변경을 요청할 수 있다.

가. 지하구조물공사의 우선순위 상 불가피한 선후시공에 따라 기초저면의 안전성 저하를 방지하기 위하여 설계변경이 불가피한 경우

나. 오배수관, 공동구, 통신 및 전선 관로, 급수관 등이 교차되어 매설심도가 변경됨에 따라 설계변경이 불가피한 경우

다. 기타 협의 및 조정결과가 수급인의 업무소홀이라고 볼 수 없는 경우로서 공사감독자가 수급인이 제시한 관련서류의 검토결과 설계변경이 필요하다고 판단하는 경우

② 발주청은 앞의 ①항에 의거 수급인이 제출한 서류 및 공사감독자의 검토내용을 면밀히 검토하여 그 내용이 불가피하다고 판단하는 경우 설계변경을 인정하여야 한다.

(3) 종합공정관리에 대한 협조

① 수급인은 착공부터 준공까지 토목, 건축, 기계, 전기, 통신, 급배수, 도시가스 등 관련공사 전체의 원활한 추진을 위하여 스스로 노력하여야 하며 공사감독자가 행하는 종합공정관리계획 및 운영에 적극 협조하여야 한다.

② 공사감독자가 행하는 종합공정관리계획 및 운영에 수급인이 적극 협조하지 아니함으로서 발생되는 공기의 연장에 대해서는 발주청은 책임을 지지 않는다.

1.3.2 작업착수회의

(1) 회의개최

수급인은 각 공종별 공사의 착수 전에 관련공종 담당자와 협의 및 조정을 위하여 작업착수회의를 개최하여야 하며, 최소한 회의 개최 3일 전에 공사감독자에게 회의 개최일자를 통보하여야 한다.

(2) 협의 및 조정사항

현장대리인, 현장요원, 공사의 하수급인, 제조자 또는 제작자, 관련지급자재 납품자 및 공사감독자가 참여하여 관련 공종 공사를 위한 준비, 공사 진행방법 또는 이에 관련된 작업에 대하여 상호 협의·조정한다.

(3) 회의록

수급인은 회의 종료 후에 주요내용, 결정사항 및 조치사항에 대한 회의록을 작성, 관련 당사자의 날인 또는 서명을 받아 비치하며, 회의록 사본을 공사감독자 및 공사 관련자에게 배포한다.

(4) 시공계획서 수정·보완

작업착수회의 결과 시공계획서의 수정·보완이 필요하다고 인정될 경우에 수급인은 즉시 시공계획서를 수정·보완하여 제출하여야 한다.

(5) 공사 진행 제한

작업착수회의에서 공사방법 등이 명확히 결정되기 전에는 공사를 착수 또는 진행할 수 없으며, 이로 인하여 공정지연이 우려될 경우는 공사감독자가 조정방안을 수급인에게 제시할 수 있다. 이때 공사감독자가 제시하는 공사의 조정방안은 이를 지시로 볼 수 없으며 수급인이 이를 채택하여 공사를 진행하므로 인하여 발생하는 문제에 대하여는 공사감독자가 책임을 지지 아니한다.

1.3.3 유관기관의 관련자 합동회의

(1) 수급인은 다음 각 호의 사항에 대하여 발주청 및 공사감독자와 합동으로 시공 전에 유관기관 합동회의를 실시하여 이의 조정 또는 변경여부를 검토하여 사후에 민원 등이 발생하지 않도록 하여야 한다.

① 전력 및 통신 간선시설

② 급수관, 소화전 등 급수, 소방 관련시설

③ 도시가스 배관

④ 배수관 및 암거 등의 규격, 위치

⑤ 방음벽, 육교, 지하통로, 가로수 등 지역 편의시설

⑥ 호안, 갑문, 대피계단, 대피소 등 재해방지시설

⑦ 기타 지하매설물

(2) 수급인과 공사감독자는 유관기관 합동회의를 실시하기 전에 현장을 정밀하게 조사하고 설계서 등을 숙지하여 그 내용을 유관기관에게 설명하여야 한다.

(3) 유관기관 합동회의 결과 설계변경이 필요하거나 추가구조물 설치 등의 건의사항이 타당하면 설계변경절차에 의거 처리한다.

(4) 유관기관과의 합동회의 결과 수급인의 태만으로 인하여 문제가 발생하였을 때에는 수급인이 이를 처리하여야 한다.

1.4 제출서류 및 공정관리

1.4.1 제출서류

(1) 착공보고

① 수급인은 착공 시에는 공사계약일반조건의 관련규정에 따라 착공신고서를 발주청에 제출하여야 한다.

② 발주청이 필요하다고 판단하여 착공보고회를 개최토록 지시할 때에는 수급인은 이에 따라 지시 후 7일 이내에 공사감독자와 함께 착공보고회를 개최하여 관련내용을 발주청에 보고하여야 한다.

③ 착공신고서는 공사계약일반조건에서 제시한 내용 외에 다음 사항을 추가하여야 한다.

가. 공사도급계약서 사본 및 산출내역서

나. 현장기술자 경력사항 확인서 및 자격증 사본

다. 하도급 시행계획

라. 민원방지 및 민원발생시 조치계획

마. 본 공사추진을 위한 수급인의 본사에서의 지원계획

바. 기타 현장관리에 필요한 사항

사. 가설물 설치 및 철거계획

아. 가설도로 및 진입로, 공사용 도로계획, 우기대비 현장 내 배수계획 등

자. 교통소통 및 환경오염방지에 관한 대책

차. 현장여건 조사결과 및 설계도서 검토의견

카. 기타 발주청에서 필요하다고 판단하여 포함토록 지시한 사항

단, 사.~카.항 중 착공신고서와 동시에 제출할 수 없는 항목은 착공신고서 제출 후 15일 이내에 제출하여야 한다.

(2) 공사예정공정표

① 공사예정공정표는 PERT/CPM 방식으로 작성되어야 한다. 다만, 발주청 또는 공사감독자가 공사의 특성상 필요 없다고 판단할 경우에는 그러하지 아니하다.

② 공사예정공정표에는 다음 사항이 명시되거나 첨부되어야 한다.

가. 공종별 및 공종 내 주요공정단계별(activity) 착수시점, 완료시점과 휴지기간(dummy) 후 재착수 시점

나. 공종별 및 공종 내 주요공정단계별 선·후·동시시행 등의 연관관계

다. 주공정선(critical path) 또는 주공정 공사의 목록, 소요공기

라. 옥외 가설물 설치 및 철거 일정계획

마. 사용자재 옥내운반 일정계획 : 건축, 기계, 전기 및 통신, 에너지 공급시설 공사

바. 기타 본 시방서 각 절에 명시되어 있는 사항

(3) 시공계획서

① 제출 및 승인

수급인은 각 항에 명시한 공사에 대한 시공계획서를 작성 제출하여 발주청과 공사감독자의 확인을 받은 후 공사를 착수하여야 한다.

② 포함내용

시공계획서에는 아래사항이 포함되어야 한다.

가. 공사개요

나. 시공관리체제

다. 세부공정표(자재, 인력 및 장비동원계획을 포함한다)

라. 사용재료 및 품질기준

마. 주요공종의 시공절차 및 시공법

바. 품질관리계획 : 품질관리조직, 관리목표 및 실시방법, 목표 미달 시 조치방안

사. 안전관리계획 및 환경관리계획

아. 타 공사 및 공종과의 협의 및 조정이 필요한 사항

자. 적합한 시공을 위하여 설계서의 조정 및 변경이 필요한 사항

차. 기타 본 시방서 각 절에 명시되어 있는 사항

③ 제출시기 및 부수

가. 제출시기 : 각 공종공사 착수 7일 전까지

나. 부수 : 공사감독자가 요구하는 부수

(4) 시공 상세도면

① 제출 및 승인

가. 수급인은 계약문서에서 규정한 시공 상세도면을 작성하여 공사감독자의 승인을 받은 후 관련 공종 공사를 착수하여야 한다.

나. 수급인이 작성하여야 할 시공 상세도면의 목록이 계약문서에 규정되어 있지 아니할 지라도 공사감독자가 안전관리 및 부실공사 방지 등 공사목적 달성을 위하여 특히 필요하다고 인정하거나 계약문서의 관련내용상 당연히 필요하다고 판단하여 시공 상세도면의 작성을 지시할 경우, 수급인은 이에 따라야 하며, 이에 소요되는 비용은 수급인의 부담으로 한다.

다. 공사감독자 및 발주청은 사실상 설계용역의 과업에 해당되는 내용을 작성토록 수급인에게 지시하는 등 관련 규정을 악용하여서는 안 된다. 수급인이 요청하고 공사감독자가 판단하기에 관련 내용이 설계용역의 과업에 해당된다고 판단하는 경우에는 발주청의 승인을 얻어 실비를 지급할 수 있다.

라. 공사감독자의 승인을 받은 시공 상세도면은 1-1 일반적인 조건 1. 일반사항『1.4 공사준공』에 따라 발주청에 제출하여야 한다.

② 작성방법

가. 시공 상세도면은 설계서의 요구사항이 종합되도록 작성되어야 하며, 부위별 재료명과 시공 또는 설치 및 마감상태가 명확히 표기되어야 하고, 정확한 치수가 명시되어야 한다. 또한, 설계서대로 시공하기 위해 조정하여야 할 조건이 있을 경우는 이를 명시하여야 한다.

나. 시공 상세도면은 스켓치 형태로 작성할 수 있다. 다만, 시공 상세도면 작성의 목적을 충분히 달성할 수 있도록 하여야 하며 공사감독자와 협의하여야 한다.

다. 시공 상세도면은 관련분야 전문기술자의 책임 하에 작성하여야 하며 구조계산서가 필요한 경우에는 구조 계산서를 포함하여야 한다.

③ 수급인의 책임

시공 상세도면은 공사감독자의 승인을 받은 경우라도 공사의 시공과 안전에 대한 책임은 수급인에 있다.

④ 포함내용

시공 상세도면에 포함되어야 할 내용의 종류는 본 시방서 각 절의 해당시방 또는 계약문서의 관련내용에 따르며 앞 (4)의 ①항 각 항목에 명시된 경우에 의한 내용은 공사감독자의 지시에 따른다.

⑤ 제출시기 및 부수

가. 제출시기 : 각 공종공사 착수 7일 전까지

나. 부수 : 공사감독자가 요구하는 부수

(5) 자재 제품자료

① 제출 및 승인

공사용 자재(재료, 부재, 제품 및 설비기기를 포함한다. 이하, 본 시방서에서 같다)의 사용 또는 설치 전에 설계서의 요구조건 및 품질기준에의 적합성을 확인하고, 자재선정을 위한 검토나 자재의 품질보증을 위하여 자재 제품자료를 제출하여 공사감독자의 승인을 득한 후 사용 또는 설치하여야 한다.

② 자재 제출 자료의 내용

자재 제출 자료에는 아래의 사항이 포함되어야 한다. 다만, 제품의 선정을 위하여 필요하지 않은 사항은 공사감독자와 협의하여 생략할 수 있다.

가. 자재개요(모델명, 제조자명, 연락처)

나. 당해 자재가 설계서에 명시한 기준 등에 적합한 품질임을 나타내는 다음과 같은 증빙서류 중 하나를 제출하여야 한다.

(가) 품질검사전문기관이 발급한 시험성적서가 제출되는 재료는 시험성적서. 다만, 발급한 날로부터 1년이 경과되지 않았고, 공공기관 사업장에서 공사감독자의 서명날인을 받아 시험 의뢰하여 발급받은 시험 성적서에 한한다.

(나) 『산업표준화법』에 의한 한국산업표준 표시품 증빙서류

(다) 『주택건설촉진법』 등 관계법령에 의하여 품질검사를 받았거나 품질을 인증받은 재료임을 나타내는 증빙서류

(라) 품질확인을 위한 객관적인 자료

다. 자재 제조자의 시공 또는 설치시방서 · 지침서

라. 설계서 및 현장여건이 설치 등에 적합함을 나타내는 서류, 적합하지 않을 경우 등은 자재의 설치 등을 위하여 필요한 설계서 및 현장여건의 조정 요구사항

마. 기타 본 시방서 각 절에 명시되어 있는 사항

③ 제출시기

자재의 사용 또는 설치 15일 전까지 공사감독자에게 필요한 부수를 제출한다. 다만, 건설공사에 최초로 사용되기 전에 품질시험·검사가 필요하다고 본 시방서 절별 내용에 명시되어 있는 경우에는 그 시험·검사에 소요되는 기간을 추가로 감안하여 제출하여야 한다.

④ 증빙서류가 사본일 경우는 현장대리인의 원본대조필의 서명 또는 날인이 있어야 한다.

(6) 견본

① 제출 및 비치

수급인은 공사용 자재에 대하여 설계서에 명시한 기준에 적합한 자재의 견본을 제출, 공사감독자의 승인을 득하여야 한다. 자재의 견본은 반입되는 자재의 검수기준으로 활용할 수 있도록 적합한 장소에 준공 시까지 비치하여야 한다.

② 제출 대상자재

제출대상 자재의 종류는 본 시방서 각 절의 해당시방에 따른다.

③ 제출시기 및 부수

자재의 사용 또는 설치 15일 전까지 1부를 제출한다. 다만, 건설공사에 최초로 사용되기 전에 품질시험·검사가 필요하다고 본 시방서 각 항에 명시되어 있는 경우에는 그 시험·검사에 소요되는 기간을 추가로 감안하여 제출하여야 한다.

(7) 공사사진

① 비치 및 제출

공사시공 중 매몰되어 나타나지 않는 부분 또는 준공 후 해체되는 가설물 등에 대하여 수시로 부분 또는 전경을 분명히 나타내는 천연색 사진으로 기록, 사진첩으로 정리하여 상시 현장에 비치하여야 하며, 준공 시 『1.4 공사 준공』에 따라 발주청에 제출하여야 한다.

② 촬영방법

공사 시공 중 매몰되는 주요부위에 대해서는 기술적 판단자료로 활용할 수 있도록 시공 상태가 분명히 나타나게 주요부위의 상세 및 주변을 포함한 전경을 촬영하여야 하고, 필요시 치수확인을 위한 조치를 취하여야 한다.

③ 대상부위

사진촬영 대상부위는 본 시방서 해당조항의 시방에 따르되 관련규정이 없는 경우에는 시공 상태를 객관적으로 알 수 있는 부위를 촬영하여야 한다.

(8) 재료공급원 승인 요청서

① 공사용 자재(재료, 부재, 부품을 포함한다. 이하 본 시방서에서 같다)의 사용 또는 설치 전에 설계도서의 요구조건 및 품질기준에의 적합성을 확인하고, 자재 선정을 위한 검토나 자재의 품질보증을 위하여 공급원 승인요청 서류를 제출하여 공사감독자의 승인을 받은 후 사용 또는 설치하여야 한다.

② 대상자재의 종류는 해당 공사에 사용할 주요자재 및 재료로서 표준시방서에서 재료공급원 승인이 필요하다고 명시한 것으로 한다.

③ 제출시기 및 부수

자재의 사용 또는 설치 15일 전까지 필요한 부수를 제출한다. 다만 해당공사의 착공 전에 품질시험·검사가 필요하다고 본 시방서에 명시되어 있는 경우에는 그 시험·검사에 소요되는 기간을 추가로 감안하여 제출하여야 한다.

④ 기타 제출자료

가. 수급인은 자재의 품질을 보증할 수 있는 시험성적표 및 각종 증빙서류를 제출하여야 한다. 서류가 사본일 경우는 현장대리인의 원본대조필 서명·날인이 있어야 한다.

나. 검사와 시험에 필요한 견본, 시료

수급인은 개별 시방서에 명시된 대로 필요한 자재의 견본, 시험이나 검사를 위한 시료를 제공하여야 한다. 여기에 수반되는 비용은 수급인이 부담한다.

다. 기타 공급원 승인을 하기 위하여 필요하다고 판단되어 공사감독자가 요구하는 자료

(9) 품질시험 성과표

① 수급인은 계약도서에 명시된 시료를 공사감독자에게 제공해야 하며, 시료 제공에 수반되는 비용은 수급인이 부담한다. 시료가 요구된 공사용 재료는 공사감독자의 서면 승인이 있을 때까지 공사에 사용해서는 아니 된다.

② 각 시료에는 다음의 자료를 명기해야 한다.

가. 명칭, 번호 및 공사에 사용될 위치

나. 제작 또는 조립할 작업부위의 부분 단면

다. 수급인 명

라. 시료를 채취한 재료 또는 기기

마. 제작자의 명칭, 상표 및 원산지

바. 제출일자

사. 기타(부분견본 및 포장, 완제품, 색상이나 질감 및 형태별 견본, 색상 견본철, 시험편 및 공시체 등 공사감독자가 필요하다고 요구하는 자료)

③ 시료의 승인은 제출되어 승인된 해당재료 또는 기기에 대한 특성과 용도에 한정되므로 계약요건을 변경 또는 수정하는 것으로 보아서는 아니 된다. 시공자는 시료를 제출하기 전에 재료 또는 기기가 공사에 필요한 수량대로 공급받을 수 있다는 것을 확인해 두어야 한다. 시료가 승인된 후에는 공사감독자가 따로 서면으로 승인하지 않는 한 변경이나 대체가 허용되지 않는다.

④ 현지의 공급원에서 오는 재료의 시료는 공사감독자가 채취하거나 공사감독자의 입회하에서 채취해야 하며, 그렇지 않은 경우 시료는 시험을 받을 수 없다.

⑤ 시험 중 손상되지 않은 시료는 공사감독자가 식별을 하여 승인했다면 마무리된 공사에 사용할 수 있으며, 공사에 사용된 재료는 승인된 시료와 일치해야 한다.

⑥ 재료가 명시된 시험을 합격하지 못할 경우 계약에 따라 같은 상표, 제작자 또는 재료의 공급원에서 오는 시료는 거부할 수 있다.

⑦ 공사감독자는 사용할 재료가 계약도서의 요건에 합치한다는 품질시험 성과표가 제시된 경우에는 시료를 채취해서 시험하기 전이라도 재료의 사용을 허가할 수 있다. 증서에는 제작자의 서명이 있어야 하고, 현장에 반입되는 각 반입분에 대하여 제시되어야 하며, 반입분이 명확하게 증서에 명시되어야 한다.

⑧ 품질시험 성과표를 근거로 사용된 모든 재료는 시료를 채취해서 시험할 수 있으며, 품질시험 성과표를 근거로 재료가 사용되었더라도 계약도서의 요건에 합치하는 재료를 공사에 투입해야 하는 수급인의 책임을 감면하는 것이 아니다. 이러한 요건에 적합하지 못한 재료는 설치된 여부에 상관없이 거부될 수 있다.

⑨ 품질시험성과표의 서식과 처리는 공사감독자의 승인을 받은 것이라야 한다.

(10) 신고 및 인·허가 신청서류

① 대행

수급인은 계약이행을 위하여 필요한 관계기관 신고 및 인·허가(도시계획시설 변경을 포함한다)에 관련한 설계서 작성, 신청서류 제출, 관계기관과의 협의 및 착공·준공에 필요한 수속업무를 발주청을 대신하여 수행하여야 한다.

② 제출

신청서에 수급인 또는 설치자란이 있을 경우에는 수급인 대표가 기록 날인하고 신청란은 필요시 발주청의 장의 직인날인을 받은 후 관계기관에 신청하고, 신고 및 인·허가필증을 교부받아 준공 시 1.1 일반적인 조건 1. 일반사항 『1.4 공사 준공』에 따라 발주청에 제출하여야 한다.

③ 종류, 서류 및 시기 등

각 절별 계약이행을 위하여 필요한 관계기관 신고 및 인·허가 신청 서류의 종류, 제출처, 제출부수, 제출서류, 제출시기 및 규격 등은 본 시방서의 절별 일반사항 항목의 해당시방 또는 관련 법령에 따른다.

(11) 기타 제출 및 보고서류

① 공사 일지

② 현황 보고

가. 일일 공정 현황

나. 주간 공정 현황

다. 월별 공정 현황

③ 품질시험·검사 및 자재관리 서류

④ 품질관리계획

⑤ 사급 자재 관련서류

가. 사급자재 수급계획서

나. 공급원 승인 요청서

다. 품질시험·검사 대장

라. 품목별 시험·검사 작업일지

마. 시험성과표

바. 자재검수부

사. 품질검사 전문기관 의뢰시험대장

아. 불합격 자재 조치표

⑥ 관급자재 관련서류

⑦ 하도급 관련서류

⑧ 기성 검사원 및 준공 검사원

가. 기성검사원 제출 서류

(가) 기성검사원

(나) 기성금액 내역서

나. 준공계 제출 서류

(가) 준공계

(나) 내역서

(다) 시험 성과표

(라) 준공 사진첩

⑨ 설계변경 여건보고 사항

가. 설계변경사유서

나. 설계변경 명세서 및 산출근거

다. 설계변경도면

라. 계산서(구조, 설비, 토질) 및 표준시방서(개선공법인 경우에 한함)

⑩ 준공기한 연기원

가. 준공기한 연기원

나. 연기 사유서

⑪ 안전관리 서류

가. 안전관리 계획서

나. 안전일지

수급인이 자체관리하며, 안전점검, 안전진단, 건설재해전문기관의 지도, 안전검사, 안전보건교육, 안전의 날 행사 등에 관한 사항을 기록하여 상시 비치하여야 한다.

다. 정기 안전 점검 결과

시공자가 안전전문기관에 의뢰하여 정기안전점검을 시행하였을 경우에는 점검결과 사본 1부를 제출하여야 한다.

라. 안전관리비 사용내역 및 집행 영수증

시공자는 안전관리비 항목별 세부사용내역 및 집행영수증 사본을 기성검사원 및 준공검사원 제출시 1부를 제출하여야 한다.

마. 안전점검에 관한 종합보고서

시공자는 건설공사를 준공한 때에는 안전점검에 관한 종합보고서를 작성하여 본 시방서『1-5 안전, 보건관리』에 따른다.

⑫ 환경관리 서류

가. 환경영향평가 협의내용 이행 계획서

시공자는 환경 영향평가서를 검토하여 환경영향평가 협의내용 이행 계획서를 수립하여야 한다.

나. 환경영향평가 협의 내용 관리대장

협의내용 관리책임자는 협의내용 이행여부를 수시로 점검하고 사후 환경 영향조사를 실시하여 협의내용 이행현황을 기록・정리하여야 한다.

다. 환경피해 보고서

수급인은 환경피해 발생 시 환경 피해보고서를 작성하여 공사감독자에게 제출하여야 한다.

라. 폐공처리현황 및 실적 보고서

수급인은 공사에서 발생한 폐공에 대하여는 환경피해가 발생하지 않도록 폐공을 처리하고 처리현황을 매년(12월 말까지) 공사감독자에게 보고한다.

마. 건설폐재 재활용 계획 및 실적

수급인은 건설폐재를 재활용하고자 할 때에는 건설폐재 재활용 계획을 수립하여 매 분기별로 공사감독자에게 제출하여야 한다.

⑬ 노무와 장비에 대한 보고

수급인은 발주청 또는 공사감독자가 요구할 경우에는 발주청 또는 공사감독자가 지시하는 양식과 기간에 맞추어 수급인의 직원과 각종 노무자(일용 노무자 포함)의 수, 수급인의 공사투입 장비에 대하여 알 수 있도록 상세한 노무 및 장비 투입 보고서를 제출하여야 한다.

1.4.2 서류제출절차 등

(1) 협의 및 확인

① 수급인은 각 제출물 작성 전에 제출물의 작성 및 제출에 관한 사항을 검토하며, 분명하지 않은 사항이 있을 경우 공사감독자와 협의·조정한다.

② 수급인은 각 제출물에 대하여 계약문서와의 일치여부를 확인한 후, 제출물에 날인하여 공사감독자에 제출하여야 한다.

③ 수급인은 제출물의 작성 및 제출에 소요되는 비용(작성을 위한 자료수집·정리 및 전문가에 대한 자문 등에 소요되는 비용을 포함한다)에 대하여 공사에 추가로 청구할 수 없다.

(2) 규격 등

① 서류의 규격은 계약서에서 지정한 양식을 제외하고는 수급인이 내용의 성격에 따라 임의로 정하여 작성하되, 표지는 A4크기로 정리하여 제출하여야 한다.

② 제출서류는 건별로 제출일자 및 각 면마다 일련번호를 명기하며, 비치서류는 건별로 작성일자 및 각 면마다 일련번호를 명기한다.

(3) 추가요구 및 변경

발주청 또는 공사감독자는 제출물의 제출부수의 추가, 제출시기의 변경 또는 본 시방서에 명시되지 아니한 제출물의 제출 또는 기록유지를 요구할 수 있으며, 수급인은 이에 따라야 한다.

(4) 내용변경

모든 제출물은 내용의 변경을 수반하는 사유가 있어 공사감독자가 이를 인정한 때에는 관련되는 제출물을 재작성하여 제출하여야 한다.

(5) 미제출시의 제한

본 시방서가 정한 제출물을 발주청 또는 공사감독자에게 제출하지 않고서는 발주청 또는 공사감독자의 승인 또는 확인을 받을 수 없으며, 해당 공사를 진행할 수 없다.

1.4.3 공정관리

(1) 자재, 장비, 인력동원

① 수급인은 공종공사 착수 전에 시공계획서 및 예정공정표에 의한 자재를 현장에 반입하여 공사감독자의 검사를 득해야 한다.

② 수급인은 예정공정에 부합되는 충분한 시공능력이 있는 장비를 투입하여야 하며 현장 투입 전에 점검 및 정비를 하여 장비고장에 의한 공정차질이 없도록 하여야 하며 또한 고장 시 현장에서 응급조치할 수 있는 부품과 정비인력을 확보 또는 동원할 수 있는 체제를 갖추어야 한다.

③ 수급인은 경험이 많고 성실한 기능 인력을 확보하여 공정추진에 지장이 없도록 하여야 하며 최초 투입되는 인력은 안전관련 규정에 의한 교육과 현장위험 사항을 교육하여 안전사고가 발생하지 않도록 하여야 한다.

(2) 수급인은 1.4 제출서류 및 공정관리 1.4.1 제출서류의 규정에 의한 공정관련 서류를 적기에 제출하여 공사감독자가 신속히 공정진도 및 공정의 이상흐름을 파악할 수 있도록 하여야 한다.

(3) 부진공정에 대한 대책수립

① 수급인은 공정이 현저하게 부진할 경우에는 공사감독자의 요구에 따라 부진공정 만회대책을 수립하고 수정예정공정표를 작성하여 공사감독자에게 제출하여야 한다.

② 수급인은 공정만회대책에 의한 자재, 장비 및 인력을 충분히 동원하여야하며 부진공정을 만회하였다 하더라도 투입된 자원의 철수 시에는 공사감독자의 승인을 받아야 한다.

③ 공정만회대책의 공정 및 공종은 세부적인 사항까지 포함하여 공정추진에 지장이 없어야 한다.

1.5 현장관리

1.5.1 작업시간

(1) 공사는 '근로기준법'에 의해 정해진 시간 중에 행하는 것을 원칙으로 한다. 규정시간 외 또는 휴일작업을 행할 필요가 있을 경우에는 사전에 공사감독자의 승인을 받아야 한다.

(2) 공사시행상의 형편에 따라 작업시간의 연장이나 단축. 또는 야간작업이 필요할 경우에는 사전에 공사감독자의 승인을 받아야 한다.

1.5.2 주요관리 사항

(1) 수급인은 공사의 시공에 수반된 각종 관리사항에 대하여 (3)이하에서 명시한 바에 따른 합리적인 시공관리를 해야 하며 이에 소요되는 비용은 수급인 부담으로 한다.

(2) 수급인은 공사 시공 중 품질 관리를 위하여 관계 규정에 의하여 관리를 하여야 한다.

(3) 수급인은 설계도서에 명시된 시험항목과 시험빈도에 따라 관리시험을 실시하고 그 결과를 정리하여 공사감독자에게 제출하여야 한다.

(4) 수급인은 품질시험, 측량, 기록 등을 필요로 할 때에는 공사의 시공과 병행하여 관리 목적 및 제 규정에 맞도록 적기에 실시하여야 한다.

(5) 공사감독자는 아래사항이 발생하였을 경우에는 제 규정 및 설계도서에 명시된 시험항목과 시험빈도를 변경할 수 있으며, 이런 경우에는 수급인은 공사감독자의 지시에 따라야 하며 소요비용은 수급인 부담으로 한다.

① 공사 초기에 작업이 정상적으로 시행되지 못한 경우

② 관리시험결과 한계 값에 이상(異狀) 접근하는 경우

③ 시험의 결과 품질에 균일성이 결여된 경우

④ 전항 각호 이외 공사감독자가 필요하다고 판단한 경우

(6) 수급인은 발주청이 공사 목적물을 인수할 때까지 손상이 없도록 관리하고 보존하여야 한다.

1.5.3 현장관리

(1) 수급인은 시공에 앞서 공사현장 또는 현장 인근의 일반통행인 등이 보기 쉬운 곳에 공사명, 공사기간, 발주청과 수급인 등을 기재한 공사안내 표지판을 설치하고 공사 완료 후 철거하여야 한다.

(2) 수급인은 공사현장에 관계법규에서 규정한 유자격 책임기술자를 배치하여야 한다.

(3) 수급인은 공사에 사용하는 중요한 선박, 기계 등을 반입 또는 반출할 때에는 공사감독자에게 보고하여야 한다.

(4) 수급인은 건전한 작업환경을 조성하여 작업원이 좋은 환경에서 일할 수 있도록 하여야 한다.

(5) 수급인은 공사 중 예기치 못한 물건을 발견하거나 습득한 경우에는 공사감독자에게 조속히 보고하고 지시에 따라야 한다.

(6) 수급인은 덤프트럭 등의 대형 수송 장비로 대량의 토사, 공사용 자재 등을 수송하는 공사에서는 사전에 관계기관과 협의하여 교통안전에 관한 필요한 사항의 계획을 수립 공사감독자에게 제출하여야 한다.

(7) 수급인은 잠수작업이 있는 공사에서는 잠수교육을 받았거나 충분한 경험을 가진 기능 인력을 현장에 배치하여야 한다.

(8) 수급인은 공사 준공 후에는 관련규정에 의한 준공표지판을 설치하여야 한다.

(9) 수급인은 공사기간 중 항시 현장 내를 정리정돈하고 공사 완공 시에는 현장을 깨끗이 청소하고 잔재나 폐품 등을 조속히 철거 또는 반출하여야 한다.

(10) 기계기구

① 공사용 기계 기구를 사용할 경우에는 관계법규를 준수함은 물론 취급자격을 보유한 자를 배치해야 한다.

② 사용하는 기계 기구는 정기적으로 정비 점검하여야 하며, 기록을 유지해야 한다.

③ 사용하지 않는 기계 기구는 안전조치를 하고 철저히 확인하여 안전한 장소에 보관하여야 한다.

(11) 건설폐기물의 처리

① 공사에서 발생한 아스팔트나 콘크리트 잔해 등 산업폐기물은 폐기물처리에 관한 법률에 따라 처리하여야 한다.

② 산업폐기물의 처리를 타인에게 위탁할 경우에는 처리업의 허가를 소지한 자로 하며, 처리방법에 대해서는 시공계획서에 명기하여야 한다.

③ 수급인은 공사의 전부 또는 일부가 완성된 경우에는 잔여재료, 폐기물 처리 등 현장정리를 하여야 한다.

(12) 공사기록유지

① 수급인은 공사시공에 관련된 아래 내용에 대하여 기록사진을 촬영, 제출하여야 한다.

가. 공사단계 시공현황

나. 완공 후 외부에서 확인이 곤란한 부분

다. 그 외 특히 공사감독자가 지시한 부분

사진촬영 시는 필요에 따라 피사체(被寫體)의 치수를 알 수 있도록 스케일(자, 폴, 스타프 등)을 같이 놓고 사진을 촬영하여야 한다.

② 사진 구성

가. 전경사진은 공사 착공 전과 완공 후를 비교할 수 있도록 사진을 촬영해야 한다.

나. 공사단계 상황사진은 공사시공 중의 상황파악이 가능하여야 한다.

다. 같은 공정을 반복하여 촬영하는 경우 1 싸이클을 대표적으로 촬영하고, 다음 싸이클은 생략할 수 있다.

라. 공사 중의 재해사진은 전경이나 부분사진으로 재해전과 후의 상황을 비교할 수 있도록 촬영하여야 한다.

③ 촬영방볍

가. 사진을 촬영할 때에는 피사체의 상황, 장소, 일시, 형상 치수의 확인과 판단이 될 수 있도록 해야 한다.

나. 사진을 촬영할 때 아래의 내용을 기재한 내용이 들어가도록 해야 한다.

(가) 공사명

(나) 공 종

(다) 측점번호

(라) 설계치수

(마) 실측치수

(바) 위 치

(사) 기타 특기사항 등

1-3 자재관리

1. 일반사항

1.1 적용범위

본 시방서는 공사에 사용되는 공사용 자재의 관리에 대하여 필요한 일반적인 사항을 정한다. 이 절에서 사용되는 『자재』라는 용어는 특별한 언급이 없는 한 관급자재를 제외한 공사용 자재를 말한다.

1.2 적용기준

1.2.1 사용자재

공사에 사용하는 자재 중에서 본 시방서를 포함한 설계도서에 품질기준이 명시되어 있는 품목은 그 품질기준에 적합한 신품(가설시설물 자재를 제외한다)을 사용하여야 한다. 다만, 해당 설계도서에 품질기준이 명시되어 있지 않은 품목 또는 구체적으로 언급되어 있지 않은 경우에는 아래의 기준에 따라 적합한 자재를 사용한다.

(1) 다음 각 호의 1에 적합한 자재(이하 본 시방서에서 『한국산업표준에 적합한 제품 등』이라 한다)를 우선 사용한다.

① 『산업표준화법』 에 의한 한국산업표준 표시품(이하 본 시방서에서 『KS표시품』 이라 한다)

② 건설기술관리법에 의한 품질검사전문기관(건축, 토목, 기계설비, 조경의 경우) 또는 공인시험기관(전기설비, 통신설비의 경우)에서 산업표준화법에 의한 한국산업표준에 따라 품질시험을 실시하여 KS 표시품과 동등 이상의 성능이 있다고 확인한 것

③ 산업표준화법에 의한 KS 표시품과 동등 이상의 성능이 있는 자재는 관련 국가기관 또는 공인기관에서 인정한 것

(2) 앞의 ① 및 ② 항목에 적합한 자재가 없을 경우에는 품질 및 성능이 우수한 시중제품으로 하되 이를 입증할 수 있는 관련 자료를 검토하여 결정하여야 한다.

(3) 환경영향이 적은 환경표지(마크), GR마크 등 정부가 정한 기준에 의하여 인증받은 녹색(친환경)자재 및 제품은 대상 공사의 현지여건, 시설물의 특성, 적용공법, 사용자재간의 조화여부를 고려하고, 안전성, 내구성, 사용성 등을 검토한 후, 적합한 경우에는 이를 우선 적용한다.

1.2.2 사용제한

품질시험・검사시험 결과 불합격률이 높다고 인정되는 생산업체의 자재에 대하여 발주청 또는 공사감독자는 사용제한을 지시할 수 있으며 수급인은 이를 따라야 한다.

1.2.3 수급인의 책임

수급인이 자재를 사용함에 있어 품질시험・검사 등 본 시방서에서 정하는 방법에 따라 적절한 절차를 거쳤다하더라도 사용자재의 불량에 의한 하자가 발생하였을 경우에는 수급인이 책임을 져야 한다.

1.3 반 입

1.3.1 자재수급계획서

해당공사의 공정계획에 맞추어 사급자재 수급계획서를 작성하여 공사감독자의 승인을 받아야 한다.

1.3.2 반입시기

(1) 공사에 사용되는 자재는 공사추진에 지장이 없도록 반입하여야 하며 설계도서 또는 본 시방서와 기타 관련법규에 의하여 품질시험・검사 등이 필요할 경우에는 그 소요시간을 감안하여 현장에 반입하여야 한다.

(2) 수급인은 적절한 시기에 자재를 반입하지 아니하므로 인하여 공사추진에 문제 발생이 예상된다는 이유로, 공사감독자가 자재품질관리와 관련하여 설계도서 또는 본 시방서, 기타 관련 법규에 의하여 행하는 시험, 검사 등을 적절히 행할 수 없도록 하는 어떠한 행위 등을 하여서는 안 된다.

1.3.3 자재에 대한 품질보증

(1) 수급인은 다음 자재의 반입 시에는 차량별로 시험결과 등이 기재된 납품서를 납품자로부터 받아 공사감독자가 확인할 수 있도록 하여야 한다. 수급인은 공사용 자재에 대하여 품질관리를 위하여 필요하다고 판단할 경우에는 품질시험전문기관이 작성한 시험성적서 등 품질보증에 관한 자료나 공사감독자의 참여하에 품질시험 또는 검사 등에 의한 품질의 확인을 자재의 생산자 또는 수입・판매하는 자에게 요구하여야 한다.

(2) 자재의 품질확보와 관련하여 발주청에 대한 책임은 수급인에게 있다.

1.4 관급자재관리

1.4.1 검사 및 확인

수급인은 반입된 관급자재(관급자재가 설치도인 경우에는 설치 완료된 상태)의 다음 사항에 대하여 검사 및 확인을 시행하고, 그 결과 문제점이나 이의가 있을 때에는 그 내용을 공사감독자에게 보고하여야 한다.

(1) 납품서

(2) 품질, 규격, 성능 및 수량 등

(3) 설계도서와의 적격여부 및 제품자료, 견본과의 일치여부

(4) 납품기일

(5) 시험 성과표 또는 품질검사확인서(관리시험 또는 검사를 필하여 납품되는 품목)

1.4.2 관급자재의 품질 등

발주청이 공급하는 관급자재와 관급에서 사급으로 변경된 자재 및 사급에서 관급으로 변경된 자재의 품질, 규격 및 납품방법 등은 발주청이 별도로 정한 것 이외에는 당해 자재의『관급자재구입시방서』에 따른다.

1.4.3 잔재 및 부족재

관급자재(설치도인 관급자재를 제외한다)중 공사에 사용하고 남는 잔재는 공사감독자가 지정하는 장소에 수급인의 부담으로 수송하여야 하며, 부족재가 있을 경우에는 발주청에 설계변경을 요구하여야 한다. 다만, 부족재는 파손 및 분실된 것을 제외한 절대부족량에 한 한다.

1.4.4 전환된 잔재의 수령

수급인은 다른 곳에서 전환된 관급자재에 대하여 품질상의 특별한 하자가 없는 한 이를 수령하여야 한다.

1.4.5 관급자재는 설계도서에 명시된 장소에서 수급인에게 인도되거나 공급되며, 수급인에게 인도된 후의 관급자재에 대한 관리책임은 수급인에게 있다.

1.4.6 관급자재의 공급이 지체되어 공사가 지연될 우려가 있을 때 수급인은 발주청의 승인을 얻어 수급인이 보유한 자재를 대체 사용할 수 있다.

1.4.7 발주청은 앞의 1.4.6항에 의하여 대체 사용한 자재를 현품으로 반환하거나 또는 대체사용 당시의 가격에 의하여 그 대가를 준공금 지급 시까지 수급인에게 지급한다.

1.4.8 수급인은 공사감독자와 협의하여 관급자재의 수량, 인도시기, 인도장소를 변경 요청할 수 있다.

1.5 자재(관급자재 포함)의 보관, 운반, 취급

1.5.1 자재의 보관 부지, 창고

(1) 수급인은 자재의 보관을 위한 부지 또는 창고를 준비하여야 하며, 그 위치를 공사감독자에게 통지하여야 한다.

(2) 보관 장소가 사유재산일 경우에는 소유자 또는 임대인의 서면 승인 없이 보관 장소로 사용할 수 없으며 공사감독자가 요구하면 서면 동의서를 제출하여야 한다. 또한 보관 장소의 사용이 끝나면 필요한 경우 수급인의 부담으로 이를 원상 복구하여야 한다.

1.5.2 품질변화 방지

(1) 반입자재는 그 품질과 공사의 적합성이 보장되도록 보관하여야 한다. 수급인은 자재를 보관하거나 반출할 때는 자재를 손상하지 않도록 하여야 하며, 이물질이 혼입되거나 자재가 뒤섞이지 않는 방법과 장비를 사용하여야 한다.

(2) 보관된 자재는 보관 전에 승인을 받았더라도 공사 투입 전에 다시 검사할 수 있는 위치에 보관하여야 한다.

(3) 자재는 준공전후를 막론하고 변질, 손상, 오염, 뒤틀림, 변색 등 품질에 영향을 주는 일체의 변화가 생기지 않도록 보관, 운반, 취급하여야 한다.

1.5.3 화기위험 자재의 분리보관

수급인은 화기위험이 있는 자재를 다른 자재와 분리하여 보관하고 화재 예방대책을 수립하여 취급하여야 한다.

1.5.4 관리시험 자재의 분리보관

현장 반입 후 관리시험을 시행하여야 할 자재는 시험이 종료될 때까지 기존의 반입된 자재와 섞이지 않도록 분리하여 보관하여야 한다.

1.5.5 관급자재의 관리 책임

수급인은 관급자재의 인수, 출고 및 재고상태를 관급자재관리부에 기록하고 상시 비치하여야 하며, 이에 대한 보관 및 관리의 책임을 진다.

1-4 품질관리 및 시공점검, 검측

1. 일반사항

1.1 품질관리

1.1.1 적용범위

본 시방서는 건설공사의 품질을 확보하고 부실공사를 방지하기 위한 품질관리계획의 일반적인 요건을 정한다. 본 시방서의 관련 항목에 품질관리에 관한 규정이 있을 경우에는 그에 따른다.

1.1.2 품질관리계획

(1) 계획수립 및 제출

① 건설기술관리법 및 동법 시행령, 시행규칙의 관련 규정에 따라 품질보증계획서 또는 품질시험계획서를 작성 제출하여야 한다.

② 발주청 및 공사감독자는 수급인이 제출한 앞 ①항의 계획에 대한 내용을 검토하여 보완하여야 할 사항이 있는 경우 수급인에게 이를 보완하도록 요구할 수 있으며, 수급인은 이에 따라야 한다.

(2) 계획수립 대상공사의 범위

건설기술관리법 및 동법 시행령, 시행규칙의 관련규정에 따른다.

(3) 계약이행의 확인

① 발주청은 수급인이 품질보증계획 또는 품질시험계획에 따라 공사의 시공 및 사용재료에 대한 품질관리 업무를 적정하게 수행하고 있는지 그 여부를 공사착공일로부터 연1회 이상 확인할 수 있으며 이 경우 수급인은 입회하여야 한다.

② 발주청은 확인 결과 시정이 필요하다고 인정하는 경우에는 수급인에게 시정을 요구할 수 있으며 시정을 요구받은 수급인은 지체 없이 이를 시정한 후 그 결과를 발주청에 통보하여야 한다.

③ 수급인은 발주청에서의 계약이행의 확인을 위해 공사 현장을 방문하였을 때 동 업무수행에 필요한 차량, 시험장비 등 모든 지원을 하여야 한다.

(4) 품질관리비의 사용 및 정산

품질관리비의 사용 및 정산에 관한 사항은 건설기술관리법 및 동법 시행령, 시행규칙(이하 본 항에서 『건기법』 이라고 한다)에 따른다.

1.1.3 품질보증계획의 수립

건기법의 관련 규정을 따른다.

1.1.4 품질시험계획의 수립

건기법의 관련 규정을 따른다.

1.1.5 품질시험 및 검사

(1) 수급인은 공사용 자재 및 재료의 규격 및 품질 등이 설계도서에 명시한 기준에 적합한 지를 확인하기 위하여 품질시험 및 검사를 실시하여야 한다.

(2) 품질시험의 기준은 건기법의 관련 규정에 따른다.

(3) 품질시험 및 검사를 실시할 때는 공사감독자의 입회하에 실시하여야 한다.

(4) 품질시험기준에 명시되지 아니한 자재 또는 재료라도 공사감독자가 공사의 목적상 필요하다고 판단하여 품질시험을 요구할 때는 이를 실시하여야 한다.

(5) 품질시험 또는 검사가 공사현장에서 실시함이 적절한 시험 등은 현장시험으로 실시하여야 한다.

(6) 공사현장에 설치된 현장시험실에서 수행할 수 없는 품질시험은 품질시험전문기관(국·공립시험기관 또는 국토해양부장관이 지정한 자)에 의뢰하여 시행하되, 국토해양부의 지방해양항만청 소속 관련기관이 시행할 수 있는 품질시험 또는 검사는 그 기관에 의뢰하여 시행하도록 한다. 품질시험전문기관에 의뢰하여 품질시험을 실시하는 경우에는 공사감독자 및 수급인이 시험 또는 검사에 입회하지 아니할 수 있다.

(7) 현장시험실 또는 품질시험전문기관에 의뢰하여 시험 또는 검사할 때 부적합한 자재 또는 재료는 제조공장 등에서 시행할 수 있다. 이 경우에는 공사감독자가 입회하여 직접 확인하여야 한다.

(8) 결과기록

① 수급인은 품질시험·검사대장 및 품목별시험·검사작업일지에 품질시험 또는 검사의 결과를 기재하여 공사감독자의 확인을 득하여야 한다.

② 수급인은 품질시험 또는 검사를 완료한 때에는 품질시험·검사 총괄표를 작성하고, 기성검사, 예비준공검사 및 준공검사의 신청 시 첨부하여야 한다.

(9) 불합격 자재의 반출

① 수급인은 품질시험·검사결과가 설계도서의 기준에 부적합한 경우(이하 본 시방서에서『불합격』이라 한다)에는 시험작업일지에 그 내용을 기재한 후 불합격된 자재는 지체 없이 반출하여야 한다.

② 수급인은 불합격되어 반출된 자재에 대하여 품질시험·검사 불합격 자재 조치표를 작성·보관하여야 한다.

(10) 재시험

① 수급인은 사용할 자재가 품질시험·검사에 불합격된 경우 시험결과 확인 등을 이유로 동일자재에 대하여 반복하여 시험을 요구하거나 시행할 수는 없다. 다만, 공사감독자가 시험여건 등을 감안하여 동일자재에 대한 재시험이 필요하다고 판단할 경우는 그러하지 않을 수 있다.

② 품질시험·검사에 불합격된 경우 수급인은 재시험을 시행하여야 하며, 이에 따른 추가비용은 수급인이 부담한다.

1.1.6 현장시험실

(1) 규모, 인력, 장비 등

① 수급인은 현장에서 품질시험 및 검사를 실시하기 위하여 필요한 시험실의 규모, 시험·검사장비의 설치, 시험 및 검사요원의 배치 등은 설계도서와 건기법 관련규정을 따른다.

② 시험·검사장비 및 요원은 공사의 공정에 따라 필요한 때에 설치 또는 배치할 수 있다. 이 경우 공사감독자의 승인을 받아야 한다.

③ 발주청이 특히 필요하다고 인정하는 경우에는 공사종류, 규모 및 현지실정 등을 감안하여 시험실 규모 또는 시험·검사 인력을 조정할 수 있다.

(2) 관련서류 비치

현장시험실에는 품질시험 및 검사에 관한 관련서류를 비치하고 기록을 유지·관리하여야 하며 공사감독자의 요구가 있을 경우에는 즉시 열람할 수 있도록 하여야 한다.

1.1.7 품질시험 또는 검사의 의뢰

(1) 일반사항

수급인은 품질시험 및 검사를 이 절에서 규정한 바에 따라 품질검사전문기관에 의뢰할 수 있으며, 이 경우 수급인은 그 의뢰내용에 대하여 미리 공사감독자의 확인을 받아야한다.

(2) 시료채취

품질시험 및 검사를 의뢰하기 위하여 시료를 채취할 때에는 공사감독자가 입회하여야 하며 시료 채취 후 공사감독자의 봉인을 받아야 한다.

(3) 의뢰서의 서식

의뢰서의 서식은 공사감독자의 지시를 따른다.

1.2 시공점검, 확인 및 검측 등

1.2.1 적용범위

이 항은 수급인이 공사를 수행함에 있어서 공사의 부실시공 방지와 품질관리를 위하여 공사단계별로 시공상태를 점검하기 위한 사항과 이와 관련한 공사감독자의 시공확인 또는 검측에 대한 일반적인 사항을 정한다. 본 시방서의 관련 항목에서 시공확인 및 검측 등에 대하여 구체적으로 제시한 경우에는 이를 따른다.

1.2.2 수급인의 의무

(1) 수급인은 공사의 품질확보를 위하여 성실히 노력하여야 하며 이를 위하여 공사 시행의 모든 단계에서 본 시방서의 각 절에 특별한 언급이 없더라도 시공점검을 자체적으로 시행하여야 한다(이하 이 절에서 이를『자체시공점검』이라 한다).

(2) 수급인은 본 시방서의 각 절에서 공사감독자의 시공확인 또는 검측을 받도록 규정되어 있을 경우에는 시공확인 또는 검측의 요구 전에 수급인이 시공점검(이하 이 절에서 이를『시공점검』이라 한다)을 실시하여 설계도서에 따라 시행되었는지 그 여부를 확인하고 이상이 없을 때 공사감독자에게 시공확인 또는 검측을 요구하여야 한다.

(3) 수급인은 시공점검 대상공종에 대해서는 공사감독자의 시공확인 또는 점검을 받아 승인을 받은 후 후속공종에 착수하여야 한다. 공사감독자의 시공확인 또는 검측에 따른 승인을 득하지 않고 후속공종을 시행한 경우에 발주청 또는 공사감독자는 이의 제거 및 재시공을 명할 수 있으며 수급인은 자신의 부담으로 이에 따라야 한다.

1.2.3 시공점검 계획서 작성

(1) 수급인은 앞『1.2.2 수급인의 의무』의 (1)항목에 의한 자체시공점검과 (2)항목에 의한 시공점검계획서 2부를 관련 공종의 착수 5일 전까지 공사감독자에게 제출하여 승인을 받아야 한다. 시공점검계획서에는 시공점검 시공확인 또는 검측의 기준을 포함하여야 한다.

(2) 공사감독자는 수급인이 제출한 시공점검계획서를 검토하여 검토의견이 없을 경우에는 관련공종 착수 1일 전까지 수급인에게 이를 통보하며, 검토의견이 있을 경우에는 관련공종 착수 3일 전까지 수급인에게 통보한다.

(3) 공사감독자는 수급인에 의한 시공점검계획서의 제출이 있을 경우에는 즉시 1부를 발주청에 제출하도록 한다. 또한, 공사감독자의 검토의견이나 최종 승인내용에 관해서도 수급인에게 통보와 동시에 발주청에 보고한다. 발주청은 시공점검계획서의 수정이 필요하다고 판단할 경우에는 언제든지 이에 대한 재검토를 지시할 수 있다. 다만, 발주청의 재검토 지시는 이미 시공이 완료된 부분에 대해서는 제외한다.

(4) 수급인은 시공점검계획서에 대한 공사감독자의 승인을 받았을 경우에도 발주청 또는 공사감독자가 관련 공종의 시공 전 또는 시공 중인 당해 공종 공사의 품질관리를 위해 필요하다고 판단하여 수급인에게 시공점검, 시공확인 또는 검측을 받도록 지시할 수 있으며 특별한 사유가 없는 한 수급인은 이를 따라야 한다. 이 경우 공사감독자는 시공점검, 시공확인 또는 검측의 기준을 명확히 제시하여 수급인이 관련 공종의 시공 시 이를 참조하여 품질관리가 되도록 하여야 한다.

(5) 시공점검계획서에는 본 시방서 1-4 품질관리 및 시공점검 · 검측 1. 일반사항『1.2 시공점검, 확인 및 검측 등』의 1.2.5항 규정에 의한 내용과『1.2.6 수중, 지하 등의 매설물』에서 정한 내용이 포함되어야 한다.

1.2.4 자체시공점검

(1) 수급인은 자체 시공점검 후 시공 상태가 적정하고 설계도서와 일치할 때에만 후속 공종의 공사를 시행하여야 한다.

(2) 자체시공점검은 관계법규, 설계도서와 합리적인 기술적 판단, 발주청 및 공사감독자가 제시한 기준에 따라 행하여야 하며 앞『1.2.3 시공점검계획서 작성』의 (3)~(4)항목에 의하여 공사감독자가 품질관리를 위해 필요하다고 인정하여 수급인에게 지시한 내용은 자체시공점검 시에도 공사감독자에게 시공확인 또는 검측을 받는 것에 준하여 실시하여야 한다.

1.2.5 시공확인 및 검측

(1) 공사감독자는 수급인에 의한 시공확인 또는 검측의 신청이 있을 시에는 지체 없이 이를 실시하여 공사추진에 지장이 없도록 하여야 한다.

(2) 공사감독자가 표준시방서의 관련규정에 따라 시공확인 또는 검측을 실시할 때에는 수급인은 최대한 협조하여야 한다. 공사감독자가 특히 필요하다고 판단하여 시공확인 또는 검측의 새로운 기준에 따라 시공확인 또는 검측을 시행하고자 할 때에는 관련공종의 시공 전에 수급인에게 통보하여야 하며 평가의 기준을 명확히 하여야 한다.

(3) 공사감독자가 시공확인 또는 검측을 위하여 X-ray 촬영, 도막두께 측정, 기계설비의 성능시험, 수중촬영 등의 특수한 방법이 필요하여 공사감독자가 그 업무를 수행하기가 곤란하다고 판단하여 발주청의 승인을 받았을 경우에는 외부전문기관에 의뢰하여 시공확인 또는 검측업무를 수행할 수 있다. 외부전문기관에 의뢰하는 비용은 수급인이 제시한 공사비에 포함된 것으로 본다.

(4) 단계적인 시공확인 또는 검측으로는 시공 상태의 확인이 곤란한 콘크리트의 생산, 타설과 같은 공종은 본 시방서의 각 항에 특별한 언급이 없더라도 공사감독자의 입회하에 시공하여야 한다. 또한, 공사감독자가 품질관리를 위하여 특별히 필요하여 수급인에게 통보한 공종 역시 공사감독자의 입회하에서만 시공할 수 있다.

(5) 앞의 (4)항목에 의하여 공사감독자의 입회가 필요한 시공을 공사감독자의 입회 없이 시공한 부분은 공사감독자가 제거 또는 재시공 명령을 할 수 있으며 수급인은 자신의 부담으로 이에 따라야 한다.

1.2.6 수중, 지하 등의 매설물

(1) 수급인은 수중 또는 지하에서 행하여지는 공사나 외부에서 확인하기 곤란한 부분의 시공 시에는 설계도서에 관련규정이 없더라도 공사감독자의 입회하에 시공하여야 하며 시공당시의 상세한 경과기록 및 사진 촬영 등의 방법으로 그 시공내용을 명확히 입증할 수 있는 자료를 작성하여 공사감독자에게 제출하여야 한다.

(2) 이 앞의 표준시방서『1.2.5 시공확인 및 검측』의 (4)항목과 (5)항목은 수중 또는 지하에서 행하여지는 공사나 외부에서 확인하기 곤란한 공종에 준용한다.

1.2.7 시공확인 또는 검측의 서식

시공확인 및 검측 등을 위한 서류양식은 공사감독자의 지시에 따른다.

1.2.8 시공 허용 오차

(1) 시공 허용 오차 기준

부위별 시공오차는 본 시방서 해당 항목의 기준에 따른다.

(2) 공사 진행

① 시공오차 측정결과가 시공 허용오차 기준을 벗어나는 부분은 반드시 이를 시정 조치한 후 후속공사를 진행하여야 한다.

② 허용오차 기준은 부실시공을 방지하기 위한 최소한의 범위를 규정한 것이므로 본 시방서 해당 항목의 허용오차 기준보다 설계도서에 명시된 기준이 더 강화되어 있을 경우 수급인은 설계도서에 명시된 기준에 적합한 시공이 이루어지도록 하여야 한다.

③ 시공 상태가 허용오차 내 일지라도 외관상 또는 구조적, 기능적으로 문제가 있다고 판단하여 공사감독자가 지시할 때에는 이를 시정하여야 한다.

④ 속채움, 뒷채움, 배면매립 등 복합공종으로 이루어진 구조 또는 사석에 의한 호안이나 안벽 등의 축조 시, 지반의 거동 등으로 인하여 시공오차를 초과하는 변위가 발생하는 경우에는 구조물의 설치 목적에 따라 안정성, 내구성, 사용성 등을 면밀히 검토한 후, 공사감독자와 협의하여 적절한 대책을 수립하여야 한다.

1.2.9 발주청의 현장 지도점검 및 시공평가 등

(1) 현장 지도점검

① 발주청은 사전에 부실시공을 방지하고 공사의 품질관리가 계약문서의 요구조건에 맞게 수행되고 있는지를 확인하기 위하여 그가 필요하다고 판단할 때에는 수시로 현장을 방문하여 지도점검을 실시할 수 있으며, 이 경우 수급인과 공사감독자는 반드시 입회하여야 하고 발주청의 업무수행에 최대한 협조하여야 한다.

② 발주청은 점검결과 지적사항이 있을 때에는 공사감독자를 경유하여 수급인에게 문서로서 시정을 요구할 수 있으며 수급인은 이를 시정하고 그 내용을 상세히 작성, 공사감독자를 경유하여 발주청에 보고하여야 한다. 수급인이 보고하는 시정조치의 내용에는 시정 전, 시정 후의 천연색 사진이 포함되어야 한다.

③ 수급인은 발주청의 지적사항에 그 조치방안이 포함되어 있지 않은 경우에는 지적사항에 대한 조치방안을 수립, 공사감독자의 확인을 받아야 한다. 공사감독자가 판단하기에 그 내용이 중요한 사항이어서 발주청의 결정이 필요한 경우나, 또는 발주청이 지적사항에 대한 조치방안을 수립하여 발주청의 승인을 얻도록 문서에 명백히 하였을 경우에는 검토의견을 첨부하여 발주청에 보고하여야 한다. 또한, 관련내용은 기록으로 유지되어 공사감독자 또는 발주청이 필요시 열람할 수 있어야 한다.

④ 발주청이 현장 지도 점검 시 지적한 사항에 대한 시정조치가 완료되기 전까지는 기성 또는 준공검사원을 제출할 수 없다. 다만, 시정조치내용과 기성 또는 준공검사내용이 특별한 관련이 없다고 공사감독자가 판단할 경우는 그렇지 아니하다.

(2) 발주청의 시공평가

① 발주청은 당해 공사에 대하여 건설기술관리법 관련규정에 의한 시공평가를 실시할 수 있으며 수급인은 시공평가 시, 발주청의 지시에 따라야하며 공사가 완료된 경우에도 공사내용, 현장조사, 분석 등에 적극 협조하여야 한다.

② 발주청은 시공평가 결과 부실공사로 평가되었을 경우에는 관련부분에 대하여 보완 또는 재시공을 요구할 수 있으며 수급인은 이에 따라야 한다. 이 경우 수급인은 앞의 1.2.9 발주청의 현장 지도점검 및 시공평가 등의 (1)의 ③항을 준용하여 업무를 처리한다.

1-5 안전, 보건관리

1. 일반사항

1.1 적용범위

본 시방서는 공사를 수행함에 있어서 공사의 안전 및 보건관리에 관한 일반적인 사항을 정하며, 이 절에서 명시하지 않은 내용은 관련법규와 본 시방서의 각 항의 내용에 따른다.

1.2 관련법규 및 규정

(1) 건설기술관리법 및 동법 시행령, 시행규칙(이하 본 절에서 『건기법』 이라 한다.)

(2) 산업안전보건법 및 동법 시행령 시행규칙(이하 본 절에서 『산업안전보건법』 이라 한다.)

(3) 건설공사 안전관리계획서 작성지침(국토해양부)

1.3 일반원칙

1.3.1 수급인의 일반적 책임

(1) 수급인은 관련법규에서 정하는 바에 따라 공사현장 내에서의 안전・보건관리를 위하여 성실하게 노력하여야 하며 그 의무를 소홀히 함으로서 발생되는 일체의 사항에 대한 모든 책임은 수급인에게 있다.

(2) 수급인은 공사현장내의 수급인 측 직원 및 작업인원(하도급업체 직원 및 작업인원을 포함한다. 이하 같다) 등의 통제, 안전·보건 및 보안, 인사사고에 대하여 비록 관련법규에 규정하지 않았다 하더라도 자체적으로 안전대책을 수립・시행하고 사고 발생 시에는 수급인의 책임으로 즉시 필요한 모든 조치를 취해야 한다.

(3) 수급인은 본 공사의 수행으로 인하여 인접한 주민은 물론 통행인과 공작물, 농작물 및 가축, 양식어류에 피해를 주지 않도록 필요한 조치를 하여야 하며, 이와 관련 손해 등이 발생하였을 때에는 수급인의 부담으로 이를 원상복구하거나 보상하여야 한다.

(4) 수급인이 본 공사를 하도급 할 경우에는 시공방법, 공기 등에 관하여 안전하고 위생적인 작업수행을 저해할 우려가 있는 조건을 붙여서 하도급하여서는 안 된다.

1.4 안전관리계획의 수립

(1) 적용

수급인은 건기법의 관련규정 및『건설공사 안전관리계획서 작성지침』(국토해양부)에 따라 본 공사가 안전관리계획수립 대상공사일 때는 안전관리계획을 수립하여야 하며 발주자는 대상공사가 아닐 경우라도 공사 시행 상 필요하다고 인정되는 공사에 대해서는 계획 수립을 지시 할 수 있다.

(2) 안전관리계획 수립 대상

건기법의 관련 규정에 의하되 필요한 공사에 한하여 발주자는 계획 수립을 지시할 수 있다.

(3) 제출시기

건기법의 관련 규정을 따른다.

(4) 안전관리계획의 내용

① 건기법 및『건설공사 안전관리계획서 작성지침』(국토해양부)을 따른다.

② 공사감독자는 수급인이 제출한 안전관리계획에 대하여 검토를 하고 그 검토의견을 첨부하도록 한다. 발주청 또는 공사감독자는 수급인이 작성한 안전관리계획을 보완하도록 지시할 수 있으며 특별한 이유가 없는 한 수급인은 이에 따라야 한다. 비록 발주청 또는 공사감독자가 보완조치를 지시하였을 경우라도 안전관리에 대한 최종 책임은 수급인에게 있다.

1.5 유해·위험 방지 계획서

본 공사가 산업안전보건법 관련 규정에 따라 유해·위험방지계획서를 작성하여야 하는 사업일 경우에는 산업안전보건법의 관련규정에 따라야하며 안전관리계획서와 유해·위험방지계획서를 통합하여 작성할 수 있다.

1.6 안전관리조직

(1) 수급인은 공사 착수 전 건기법, 산업안전보건법 등 관련 법령에 따라 안전관리조직을 구성, 운영하여야 한다.

(2) 수급인은 공사 수방계획안을 편성하여 현장 사무실내에 비치·부착한다.

1.7 안전관리활동

1.7.1 안전·보건교육

시공자(안전보건관리 책임자)는 당해 사업장의 근로자에 대하여 고용노동부령이 정하는 바에 따라 안전·보건교육계획을 수립하여 실시하고, 그 결과는 교육일지에 작성, 보존하여야 하며 교육대상 및 교육시간은 산업안전보건법 제33조 제1항 관련 산업안전보건관련 교육과정별 교육시간에 따른다.

1.7.2 안전점검

(1) 건설공사의 안전점검은 건기법 시행령 제46조의 4항에 따라야 한다.

(2) 건설공사의 시공자는 자체안전점검 및 건설안전 전문기관의 정기안전점검과 정밀안전점검에 대한 계획을 수립 실시하여야 한다.

(3) 안전점검의 결과와 조치내용을 기록·유지하여야 하고, 기록서류는 준공 후 하자담보 책임기간까지 보관하여야 한다.

(4) 안전점검은 다음 사항을 대상으로 한다.

① 공사 목적물의 안전성

② 공사 시공도면 및 공법선택의 적합성

③ 공사품질의 적정성

④ 인접된 건축물·구조물의 안전성

(5) 발주자는 발주한 건설공사의 안전한 업무수행을 위하여 정기 또는 수시로 시공자의 안전에 대한 제반의 관리 상태를 점검 또는 진단하여 미흡하거나 잘못된 사항에 대하여 시정 또는 해당 공사의 일시 중단을 요구할 수 있다.

1.7.3 산업안전보건관리비의 사용

(1) 발주청은 수급인과 공사계약을 체결할 때 산업재해 예방을 위한 표준 산업안전보건관리비를 공사금액에 계상하여야 한다.

(2) 수급인은 공사계약을 체결할 때 계상된 금액 이상을 산업안전보건관리비로 사용하여야 하며, 발주청은 수급인과 하도급자가 산업안전보건관리비를 다른 목적으로 사용하거나, 사용하지 아니한 금액에 대하여 계약 금액에서 감액 조정하는 등의 방법으로 산업안전보건관리비의 목적 외 사용을 방지할 수 있다.

(3) 수급인은 공사의 일부를 하도급 시행할 때에는 계상된 산업안전보건관리비의 범위 안에서 하도급자에게 위험도 등을 고려하여 적정하게 산업안전보건관리비를 지급하여 사용하게 한다.

(4) 수급인은 산업안전보건관리비를 사용하고 그 내역서를 당해 공사 현장 내에 비치하여야 하며, 공사감독자는 수급인에게 산업안전보건관리비 사용 및 관리에 대하여 공사 도중 또는 종료 후 산업안전보건관리비 사용 내역서의 제출을 요구할 수 있으며, 수급인은 이에 응하여야 한다.

(5) 기술지도

① 공사금액 3억 원 이상 120억 원(토목은 150억 원)미만인 건설공사를 시행하는 수급인이 표준 산업안전보건관리비를 사용하고자 하는 경우에는『산업안전보건법 제30조 4항』의 규정에 의한 건설 재해 예방전문기관의 지도를 받아야 한다.

② 공사금액에 따른 기술지도 횟수는 고용노동부장관이 정하는 횟수이상이어야 하며 공사금액이 40억 원 이상인 경우 산업안전지도사(건설분야) 또는 건설안전기술사가 기술지도 횟수 4회에 1회 이상 방문지도를 받아야 한다.

③ 건설재해 예방 전문기관의 기술지도를 받아야 하는 수급인은 공사착공 후 14일 이내에 건설재해 예방 전문기관과 기술지도에 관한 계약을 체결하고 기술지도계약서를 공사감독자에게 제출하여야 하며, 건설재해 예방 전문기관의 기술지도를 받은 때에는 기술지도 결과보고서를 공사감독자에게 제출하여야 한다.

1.8 현장안전관리

1.8.1 공통사항

(1) 공사현장의 안전관리는 근로기준법, 산업안전보건법 및 관련법규를 준수하여야 하며, 특히 다음 사항에 유의하여야 한다.

① 일반인 및 근로자의 출입통제와 질서 및 보건의 유지

② 화재, 도난, 소음 등의 방지, 위험물 및 그 위치표시 기타 사고방지에 대한 단속

③ 재료와 설비의 정리 및 관리, 현장내외의 정리정돈 및 청소

④ 주변도로의 정비, 교통정리, 교통안전관리 및 보호시설

⑤ 공사장 주변의 안전조치는 관계법규에 따라 시설하고 근로자의 안전보호구, 재해예방시설, 경보용 설비 및 유사시의 대책 등을 구비하여야 한다.

(2) 공사구역 및 부근해역에 대한 규제 등에 대해서는 관계기관(관할 지방해양항만청 등)과 협의하고, 해운, 항만관련기관 및 단체에 규제사항을 주지시켜야 한다. 작업구역은 간판, 울타리, 부표(부표, 등부표 등) 등을 사용하여 명확하게 표시하여야 한다.

(3) 공사현장 근로자와는 고용계약을 적법 하에 체결해야 하며, 계약의 내용에는 근로조건을 명시하여야 한다.

(4) 공사현장 및 부근에 있는 지상 및 지하의 기존시설에 지장을 주지 않도록 유의하여 시공하여야 한다. 또 해저에 매설된 시설물(관로, 케이블 등)에 대해서도 손상되지 않도록 유의하여야 한다.

1.8.2 공사현장의 안전조치

(1) 호우, 홍수, 태풍 등에 대한 기상예보 등에 충분히 주의하여 유사시에는 피해를 최소한도로 줄이는 조치를 하여야 한다.

(2) 공사에 필요한 안전조치는 관계법규에 따라 안전에 만전을 기하기 위한 계획, 조치, 점검, 훈련 등을 실시하여야 하고, 필요한 제반시설을 갖추어야 하며, 공사감독자의 승인과 검사를 받아야 한다.

(3) 공사 착수 전에 안전시설을 하여야 할 사항은 다음과 같다.

① 출입금지 구역의 설정
② 도로의 교통제한 또는 금지
③ 폭약사용에 대한 위험 표지
④ 전기, 상하수도 및 통신 등 중요한 시설에 대한 보호
⑤ 위생적인 음료수의 확보
⑥ 위생적인 화장실과 배수시설
⑦ 의무실 및 구급약의 확보
⑧ 유류, 가스(gas) 등 위험물 보관 장소의 설치 및 위험표지
⑨ 기타 공중의 안전을 위하여 필요한 사항

(4) 주변 구조물 보호 : 공사 중에는 현장내부뿐만 아니라 현장주위의 시설물이나 환경에 영향을 끼쳐서는 안 되며, 사전 조사에 의한 매설물 파악, 방호조치, 정기적 검사 등을 실시하여야 한다. 공사현장 근로자에게도 이의 중요성을 인식시켜야 하고, 매설된 문화재를 발견한 경우에는 지체 없이 공사감독자에게 보고하여 관련법에 따라 처리 될 수 있도록 한다.

(5) 지장물 철거 및 원상복구 : 지장물 철거는 기초상태, 크기, 높이, 하중 등을 충분히 조사, 검토한 후 적절한 공법을 선정하여 소관기관 또는 소유주와 공사감독자의 승인을 얻어 실시한다. 본 공사가 끝난 뒤에는 공사용 임시 시설물, 잔재, 폐기물, 기타 모든 불용품을 철거하고 청소를 완료하였을 때 공사가 완공된 것으로 인정할 수 있다. 해체공사는 별도의 특기 사항이 없는 경우 고용노동부가 고시한 해체공사 표준안전지침에 따른다.

(6) 폭발물의 취급

① 폭발물의 운반, 보관 및 사용 등의 취급은 화약류 취급에 관한 관계법규에 따라 안전하게 하여야 한다.

② 발파작업에 사용되는 폭발물은 발파작업 표준 안전작업지침을 준수해야 한다. 해상 발파작업을 할 경우에는『항만건설 안전시공편람』의 작업방법에 준한다.

(7) 작업장 주변

① 제3자의 위험이 예상되는 현장주변은 지상 높이 1.8m 정도의 울타리를 설치한다.

② 통행인 및 통행 차량에 대한 낙하물 보호조치를 하여야 한다.

③ 차량 출입구 관리를 철저히 하여야 한다.

④ 공사표지, 경광등, 공사 예고판 등을 부착하여야 한다.

⑤ 작업장 주변은 정리정돈 하여야 한다.

⑥ 작업장 주변은 안전시설의 완비 및 유지를 위하여 순찰을 실시하여야 한다.

(8) 매설물 부근에서의 작업은 다음 사항을 준수해야 한다.

① 도면 확인 및 시굴 등으로 사전조사를 실시

② 가스관, 전력선 부근의 기계 굴착작업 금지

③ 가스관 부근의 굴착작업 중 가스농도 측정

④ 매설물 이설 및 보강작업시는 작업지휘자를 지정하고 그의 지휘 하에 작업 실시.

(9) 위험물(지뢰, 폭탄 등)이 잔존할 가능성이 있는 해역에서의 준설, 항타 및 이와 유사한 공사 등으로 지반을 교란 또는 지반에 충격을 주는 공사를 할 때는 사전에 위험물을 탐사하고 안전성을 확인하여야 한다.

1.8.3 정보관리

해상공사를 안전하게 추진하기 위한 정보로는 기상·해상 등의 자연조건에 관련된 정보, 선박교통 및 어업 등 사회조건에 관련된 정보. 작업선의 폭주(輻輳) 및 경합(競合), 그리고 토취장(土取場)등 점용구역 내에서의 작업에 관련된 정보들을 잘 관리하고 이용하여야 한다.

1.8.4 항행관리(航行管理)

해상공사에서는 반드시 항행관리를 해야 한다. 이러한 항행관리는 일반적으로 공사용 작업선박의 관리와 공사해역부근을 항행하는 일반항행선박의 관리로 대별할 수 있다.

1.9 현장보건관리

1.9.1 산업보건기준 : 작업현장에서는 다음의 보건기준을 준수하여야 한다.

(1) 유해원인제거 : 가스, 유류, 화학물질, 증기, 유해광선, 초음파, 소음, 진동, 이상기압, 병원체에 의한 오염, 단순반복작업 또는 인체에 과도한 부담을 주는 작업 등 근로자에게 유해한 작업은 그 원인을 제거 또는 대체, 작업방법 및 시설의 변경 또는 개선조치를 하여야 한다.
(2) 채광 및 조명 : 작업장소의 채광 및 조명은 명암의 차이가 심하지 않고, 눈이 부시지 않는 방법으로 관련법에 맞게 설치하여야 한다.
(3) 온도 및 습도 : 고온, 저온, 건조, 다습한 옥내 작업시는 냉난방, 통풍 등 적절한 온도, 습도조절조치를 하여야 한다.
(4) 출입금지조치 : 유해・위험한 장소에는 출입금지조치를 하고, 이를 제시하여야 한다.
(5) 휴게시설 : 근로자들이 휴게 또는 휴식시간에 이용할 수 있는 휴게시설을 갖추어야 한다.
(6) 응급용구 : 부상자의 응급치료에 필요한 응급용구를 비치하고 장소와 사용방법을 근로자에게 알려주어야 한다.
(7) 세척시설 : 작업 중 근로자의 의복이 심하게 젖거나, 유해물질 등에 오염될 수 있는 작업장에는 탈의시설, 목욕시설, 세탁시설 및 작업복을 말릴 수 있는 시설을 설치하여야 한다.

1.9.2 건강진단

근로자의 건강을 보호 유지하기 위하여 보건기준에 따른 일반건강진단, 특수건강진단, 배치 전 건강진단 등을 실시하여야 한다.

1.9.3 작업환경측정

(1) 인체에 해로운 작업을 행하는 작업장은 작업환경을 측정, 평가한 후에 그 결과를 기록・보존하여야 한다.
(2) 작업환경 측정결과 허용기준 이상일 때는 즉시 해당 근로자에게 보호구를 지급하고, 설비의 설치 또는 개선 등 필요한 조치를 강구하여야 한다.
(3) 발암성 물질 등 근로자에게 중대한 건강장해를 유발할 우려가 있는 작업장 내의 그 노출농도를 허용기준 이하로 유지하여야 한다.

1.9.4 질병자의 취업금지 및 제한

전염병, 정신병 또는 근로로 인하여 병세가 현저히 악화될 우려가 있는 질병자는 의사의 진단에 따라 근로를 금지하거나 제한하여야 한다.

1.9.5 근로시간 연장의 제한

(1) 휴일작업이나 야간작업은 공사계약일반조건 관련규정을 준수하여야 하며 사전에 해당자에게 통보하고 동의를 받아야 하며 필요할 때 공사감독자가 입회할 수 있어야 한다.
(2) 시가지 공사 또는 사용 중인 기존 시설물에 인접한 장소에서의 작업은 작업시간을 주위당사자들과 협의 조정하여야 하며, 자체에 무리가 가는 작업, 밀폐된 장소에서의 작업등은 필요한 안전조치를 선행하고 안전 작업기준을 준수하여야 한다.

(3) 야간작업시는 조명, 작업장의 정리정돈, 야간에 식별이 용이한 신호, 신호수 및 경계표시의 설치 또는 배치, 울타리의 설치, 통로의 점검, 비래토석, 낙하물 보호시설의 점검 등 필요한 사항을 사전에 조치하여 작업에 따른 위험이 없도록 해야 한다.

(4) 유해 또는 위험한 작업(잠함 또는 잠수작업 등 높은 기압에서 하는 작업)에 종사하는 근로자에 대하여는 1일 6시간, 1주 34시간을 초과하여 근로하게 하여서는 아니 된다.

1.9.6 물질안전보건자료의 비치

화학물질 및 화학물질을 함유한 제제를 구입 또는 사용할 경우에는 해당 화학물질 등에 대한 물질안전보건자료를 비치하고 그 내용을 취급자에게 교육하여야 한다.

1.9.7 근골격계부담작업으로 인한 건강장해예방

작업자가 반복적인 동작, 부적절한 작업자세 등에 의해 근골격계부담작업을 수행할 경우 유해요인조사, 작업환경의 개선 등을 시행하여야 하며, 필요시 보건기준에 따른 근골격계질환 예방관리프로그램을 수립하여 시행하여야 한다.

1.9.8 밀폐공간 작업으로 인한 건강장해예방

산소결핍, 유해가스로 인한 화재·폭발 등의 위험이 있는 장소에서의 작업을 하는 경우에는 밀폐공간 보건작업 프로그램을 수립하여 시행하여야 한다.

1.9.9 사고처리 및 응급처치

(1) 응급조치 : 사고발생에 따른 근로자에 대하여는 응급구조를 위해 다음의 조치를 신속하게 처리하여야 한다.

① 사고로 인한 부상에 대하여 응급조치에 필요한 구급용구를 비치하여야 한다.

② 사고발생시 적절한 긴급조치를 취해야 한다.

가. 부상자 및 질병자에 대한 응급조치

나. 연쇄사고 및 사고확대 방지를 위한 안전조치

(2) 사고처리

① 중대재해 발생의 경우 안전보건총괄책임자는 발생즉시 관할경찰서, 관할 지방 노동관서 및 보험사, 발주청에 유선으로 통보하고, 산업재해가 발생한 날로부터 1개월 이내 산업재해조사표를 작성하여 관할 지방고용노동관서의 장에게 제출하여야 한다. 다만, 요양급여 또는 유족급여를 산업재해가 발생한 날로부터 1개월 이내에 근로복지공단에 신청한 경우에는 그러하지 아니한다.

② 현장에서는 사고발생즉시 안전담당자와 관리공사감독자가 신속히 사고원인을 조사하여 안전 관리자에게 보고하여야 한다.

③ 사고조사는 동종사고가 재발되지 않도록 인적·물적 및 관리적 원인을 분석하고 대책을 수립한 후 필요한 조치를 하여야 한다.

1-6 환경관리

1. 일반사항

1.1 적용범위

본 시방서는 공사를 시행함에 있어서 수급인이 수행하여야 할 환경관리에 대한 일반적인 요건을 정한다. 이 절에서 규정하지 않은 사항은 본 시방서의 관련 항이나 계약문서, 대한민국의 관련 법령, 조례, 훈령 등 적법한 절차에 따라 시공하여야 한다.

1.2 관련 법령 및 규정

(1) 대기환경보전법령

(2) 해양환경관리법

(3) 환경정책기본법령

(4) 폐기물관리법령

(5) 소음・진동관리법령

(6) 수질 및 수생태계보전에관한법령

(7) 유해화학물질관리법령

(8) 환경분쟁조정법령

(9) 환경영향평가법령

(10) 지하수법

(11) 건설폐기물의 재활용 촉진에 관한법률

1.3. 자연환경관리

1.3.1 공통사항

토목공사로 인하여 자연생태계가 인위적으로 훼손과 오염이 되지 않도록 보호하여야 하며, 훼손된 자연생태계는 그 원래의 기능이 발휘되도록 최대한 복원되어야 하며, 또한 자연환경 보전에 필요한 경우 공사감독자의 지시를 준수하여야 하며, 환경관련법규의 자연환경 보전에 대한 요건을 철저히 이행하여야 한다.

1.3.2 동물보호

(1) 수급인은 본 공사로 인하여 동물의 이동로가 차단되어 야생동물의 서식처가 분리될 경우 야생동물이 안전하게 이동할 수 있는 이동통로의 확보계획을 수립하여야 한다.

(2) 수급인은 야생동물을 보호하기 위하여 공사감독자의 지시가 있을 때에는 이에 따라야 한다.

1.3.3 식물보호

(1) 공사용 가도, 진출입로, 임시시설 설치 등을 위한 부지는 식물의 훼손을 최소화 할 수 있는 지역에 선정하여야 한다.

(2) 수급인은 자신의 필요에 의하여 흙깎기 등을 시행한 후 절개지가 존재할 경우에는 이를 방치하여서는 아니 된다. 공사감독자가 지시할 경우에는 녹지조성 등을 시행하여야 한다.

1.3.4 지하수 보호

(1) 수급인은 지하수를 공사용으로 개발하거나, 공사로 인하여 지하수에 악영향이 예상될 경우 다음과 같은 사항을 시행하여야 한다.

(2) 수급인은 공사 현장의 지하수 이용 실태를 조사하고 지하수 고갈에 따른 대책을 수립하여 민원발생이 되지 않도록 하여야 한다.

(3) 수급인은 플랜트의 심정 등 폐공이나 그 외 사용치 않는 폐공에 대해서는 지하수의 오염 방지를 위하여 환경에 오염이 없도록 폐공관리지침에 의거 원상 복구하여야 하며, 공사감독자는 준공 검사 시 폐공의 적정처리 여부를 포함하여 검사하여야 한다.

(4) 폐공 전 구간에 대해 공매재료의 충전이 완료되면 지표면에서 1～1.5m 하부 지점까지는 깨끗한 흙으로 다지면서 되메움을 하여야한다.

1.4 생활환경관리

1.4.1 공통사항

수급인은 당해 공사로부터 야기되는 환경오염에 대하여 스스로 이를 방지하여야 하며 생활환경 보전을 위한 공사감독자의 지시를 준수하고 환경관련 법규의 생활환경 보전에 대한 요건을 철저히 이행하여야 한다.

1.4.2 대기 오염 방지

(1) 골재야적장 및 콘크리트 플랜트 시설을 설치하고자 할 때에는 관련법령에 의한 신고 또는 인·허가에 대한 승인을 받은 후 설치·운영하여야 하며, 날림먼지의 발생을 억제하기 위한 시설의 설치 등 필요한 조치를 하여야 한다.

(2) 공사용 차량 운행 시에는 적재함 덮개를 사용하고, 세륜 시설 등을 설치하여야 하며, 공사 중인 도로에는 살수 차량을 운행하여 먼지 등의 날림을 방지하여야 한다.

(3) 공사현장에서 악취가 발생하는 물질을 소각하고자 할 때에는 관련법령에서 정하는 적합한 소각시설을 이용하여 이를 소각하여야 한다.

1.4.3 수질오염방지

(1) 공사 현장에서 폐수 배출 시설을 설치하고자 할 때에는 관련 법규에 의한 신고 또는 인·허가를 받은 후 설치·운영하여야 한다.

(2) 공공수역에서 분뇨, 동물의 사체, 쓰레기 또는 오니(汚泥)를 버리거나 자동차를 세차하는 행위를 하여서는 안 된다.

(3) 강우 시 하천수질의 탁도 증가, 토사퇴적 등을 사전에 방지하기 위하여 임시배수로 설치, 침사지 및 저류조 설치, 물막이공 설치 등 준비 작업을 철저히 시행하여야 한다. 이러한 설비는 발생용량에 충분히 대비할 수 있어야 한다.

(4) 준설공사나 수중 터파기 공사 시에는 수질오염이 확산되지 않도록 철저한 대책을 수립하여 시행하여야 한다. 특히 인근에 어장이나 수산 양식장이 있을 경우 이에 피해가 발생하지 않도록 하여야 한다.

1.4.4 소음·진동방지

(1) 수급인은 공사구간이 건설소음 규제지역으로 지정되거나 규제지역 안에서 공사를 시행하고자 할 때에는 관련 법령에 따라야 한다.

(2) 공사차량 운행으로 인한 소음의 영향을 저감하기 위하여 차량의 운행속도를 제한하여야 하며, 작업장에서는 사용 장비의 작업시간 조정 등 소음저감대책을 수립한 후 시공하여야 한다.

(3) 수급인은 발파에 의한 소음·진동을 저감하기 위하여 폭약의 사용, 1회 사용량, 발파시간조정, 발파공법개선 등의 사항이 포함된 소음·진동저감대책을 수립한 후 시공하여야 한다.

(4) 소음저감을 위한 방음시설의 설치는 설치목적을 달성할 수 있도록 설계서, 시방서 및 공사감독자의 지시에 따라 시공하여야 한다.

(5) 소음·진동 발생에 따른 민원 소송 등 제기 시에는 수급인이 전담 해결한다.

1.4.5 폐기물 처리 및 건설폐기물의 재활용 촉진

(1) 수급인은 공사현장에서 배출되는 폐기물에 대하여는 관련 법령에 적합하게 처리하여야 한다. 이 경우 수급인은 처리계획을 수립하여 공사감독자의 승인을 받아야 한다.

(2) 수급인은 공사용 장비에서 발생하는 폐유 등의 무단투기를 방지하기 위하여 『폐기물 회수 및 처리방법에 관한 규정』(환경부 고시)에 따라 작업장 내에 폐유 회수통을 비치하고, 발생 폐유를 회수하여 처분하여야 한다.

(3) 수급인은 공사현장에서 발생하는 건설폐재에 대하여는『자원의 절약과 재활용 촉진에 관한 법률』과『건설폐재 배출사업자의 재활용지침』을 준수, 적정처리 대책을 수립하여 공사감독자의 승인을 받아 처리하여야 하며 관련서류는 사무실에 비치하여야 한다.

(4) 수급인은 본 공사를 수행함에 있어서 자원의 재활용을 위해 최대한 노력하여야 한다. 당초의 설계목적을 충분히 달성할 수 있는 방법으로 자원을 재활용하여 공사비를 절감할 경우에는 당초 계약된 관련 공사비를 삭감하지 아니한다. 당초의 설계목적을 충분히 달성할 수 있는지의 여부는 공사감독자, 발주자, 수급인이 관련 내용을 검토 및 협의하되 최종결정은 발주자가 한다.

(5) 발주자는 건설폐기물의 재활용촉진에 관한 법률의 규정에 의거 본 공사 현장에서 발생되는 건설폐기물을 분리배출, 보관, 처리 및 재활용하고자 하는 경우에는 수급인에게 이를 요구할 수 있으며 관련법의 규정에 따라 소요비용을 지불하여야 한다.

(6) 수급인은 발주자의 요구가 있는 경우에는 이에 따라야하며 건설폐기물 재활용촉진에 관한 법률의 규정을 준수하고 건설폐기물 재활용에 적극적으로 참여하여야 한다.

1.4.6 경관훼손

수급인은 자연경관 훼손을 저감하기 위하여 노력하여야 하며 이의 태만으로 인하여 민원 등이 발생할 경우에는 수급인이 처리하여야 한다.

1.5 분쟁의 조정

(1) 수급인은 본 공사로부터 오염물질이 배출되어 환경오염에 대한 민원이 발생되지 않도록 조기에 적절한 대책을 수립하여야 한다. 수급인이 적절한 대책수립을 태만히 하거나 능동적으로 대처하지 못함으로 인하여 환경오염 피해민원이 발생할 경우 수급인은 이에 대하여 책임을 져야 한다.

(2) 수급인은 본 공사로 인하여 야기되는 환경오염 피해에 관한 민원의 발생을 예방하기 위해 환경영향평가서의 주민의견 수렴내용을 철저히 이행하여야 하며, 발파가 필요할 경우에는 사전에 주민들에게 알리는 등 생활환경 관리를 능동적으로 수행하여야 한다.

1.6 현장환경관리

1.6.1 공통사항

급인은 환경영향평가서에 제시된 협의내용과 사업계획에 반영된 협의내용을 성실히 이행하여야 하며, 관련내용이 없다고 하더라도 공사시행으로 인한 환경관리를 위해 노력하여야 한다.

1.6.2 공사 환경관리

(1) 협의내용을 성실히 이행하기 위하여 공사현장 사무실에 협의내용 등을 기재한 관리대장을 비치하고, 이행상황의 점검·보고할 환경관리책임자를 지정하여야 한다.

(2) 협의내용 및 환경보전에 위배가 예상되는 현장을 사전 점검하고, 그 대비책을 강구하여 공사감독자와 협의하여야 한다.

(3) 수중 굴착공사를 위하여 오탁 방지막을 설치하였을 경우 방지막이 적정한 위치에 적절하게 설치되었는지, 또는 방지막의 파손이나 훼손이 없는지를 수시로 점검하여 그 대비책을 강구하여 공사감독자와 협의하여야 한다.

(4) 민원 및 환경영향이 예민할 것으로 예상되는 구역은 시공 전, 시공 중, 시공 후의 현황을 촬영한 사진을 현장사무실에 비치하고, 보고 자료로 사용해야 한다.

(5) 시공 중 환경에 중대한 영향을 미치는 것으로 판단되는 때에는 공사를 중지하고, 현황 (일시, 기후, 위치 등이 기재된 환경영향)을 조사하여 공사감독자에게 제출하고, 그의 지시에 따라야 한다.

(6) 협의내용에 환경조사가 있을 경우 이를 조사하여야 하며, 조사방법은 협의내용에 따라 시행되어야 한다.

(7) 수급인은 시공 중 환경관리기관의 지적사항이 있을 경우 이를 보완하여야 한다.

1.6.3 공사 후 환경관리

(1) 공사 중 환경관리(환경관리대장, 사진 및 필름, 현황조사내용 및 기타 자료)에 사용한 모든 자료는 정리하여 공사감독자에게 제출하여야 한다.

(2) 공사 중 환경관리에 관한 모든 자료는 공사 후 환경관리에 사용할 수 있도록 시설물 관리자에게 인계하여야 한다.

1-7 가 시설물

1. 일반사항

1.1 가설 공급시설물

1.1.1 적용범위

본 시방서는 다음 사항에 관한 요건을 제시한다.

(1) 공사 중 사용될 임시공급 시설물과 이후의 철거시설물

(2) 임시전기, 임시조명, 임시난방 등 공급시설물의 설치 운영에 관한 사항

1.1.2 공사용 가설 공급시설

(1) 계약문서에 의해 설치되는 공사용 가설 공급시설은 관련법 규정에 의거 인허가 또는 신고하고 안전하게 설치되어야 하며 이의 태만으로 인한 모든 책임은 수급인에게 있다.

(2) 각종 시설은 공사시행에 방해되지 않도록 배치하고 필요에 따라 재배치한다.

(3) 공사용 가설 공급시설은 공사감독자와 협의하여 설치하여야 한다.

(4) 관련법규

① 건축법, 시행령 및 규칙

② 지자체 건축조례

③ 소방관련 법규

1.1.3 임시전기

(1) 시공 작업에 필요한 전기시설이나 전기는 수급인이 공급하고, 비용을 부담해야 한다.

(2) 시공계획서, 작업방법 등을 면밀히 검토하여 필요한 동력용 전기용량, 작업구역, 사무실 및 숙소 등을 포함한 조명용 전기용량 등을 감안하여 충분한 용량의 전기수급계획을 수립하여야 한다.

(3) 필요한 용량, 지구별 사용계획에 따라 변압기의 용량, 개소 등 수전설비의 배치계획을 수립하여 시행하여야 한다.

(4) 기존의 배전시설을 이용할 경우에는 임시 배전선로를 명시된 지점 또는 기존건물에 인입하고, 배전용량과 특성은 필요한대로 수급인이 보완하여 사용해야 한다. 이때 발주자 또는 기존사용자의 사용을 방해해서는 안 된다.

(5) 배선은 전기용량, 사용 장소 등에 맞추어 사용하기 편리하게 배선하고 전선은 공사작업에 방해가 되지 않도록 설치하여야 하며 염해, 침수, 피뢰 등의 대책을 강구하여야 한다.

(6) 임시동력의 전기설비공사는 전류가 20A 또는 그 이하로 작동하는 접지단락 차단시설 설치한다.

(7) 작업에 필요한 동력 출구는 배선과 분전반에 연결하고, 전선은 유연한 것이라야 한다.

(8) 편리한 위치에 주 차단기와 과전류 보호 장치, 분전스위치, 계량기 등을 설치해야 한다.

(9) 시공 중에는 영구적인 배선을 사용해서는 안 되며, 불가피한 경우 사유, 제거방법, 제거시기에 대하여 공사감독자의 승인을 받고 설치하여야 한다.

(10) 동력과 조명에는 단상회로를 설치하고, 적합한 배전기, 배선 및 출구를 갖추어야 한다.

(11) 현장작업장, 현장사무소, 화장실 및 이와 유사한 장소에도 임시 배전을 한다.

(12) 공사 준공 후 임시전기시설의 사용이 불필요하게 될 때에는 공사감독자와 협의 후 임시 시스템을 철거하여야 한다.

1.1.4 임시 조명

(1) 작업장의 조명은 20watt/㎡ 이상의 조도를 유지해야 한다. 다만, 특별한 사유가 있어 안전 및 부실시공 방지에 문제가 없다고 판단하여 공사감독자가 승인하는 경우에는 그렇지 않다.

(2) 외부발판과 적치구역의 조명은 일몰 후의 보안을 위해서 10watt/㎡의 조도를 유지해야 한다.

(3) 전원에서 배전반까지의 배선에는 조명용 컨덕터와 램프를 갖추어야 한다.

(4) 조명은 유지관리를 철저하게 하고, 일상적인 보수를 해야 한다.

(5) 시공 중에는 건물의 영구적인 조명을 사용해서는 아니 된다.

(6) 다음과 같은 배전/조도의 단계별로 공사할 장소 및 각층의 에너지를 절약할 수 있는 개폐회로 스위치를 설치한다.

① 전체 점등 및 소등

② 작업용 또는 점유용이 아닌 비상등

③ 높은 조도의 광원사용 및 확보

④ 낮은 조도의 광원사용 및 확보

⑤ 개별 점등 및 소등

(7) 공사할 각 장소의 작업, 시험 또는 검사작업, 안전대책 및 이와 유사한 작업의 조건이나 요구사항에 적합한 단계의 조도상태가 되도록 조명 설비를 지속적으로 유지관리 하여야 한다.

(8) 현장내의 보안 및 안전용 가설조명시설을 작업장주변 및 이와 유사한 장소에까지 확대한다.

(9) 수급인은 누전이나 감전사고가 발생하지 않도록 배선 상태를 점검하고 위험이 예상될 때에는 즉시 시설개선을 하는 등 철저히 유지관리 하여야 한다.

(10) 공사 준공 후 임시 조명시설 사용이 불필요하게 될 때에는 공사감독자와 협의 후 조명시설을 철거하여야 한다.

1.1.5 임시 난방

(1) 시공 작업을 위해 명시된 조건을 유지하기 위해 필요한대로 난방장치와 열 공급을 하고, 수급인은 그 비용을 부담해야 한다. 다만, 계약서에 의해 발주자가 난방비를 부담하는 경우에는 에너지 보전설비를 하고, 별도의 열량계를 설치해서 사용된 열량에 대한 비용은 발주자로부터 정산 받아야 한다.

(2) 임시난방기의 운전, 유지관리, 정기적인 필터의 교체 및 소모 부품의 조달은 수급인이 수행하고, 그 비용을 부담해야 한다.

1.1.6 임시 냉방

(1) 시공 작업을 위해 명시된 조건을 유지하기 위해 필요한대로 냉방장치를 갖추고 비용을 부담해야 한다. 다만 계약에 의하여 발주자가 냉방비를 지불하는 경우에는 에너지 보전설비를 하고 별도의 열량계를 설치해서, 사용된 열량에 대한 비용은 발주자로부터 정산 받아야 한다.

(2) 운전, 유지관리, 정기적인 필터 및 소모품의 교체 등은 수급인이 수행하고, 그 비용을 부담해야 한다.

1.1.7 임시 전화 및 팩시밀리

현장사무소와 공사감독자 현장사무소까지의 전화시설은 공사착공과 동시에 사용할 수 있도록 준비하고 유지관리와 비용은 수급인이 부담해야 한다.

1.1.8 임시 상수도

(1) 시공 작업을 위해 필요한 적합한 수질의 급수시설은 공사착공 준비 시에 설치하거나 기존 상수도에 연결하고, 유지관리와 비용은 수급인이 부담해야 한다. 다만, 계약에 의해서 발주자가 용수비를 지불하는 경우에는 수량보전시설을 하고, 별도의 계량기를 설치해서, 발주자로부터 비용을 정산 받아야 한다.

(2) 배관을 연장하고 급수전을 두어서 바로 호스를 연결해서 물을 사용할 수 있게 해야 하며, 동결방지를 위해서는 임시단열을 시공해야 한다.

1.1.9 설비 및 시설물의 철거

(1) 임시 공급설비 및 시설물은 당해 공사가 준공되어 사용이 불필요하게 되면 현장에서 철거하여야 한다.

(2) 지중에 매설된 시설은 600mm 이상 깊이까지 제거하여야 한다.

(3) 임시공급시설의 설치 또는 사용으로 입은 손상을 청소하고 보수해야 하며, 영구시설물은 명시된 상태로 복구해야 한다.

1.2 임시 가설시설물

1.2.1 적용 범위

본 시방서는 다음 사항에 관한 조건을 제시한다.

(1) 공사 중에 사용될 임시 가설 시설물의 설치와 이후의 제거

(2) 임시통제장치, 방호책 및 울타리, 공사보호공

(3) 현장 임시 시설물로서 진입도로 및 주차장, 청소, 표시판 및 임시 건물 등

1.2.2 임시 방호책 및 울타리

(1) 시공구역에 무단출입을 방지하고, 기존시설물과 인접한 재산이 시공 작업으로 손상을 입지 않게 보호할 수 있도록 방호책 또는 울타리를 설치해야 한다.

(2) 대중의 통행과 기존건물의 출입을 위해서 관련자가 요구하는 경우에는 관련 편의시설 등을 설치하여야 한다.

(3) 존치하도록 지정된 수목은 보호하고, 손상된 수목은 대체해야 한다.

(4) 타인의 차량통행, 공급된 재료, 현장 및 구조물 등이 손상되지 않게 보호해야 한다.

1.2.3 현장 보안

(1) 공사현장의 보안은 수급인의 책임 하에 이루어져야 한다.

(2) 현장보안의 태만으로 인하여 발생되는 문제는 수급인이 책임져야 한다.

1.2.4 공사용 임시 진입도로

(1) 본 공사의 수행을 위해 공사용 임시 진입도로가 필요할 경우에는 설계도서에 따라 건설하고 적절하게 유지관리 해야 한다.

(2) 차량이 현장구역 외 지역 및 시가도로에 진입하기 전에 차륜에서 뻘이나 오물 등을 제거할 수 있는 세륜, 세차 설비를 갖추어야 한다.

(3) 가설도로가 더 이상 필요 없으면 설계도서에 따라 처리한다. 설계도서에 관련 내용이 없을 때에는 공사감독자의 지시에 따라 처리한다.

(4) 수급인은 공사용 임시 진입도로로 인하여 발생되는 모든 민원을 해결하여야 하며 그 책임을 져야 한다.

1.2.5 주차장

(1) 본 공사의 작업원의 차량을 수용할 수 있도록 적절한 시설을 갖춘 임시 주차장을 갖추고 항상 깨끗이 유지보수 하여야 한다.

(2) 현장의 공간이 부적합하면 현장 외에 추가 주차장을 갖추어야 한다.

(3) 본 공사를 위해 출입하는 차량이 공용도로나 타인의 시설에 주차함으로써 타인의 교통소통 방해 또는 민원을 야기하여서는 안 된다.

(4) 발주자 또는 공사감독자의 주차공간을 지정해 두어 업무수행에 지장이 없도록 하여야 한다.

1.2.6 공사 표지판

(1) 공사 표지판은 공사감독자가 지정하는 크기, 재료, 색상 및 방법으로 제작해야 한다.

(2) 표지판에는 공사명, 발주자, 공사감독자 및 수급인의 회사명과 현장대리인, 주요 하도급 시공자의 명칭, 공사기간 등을 명시해야 한다.

(3) 표지판은 공사감독자가 지정한 위치에 설치해야 한다.

(4) 현장에는 법규로 요구된 경우를 제외하고는 발주자 또는 공사감독자의 허가 없이 다른 표지판을 설치해서는 아니 된다.

1.2.7 공사 중 현장청소 및 폐기물 제거

공사구역에는 폐자재, 부스러기 및 쓰레기 등이 없게 유지하고, 현장은 깨끗하고 정연, 청결한 상태로 유지해야 한다.

1.2.8 공사감독자의 현장 사무소

(1) 수급인은 조명시설, 전기출구, 냉・난방기기, 보안장치, 자연환기시설 등 적절한 시설을 설치해야 한다.

(2) 현장에 상주하는 공사감독자를 수용할 수 있을 정도로 바닥면적이 충분히 확보되어야 하고, 근무자 각각의 책상과 의자가 준비되어야 한다.

(3) 기타 공사감독자가 업무수행을 위해 필요한 적정한 시설(통신, 상황실 등)을 공사감독자와 협의하여 설치하여야 한다. 다만, 수급인이 판단하기에 공사감독업무와 무관한 과도한 시설의 설치 등을 공사감독자가 요구할 때는 이를 발주자에게 통보하고 거부할 수 있다.

1.2.9 수급인의 현장 사무소

(1) 수급인의 현장사무실은 근무인원이 업무처리를 할 수 있을 정도의 시설을 갖추어야 한다.

(2) 공정표 및 기타 자료를 부착할 수 있는 상황판과 승인 받은 견본을 보관할 수 있는 공간을 마련해야 한다.

(3) 전기 공급시설, 통신시설, 화재 예방시설, 기타 보안 및 안전 방재시설을 설치되어야 한다.

1.2.10 설비, 시설물 및 통제시설의 제거

(1) 최종 준공검사 후 임시 가설시설과 그에 부수되는 시설물 및 통제시설은 공사장 내에서 제거하여야 한다.

(2) 기초 구체콘크리트 및 지중의 시설물은 공사감독자의 지시를 받아 제거하되 600mm 이상 깊이까지 제거하여야 한다.

1.2.11 임시 하수시설

(1) 기존 시설물을 사용할 수 없는 경우에는 공사착공 준비 시에 필요한 하수시설을 하고 유지 관리해야 하며, 현장은 항시 깨끗하고 위생적인 상태로 유지해야 한다.

(2) 시공완료 시에는 시설물을 당초와 같거나 더 좋은 상태로 보수해서 반환해야 한다.

1.2.12 방재시설 및 기구

방재시설 및 기구 등을 설치할 경우 소방관련 법규에 규정된 관리책임자를 선임하여 관리하여야 한다.

1.2.13 임시 현장배수

(1) 현장의 바닥면은 자연배수 되도록 비탈을 두고 땅파기 하는 구역에 물이 유입되지 않게 하고, 필요하면 펌프를 설치해서 운전, 유지 관리해야 한다.

(2) 현장에 물이 고이거나 흘러내리지 않게 하고, 물막이를 설치해서 세굴 되지 않도록 해야 한다.

제2장 조사

제2장 조 사

2-1 수심측량

1. 일반사항

1.1 적용범위

본 시방서는 항만·어항의 계획 및 공사에 필요한 수심측량에 관한 일반적 사항을 규정한다.

1.2 제출물

시공자는 다음의 성과품 및 자료를 제출하여야 한다.

1.2.1 성과품(측량원도)

(1) 측량원도의 축척은 측량 계획시에 공사감독자와 협의하여 결정한다.

(2) 도법은 세계측지계에 의한 UTM도법으로 작성한다. 다만 필요한 경우 다른 도법을 사용할 수 있다.

(3) 원도상에는 육상기준점 및 조석수준점과 격자점을 기입하고, 경위도는 "ㄱ"측에, T.M 또는 U.T.M은 "ㄴ"측에 기재한다.

(4) 측심점의 기입 오차는 도상 0.5mm 이내로 하여야 한다.

(5) 수심 독취는 얕은 수심을 우선으로 하고, 독취 간격은 항적도상 10mm를 표준으로 하여야 한다.

(6) 수심치는 30m 미만은 0.1m 단위까지, 30m 이상은 1m 단위로 기입하여야 한다.

(7) 수심원도상의 등심선은 매 2m로 하며 필요에 따라 보조등심선을 기재하여야 한다.

1.2.2 자료

(1) 각종 관측야장, 기록부 및 자료(기준점 측량, 수심측량, 수준측량, 조석관측 등)

(2) 음향측심 기록지, 검조 기록지

(3) 기준점측량 계산서, 조석 조화분석 계산서, 기본수준면 결정서

(4) 항적도, 측심원도

(5) 수심측량 보고서(기준점 측량, 검조, 측심 등의 방법 및 성과)

2. 재 료

2.1 장 비

(1) 해상위치 측량에 사용하는 기기는 전파측위기, 경위의, 위성측위기(GPS) 등을 사용하여야 한다.

(2) 사용하는 전파측위기 또는 위성측위기의 거리 오차는 ±3.0m 미만이어야 한다.

(3) 시공자는 음향측심기에 의해 측심을 행하는 것을 원칙으로 하며 사용하는 음향측심기의 성능은 전문시방서에서 정한 바에 따른다.

3. 시 공

3.1 측량 기준

3.1.1 기준점 측량(基準點 測量)

(1) 측량기준점은 국가기준점(위성기준점, 수준점, 통합기준점, 삼각점, 수로기준점)과 공공기준점(공공삼각점, 공공수준점)으로 한다.

(2) 신설하는 측점과 물표의 위치는 원칙적으로 국가기준점 성과를 기준으로 결정한다. 측점의 위치는 삼각측량, 다각측량 및 위성측량 또는 이것과 동등 이상의 정도를 갖는 측량방법으로 결정한 것이어야 한다.

(3) 위성측량에 의해 경위도를 결정하는 경우에는 "GPS에 의한 기준점 측량작업규정"에 준하여 실시하고, 세계측지계 값을 원칙으로 한다. 다만 필요한 경우에는 기존 한국측지계의 베셀(Bessel)값을 병기할 수 있다. 세계측지계와 기존 한국측지계 간의 좌표 변환방법은 국토지리정보원이 고시한 "공공측량의 작업규정 세부기준 운용세칙"의 제5편에 제시되어 있으며, 변환 S/W는 국토지리정보원 홈페이지에 게시되어 있다.

3.1.2 검조(檢潮)

(1) 검조는 측량지에서 실시함을 원칙으로 한다. 측량지에 기준검조소가 있을 경우에는 이를 이용하여야 한다.

(2) 검조 표척은 관측장비 부근에 설치하고 육상 고정점과의 수준차를 구하여 그 변동사항을 관측하여야 한다. 검조 표척의 눈금은 10mm까지 독취하여야 한다.

(3) 압력식 검조의를 사용할 경우 매일 연이은 고·저조를 포함한 연속관측을 2회 이상 실시하고 자료 취득 후 조위보정을 실시하여야 한다. 검조표척상의 기준면을 결정하기 위하여 기준측정을 실시하여야 한다. 기준측정은 측량기간 중 매일 일정시각에 검조기록지와 검조표척 간의 관계를 기록, 유지하는 방법으로 시행한다.

3.1.3 기본수준면(基本水準面)

(1) 시공자는 수심의 기준면으로 국립해양조사원이 고시한 기본수준면(약최저저조면)을 적용하는 것을 원칙으로 한다.

(2) 조석수준점표(T.B.M)가 없거나 또는 그 값이 확실하지 않은 경우에는 1개월 이상 관측한 조위를 조화분석하여 산출한 주요 4개 분조의 조화상수로서 아래와 같이 해당 지역의 기본수준면을 얻어야 한다. 여기서, Hm, Hs, H′, Ho는 각 분조의 반조차(半潮差)이다.

$$\text{기본수준면(D.L)} = \text{연평균해면} - (Hm+Hs+H'+Ho)$$

(3) 당해 지역의 연평균해면은 다음과 같이 결정하여야 한다. 여기서, Ao′는 당해 검조소의 연평균해면, Ao는 기준검조소의 연평균해면, Al′은 당해 검조소의 단기 평균해면, Al은 기준검조소의 단기 평균해면, So는 연평균해면으로부터 기본수준면까지의 값(=Hm+Hs+H′+Ho)이다.

$$Ao' = Al' + (Ao-Al), \quad D.L = Ao' - So$$

(4) 기본수준점 표지 등을 설치할 경우에는 지반이 견고하고 장래 검조 업무에 유효하게 이용될 수 있는 장소를 선정하여야 한다. 기본수준점 표지의 높이는 검조소 수축(水軸)기점 또는 검조 표척상의 기준면과 직접 수준측량을 실시하여 구한다.

(5) 기본수준면(DL)은 국가기준점 또는 공공기준점과 직접 수준측량을 실시하여 측지기준면(EL)과의 높이차를 제시하는 것을 원칙으로 한다.

3.2 측심(測深)

3.2.1 해상 위치

시공자는 측량선의 유도 및 해상위치 결정에 대하여 전문시방서의 정하는 바에 따른다.

3.2.2 측심

(1) 음향측심기의 송수파기는 측량선의 중앙 부근에 설치하여야 한다.

(2) 수심은 수직 측심치만을 채용하여야 한다. 유효측심 폭을 확대하기 위하여 공사감독자와 협의하여 다소자 음향측심기 또는 다중빔 음향측심기를 사용할 수 있다. 사측심용 송수파기의 지향각은 3° 이내로 하고 사각은 20°를 초과할 수 없다.

(3) 수심 31m 미만은 0.1m 단위까지, 31m 이상은 1m 단위로 독취하고 단수는 절사한다.

(4) 얕은 수심을 우선하고, 자연 해저의 경우에는 해저지형이 표현될 수 있도록 독취한다.

(5) 음측기록상 이상이 있어 판단하기 어려울 때는 재측하여 확인하여야 한다.

(6) 측심연에 의한 측심은 계류선박이 밀집되어 있는 통상 수심 4m 이하의 해역에서 측량선이 항주할 수 없는 경우에 시행할 수 있으며, 정치어장 구역이나 양식장 등에서도 이를 준용할 수 있다.

(7) 안벽시설 전면의 측방 측심은 안벽 등의 방충재 가장 가까운 곳에서부터 먼 바다쪽으로 실시한다. 안벽 가장 안쪽의 측심은 방충재 외단 직하에서 외측 1m 이내의 곳에서 실시한다.

3.2.3 수심 경정

(1) 측득 수심에는 기계의 오차, 송수파기의 흘수량, 수중 음속도의 변화에 의한 오차, 조석 등의 경정을 실시하여야 한다. 다만 수심 200m 이상에서는 조위 경정을 실시하지 않으나 음속에 대한 보정은 실시하여야 한다.

(2) 측심기의 기계 오차 및 수중 음속도의 경정은 바-체크(bar-check)방법으로 실시하여야 한다. 바-체크는 매일의 측심 전·후에 측심 해역의 최대 수심 부근의 심도에서 실시한다. 심도 32m까지는 2m 간격, 그 이상에서는 5m 간격으로 측정하고, 오차는 32m까지는 25mm, 그 이상은 50mm 이내이어야 한다.

(3) 한 관측구역내에서 조석의 대조승차 0.2m 또는 조시차 20분 이상일 때에는 조석관측을 별도로 시행하여 경정에 사용한다.

3.2.4 조위 경정

(1) 측심치의 조위 경정은 원칙적으로 조위 관측치(기본수준면상)에 의해 행하여야 한다. 부득이한 경우에는 인근 기준검조소의 조위 관측치를 개정(조시차 및 조고비 적용)하여 사용할 수 있다.

(2) 검조소의 위치와 측심 위치 사이의 조석의 차가 있을 때는 조시차 및 조고비를 적용하여 조위의 편차가 100mm 이내가 되도록 보정한 조위를 이용하여 조위 경정을 행하여야 한다.

3.2.5 작업조건

(1) 측심작업은 가급적 정온한 날을 택하여 실시하여야 한다.

(2) 측량선의 속도는 6~10km/hr(1.7~2.8m/s)로 하며 조류가 빠른 곳에서는 원칙적으로 조류를 역행하는 방향으로 실시한다.

3.2.6 측심간격

(1) 측심선의 간격은 원칙적으로 정박지와 항로에 있어서는 5~30m, 기타 해역에서는 10~50m로 하되 구조물 설계 측량의 중요도, 해저의 기복, 해저질이 이토, 모래, 암반인가에 따라 전문시방서에서 정하는 바에 따른다.

(2) 측심선은 원칙적으로 해안선에 직각되는 방향으로 설정하여 해저지형을 파악할 수 있도록 하여야 한다.

(3) 검측선은 주 측심선에 가급적 직교하도록 하며, 그 간격은 주 측심선 간격의 15배를 넘지 않아야 한다.

2-2 해저음파 지층탐사

1. 일반사항

1.1 적용범위

본 시방서는 항만·어항의 계획 및 공사에 필요한 해저지층 음파탐사에 관한 일반적 사항을 규정한다.

1.2 제출물 및 자료제출

시공자는 "2-1 수심측량"에 제시된 성과 및 자료 이외에 다음의 성과품 및 자료를 제출하여야 한다.

1.2.1 성과품

원도의 작성은 "2-1 수심측량"에 따른다.

(1) 퇴적층 층후도 원도

(2) 기반암 심도 원도

1.2.2 자료

(1) 항적도(원도)

(2) 지층탐사 야장

(3) 지층탐사 기록

(4) 지층탐사 보고서(지층탐사의 방법과 성과 등)

2. 재 료

2.1 장 비

(1) 탐사기기

탐사기기는 탐사 목적 및 해저지층 구조에 따라 아래의 성능 이상의 것을 사용한다.

① 주파수는 8kHz 이하

② 가정 음파속도에 의한 연속기록 방식

③ 기록지 속도 10mm/min(0.17mm/s) 이상

④ 기록 독취 0.5m 이상

⑤ 펜주사 제어 방식이나 전원주파수 동기 방식으로, 주파수 안정도 3×10-2/day 이상

(2) 해저지층탐사

해저지층탐사는 수심측량과 병행하는 것을 원칙으로 하며, 위치측정 및 측심기기는 "2-1 수심측량"의 관련 내용을 따른다.

3. 시 공

3.1 음파 탐사

(1) 탐사간격

탐사 간격은 정박지, 항로 및 구조물 예정 위치에서 10~25m, 기타 해역에서는 25~50m를 표준으로 하되, 공사감독자와 협의하여 결정하여야 한다.

(2) 탐사속도

탐사선의 속도는 4~6km/hr(1.1~1.7m/s)로 하고, 조류가 강한 곳에서는 가급적 조류가 약한 시기를 택하여 행하여야 한다.

(3) 방향

탐사선의 방향은 등심선에 직각으로 하는 것을 원칙으로 한다.

(4) 기록

탐사기는 기반암과 퇴적층을 명확히 기록할 수 있도록 조작하여 최대한 동일 농도로 기록하여야 한다.

3.2 지층 분석

3.2.1 지층단면 분석

(1) 지층단면의 분석은 측심 기록 및 음파탐사 기록을 기초로 해저질, 기타 시추자료 등을 참작하여 기반암 및 퇴적층의 단면을 묘사하여야 한다.

3.2.2 기록 독취

(1) 탐사기록의 독취는 도상 5mm 간격 및 기반암의 기복부 등에서 최소 눈금의 1/2 까지로 하며 송수파기 간격에 대한 보정을 하여야 한다.

(2) 퇴적층 두께는 퇴적층 표면과 기반암 사이의 거리로 하며, 도상 5mm 간격 및 퇴적층의 두꺼운 곳과 얕은 곳에서 독취하여야 한다.

(3) 기반암의 심도는 음향측심에 의한 수심과 퇴적층의 두께의 합으로 계산하며, 수심과 동일한 기준면으로부터의 깊이로 나타낸다.

2-3 지반조사

1. 일반사항

1.1 적용범위

(1) 이 장은 항만공사 시공에 필요한 토질조건을 결정하기 위한 시추작업(boring), 사운딩(sounding), 시굴(test pit) 등의 현장토질조사와 이에 따른 시료채취 및 토질시험에 관한 일반적 사항을 규정한다.

(2) 이 장의 규정에 의거 시행한 지반조사 및 시험결과 입수된 토질조건에 의해 설계 내용을 확인하고, 시공계획을 세우며, 시공시 안전과 품질관리를 철저히 하여야 한다.

1.2 조사방법

(1) 시공자는 조사목적, 조사지역의 크기, 지반조건, 구조물의 중요도, 조사기간, 조사비용 등을 고려하여 가장 적합한 조사방법을 선택하여야 한다.

(2) 조사방법 중 시추조사, 사운딩, 시굴 등 방법의 선정은 이 시방서 3.1, 3.2, 3.3, 3.4 및 3.5에 명시된 각 방법의 특징을 참조하여 결정하여야 한다.

1.3 조사요원

(1) 시공자는 시추작업과 원위치시험 및 시료채취의 최신기술에 익숙하고 현장경험이 풍부한 지반조사요원이 조사업무를 수행하도록 하여야 한다.

(2) 시공자는 현장조사 작업 착수 전에 감독기관의 승인을 받은 경험 있는 지반전문기술자를 현장에 상주시켜 모든 지반조사업무를 관장하도록 하여야 한다.

1.4. 제출물

1.4.1 상세계획서

시공자는 조사작업 착수 전에 조사목적, 조사지역, 조사방법, 조사장비 및 기구, 조사요원, 조사기간 등을 명시한 상세지반조사계획서를 작성 제출하여 공사감독자의 승인을 받아야 한다.

1.4.2 지반조사보고서에 수록하여야 할 사항은 다음과 같다.

(1) 조사명

(2) 조사위치

(3) 조사목적 및 조사범위

(4) 조사기간

(5) 조사위치 평면도

(6) 토질종단도

(7) 토질주상도

(8) 토질시험성과표

(9) 현장조사 및 원위치시험성과

1.4.3 토질주상도에 포함될 사항은 다음과 같다.

(1) 조사명

(2) 조사번호

(3) 조사위치 좌표 및 지반고

(4) 조사착수 및 종료일시

(5) 토질명 및 상태

(6) 각 토층의 깊이 및 두께

(7) 지하수위

(8) 시료채취 위치, 시료번호 및 회수율

(9) 원위치시험 종류, 위치 및 시험성과

(10) 조사자 및 확인자

(11) 기타 공사시방서에 명시된 사항

1.4.4 조사 작업 완료 후 공사감독자에게 제출하여야 할 성과품은 다음과 같다.

(1) 조사보고서

(2) 시료표본

(3) 기록사진첩

(4) 조사야장

(5) 기타 공사시방서에 명시된 사항

2. 재 료

2.1 장 비

(1) 수급인은 사용하고자 하는 조사장비의 상세내역을 공사감독자에게 제출하여 승인을 받은 후 현장에 반입하여야 한다. 모든 조사장비와 시험기구는 조사목적에 적합한 것으로서 한국산업표준에 맞아야 하며 항상 양호한 작업조건을 갖출 수 있는 것으로서, 사용 전에 공사감독자의 검사를 받아야 한다.

(2) 해상작업의 경우 조사정도(調査精度)를 유지할 수 있도록 안정된 대선이나 비계탑을 준비하여 공사감독자의 승인을 받은 후 사용하여야 하며, 해상의 모든 시설물에는 조명시설과 경고등 등을 관계규정에 적합하게 설치하여 주변을 통과하는 선박의 항행을 방해하지 말아야 한다.

3. 시 공

3.1 시추조사(boring)

(1) 시추조사는 흐트러진 시료의 재취 또는 원위치시험 등을 목적으로 수행할 경우에는 회전식 보링(rotary boring)에 의한 관입방법으로 행하여야 하며, 가능한 맑은 물을 사용하는 것을 원칙으로 하여야 한다.

(2) 시추공(bore hole)의 직경과 간격 및 심도는 조사목적과 현장조건 및 구조물 형식을 고려하여 결정한 후 공사감독자의 승인을 받아 확정하여야 하며, 모든 시추작업은 별도지시가 없는 한 공사감독자의 입회하에 실시하여야 한다.

3.2 표준관입시험

(1) 표준관입시험은 한국산업표준 KS F 2307 또는 KS F 2318 규격을 검토하여 맞는 시험방법을 규정에 따라 최대 2.0m 심도 간격으로, 또한 지층이 변하는 곳에서 실시하는 것을 원칙으로 한다.

(2) 점성토지반에서는 실시하지 않는 것을 원칙으로 하되, 흐트러지지 않은 시료(undisturbed sample)의 채취가 불가능할 경우에는 공사감독자의 지시에 따라 실시하여야 한다.

(3) 사질토지반에서는 시추공 내 수위를 최소지하수위 이상으로 유지하여야 하며, 표준관입시험은 케이싱(casing) 하단에서 실시하여야 한다.

(4) 표준관입시험은 매 150mm 관입마다 3회 연속적으로 타격수를 기록하여야 하며, 만일 슬라임(slime) 또는 시추공 벽의 붕괴 등으로 인하여 50mm 이상 차이가 났을 때에는 이를 제거한 후 시험을 실시하여야 한다.

3.3 콘 관입시험(cone penetration test)

(1) 관입기는 선단저항력과 주면마찰저항력을 함께 측정할 수 있는 이중관식 콘 관입기(cone penetrometer)를 사용하는 것을 원칙으로 한다.

(2) 콘의 선단부 각도는 60°, 콘의 단면적은 0.001㎡인 것을 사용하여야 한다.

(3) 관입기에 가해진 정적 하중은 압력계나 변형계, 또는 달리 공사감독자가 승인한 방법에 의해 측정하여야 한다.

3.4 기타 사운딩

(1) 현장 베인 전단시험(vane shear test)

① 사용할 베인은 50~100㎜ 크기의 베인을 사용하는 것을 원칙으로 하여야 한다.

② 측정방법은 KS F 2342 점성토의 현장 베인 전단시험 방법에 따른다.

③ 측점의 선정과 심도별 측정간격은 설계도면 및 공사시방서에 따른다.

(2) 공내 수평재하시험

측정위치와 심도 및 측정방법은 설계도면과 공사시방서에 따른다.

3.5 시굴(test pit)

(1) 지반의 토층변화를 직접 확인하고, 토질시료를 충분히 채취하기 위하여 시굴을 실시하여야 한다.

(2) 시굴은 최소 2.0×2.0m 크기로 깊이 1.5m 이상이 되도록 굴착하여야 한다.

3.6 흐트러진 시료의 채취

(1) 흐트러진 시료(disturbed sample)는 지층의 판별 및 분류시험 등을 목적으로 동일지층의 경우 2.0m 심도 간격으로 채취하며, 또한 지층이 변할 때마다 추가로 채취하여야 한다.

(2) 채취된 시료는 조사명, 시료번호, 시추공번호, 채취심도, 토질명, 색깔 및 채취연월일 등을 기입한 표찰(label)을 붙인 시료병에 다져지지 않도록 넣은 다음, 흙의 수분증발을 방지할 수 있도록 왁스나 기타 밀봉 재료로 밀봉하여야 한다.

(3) 시공자는 모든 시료를 포장하여 시험실로 운반할 책임이 있으며, 항상 기후 변화에 대하여 보호되고, 특히 극심한 온도변화를 받지 않도록 하여야 하며, 시험하고 남은 시료는 전량 시료상자에 넣어 보관하여야 한다.

3.7 흐트러지지 않은 시료의 채취

(1) 흐트러지지 않은 시료(undisturbed sample)는 한국산업표준 KS F 2317 "얇은 관에 의한 흙의 시료채취방법"의 규정에 따라 동일 지층의 경우 2.0m 심도간격으로 채취하며, 지층이 변할 때마다 추가로 채취하는 것을 원칙으로 하여야 한다.

(2) 샘플러(sampler)는 면적비가 15% 이하의 얇은 관(thin-walled tube)을 사용하여야 하며, 한 번 사용한 것은 재사용하지 않는다.

(3) 시료채취는 샘플러를 굴착구멍 저부에 충격이나 비틀림을 주지 않고 계속적이고 신속한 동작으로 흙 속에 관입시켜 시료의 흐트러짐을 최대한 방지하여야 하며, 시료채취 회수율(recovery ratio)을 90% 이상 유지하여야 한다.

(4) 샘플러는 관입 후 빼내기 전에 시료의 아래 부분을 절단하기 위하여 적어도 두번 회전시켜야 한다.

(5) 시료채취 샘플러는 빼낸 즉시 관입깊이와 시료길이를 측정하고 양단의 흐트러진 시료를 완전히 제거한 후 규정의 밀봉 재료를 사용하여 밀봉하여야 한다.

(6) 밀봉된 시료에는 조사목적에 따라 시추공(bore hole)번호, 시료 번호, 채취 깊이, 날짜 등을 기록한 표찰을 붙여야 한다.

(7) 시료는 동결되지 않도록 하고, 충격이나 진동 등으로 시료가 흐트러지지 않도록 방충재료를 사용하여 주의 깊게 운반하여야 한다.

3.8 토질시험

(1) 모든 토질시험은 한국산업표준에 따르는 것을 원칙으로 하되, 한국산업표준에 규정되어 있지 않은 시험은 공사감독자의 승인을 받아 별도 외국의 상응하는 기준을 따라야 한다.

(2) 필요한 시험 종류, 수량 및 시험조건(역학시험)에 관하여서는 공사시방서 규정에 따라 시험계획서(schedule of testing)를 작성한 후 공사감독자의 승인을 받아야 한다.

(3) 모든 시료는 공사감독자가 승인한 현장시험실, 또는 공인된 시험실에서 자격 있는 시험사에 의해 시험되어야 하며, 모든 시험 기구는 사용하기 전에 검사하여 승인을 받은 후 사용하여야 한다.

(4) 공사감독자는 언제라도 시험실에 출입을 할 수 있으며, 필요시 그의 입회하에 시험을 실시하도록 지시할 수 있다.

(5) 시험결과는 시험 종료 후 지체 없이 공사감독자에게 제출하여야 하며, 시험결과가 만족스럽지 못한 경우에는 재시험을 명하여야 한다.

2-4 해상 조사

2-4-1 파랑 조사

1. 일반사항

1.1 적용범위

본 시방서는 관측기기를 사용하여 행하는 파랑 관측조사에 관한 일반적 사항을 규정한다.

1.2 제출물

(1) 관측자료의 정리는 다음과 같이 한다.

① 일일 파랑관측대장

② 월별 파랑관측대장

③ 이상파랑 관측대장

(2) 파랑자료의 해석에는 다음 항목이 포함되어야 한다.

① 월별, 파향별, 파고별, 주기별 통계

② 파고와 풍속과의 관계

③ 이상 파랑시의 기압 배치 및 풍속과 파고와의 관계

④ 태풍 등 이상 기상시의 파고 분포

(3) 보고서에는 조사 목적, 관측 장소, 관측 기간, 관측 기기, 관측 방법 및 관측 자료의 해석 등에 대하여 기술하여야 한다. 또한 파랑 분석방법(파별 분석법 또는 스펙트럼법)과 제시한 파의 제원(최대파, 유의파, 평균파 등)을 명시하여야 한다.

2. 재 료

2.1 장 비

파랑은 수압식, 초음파식 또는 부이형 파고계를 이용하여 관측한다.

3. 시 공

3.1 관 측

(1) 관측위치는 당해 지역의 파랑 특성을 대표하는 장소이어야 한다.

(2) 관측항목은 파고와 주기로 하며 필요시 파향을 관측한다.

(3) 매시에 0.5초 또는 그 이하의 간격으로 10~60분간 관측한다.

(4) 파별 분석법에 의한 최대파, 1/10 최대파, 1/3 최대파 및 평균파, 그리고 스펙트럼법에 의한 유의파의 파고와 주기를 매시별로 분석한다.

2-4-2 조위 조사

1. 일반사항

1.1 적용범위

본 시방서는 관측기기를 사용하여 행하는 조위 관측조사에 관한 일반적 사항을 규정한다.

1.2 제출물

(1) 관측자료의 정리는 다음과 같이 한다.

① 월별 매시 조위 기록

② 월별 매 고·저조위 시각 및 조위 기록

(2) 조석자료의 해석에는 다음 항목이 포함되어야 한다.

① 조석 조화분석(주요 분조의 조화상수 및 비조화상수)

② 조석 분포(조시 및 조차)의 특성

(3) 보고서에는 조사 목적, 관측 장소, 관측 기간, 관측 기기, 관측 방법 및 관측 자료의 해석 등에 대하여 기술하여야 한다.

2. 재 료

2.1 장 비

조위는 수압식, 초음파식 또는 부이형 검조기를 이용하여 관측한다.

3. 시 공

3.1 수준측량

시공자는 검조기준면과 국립해양조사원 조석수준점표와의 고저차를 얻기 위해 수준측량을 실시하는 경우에는 전문시방서에 정하는 바에 따른다.

3.2 검 조

시공자는 검조를 실시하는 경우에 다음 사항을 행하여야 한다.

(1) 검조기록을 이용하기 전에 기기의 작동 상황과 기준면의 값을 확인하여야 한다.

(2) 기준측정은 1일 1회 이상 실시한다. 대조기에는 고(저)조 1시간 전부터 저(고)조 1시간 후까지 10회 이상 실시한다.

2-4-3 유황 조사

1. 일반사항

1.1 적용범위

본 시방서는 관측기기를 사용하여 행하는 유황 관측조사에 관한 일반적 사항을 규정한다.

1.2 제출물

(1) 관측자료의 정리는 다음과 같이 한다.

① 매시 측류기록

② 유향·유속별 출현 빈도표

(2) 관측자료의 작도는 다음과 같이 하여야 한다.

① 유향·유속의 시간 변화

② 항류의 시간 변화

③ 유향·유속 분포도

④ 연속유속 벡터도

(3) 관측자료의 해석에는 다음 사항이 포함되어야 한다.

① 조시의 조류시와의 관계

② 최강유속

③ 조류 조화분석(조화상수 및 비조화상수)

④ 조류 분포(조류시 및 조류속)의 특성

(4) 보고서에는 조사 목적, 관측 장소, 관측 기간, 관측 기기, 관측 방법, 관측 자료 및 관측자료의 해석에 대하여 기술하여야 한다.

2. 재 료

2.1 장 비

유황은 위성 측위기를 장착한 측류 부표, 단층 또는 다층 초음파식 유속계 등을 이용하여 관측한다.

3. 시 공

3.1 관 측

(1) 유황 관측은 장기 관측, 단기 관측 및 부표추적 관측으로 구분하여 실시한다.

(2) 장기 관측은 일정한 위치에서 15일 이상 연속 관측하는 것으로 당해 지역의 유황을 규명하고 수치모형실험 등의 간접 측류 성과의 검증자료 제공을 목적으로 관측한다.

(3) 단기 관측은 일정한 위치에서 13시간 또는 25시간 연속하여 관측하는 것으로 개략적인 유황을 알고자 할 때 관측한다.

(4) 부표추적 관측은 지형이 복잡한 해역에서 부표를 방류하고 이를 추적한 결과를 이용하여 유황을 추산하는 것이다.

(5) 관측 위치, 관측 방법, 유속계 계류 방법 등은 공사감독자의 승인을 받아야 한다.

2-5 항만환경조사

2-5-1 수질 조사

1. 일반사항

1.1 적용범위

본 시방서는 수질관측 및 분석이 필요한 경우에 일반적인 사항을 규정한다.

1.2 제출물

보고서에 기재하는 사항은 조사명, 조사장소, 조사기간, 조사위치도, 조사기기, 조사방법과 조사결과이다.

2. 재 료

2.1 품질관리

(1) 수질 시험은 국토해양부의 해양환경공정시험기준에 의하여 시행한다. 단, 해수(염분)의 영향을 받지 않는 하천항 수역에서는 환경부의 수질오염공정시험방법에 의하여 시행한다.

(2) 시험은 공인된 기관에서 수행하며, 사전에 공사감독자의 승인을 받아야 한다.

3. 시 공

3.1 채수 및 측정

(1) 채수 및 측정 위치는 당해 지역의 해수 특성을 잘 나타낼 수 있는 곳으로 선정하며 공사감독자와 협의하여 결정한다.

(2) 당해 지역의 수심이 깊지 않을 경우에 채수 및 측정 지점은 원칙적으로 표층(해면하 0.5m), 중층(수심의 1/2), 저층(해저면 상 1.0m)의 3개 층으로 한다. 수심이 깊을 경우 및 수심에 따른 농도 변화가 거의 없는 경우에는 전문시방서의 규정에 따른다.

(3) 측정 및 시험 항목은 공사로 인해 당해 수역의 수질을 변화시킬 것으로 예상되는 것을 선정하며, 사전에 공사감독자와 협의하여 결정한다.

3.2 수질 시험

(1) 현지 측정이 어렵거나 정확한 시험이 필요한 경우에는 관계법령에 규정된 시료량을 채수하여 채수지점, 수심, 연·월·일·시 등을 기록하고, 적절한 전처리를 실시한 후 신속하게 시험을 실시한다.

(2) 시험은 공인된 기관에서 수행하며, 사전에 공사감독자의 승인을 받아야 한다.

(3) 시공자는 시험 항목에 이상치가 검출될 경우에는 신속히 공사감독자에게 보고하고 협의하여야 한다.

2-5-2 저질 조사

1. 일반사항

1.1 적용범위

본 시방서는 저질조사가 필요한 경우에 일반적인 사항을 규정한다.

1.2 제출물

보고서에 기재하는 사항은 조사명, 조사장소, 조사기간, 조사위치도, 조사기기, 조사방법과 조사결과이다.

2. 재 료

2.1 품질관리

(1) 저질 시험은 국토해양부의 해양환경공정시험기준에 의하여 시행한다. 단, 해수(염분)의 영향을 받지 않는 하천항 수역에서는 환경부의 수질오염공정시험방법에 의하여 시행한다.

(2) 시험은 공인된 기관에서 수행하며, 사전에 공사감독자의 승인을 받아야 한다.

3. 시 공

3.1 해저질 채취

(1) 채취 위치는 당해 지역의 해저질을 대표할 수 있는 지점을 선정하며, 사전에 공사감독자의 승인을 받아야 한다.

(2) 표층 해저질의 채취는 그랩식 채니기를 사용하여 실시하고, 해저면 하 수백mm 이상 길이의 층서를 교란시키지 않고 채취할 경우 중력식 또는 피스톤식 주상 채니관을 이용한다.

(3) 시료 채취 후 채취지점, 수심, 채취 연·월·일·시를 기록하고 신속하게 시험한다.

3.2 저질 시험

(1) 저질 시험 항목은 공사로 인해 당해 수역의 저질을 변화시킬 것으로 예상되는 것을 선정하며, 사전에 공사감독자와 협의하여 결정한다.

(2) 시험은 공인된 기관에서 수행하며, 사전에 공사감독자의 승인을 받아야 한다.

(3) 시공자는 시험 항목에 이상치가 검출될 경우에는 신속히 공사감독자에게 보고하고 협의하여야 한다.

제3장 지반개량

제 3 장 지반개량

3-1 지반개량 일반

1. 일반사항

1.1 적용범위

(1) 본 시방서는 지반위에 또는 지중에 시설물을 설치하는 경우 지반의 강도를 증진시키고 지반의 변위를 허용오차 이내로 억제하기 위한 일련의 지반개량 시공 방법에 적용하여야 한다.

(2) 본 장에서 다룬 시공방법 이외의 다른 시공방법은 공사감독자의 승인을 받아 지반 및 시설물의 안정을 확보할 수 있는 경우에만 적용하여야 한다.

2. 재 료

2.1 규격 및 품질관리

(1) 사용할 재료의 규격 및 품질은 시험을 실시하여 합격된 것이어야 하며 지반 처리 목적에 적합한 것이어야 한다.

(2) 각 재료의 규격 및 품질은 공사시방서에서 규정한 시험방법에 따라 실시해야 하며 공사시방서에서 규정하지 않았으나 합리적인 시공관리상 필요하다고 인정되는 추가 시험 종목은 수급인과 공사감독자가 협의한 후 공사감독자의 지시에 따라야 한다.

(3) 관리시험의 실시빈도는 공사시방서에서 규정한 횟수에 따라야 한다.

2.2 검 사

(1) 재료의 규격 및 품질검사는 시공 후 확인할 수 없기 때문에 시공 전에 시험을 실시하여 합격된 제품만 사용해야 한다.

(2) 지반개량결과의 검사는 초기검사, 중간검사, 최종검사로 구분하여 실시하는 것을 원칙으로 하여야 한다.

(3) 합격판정의 기준은 공사시방서에서 제시한 기준에 따라야 한다.

3. 시 공

3.1 시공일반

(1) 수급인은 공사 착수 전에 도면의 내용과 공사시방서의 규정에 부합되도록 작성한 시공계획서를 작성하여 공사감독자에게 제출하여 승인을 받은 후 시공계획에 따라 실시하여야 하며, 불가피한 사유가 발생 시에는 공사감독자와 협의하고 지시를 받아야 한다.

(2) 시공자는 공사를 착수하기 전에 다음 사항을 조사하여 이를 공사감독자에게 보고하고, 지시를 받아야 한다.

① 장애물 조사 및 철거방법

② 설계에서 제시된 공법의 적합성

③ 환경오염 여부와 대책

④ 기타

(3) 시공자는 공사를 착수하기 전에 적절한 품질관리를 위하여 시공계획에 따라 조사, 측정, 점검 또는 확인해야 하는 사항을 일괄 작성하여 공사감독자에게 제출하여야 한다.

(4) 시공이 완료되면 개량결과를 확인하고 이 결과를 공사감독자에게 제출하여야 하며 개량 결과의 확인방법은 공사시방서의 규정하는 바에 따른다.

3.2 계측관리

(1) 계측은 설계도면에 표시된 계측기의 종류와 수량에 따라 실시하여야 한다. 단 현장조건에 따라 추가계측이 필요할 경우에는 공사감독자의 승인을 받은 다음 시행하여야 한다.

(2) 계측기의 설치는 공사시방서에서 정한 방법에 따라야 한다.

(3) 공사를 착수하기 전에 다음과 같은 계측 운영체계와 그 시행방법에 대하여 공사감독자와 협의하여야 한다.

① 계측수행과 결과정리

② 계측결과의 해석

③ 보고서 작성

④ 시공에서의 활용방안, 시공방법의 수정 또는 개선

(4) 설치된 계측기는 계측완료시까지 훼손되거나 파손되어서는 안 된다.

(5) 계측항목은 설계서 또는 공사시방서에서 정한 것을 충실히 실시하고 그 결과를 공사감독자에게 보고하여야 한다.

3-2 표층처리공법

1. 일반사항

1.1 적용범위

표층처리공법은 지표부근에 분포되어 있는 연약지반을 개량하는 공법으로 가시설용과 영구시설용으로 구분할 수 있다. 가시설용은 장비의 진입이나 작업 중의 장비의 주행성(trafficability)의 확보를 위하여 한시적으로 적용되며, 영구시설용은 철도, 도로, 활주로등의 선형구조물에서 노상과 노반 등의 지반개량과 항만의 안벽, 방파제 및 자재적치장 등에서 연약층 심도가 얕은 경우의 표층부 개량에 적용하여야 한다. 이 공법은 타 공법의 보조수단으로 사용되기도 하며 본 공법의 대표적인 것으로 다음과 같은 것이 있다.

(1) 수평배수층 포설공법

연약지반의 지면에 수평배수층(모래층 또는 쇄석층 등)을 조성하여 표층의 강도를 확보하고, 성토 하중으로 인한 연약지반의 압밀배수를 꾀하는 공법이다.

(2) 토목섬유 매트 포설공법

연약지반의 지표면에 인장강성이 큰 토목섬유를 펼치고 그 위에 토사를 성토하는 공법이다. 이 공법의 적용은 모든 토사지반을 대상으로 하나 특히 장비의 주행성을 확보하기 위한 점성토 지반에 많이 적용된다.

(3) 첨가재 혼합 표층 고결공법

연약지반의 지표면 부위의 토사를 첨가재와 혼합하여 고결시키는 공법이다. 이 공법의 적용은 모든 토사지반을 대상으로 한다.

2. 재 료

2.1 수평배수층 포설

(1) 수평배수층의 재료가 모래인 경우 다음의 입도분포 범위 내에 있는 것을 원칙으로 한다.

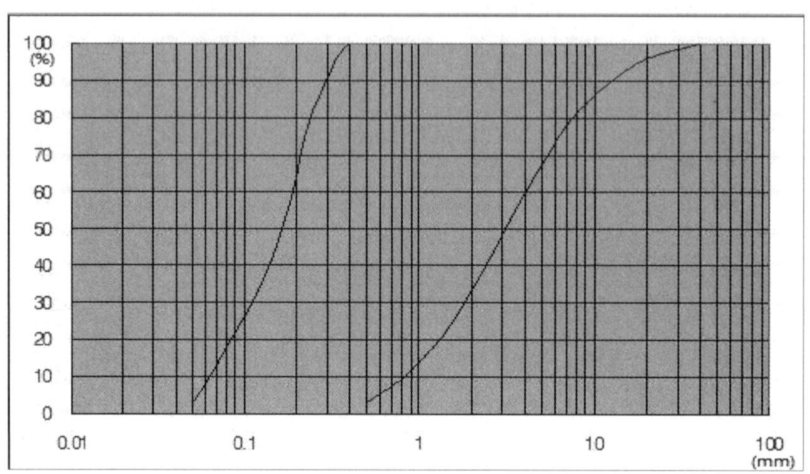

<사용 모래의 입도 분포범위>

(2) 사용모래는 투수성이 양호해야 한다. 사용모래의 세립분(입경 0.075㎜)함유량은 15% 이하로 한다. 부득이한 경우 세립분의 함유량이 이를 초과할 때에는 투수시험을 실시하여 그 결과를 공사감독자에게 제출하여 승인을 받아야 한다.

(3) 사용모래는 충분한 내구성을 가져야 한다. 사용모래는 시공에 앞서 공사시방서에서 제시한 방법에 따라 재료시험을 실시하고 그 결과를 공사감독자에게 제출하여 승인을 받아야 한다. 또한 풍화된 것으로 추정되는 모래(산모래)를 사용할 때에는 모래의 강도시험을 실시해야 한다.

(4) 사용모래는 채취장소가 달라질 때마다 위의 (1)~(3)항을 조사하고 이 결과를 채취장소와 함께 공사감독자에게 제출하여 공사감독자의 승인을 받아야 한다. 또 동일장소에서 채취된 모래라 하더라도 공사감독자가 정하는 빈도에 따라 위의 (1)~(3)항의 시험을 실시해야 한다.

2.2 토목섬유 매트 포설

(1) 사용 토목섬유는 공사시방서에서 정하는 품질 및 규격시험에 의한 합격품이라야 한다. 지반용 섬유계에 대한 품질 및 규격시험법은 다음과 같다.

KS K 0746 지오텍스타일의 내후성 시험 방법 : 크세논 아크법

KS K 0749 드레인재의 압축거동 시험 방법

KS K 0757 지오텍스타일의 온도안전성 시험 방법

KS K 0762 지오텍스타일의 장기 설계강도 시험 방법

KS K 0768 지오텍스타일의 파열강도 시험 방법

KS K 0769 지오텍스타일의 인열강도 시험 방법

KS K 0796 지오텍스타일의 트래피조이드 인열강도 시험 방법

KS K ISO 9862 지오신세틱스-샘플링 및 시험편의 준비

KS K ISO 9863-1 지오신세틱스-규정된 압력에서 두께 측정-1부 : 단일층

KS K ISO 9863-2 지오텍스타일 및 관련제품-규정 압력에서의 두께 측정-2부 : 다층 제품의 단층 두께 측정 절차

KS K ISO 9864 지오신세틱스-지오텍스타일 및 관련 제품의 단위면적당 질량 측정 시험 방법

KS K ISO 10319 지오텍스타일의 인장강도 시험 방법

KS K ISO 10320 지오텍스타일 및 관련 제품 - 현장 확인

KS K ISO 10321 지오텍스타일의 접합/봉합 강도 시험 : 광폭 인장 시험법

KS K ISO 11058 지오텍스타일 및 관련제품 - 수직 투수성 시험 방법

KS K ISO 12236 지오텍스타일 및 관련제품의 정적 꿰뚫림 시험방법(CBR시험법)

KS K ISO 12956 지오텍스타일 및 관련제품 - 유효구멍크기 측정방법 - 습식법

KS K ISO 12958 지오텍스타일 및 관련제품 - 수평 투수량 시험 방법

KS K ISO 13427 지오텍스타일 및 관련제품 - 마모 손상 모사(슬라이딩 블록시험)

KS K ISO 13431 지오텍스타일 및 관련제품 - 인장 크리프와 크리프 파단 거동 시험 방법

이외에도 시공목적이나 작업조건에 따라 공사감독자가 필요하다고 인정하는 시험 항목을 추가적으로 실시할 수 있다.

(2) 토목섬유위에 부설할 모래는 위의 2.1항(수평배수층 포설공법)의 조건을 충족시키는 것이어야 한다.

2.3 첨가재 혼합 고결

고결공법에 사용되는 첨가재로써 시멘트, 석회 등이 있으며 첨가재의 선택은 설계서 및 공사시방서에서 지정한 것이어야 한다.

(1) 시멘트

시멘트는 KS 규격품 또는 그 이상이어야 한다.

KS L 5201 포틀랜드시멘트

KS L 5210 고로슬래그시멘트

(2) 석회

석회는 KS규격품 또는 그 이상이어야 한다.

KS L 9501 공업용 석회

(3) 기타

기타 첨가재(혼화제 등)는 공사시방서에서 규정하는 바에 따른다.

3. 시 공

3.1 수평배수층 포설공법

(1) 공사를 착수하기 전에 시공계획서를 작성하여 공사감독자에게 제출하여 승인을 받아야 한다. 시공계획서에 포함시킬 사항은 다음과 같다.

① 포설 단계

먼저 포설단계를 분류하고 각 단계마다 포설의 두께와 범위를 정한다.

② 작업장비의 운용계획

포설의 단계에 따라 투입되는 작업장비의 종류, 규모, 수량을 정한다.

③ 배수계획

원 지반이 압밀되면서 배출되는 물을 신속하고 일괄되게 개량대상지역 외곽으로 유도하기 위하여 도랑 또는 배수관 및 집수정의 위치를 정한다.

(2) 시공관리 사항

① 지반의 소성유동 및 함몰여부

② 지반의 표고측정

③ 모래의 재료시험

④ 기타 공사감독자의 지시사항

각 측정이나 시험의 빈도수는 공사시방서의 규정하는 바에 따른다.

(3) 다음의 경우에는 시정 및 보완대책을 수립하여 이를 공사감독자에게 보고하여 승인을 받아 시행하여야 한다.

① 성토 중간에 소성유동이나 지반함몰이 발생하는 경우

② 시공이 장기간(일주일 이상) 중단되었거나, 재해 등으로 인하여 수평배수층이 유실된 경우

③ 포설 후 지반의 표고가 공사시방서에서 정하는 허용오차를 초과하는 경우

④ 수평배수층과 원 지반 흙이 과도하게 섞여 설계두께가 부족하거나 그 기능이 심하게 저하되는 경우

3.2 토목섬유 매트 포설공법

(1) 공사를 착수하기 전에 시공계획서를 작성하여 공사감독자에게 제출하여 승인을 받아야 한다. 시공계획서에 포함시킬 사항은 다음과 같다.

① 토목섬유의 포설순서와 방법

토목섬유의 포설순서를 도면에 표기하고 토목섬유의 현장운반과 포설방법을 정한다. 또 공장봉합, 현장봉합 등의 이음방법 및 토목섬유의 보수방법이나 보강방법을 정한다.

② 작업장비의 이용계획

토목섬유 매트 포설작업에 투입되는 작업장비의 종류, 규모, 수량을 정한다.

(2) 시공관리 사항

① 토목섬유의 포설양부 및 이음상태 검측

② 기타 공사감독자의 지시사항

각 측정이나 시험의 빈도수는 공사시방서의 규정하는 바에 따른다.

3.3 첨가재 혼합 표층 고결공법

(1) 공사를 착수하기 전에 배합시험을 실시해야 한다. 배합시험은 3종 이상의 혼합비율을 선정하여 실시한다. 배합시험의 방법은 공사감독자의 지시에 따른다. 배합시험결과는 다음 사항을 제시해야 한다.

① 시료의 함수비

② 다짐

③ 양생조건

④ 시료의 강도

(2) 공사를 착수하기 전에 설계도면과 공사시방서 또는 배합시험에서 얻은 결과를 토대로 시공계획서를 작성, 공사감독자에게 제출하여 승인을 받아야 한다. 시공계획서에 포함시킬 사항은 다음과 같다.

① 준비

지표면 정리 작업계획을 정한다.

② 배합방법

지반상태, 개량대상면적의 크기, 운반로 등 현장조건을 고려하여 배합위치, 작업장비, 배합형식, 개량 처리할 범위, 혼합비율 등을 정하여야 한다.

③ 다짐

첨가재를 원 지반 토사와 혼합한 후 또는 혼합토사를 포설한 후 가벼운 다짐장비로 다지고 지지력이 허용되는 범위에서 다짐장비의 하중을 단계적으로 증가시키도록 한다. 이 경우 다짐의 시기, 다짐장비의 선정, 다짐단계, 다짐의 확인 방법을 정하여야 한다.

④ 양생

양생은 일반 콘크리트에 준하여 실시하고 양생온도는 4℃~10℃ 이상을 유지하고, 혼합 완료 후 일주일 내에 장비 진입을 해서는 안 된다. 석회의 경우 수분증발을 방지하는 대책을 세워야 한다.

⑤ 표토층 정리

표토층이 훼손된 경우나, 석회 사용 시에 표토층에 탄화작용이 발생했을 경우에는 표토층을 깎아내야 하며 탄화작용을 억제하기 위하여 지표면에 물을 뿌려야 한다.

(3) 시공관리사항

① 혼합정밀도

토사의 분쇄크기는 지름이 50mm 이상의 흙덩이가 전체의 20% 이하이여야 하고, 입경의 최대크기는 100mm 이하라야 한다.

② 안전 및 환경영향

석회 사용 시 작업원의 안전과 분진에 대한 대책을 마련해야 하며 수질 오염여부를 조사, 대책을 마련해야 한다.

③ 혼합토사의 평균강도는 공사시방서에서 정하는 허용오차를 초과하는 경우

④ 지반의 표고측정

⑤ 기타 공사감독자의 지시사항

(4) 다음 경우에는 수정 및 보완대책을 수립하여 이를 공사감독자에게 보고하여 승인을 받아 시행하여야 한다.

① 시공이 중단되어 개량지반이 연속적으로 이루어지지 않은 경우

② 눈 또는 기타 요인에 의하여 개량지표면이 훼손되었을 경우

3-3 심층다짐공법

1. 일반사항

1.1 적용범위

심층 다짐공법은 연약지반에 투수성이 좋은 재료(모래, 굴패각, 쇄석 등)를 강제로 밀어 넣거나 다짐을 가하여 지반의 밀도를 증진시키는 공법으로 적용범위는 개량할 연약지반의 심도가 깊고 심층부까지 처리할 경우 규정하며 대표적인 공법으로는 다음과 같은 것이 있다.

(1) 모래(쇄석) 다짐말뚝공법

강관케이싱을 관입하고 강관케이싱 내부에 모래나 굴패각, 쇄석 등을 채워 다짐말뚝을 조성하는 공법으로 이 공법의 적용은 모든 토사종류에 가능하다.

(2) 바이브로 프로테이션공법

물을 고압으로 분사하여 지반을 굴착하고 여기에 모래를 채워 모래말뚝을 조성하는 공법으로 이 공법의 적용은 사질토 지반에 적합하다.

(3) 동다짐공법

무거운 추를 이용하여 지반을 다지는 공법으로 사질토 지반, 쓰레기 매립장 또는 큰 암석이 다량 섞여 있는 불균질한 지반에 적합하다. 경우에 따라서는 다짐공간에 골재를 채워 넣기도 한다.

2. 재 료

2.1 모 래

(1) 3-2 표층처리 공법 항목에서 2.1 수평배수층 포설공법의 (1), (2), (3), (4) 항에 따른다.

(2) 세립분의 함유량은 모래말뚝에서 양호한 배수효과를 기대할 경우에는 3% 이하이어야 하고 그렇지 않은 경우라도 15%를 초과해서는 안 된다.

2.2 혼합골재

혼합골재를 사용할 경우 입도 및 품질은 공사시방서의 규정하는 바에 따른다.

3. 시 공

3.1 모래(쇄석) 다짐말뚝공법

(1) 강관케이싱의 관입은 자동기록장치가 부착되어 있는 관입장비를 사용해야 한다.

(2) 공사를 착수하기 전에 시공계획서를 작성하여 공사감독자에게 제출하여 승인을 받아야 한다. 시공계획서에 포함시킬 사항은 다음과 같다.

① 강관케이싱의 관입계획

강관의 종류, 관입장비(진동의 크기), 관입의 간격, 관입깊이, 관입순서(종, 횡방향), 허용연직도의 유지

② 재료투입계획

운송로, 야적위치, 투입량, 투입순서, 투입방법, 치환율

③ 다짐계획

다짐방법, 다짐장비운용

(3) 시공범위, 치환율, 모래투입량, 개량강도에 대해서는 설계도면이나 공사시방서에서 규정하는 바에 따라야 한다.

(4) 다짐말뚝의 시공에서 재료의 투입과 다짐은 동일방법으로 연속적으로 해야 한다.

(5) 시공 중에는 다음 사항을 기록하여 공사감독자에게 제출하여야 한다.

① 강관의 관입속도

② 심도별 투입 재료량

③ 강관내부에서 투입재료의 상단높이 변동량

④ 말뚝의 길이

(6) 분진, 소음, 수질오염 등은 환경보전법 등에서 정한 기준에 따라야 한다.

(7) 시공 중에 조사 및 시험의 항목, 방법, 수량 등에 대해서는 공사시방서에서 정한 바를 따른다. 개량효과 확인을 위한 시추조사의 위치설정은 공사감독자가 정하는 바에 따라야 한다.

(8) 다음의 경우에는 시정 및 보완 대책을 수립하여 이를 공사감독자에게 보고하고 그 지시를 받아 시행하여야 한다.

① 도면 또는 공사시방서에서 정한 개량강도에 못 미치는 경우

② 말뚝이 절단된 경우 또는 재료투입량이 부족한 경우

③ 말뚝의 위치가 공사시방서에서 정하는 허용오차를 초과한 경우

3.2 바이브로 프로테이션공법

(1) 공사를 착수하기 전에 시공계획서를 작성하여 공사감독자에게 제출하여 승인을 받아야 한다. 시공계획서를 포함시킬 사항은 다음과 같다.

① 굴착계획

굴착장비의 성능, 굴착간격, 굴착순서

② 재료(모래, 쇄석 등) 투입계획

운송로, 야적위치, 투입량, 투입순서, 투입방법, 치환율

③ 다짐계획

다짐방법(물 또는 에어공급), 다짐장비운용

(2) 지반굴착장비는 자동기록장치가 부착된 것을 사용해야 한다.

(3) 모래말뚝의 배치와 크기는 물론 시공범위, 치환율, 재료투입량, 개량강도에 대해서는 설계도면이나 공사시방서에서 정한 바를 따라야 한다.

(4) 시공 중에는 다음 사항을 기록하여 공사감독자에게 제출하여야 한다.

① 굴착기의 굴착속도

② 투입 재료량

③ 충전모래의 상단높이 변동량 또는 심도별 투입량

(5) 시공관리 사항

① 지반의 표고측정

가. 지반융기 또는 침하에 대해서는 시공 중이나 시공 후에도 지반높이를 측정해야 한다.

나. 측정방법과 위치는 도면이나 공사시방서에서 규정하는 바에 따른다.

다. 측정시기, 측정빈도, 측정범위는 시공에 앞서 공사감독자의 승인을 받아야 한다.

② 환경영향

분진, 소음, 수질 오염 등은 환경보전법 등에서 정한 기준에 따라야 한다.

③ 말뚝의 연직성

④ 기타 공사감독자의 지시사항

시공 중에 조사 및 시험의 항목, 방법, 수량 등에 대해서는 공사시방서에서 정한 바를 따른다. 개량효과 확인을 위한 시추조사의 위치설정은 공사감독자가 정하는 바에 따라야 한다.

(6) 다음의 경우에는 수정 및 보완대책을 수립하여 이를 공사감독자에게 보고하여 승인을 받아 시행토록 하여야 한다.

① 도면 또는 공사시방서에서 정한 개량강도에 못 미치는 경우

② 말뚝이 절단된 경우 또는 재료투입량이 부족한 경우

③ 말뚝의 위치가 공사시방서에서 정하는 허용오차를 초과한 경우

3.3 동다짐공법

(1) 지반상태, 시공조건, 개량목적에 따라 설계에서 계획된 시험시공을 공사감독자와 협의를 한 후 실시한다. 시험시공결과는 다음 사항을 포함해야 한다.

① 낙하단계와 단계별 낙하에너지의 크기

② 낙하지점의 배치와 낙하순서

③ 정치 시간

(2) 다짐작용으로 인하여 지반의 체적이 크게 감소하는 경우 공사감독자의 승인을 받아 체적이 감소한 만큼 보충재료를 투입하여야 한다.

(3) 공사를 착수하기 전에 시공계획서를 작성, 공사감독자에게 제출하여 승인을 받아야 한다. 시공계획서에 포함시킬 사항은 다음과 같다.

① 장비 운용계획

장비의 성능점검과 이동방법을 정한다.

② 다짐계획

추의 무게, 낙하높이, 타격의 차수 및 횟수

③ 다짐의 순서

수평방향 및 연직방향으로 입체식 다짐순서도를 작성한다.

④ 주변 시설물의 안전대책

(4) 시공관리 사항

① 진동의 유해영향

② 지반의 표고측정

③ 간극수압측정 (점성토 지반)

④ 기타 공사감독자의 지시사항

(5) 안전관리에 필요한 시설물을 갖추고 시공해야 한다.

3-4 치환공법

1. 일반사항

1.1 적용범위

치환공법은 연약토의 일부 또는 전부를 제거하고 양질의 흙으로 치환하여 지반을 개량하는 공법으로 적용범위는 모든 토사지반이며 개량대상 심도가 깊지 않은 곳에 적합하다. 여러 가지 공법이 있으나 치환방법에 따라 다음과 같이 구분할 수 있다.

(1) 굴착치환공법

지표면 가까이에 위치한 연약층을 굴착하여 제거하고 그 부분에 양질의 토사로 되메우는 방법이다. 이 공법은 소규모 개량공사 지역에 적합하다.

(2) 성토자중에 의한 강제치환공법

연약토층위에 양질의 흙을 성토하여 성토체 자중에 의해 연약토를 횡방향으로 강제로 밀어내는 방법으로 밀어내기공법이라고도 한다. 이 공법은 호안이나 도로와 같은 선형구조물에 많이 적용된다.

2. 재 료

(1) 치환 재료용 토사는 사용 전에 토질조사시험을 실시하여 설계요구사항을 충족시킬 수 있어야 한다.

(2) 토질조사 시험의 종류와 빈도는 공사시방서의 규정하는 바에 따른다. 조사시험결과는 시공 전에 공사감독자에게 제출하여 승인을 받아야 한다.

3. 시 공

3.1 굴착치환공법

(1) 굴착 및 치환의 범위와 깊이는 설계도면에 따라야 한다.

(2) 공사를 착수하기 전에 시공계획서를 작성하여 공사감독자에게 제출해야 하고 시공계획서에 포함시킬 사항은 다음과 같다.

① 굴착계획

굴착장비를 선정하고 굴착단계를 계획한다.

② 치환계획

치환을 평면상 및 심도에 따라 단계별로 계획한다.

③ 굴착토 및 치환토의 운송계획

운반 장비를 선정하고 굴착토 처리장, 치환할 토질의 토취장 선정 및 하치장 등을 계획 한다.

④ 다짐계획

다짐장비, 다짐 순서, 다짐 횟수 등을 계획한다.

⑤ 환경오염

수중공사에서는 오탁으로 인한 피해를 조사하고 이에 대한 대책을 마련하여야 한다.

(3) 시공관리사항

① 굴착토량

② 치환토량

③ 단계별 다짐효과 확인

④ 기타 공사감독자의 지시사항

3.2 성토자중에 의한 강제치환공법

(1) 공사를 착수하기 전에 시공계획서를 작성하여 공사감독자에게 제출하여 승인을 받아야 한다. 시공계획서에 포함시킬 사항은 다음과 같다.

① 시공준비

지표면 또는 지중의 장애물의 제거와 지표면의 정리

② 성토계획

성토재의 현장반입계획, 전체성토범위를 정하고 이어 단계별 성토범위를 계획한다. 성토 중에 지반의 소성유동이 과다하게 일어나지 않도록 유의해야 한다.

③ 연약지반의 전단파괴로 밀려난 흙의 조치계획

(2) 시공관리사항

성토 중은 물론 성토 후에도 다음의 사항을 측정하여 공사감독자에게 보고하여야 한다.

① 성토량

② 지표면의 표고측정

③ 치환량

④ 기타 공사감독자의 지시사항

측정의 빈도는 공사감독자가 정하는 바에 따라야 한다.

3-5 연직배수에 의한 압밀촉진공법

1. 일반사항

1.1 적용범위

연약지반의 간극수를 빠른 속도로 배출시키기 위해 지중에 연직방향으로 배수로(drain system)를 설치하여 간극수를 지표면으로 배출시킴으로써 압밀에 의한 지반을 개량하는 공법으로서, 점성토지반에 적용한다. 드레인의 종류에 따라 다음과 같이 구분한다.

(1) 샌드 드레인공법

케이싱을 지반에 관입시킨 후 여기에 모래를 채워 모래 기둥을 조성하는 공법이다.

(2) 팩 드레인공법

샌드 드레인공법을 개량한 것으로 모래를 팩(pack, 긴 자루 형태의 직포 또는 부직포)안에 채워 배수로를 조성하는 공법이다.

(3) PVD(Pre-fabricated Vertical Drain) 공법

강도를 가진 코어(core)와 그를 둘러싼 필터재로 구성된 드레인 보드를 지중에 관입하고 그를 통해 연약지반의 간극수를 배수시키는 공법이다.

2. 재 료

(1) 샌드 드레인에 사용되는 모래는 3-2 표층처리 공법 항목에서 2.1 수평배수층 포설공법의 (1), (2), (3), (4)항에 따른다.

(2) 팩 드레인에 사용되는 모래는 샌드 드레인과 같고 팩은 다음과 같다.

① 팩의 원사재질과 밀도는 공사시방서의 규정하는 바에 따른다. 특히 봉합 부위는 본체이상의 재질을 가져야 한다.

② 팩의 크기와 형상은 설계도면에서 정한 바를 따라야 한다.

③ 팩의 인장강도는 타설 심도에 따라 설계도면 또는 공사시방서의 규정하는 바에 따른다.

(3) 드레인 재료로 사용되는 드레인재의 품질과 형상은 도면이나 공사시방서의 규정하는 바에 따른다.

3. 시 공

3.1 샌드 드레인공법

(1) 드레인의 위치, 직경, 간격, 개량범위 및 모래투입량은 도면 또는 공사시방서에서 정한 바에 따른다.

(2) 강관케이싱의 관입은 자동 기록장치가 부착되어 있는 관입장비를 사용해야 한다.

(3) 드레인은 도면 또는 공사시방서에서 정한 바에 따라 형상을 유지하고 절단이나 단면축소가 생기지 않도록 연속적으로 조성되어야 한다.

(4) 드레인의 목표심도를 변경하는 경우에는 공사감독자의 승인을 받아야 한다.

(5) 시공관리 사항

① 모래의 투수성

② 드레인의 연속성 및 연직성

③ 조성된 드레인의 심도확인

④ 드레인의 위치측정

⑤ 지반 내 관입심도

가. 지반의 융기 또는 침하에 대해서는 드레인의 시공 중이나 시공 후에도 지반의 높이를 측정해야 한다.

나. 측정방법과 측정위치는 도면이나 공사시방서에서 정한 바를 따른다.

다. 측정시기, 측정빈도, 측정범위는 시공에 앞서 공사감독자의 승인을 받아야 한다.

⑥ 기타사항

시공 중 조사 및 시험의 항목, 방법, 수량 등에 대해서는 공사시방서에서 정한 바를 따른다. 개량결과 확인을 위한 시추조사의 위치설정은 공사감독자가 정하는 바에 따른다.

(6) 다음의 경우에는 시정 및 보완대책을 수립하여 이를 공사감독자에게 보고하여 승인을 받아 시행하여야 한다.

① 도면 또는 공사시방서에서 정한 개량강도에 못 미치는 경우

② 말뚝이 절단된 경우

③ 말뚝의 위치가 공사시방서에서 정하는 허용오차를 초과한 경우

④ 말뚝의 경사가 공사시방서에서 정하는 허용오차를 초과한 경우

3.2 팩 드레인 공법

본 공법의 일반적인 시공사항은 샌드 드레인공법과 동일하게 하되, 강관내부에 팩을 먼저 밀어 넣고 여기에 모래를 투입해야 한다. 모래를 완전히 투입할 때까지 팩이 꼬이거나 파손되어서는 안 된다.

3.3 PVD(Pre-fabricated Vertical Drain) 공법

(1) 공사를 착수하기 전에 설계도면과 공사시방서에 따라 시공계획서를 작성하여 공사감독자에게 제출하여 승인을 받아야 한다. 시공계획서에 포함시킬 사항은 다음과 같다.

① 드레인의 배치, 간격, 깊이, 개량범위는 도면이나 공사시방서에서 정한 바를 따르도록 계획한다.

② 작업장비의 운용계획은 드레인재의 관입에 필요한 장비의 종류, 규모, 수량을 정하고 이동계획을 작성하여야 한다.

(2) 드레인재의 관입은 자동기록 장치가 부착되어 있는 관입장비를 사용해야 한다.

(3) 드레인재는 파손되거나 겹치지 않아야 하며, 절단되지 않고 연속적으로 관입되어야 한다.

(4) 시공관리사항

① 드레인재의 파손 및 절단여부

② 멘드렐 인발시 공상현상 발생여부

③ 지반 내 관입심도

④ 드레인의 위치측정

⑤ 드레인재 관입의 연직도 유지

⑥ 기타 공사감독자의 지시사항

(5) 다음의 경우에는 시정 및 보완대책을 수립하여 이를 공사감독자에게 보고하고 그 지시를 받아 시행하여야 한다.

① 도면 또는 공사시방서에서 정한 개량강도에 못 미치는 경우

② 드레인재가 파손되거나 절단되었을 경우

③ 드레인의 위치가 허용오차를 초과한 경우

3-6 심층고결처리공법

1. 일반사항

1.1 적용범위

심층고결처리공법은 깊은 연약지반의 토층부분을 개량하는 공법으로서 개량대상이 되는 연약지반 두께가 3m 이상인 경우에 적용하며, 한계깊이는 지반상태, 토사의 종류, 작업기계의 성능에 따라 달라진다. 대표적인 공법의 종류는 다음과 같다.

(1) 첨가재 혼합 고결공법

첨가재를 지반내의 심층부로 집어넣고 원 지반 토사와 혼합한 후 화학반응을 통하여 지반의 고결화를 꾀하거나, 첨가재를 액체로 만들어 이를 지반에 고압으로 주입하거나 또는 주입 후 원 지반 토사와 혼합시키는 공법이다.

(2) 약액주입공법

토립자의 간극이나 공동부분에 약액을 주입함으로써 토립자를 결합하거나 공동부를 충전시켜 개량하는 공법이다. 이 공법은 사질토, 점성토 지반에 적용되는데 지반의 지지력을 향상시키는 외에 지중에서 차수막을 형성하는데도 이용할 수 있다.

2. 재 료

2.1 첨가재

3-2 표층처리 공법 항목에서 2.3 첨가재 혼합 고결공법의 (1), (2), (3)항에 따른다.

2.2 주입약액

약액은 지반개량의 목적, 지반상태, 현장조건 외에도 안정성, 시공성, 경제성을 종합적으로 검토하고 다음의 약액특성을 충족시킬 수 있는 재료를 사용해야 하며, 세부사항은 설계서에 따른다.

(1) 고체개량재의 입경

(2) 약액의 점성

(3) 겔 타임

(4) 침투성

(5) 차수성

(6) 내구성

(7) 고결강도

(8) 수질오염

첨가재와 주입약액은 현장시험 결과에 따라 그 효과를 확인한 후 선정해야 한다.

3. 시 공

3.1 첨가재 혼합 고결공법

(1) 공사에 착수하기 전에 지반개량의 목적, 상부구조물의 중요도, 현장조건의 변화 등으로 인하여 정밀시공이 요구될 때에는 공사감독자의 지시에 따라 시험시공을 해야 한다. 시험시공결과에는 다음 사항이 제시되어야 한다.

① 사용 첨가재의 종류

② 토사와 첨가재의 혼합비율

③ 사용장비(관입기, 혼합기, 주입기 등)의 성능

(2) 공사를 착수하기 전에 설계도면과 공사시방서 또는 시험시공에서 얻은 결과를 토대로 시공계획서를 작성하여 공사감독자에게 제출하고 공사감독자의 승인을 받아야 하며, 시공계획서에 포함시킬 사항은 다음과 같다.

① 토사와 첨가재의 혼합방법

시험시공의 목적, 개량의 정도, 현장조건에 따른 작업장비 기능과 성능을 제시해야 한다.

② 첨가재의 종류 및 혼합비율

지반개량의 목적, 원 지반 토사의 특성 등을 고려하여 첨가재의 종류를 결정하고 설계에서 정한 혼합비율과 작업 장비에 의한 시험시공의 결과를 제출하여야 한다.

③ 장비운용계획

작업장비의 운용 및 배치계획과 시공 중에 장비의 자중 또는 진동 등에 의하여 발생하는 지반침하에 대한 대책을 제시하여야 한다.

④ 혼합용 회전날개의 축회전수

⑤ 작업의 연속성

⑥ 지하수 특히 해수의 유입

⑦ 안전 및 환경영향

⑧ 기타 공사감독자의 지시사항

(3) 다음의 경우에는 수정 및 보완대책을 수립하여 이를 공사감독자에게 보고하고 그 지시에 따라 시행하여야 한다.

① 도면 또는 공사시방서에서 정한 개량강도를 못 미치는 경우

② 시공이 중단되어 개량작업이 연속적으로 이루어지지 않은 경우

3.2 약액주입공법

(1) 공사를 착수하기 전에 실내시험과 현장시험을 실시하여야 하며 시험의 방법은 공사감독자의 지시에 따른다. 실내시험은 약액의 고결화 효과를, 현장시험은 약액의 주입효과를 확인하기 위한 것이다. 시험결과는 다음 사항을 제시해야 한다.

① 약액의 종류 및 배합율

② 침투효과

③ 주입형식

④ 주입관의 종류와 설치방안(간격, 길이, 주입공의 직경, 개수)

⑤ 주입량, 주입속도, 주입압력

⑥ 기타 공사감독자의 지시사항

(2) 주입장비는 주입압력, 주입량, 주입시간이 자동 기록될 수 있는 장비를 사용하여야 한다.

(3) 공사를 착수하기 전에 설계도면과 공사시방서 또는 시험에서 얻은 결과를 토대로 시공계획서를 작성하여 공사감독자에게 제출하고 승인을 받아야 한다. 시공 계획서에 포함시킬 사항은 다음과 같다.

① 약액주입계획

지반개량의 목적, 원 지반의 상태 및 작업장비의 기능을 고려하여 위 (2)의 사항을 결정하여야 한다.

② 장비운용계획

작업장비의 운송 및 배치계획과 시공 중에 장비의 자중 또는 진동 등에 의하여 발생하는 지반침하에 대한 대책을 마련하여야 한다.

(4) 시공관리사항

① 주입작업

주입깊이, 주입량, 주입속도, 주입압력

② 표층표고측정

③ 작업의 연속성

④ 안전 및 환경영향

⑤ 기타 공사감독자의 지시사항

(5) 다음의 경우에는 수정 및 보완대책을 수립하여 이를 공사감독자에게 보고하고 승인을 받아 시행하여야 한다.

① 도면 및 공사시방서에서 정한 개량강도를 못 미치는 경우

② 심각한 환경문제가 발생한 경우

③ 시공이 중단되어 주입작업이 연속적으로 이루어지지 않은 경우

④ 지표면의 표고차가 공사시방서에서 정한 허용한계를 초과한 경우

3-7 지하수위 저하에 의한 배수공법

1. 일반사항

1.1 적용범위

지하수위 저하에 의한 배수공법은 지중에 우물을 설치하여 우물에 모인 지하수를 양수함으로서 주변의 지하수위를 저하시켜 지반을 개량하는 공법으로 투수성이 양호한 사질토 지반에 적용한다. 본 공법은 집수하는 방식에 따라 다음과 같이 구분하여 적용하여야 한다.

(1) 심정(deep well)공법

지반을 굴착하여 지중에 우물을 설치하고 중력에 의하여 지반내의 지하수가 우물 내부로 흘러 들어오면 이를 양수기로 양수함으로서 지하수위를 목표지점까지 저하시켜 압밀침하를 촉진시키는 공법으로, 투수계수가 비교적 큰 사질토 지반에 적용하여야 한다.

(2) 웰포인트공법

강관의 선단에 웰포인트(well point)를 부착하여 지중에 관입한 다음 관 내부를 진공화함으로서 간극수의 집수효과를 높이는 공법으로 사질토 지반에 적용하여야 한다.

2. 재 료

필터막의 재료로 쓰이는 모래는 설계도서에 제시된 시방에 맞는 것으로서 투수성이 좋아야 한다.

3. 시 공

3.1 심정공법

(1) 공사를 착수하기 전에 시공계획서를 작성하여 공사감독자에게 제출하고 승인을 받아야 한다. 시공계획서에 포함시킬 사항은 다음과 같다.

① 외측 강관의 관입방법

② 강관 내부의 굴착방법

③ 내측 강관설치

④ 필터용 모래의 재료시험과 충전방안

⑤ 펌프의 종류 및 용량

⑥ 배수대책

⑦ 환경영향

(2) 우물의 위치와 깊이는 설계도면에서 정한 바를 따른다.

(3) 시공관리 사항

① 내, 외측 강관의 깊이

② 필터용 모래의 투입량

③ 펌프의 성능

④ 양수량 또는 우물내의 수위측정

⑤ 지하수위 또는 간극수압측정

⑥ 기타 공사감독자의 지시사항

3.2 웰포인트(well point) 공법

(1) 공사를 착수하기 전에 시공계획서를 작성하여 공사감독자에게 제출하여 승인을 받아야 한다. 시공계획서에 포함시킬 사항은 다음과 같다.

① 웰포인트의 관입방법

② 웰포인트와 강관(라이저파이프), 강관과 지상집수관의 연결방법

웰포인트와 강관은 커플러 등으로 연결하여 작동 중에 파손이 생기지 않도록 해야 하며, 강관의 지상과 집수관의 연결부에서 누수가 되지 않도록 해야 한다.

③ 펌프의 종류 및 용량

펌프의 종류 및 용량은 설계도면에 정한 용량과 성능을 갖춘 것이라야 한다.

④ 필터용 모래의 충전방안

⑤ 각종 펌프와 탱크의 배치계획

⑥ 집수관의 설치

집수관은 지표면상에 가능한 한 수평으로 설치하고 연결부에서 누수가 없도록 연결해야 한다.

⑦ 환경영향

지하수위 저하로 인하여 발생할 수 있는 농작물 피해여부를 조사하고 그 대책을 마련해야 한다.

(2) 웰포인트의 위치와 깊이는 설계도면에서 정한 바를 따라야 한다.

(3) 시공관리 사항

① 웰포인트의 길이 및 간격

② 필터용 모래의 투입량

③ 각종 작업장비의 성능점검

④ 양수량, 지하수위 및 간극수압측정

⑤ 배수관 내 압력측정

⑥ 기타 공사감독자의 지시사항

3-8 성토하중경감공법

1. 일반사항

1.1 적용범위

성토하중경감공법은 성토구간에 경량재료나 중공구조물을 사용함으로서 성토하중을 경감시켜 지반 및 구조물의 안정을 도모하는 공법이다. 연약지반의 성토 외에도 안벽, 교대, 옹벽의 뒷채움, 부지조성 및 도로의 노반공사, 사면안정대책 등에 다양하게 적용하여야 하며, 토질의 종류에 관계없이 적용할 수 있다. 본 공법은 하중을 경감시키는 방법에 따라 다음과 같이 구분되고, 어느 공법이든 처리부분과 미처리부분의 경계부에서 압밀침하의 단차가 발생하거나 성토체와 처리부분의 거동이 현격히 차이가 있으므로 완만한 경사나 별도의 조치를 취하지 않으면 안 된다.

(1) 경량재 치환공법

고분자계통의 경량제품인 EPS(expended polystyrene)를 성토대신 이용하여 하중을 경감시키는 공법으로서 이 외에도 환경오염의 염려가 없는 한 성토체보다 가볍고 내구성 등 성토목적을 충족시킬 수 있으면 다른 유사재료를 사용한다.

(2) 공간형성 성토공법

원리적으로 위의 (1)과 동일하나 내부가 비어 있는 중공구조물을 설치하여 하중을 경감시키는 공법으로 연약지반에 설치되는 구조물의 뒷채움 용으로 이용한다.

2. 재 료

2.1 EPS

(1) EPS(expanded polystyrene)재료는 설계도면 또는 공사시방서에서 정한 바를 따른다.

(2) 사용 EPS 재료는 파손되지 않은 것을 사용해야 한다.

(3) EPS의 재료시험방법은 KS M 3808에서 정한 바를 따른다.

(4) EPS는 햇볕에 장기간(7일 이상) 방치해서는 안 되며, 유해물질이나 물로부터 차단되어야 하며 불에 접촉되어서는 안 된다.

(5) 개량의 목적에 따라 별도의 재료시험이 필요한 때에는 공사시방서에서 지시하는 시험방법에 따라 시험을 실시하여야 한다.

2.2 공간형성 구조물

(1) 공간형성 구조물은 설계 도면에서 정하는 바를 따른다.

(2) 콘크리트, 철근콘크리트, 강재, 목재 등의 재료를 사용할 때는 내구성 및 구조적 안전성을 가져야 한다.

3. 시 공

3.1 경량재 치환공법(EPS)

(1) 공사를 착수하기 전에 설계 도면이나 공사시방서에 근거하여 시공계획서를 작성하여 공사감독자에게 제출하여 승인을 받아야 한다.

시공계획서에 포함시킬 사항은 다음과 같다.

① 시공 준비 및 재료의 반입

굴착장비 운송을 위한 주행성(trafficability)의 확보 방안, 재료의 반입과 저장 계획을 수립해야 한다.

② EPS 설치범위

EPS 설치의 깊이와 범위는 설계도면에서 정하는 바를 따른다.

③ 차수 또는 배수계획

EPS 블록은 지하수 또는 표면수 등의 유입으로 인하여 부력의 영향을 받아서는 안 된다. 따라서 이에 대한 대책을 마련해야 한다.

④ EPS 수평설치

EPS는 수평으로 설치해야 하고 특히 바닥면의 기울기는 1:300 이내이어야 한다. EPS 블록 간에는 고정쇠를 설치하여 블록 전체가 안정되도록 해야 한다.

⑤ EPS 설치오차

EPS의 설치는 공사시방서에서 정한 허용오차 이내로 해야 한다.

⑥ 피복토 작업

외부로부터 EPS 블록을 보호하기 위하여 흙을 덮는 경우 그 두께는 300mm 이상이어야 한다.

(2) 시공관리사항

① 지하수위 측정 및 표면수의 유입여부

② 측량

시공 중 또는 시공 후에 측량을 실시하며 EPS 블록간의 설치 오차는 공사목적에 따라 그 허용오차를 별도로 정하여야 한다.

3.2 공간형성 성토공법

공간형성 성토구조물의 설치 방법과 순서는 사용재료와 형상에 따라 다르므로 설계도면에서 정하는 바를 따른다.

제4장 준설및매립

제 4 장 준설 및 매립

4-1 준설 및 기초터파기

1. 일반사항

1.1 적용범위

(1) 박지 및 항로 등의 신설, 확폭, 증심, 수심 유지를 위해 시행하는 각종 준설공사

(2) 항만 혹은 만내의 수질개선을 위한 퇴적오니 준설공사

(3) 해상장비를 이용하여 시행하는 방파제, 안벽 등 수중 구조물의 기초 터파기공사

(4) 상기 준설 및 터파기 공사에 수반된 쇄암 및 발파공사

(5) 준설 및 터파기 공사로 발생된 부산물의 운반, 투기

1.2 참조규정

(1) 개항질서법

(2) 총포・도검・화약류 등 단속법

(3) 항로표지법

2. 재 료

(해당사항 없음)

3. 시 공

3.1 조 사

(1) 시공자는 공사를 착수하기 전에 다음사항을 조사하여야 한다.

① 바람, 안개 등 기상여건

② 조석, 조류, 표사이동 등 해상여건

③ 측량 및 탐사

④ 토질조사

⑤ 투기장소 및 투기경로

(2) 조사된 자료는 면밀히 분석 후 공사감독자와 협의하여 현장여건에 부합되는 준설 및 투기계획을 수립하여야 한다.

3.2 작업준비

(1) 작업선은 해저 토질, 준설량, 수심, 투기조건, 기상, 해상, 공사기간, 주변해역 이용 상황 등 현장여건을 고려하여 효율적인 작업이 가능한 선종 및 규격을 선정하여야 한다.

(2) 배사관의 부설위치, 토운선의 운행 경로는 시공의 효율, 주변해역의 이용 상황 등을 고려해서 결정하여야 한다.

(3) 현장에 투입된 준설선의 풍속, 파고 등에 따른 작업 한계조건 등을 확인하여 작업계획을 수립하고 한계치 초과 시의 안전대책을 사전에 수립하여야 한다.

(4) 비상시를 대비하여 작업선단의 대피위치 및 경로를 사전에 확인하여야 한다.

(5) 작업선의 예항 및 회항 거리가 멀 경우에는 도중에 파랑에 의한 손상이나 침수피해 등이 발생할 수 있으므로 예인 선박의 조합, 예항속도, 기상, 해상, 항로상 타선박의 종류나 규격 등을 종합적으로 고려하여 안전성이 가장 높은 예항 및 회항 방법을 채택하여야 한다.

3.3 소요수심 및 소요폭

(1) 준설장비로 준설을 하게 되면 토질 조건에 따라 일정깊이로 수평이나 일직선이 되지 않는 요철 현상이 생기며 계획수심은 상단의 노출부분의 깊이를 말하므로 실제 준설에서는 더 판 물량이 발생하게 되고 이를 여굴 및 여쇄라 하며 준설토량에 가산한다.

(2) 여굴두께는 준설심도나 토질, 준설선의 형식과 능력, 토층의 두께, 해상조건 등에 따라 달라지며 전문시방서에 정하는바에 따른다.

(3) 일반준설로 작업이 되지 않는 단단한 토질이나 구조물이 인접하여 발파작업이 불가능한 경우 쇄암선에 의한 준설을 한다. 이때 여굴에 토질별 계수를 더한 값을 준설하게 되는데 이를 여쇄라 하며 전문시방서에 정하는바에 따른다.

(4) 준설선에 의한 준설은 여굴과 마찬가지로 폭에도 여유가 필요하며 여유 폭은 투입되는 준설선종에 따라 전문시방서에 정하는바에 따른다.

(5) 기초 터파기와 같이 준설사면의 존치기간이 일시적이고 구조물 안전상 문제가 없으며 선박통항이 이루어지지 않는 경우에는 여굴 및 여유폭을 고려하지 않는다.

(6) 토질조건, 준설방법 등에 따라 준설공사 후 사면이 안정적으로 유지되게 하기 위하여, 적정한 경사가 필요하며 준설구역이 기존 구조물에 인접할 경우에는 준설로 인한 인접구조물의 원호활동 등에 대한 안정성을 검토하여야 한다.

3.4 시공관리

(1) 준설장비 및 공사용 선박은 개항질서법의 관련규정에 의거 국토해양부장관에게 출입신고하여야 하며 항계내에서의 정박 및 통행시에도 개항질서법의 관련규정을 준수하여야 한다.

(2) 작업구역은 항로표지법의 관련규정에 따라 국토해양부장관의 허가를 받아 항로표지(부표, 등부표 등)를 설치하여야 한다.

(3) 발파작업시 화약류의 사용이나 저장 등은 총포, 도검, 화약류 등 단속법의 관련규정을 준수하여야 한다.

(4) GPS 측량에 의한 성과에 따라 굴착구역을 선정하고 작업 중 수시로 확인하여 준설구역의 위치를 명확히 하여야 한다.

(5) 준설공사는 연속적인 교대작업이므로 1조의 승무원 중에 갑판부, 기관부를 포함하고 인계조에서 시행한 운전방법이나 상황의 변화에 대하여 인수조에게 철저하게 연락하도록 하여 작업상 문제가 발생하지 않도록 하여야 한다.

(6) 준설작업 중 항시 준설선의 위치나 준설 깊이를 정확하게 확인하여 과대한 준설이나 불필요한 준설이 발생하지 않도록 하여야 한다. 이 경우 공사감독자는 과대한 준설 등이 인접구조물의 안전상 문제가 있다고 판단될 경우 수급인에게 원상복구를 요구할 수 있으며 수급인은 그 요구에 즉시 응해야 한다.

(7) 준설 깊이는 항상 조위를 환산하여 확인하여야 한다. 안개, 비, 야간작업 등으로 인해 준설선에서 양수표가 보이지 않거나 양수표를 준설선 인근에 설치할 수 없을 경우 일정시간(조위 차에 따라 적절히 정함)마다 양수표 관측자와 연락하여 조위를 확인하여야 한다.

(8) 준설작업은 환경영향평가 기준을 준수하고, 준설 중 오탁조사를 실시하여 준설해역의 환경기준을 지켜야 한다. 필요한 경우 준설구역 주변에 감시점을 설치하여 상시 수질감시를 실시하고 오탁방지막, 오일휀스 등 오탁방지 대책을 강구하여야 한다.

(9) 준설 공사 시 안전을 확보하기 위하여 작업 전에 안전관리 체계수립 및 중점관리 항목 선정, 종사자 교육 등을 실시하고 사고 발생 시에는 공사감독자와 상의하여 긴급조치를 취한 후 관할 관청에 보고하여야 한다.

(10) 준설장비의 원활한 가동을 위하여 공사구역 내에 필요한 장비, 설비 및 부대기구의 예비품을 구비하여 장비의 고장 시 교체 혹은 수리가 가능하도록 하여야 한다.

(11) 공사관련 장비는 정기적으로 점검하여 항상 최상의 상태를 유지하여야 하며 특히 마모가 심한 부위나 손상 시 안전 관리상 문제점 발생이 예상되는 부위 등은 수시로 점검하여야 한다.

(12) 모든 준설토와 굴착토는 지정된 투기장으로 반출 투기하여야 하며 운반 도중에 누출 등이 없도록 주의하여야 한다.

(13) 어떠한 사유이든지 투기장이 아닌 곳에 투기하였거나 지정된 구역 밖에 흩어져 있는 투기토는 수급자 부담으로 이를 제거하여 지정된 투기장에 투기하여야 한다.

3.5 검사 및 허용오차

3.5.1 일반사항

(1) 준설구역에 대한 준설확인은 도면상의 위치와 실작업 위치가 일치하는지, 시공된 구역의 수심, 폭, 준설사면 등이 설계와 같이 시공되었는지 확인하여야 한다.

(2) 쇄암된 수심이나 부유토가 잔류한 준설구역의 확인, 자연매몰이나 하구항의 유사에 대한 확인과 물량조사는 공사감독자와 협의하고 필요시 전문시방서의 규정하는 바에 따른다.

(3) 준설공사가 완료된 후 그 성과는 수심도에 의해 최종 확인되므로 수급자는 수심측량 결과를 기초로 수심도를 작성하여 수심측량 성과표와 같이 제출하여야 한다.

(4) 성과확인을 위한 수심측량은 공사 중 발생한 부유토가 침강하도록 공사감독자와 협의하여 일정시간동안 방치 후 시행하여야 한다.

(5) 검사 확인측량은 작업선이 공사현장에서 철수하기 전에 시행하여야 하며 음향측심기 및 DGPS를 사용한다.

3.5.2 허용오차

구 분	준 설	기초 터파기	비 고
수심(저면)	(+) : 0 (-) : 규정하지 않음	(±) 300mm	
비 탈 면	(+) : 100mm (-) : 규정하지 않음	외측 : 2m 내측 : 300mm	비탈면(법면)과 직각방향

4-2 매립(뒷채움)

1. 일반사항

1.1 적용범위

(1) 해저토사를 준설하여 시행하는 매립공사

(2) 준설토 혹은 육상토사에 의한 구조물 뒷채움 공사

(3) 육상토사에 의한 일반매립 및 토공사는 본 규정을 적용하지 아니한다.

1.2 참조규정

(1) 공유수면 관리 및 매립에 관한 법률

(2) 해양환경관리법

(3) 토목공사 일반표준시방서 『제2장 토공』

2. 재 료

2.1 매립 및 뒷채움 재료

2.1.1 준설토사

(1) 준설선으로 해저의 토사를 채취하여 매립재료 사용하는 경우에는 유해물질이 함유되거나 확산으로 인한 2차 오염 등이 발생되지 않도록 각별히 주의하여야 한다.

(2) 채취구역을 결정할 때에는 준설토의 종류 및 매립지의 이용계획과 매립 후 연약지반처리대책 등이 함께 고려되어야 한다.

(3) 수역시설(항로, 박지 등)을 위하여 부득이하게 해저토사를 준설하여 매립하는 경우에는 매립토에 대한 재료의 시방을 별도로 규정하지 않는다.

(4) 특별히 순수한 매립 목적으로 준설할 시는 사용할 재료의 종류, 품질, 형상 등에 대하여는 본 시방서에서 정한 규정에 따라야 한다.

(5) 준설구역으로부터 채취할 매립토는 준설구역, 준설 깊이, 재료의 형상 등을 파악하기 위하여 사전에 토질조사 등을 시행하여야 한다.

(6) 매립용 토사의 채취장소가 지정되지 않은 경우에는 작업 전에 사용할 재료의 시험성적서 및 채취장소가 첨부된 서류를 제출하여 공사감독자의 승인을 받아야 한다.

(7) 기타재료 등 특별한 사항은 전문시방서에 규정하는 바에 따른다.

2.1.2 육상토사 및 기타

(1) 뒷채움재로 육상토사를 사용할 경우에는 토목공사일반표준시방서의 규정에 준하며 수중공사일 경우 모래나 석재류 등 가급적 점성이 적은 재료를 사용하여야 한다.

(2) 채취장소가 지정되어 있지 않을 경우에는 사용하기 전에 재료의 시험성적표 및 산지를 명기한 서류를 제출하여 품질이 적합한지 검토하고 공사감독자의 승인을 득한 후 사용하여야 한다.

(3) 슬래그(slag) 등 산업폐기물을 뒷채움재로 사용할 경우에는 무해성이 입증되어야 하고 해양환경관리법 등 관련 규정에 저촉되지 않아야 한다.

3. 시 공

3.1 공통사항

(1) 신속하고 확실한 매립과 안전한 시공을 위해서는 매립지여건, 매립공법, 인・허가 절차 등의 사전조사를 철저히 하여야 한다.

(2) "해양환경관리법"상에서 정하는 폐기물을 "공유수면 관리 및 매립에 관한 법률"에 따라 매립하고자 할때는 해양환경관리법 시행규칙에서 정한 처리기준과 방법에 따라야 한다.

(3) 유해물질이 함유된 토사를 매립할 경우에는 주변해역의 수질이나 매몰 상황 등을 상시 감시할 수 있는 시스템을 갖추어야 한다.

(4) 육상 운반 시에는 소음, 진동, 분진의 발생 등을 고려하여 적정 운반로를 선정하고 운반시간의 규제, 교통사고 방지대책 등을 수립하여야 한다.

(5) 매립작업은 대량의 토사와 다수의 장비가 투입되므로 사전에 철저한 안전관리계획을 수립하고 종업원을 교육시켜야 한다.

(6) 이상 침하, 활동 등 예측치 못한 사태가 발생할 우려가 있을 때에는 즉시 공사감독자에게 보고하고 대책을 수립하여야 한다.

(7) 매립된 구역으로부터 분진 또는 악취가 발생할 경우에는 공사감독자와 협의하여 대책을 수립, 시행하여야 한다.

(8) 매립중이나 매립 후에 연약지반이나 위험지역에는 출입을 금지하고 표지를 설치하여야 한다.

3.2 준설토에 의한 매립

(1) 해저토사에 의한 매립은 대부분 펌프준설에 의해 이루어지므로 본 장은 펌프준설선에 의한 토사매립에 대해 규정하였으며 펌프 준설 외에 의한 매립 시는 적절히 수정하여 사용한다.

(2) 펌프준설은 배사관을 통하여 대량의 토사를 직접 매립지로 배송하며, 함니율이 10~15%에 불과하여 준설구역 및 매립지 주변의 해역이 매우 혼탁할 우려가 있기 때문에 오탁방지막 등을 설치하여 해수의 오염이 최소화 되도록 하여야 한다.

(3) 배출수의 농도를 최소화하기 위해서는 여수의 이동거리가 길어 침전량이 많아져야 하므로 가토제나 배사관, 여수토의 위치는 현장 여건을 감안하여 결정하되 가능한 한 여수의 이동거리가 최대로 되도록 배사관 간격을 조정하여야 한다.

(4) 오탁방지막의 설치 위치는 설계도서에 규정된 대로 시공하여야 한다.

(5) 배사관은 수시로 이동이 곤란하여 배사관을 중심으로 토출구 주변에만 토량이 많이 쌓이게 되므로 필요시 습지도저 등 적절한 장비를 이용하여 매립된 토사를 평탄하게 고르기 하여야 한다.

3.3 구조물 뒷채움

(1) 구조물 뒷채움 공사 시에는 기존 구조물의 변위 파악을 위한 계측계획을 수립하여야 한다.

(2) 공사 순서는 반드시 구조물 법선에서 육지 쪽 방향으로 시행하여야 하며 안벽이나 호안 등의 뒷채움 구역 바닥에 점토 등 연약한 흙이 퇴적되어 있는지를 확인하고 만약 퇴적되어 있을 경우는 사전에 이를 제거하고 시작하여야 한다.

(3) 공사 시행 전에 뒷채움과 매립을 동시에 시공할 경우는 뒷채움 구역에 연약한 점토(또는 이토)가 유입, 퇴적되지 않도록 하여야 한다.

(4) 타이로드나 타이케이블 등이 설치되어 있을 경우는 손상이 되지 않도록 특히 주의하여야 한다.

(5) 뒷채움 공사를 육상 공사로 하는 경우에는 『토목공사 일반 표준시방서』의 관련 규정에 정하는 바에 따른다.

제5장 사석 및 고르기

제 5 장 사석 및 고르기

5-1 사 석

1. 일반사항

1.1 적용범위

(1) 직립 방파제나 안벽, 물양장 등 해상 구조물의 기초사석 공사

(2) 사석방파제나 제방, 호안 등의 제체사석공사

(3) 안벽이나 물양장, 호안 구조물의 뒷채움 사석공사

(4) 기초사석 또는 제체사석을 보호하기 위한 피복석, 중간 피복석 공사

(5) 기초사석 또는 제체 사석 마운드 끝단의 세굴방지용 사석공사

(6) 뒷채움 또는 제체사석 사이로 배면 토사가 유출되는 것을 방지하기 위한 필터 사석공사

(7) 케이슨이나 셀블록 등의 속채움 사석공사

1.2 참조규격

(1) KS F 2518 : 석재의 흡수율 및 비중시험방법

(2) KS F 2519 : 석재의 압축강도 시험방법

2. 재 료

2.1 재료일반

(1) 사용하는 사석은 넓적하거나 길쭉하지 않고 풍화되거나 부수어지지 않아야 한다.

(2) 사석의 입도분포는 설계도서에 명시된 범위 내여야 하고 이물질이 혼입되지 않아야 한다.

(3) 하한치가 명시되지 않은 비규격석의 경우에도 사석으로 보기 어려운 흙이 함유되어서는 안 된다.

(4) 사석의 종류, 중량, 치수 등은 설계도서에 규정하는 바에 따른다.

(5) 공사 착수 전에 선정시험을 실시하여 시험성적표 및 산지를 명시한 서류를 공사감독자에게 제출하여 승인을 받아야 한다.

(6) 기타 특별한 사항은 전문시방서에 규정하는 바에 따른다.

2.2 재 질

(1) 사석은 승인된 장소의 석재를 사용하여야 하며 물리적 기준은 아래의 값 이상이어야 한다.

구 분	비 중		흡수율(%)		압축강도(MPa)	
	피복석용	내부사석용	피복석용	내부사석용	피복석용	내부사석용
화강암류	2.6 이상	2.5 이상	5% 미만	5% 미만	100 이상	50 이상
안산암류	2.4 이상	2.3 이상	5% 미만	5% 미만	100 이상	50 이상
현무암류	2.6 이상	2.5 이상	5% 미만	5% 미만	100 이상	50 이상
사 암 류	2.5 이상	2.4 이상	5% 미만	5% 미만	100 이상	50 이상

(2) 사석의 비중, 흡수율 및 압축강도의 시험방법은 KS F 2518 및 2519에 의한다.

(3) 현장 여건상 견적 등에 의해 구입하거나 승인된 장소 이외에서 석재를 반입코자 할 경우 수급자는 공사감독자 입회하에 그 표본을 채취하여 시험한 후 품질시험 성과표와 사용여부, 사용물량, 허가사항 등을 발주자에게 제출하여 승인을 얻은 후 사용하여야 한다.

3. 시 공

3.1 운 반

(1) 수급인은 사석의 운반방법, 운반경로, 일일 운반량 등을 명기한 운반계획서를 작성하여 공사감독자에게 보고하여야 한다.

(2) 수급인은 석재원과 공사현장조건을 충분히 검토하여 사석의 적재방법, 운반수단, 적재 및 운반 장비의 선정 등을 결정하여야 한다.

(3) 다량의 사석운반으로 인해 기존의 교통에 영향을 줄 우려가 있을 때에는 수급인은 설정한 운반경로에 관하여 관계관청과 협의하여 공사 전에 필요한 허가를 받아야 한다.

(4) 수급인은 사석 운반과정에서 사석을 떨어트리거나 분진을 발생시키는 등 교통이나 환경에 악영향을 주는 일이 없도록 충분한 대책을 세워야 한다.

3.2 기초사석 및 제체사석

(1) 사석투하 작업을 하기 전에 투하장소에 대하여 터파기한 상태, 부유토의 퇴적상태 등을 공사 경험 있는 잠수부에 의해 상세히 조사하고 공사감독자에게 보고하여야 한다. 부유토가 설계도면에 명시된 제체 또는 사석기초 형성에 지장을 줄 우려가 있거나 터파기 상태가 불량한 경우에는 이를 걷어내고 터파기를 다시 한 후 공사감독자의 검사를 받아야 한다.

(2) 기초사석은 계획위치에 일정한 높이로 정확히 투하하여야 되기 때문에 위치표지기를 설치하여 투하위치를 표시하여야 한다. 표지기는 조류나 파랑에 의해 이동할 우려가 있으므로 항시 세심하게 관찰하고, 수시로 확인측량을 실시하여 위치를 바로잡아야 한다.

(3) 투하구역 표시는 투하중심선(기준선), 비탈머리선, 비탈끝선을 각각 표시하고, 설치된 표지는 이동, 파손, 유실 등의 염려가 없는 것이어야 한다.

(4) 사석 운반선은 투하구역 및 위치를 확인하고 조류, 파랑, 풍향, 운반선의 이동능력, 다른 항행선박 등을 고려하여 적절한 위치를 선정하여야 한다.

(5) 계획고 부근의 투하작업은 잠수사의 지시를 받아 특히 신중하게 시행하여야 한다.

(6) 사석 투하 후 다짐공사 시 침하량을 예상하여 더 쌓기를 할 경우 더 쌓기의 높이는 시험시공에 의해 결정하거나, 토질조건 및 사석층 두께를 고려 공사감독자와 협의하여 결정한다.

3.3 뒷채움 사석

(1) 사석공사를 하기 전에 바닥면, 비탈면의 경사 등이 도면에 명시된 대로 되어있는지를 확인하여야 한다. 또 직립벽체부에 방사막을 설치할 경우에는 방사막이 정확한 위치에 견고하게 부착, 설치되었는지를 확인하고 불완전할 경우에는 시정 조치한 후 공사감독자의 승인을 받아야 한다.

(2) 뒷채움 사석 투하 시기는 먼저 기초지반 위의 기초사석 마운드가 안정되었는지를 점검하여야 하며, 아래에서 위로 단계별로 투하하여 구조물이 서서히 안정되도록 한다. 부득이 덤프트럭으로 직접 투하할 경우 벽체의 안정성을 충분히 검토한 후 공사감독자와 협의하여 시공하여야 한다.

(3) 도면에 명시된 비탈경사에 맞추어 비탈규준틀을 정확하고 알아보기 쉽게 설치하고 이 규준틀 경사에 맞추어 주의하여 사석을 투하하여야 한다.

(4) 뒷채움 사석위에 필터층이나 방사막 설치공사를 해야 할 경우에는 뒷채움 사석의 경사면을 작은 돌로 평활하게 속고르기를 하여 요철이나 공극이 적게 하여야 한다.

(5) 필터층은 설계도서에 명시된 대로 재질이 견고하고 입도가 고르게 분포되도록 하여야 한다.

3.4 피복석 및 중간 피복석

(1) 피복석은 중간 피복층과 내부사석을 파랑으로부터 보호하는 역할을 하므로 제간부 사석 단면이 부분적으로 완성되면 가능한 한 빨리 피복석 공사를 뒤따라 시공하여야 한다.

(2) 피복석 시공은 내부사석이 누출되지 않도록 크기와 모양을 잘 선별하여 공극이 적어지도록 조밀하게 시공하여야 한다.

(3) 피복석은 비탈 하단으로부터 석재의 장축이 제체 비탈면에 수직으로 서로 맞물려 짜여 져야 하며, 작은 규격의 피복석만 한곳에 몰려 조류 및 파도에 유실이나 탈락되는 일이 없도록 견고하게 시공하여야 한다.

(4) 중간 피복석은 실제 피복석과 맞물리게 되므로 피복석과 같은 방법으로 시행하되, 내부 사석의 유출을 방지하기 위하여 공극이 적어지도록 조밀하게 시공하여야 한다.

3.5 속채움 사석

(1) 속채움 사석은 시공 중 파랑 등에 의한 본체의 이동이나 손상방지를 위해 본체 거치 후 빠르게 시공하여야 한다.

(2) 속채움 공사중 케이슨 등의 각 격실간 높이차가 발생하지 않도록 격실별로 고르게 채워야 한다.

(3) 속채움 시공 시 케이슨 등의 본체에 손상을 주지 않도록 주의 하여야 한다.

(4) 셀블록의 속채움은 상하블록 사이의 채움재 간 엇물림이 양호하도록 하여야 한다.

5-2 고르기

1. 일반사항

1.1 적용범위

(1) 케이슨이나 블록 등의 하부 사석 마운드 기초 고르기

(2) 기초사석이나 제체사석의 속고르기

(3) 중간 피복석을 포함한 피복석 고르기

(4) 뒷채움 사석 및 필터층 고르기

1.2 참조규격

(해당사항 없음)

2. 재 료

(해당사항 없음)

3. 시 공

3.1 공통사항

(1) 고르기 작업은 설계도면에 명시된 경사에 맞추어 규준틀을 설치하고 제체하단 수중 고르기부터 시작하여 수상 고르기 순으로 시공하여야 한다.

(2) 고르기 작업은 대부분 잠수작업에 의존하게 되므로 잠수작업시의 안전관리에 특히 유의하여야 한다. 잠수 작업시의 각종 사고나 잠수병, 감압병 등을 방지하기 위해서는 작업안전규칙상의 잠수시간, 부상방법, 휴식시간 등을 준수하여야 한다.

3.2 기초고르기

(1) 기초 고르기는 고르기면 상에 직립구조체(콘크리트 블록, 케이슨 등)가 놓이게 되므로 계획면 높이의 정확도와 고르기면의 평탄성이 중요하다. 수급인은 설계도면에 명시된 계획높이 또는 공사감독자와 협의된 더 쌓기 높이에 맞추어 정밀하게 시공하여야 한다.

(2) 기초 고르기는 사석 기초면의 기복이 최소로 되고 직립부 바닥이 균등하게 거치되도록 수평을 유지하여 부등침하가 발생하지 않도록 하여야 한다.

(3) 기초 고르기는 거의가 수중 고르기에 속하며 직립구체를 거치하기 위한 고르기이므로 직립부 전후로 규정된 여유 폭을 가산하여 고르기를 한다.

3.3 속고르기 및 뒷채움사석 고르기

(1) 속고르기는 피복석이나 중간 피복석 거치 전 사석면을 계획 경사로 고르는 작업이므로 가능한 한 계획 법면보다 돌출되는 부분이 없도록 해야 한다.

(2) 내부사석이 빠져나오지 않도록 규격이 큰 사석을 사용하여 피복석 고르기에 용이하고 확실한 시공을 할 수 있도록 평탄하게 고르기를 하여야 한다.

(3) 뒷채움 사석은 그 위에 필터층이나 필터매트를 부설하고 토사 등으로 뒷채움 하므로 필터매트의 손상을 방지할 수 있도록 작은 사석으로 편평하게 속고르기를 하여야 한다.

3.4 피복석 고르기

(1) 피복석 고르기는 제체사석의 파랑에 의한 유실을 막기 위해 속고르기가 끝난 후 바로 시작해야 한다. 작업구간이 충분할 경우에는 속고르기와 병행하도록 한다.

(2) 피복석 고르기는 석재의 형상에 따라 주변의 피복석과 서로 맞물리게 시공하여 일체가 되도록 하고, 고임돌이나 틈 채움돌을 사용해서는 안 된다.

3.5 검사 및 허용오차

(1) 수급인은 고르기 시공 상태 및 규격에 대한 확인측량을 실시하여 이상이 없을 경우 공사감독자에게 검사를 요청하여야 한다.

(2) 공사감독자의 검사결과 불합격으로 판정될 경우 수급인의 부담으로 재시공 또는 보완 후에 재검사를 요청하여 승인을 받아야 한다.

(3) 허용오차

① 기초사석

가. 고르기 마루높이 : ±50mm

나. 고르기 둑마루폭 : +규정하지 않음, -100mm

다. 고르기 연장(기준선 상) : +규정하지 않음, -100mm

② 피복석

가. 고르기 마루높이

(가) 일반적인 경우 : ±300mm

(나) 안벽전면 : +0, -200mm

나. 고르기 비탈면 높이

(가) 일반적인 경우 : ±300mm

(나) 이형블록 거치면(난적) : ±500mm

다. 둑마루 폭 : +규정하지 않음, -200mm

라. 연장(둑마루 중심선) : +규정하지 않음, -200mm

③ 뒷채움 사석

가. 고르기 마루높이 : ±50mm

나. 고르기 비탈면 높이 : ±100mm(비탈면에 직각)

다. 둑마루 폭 : -100mm

라. 연장(둑마루 중심선) : +규정하지 않음, -100mm

제 6 장 콘크리트

제 6 장 콘크리트

6-1 일반콘크리트

1. 일반사항

1.1 적용범위

(1) 본 시방서는 일반콘크리트의 사용재료, 계량, 혼합, 운반, 치기 및 양생에 대한 일반적인 사항을 규정한다.

(2) 콘크리트는 소요강도, 내구성, 수밀성 및 강재를 보호하는 성능 등을 가지며 품질이 균일한 것이라야 한다.

1.2 관련시방

콘크리트표준시방서 제2장 일반콘크리트

토목공사표준일반시방서 04210 일반콘크리트공

건축공사표준시방서 05000 콘크리트 공사

1.3 참조규격

KS F 2402 콘크리트의 슬럼프 시험 방법

KS F 2502 굵은 골재 및 잔골재의 체가름 시험 방법

KS F 2507 골재의 안정성 시험 방법

KS F 2509 잔골재의 표면수 측정 방법

KS F 2515 골재중의 염화물 함유량 시험 방법

KS F 2544 콘크리트용 고로 슬래그 골재

KS F 2550 골재의 함수율 및 표면수율 시험 방법

KS F 2560 콘크리트용 화학 혼화재

KS F 2561 철근 콘크리트용 방청제

KS F 2562 콘크리트용 팽창재

KS F 2563 콘크리트용 고로 슬래그 미분말

KS F 2567 콘크리트용 실리카 퓸

KS F 4009 레디믹스트 콘크리트

KS F 8008 가경식 믹서

KS F 8009 강제 혼합 믹서

KS L 5405 플라이 애시

1.4 제출물

(1) 검사 및 시험계획서

콘크리트 공사를 시작하기 전에 품질관리 기준에 따라 검사 및 시험계획서를 작성하여야 한다.

(2) 시공계획서

① 시공계획의 일반

가. 공사를 시작하기 전에 환경에 대한 부하, 시공 안전성, 공사비용, 공사기간 등과 같은 공사요건을 만족하도록 구조물의 설계에 기초하여 시공계획을 수립하여 공사감독자의 승인을 받아야 한다.

나. 시공계획서는 시공계획에 기초하여 작성하여야 한다. 시공계획서에는 일반적으로 다음과 같은 사항에 대하여 기술한다.

(가) 공사의 개요

(나) 공사의 요건

(다) 구조물의 요구성능

(라) 콘크리트의 성능, 콘크리트 재료, 배합 등

(마) 조직표, 노무계획

(바) 재료사용계획

(사) 시공기계, 시공설비

(아) 가설비

(자) 콘크리트에 관한 시공계획

(차) 품질관리계획

(카) 시공관리계획, 안전 및 위생계획

(타) 검사 및 유지관리계획

(파) 그 밖의 필요한 사항

② 콘크리트에 관한 시공계획

가. 콘크리트에 관한 시공계획은 다음과 같은 사항을 포함하여야 한다.

(가) 공정계획

(나) 콘크리트의 운반 및 받아들이기 계획

(다) 현장에서의 운반 계획

(라) 콘크리트 타설 계획

(마) 콘크리트 다짐 계획

(바) 콘크리트 마무리 계획

(사) 양생계획

(아) 시공이음 계획

(자) 철근의 계획

(차) 거푸집 및 동바리 계획

(카) 환경보전 계획

나. 거푸집 및 동바리 계획은 구조물의 구조조건, 현장의 환경조건, 시공조건 등을 감안하여 구체적인 시공계획을 세워야 한다.

③ 시공계획의 변경

가. 공사 도중에 시공의 변경이 필요하게 된 경우에는 공사의 요건 및 구조물의 요구성능 등을 만족하도록 시공계획의 변경을 실시해야 한다.

나. 시공계획의 변경은 변경에 의해 영향을 받는 범위가 가장 작아지도록 실시한다. 시공계획의 변경은 일반적으로 콘크리트의 시공성능, 콘크리트의 배합설계, 시공의 범위 내에서 실시해야 한다.

다. 시공계획을 변경한 경우에는 시공계획서의 수정을 실시해야 한다.

④ 시공 상세도면

콘크리트를 시작하기에 앞서 시공계획서를 참고로 콘크리트의 타설 순서, 이음 위치, 양생 방법 등 콘크리트 시공에 관련된 상세한 사항 등이 명시된 시공 상세도면을 작성해야 한다.

⑤ 품질 확보 보고서

콘크리트를 수행할 때는 검사 및 시험계획서, 시공계획서에 따라 콘크리트의 품질 확보 보고서를 작성해야 한다.

1.5 용어의 정의

(1) 감수제(減水劑, water-reducing admixture)

혼화제의 일종으로, 시멘트 분말을 분산시켜서 콘크리트의 워커빌리티를 얻기에 필요한 단위수량을 감소시키는 것을 주목적으로 한 재료

(2) 결합재(結合材, binder)

물과 반응하여 콘크리트 강도 발현에 기여하는 물질을 생성하는 것의 총칭으로 시멘트, 고로 슬래그 미분말, 플라이 애쉬, 실리카 퓸, 팽창재 등을 함유하는 것

(3) 고로 슬래그 미분말(高爐슬래그微粉末, ground granulated blast-furnace slag)

용광로에서 선철과 동시에 생성되는 용융상태의 고로 슬래그를 물로 급랭시켜 건조 분쇄한 것, 또는 여기에 석고를 첨가한 것

(4) 고성능 공기연행감수제(高性能 空氣連行減水劑, air-entraining and high range water-reducing admixture)

공기연행 성능을 가지며, 감수제보다 더욱 높은 감수성능 및 양호한 슬럼프 유지성능을 가진 혼화제

(5) 골재(骨材, aggregate)

모르타르 또는 콘크리트를 만들기 위하여 시멘트 및 물과 혼합하는 잔골재, 부순모래, 자갈, 부순 굵은 골재, 바다 모래, 고로 슬래그 잔골재, 고로 슬래그 굵은 골재, 기타 이와 비슷한 재료

(6) 골재의 입도(骨材-粒度, grading of aggregate)

골재의 크고 작은 알이 섞여 있는 정도

(7) 굵은 골재(-骨材, coarse aggregate)

5mm 체에 질량비로 85% 이상 남는 골재, 또는 5mm 체에 다 남는 골재

(8) 단위량(單位量, quantity of material per unit volume of concrete)

콘크리트 또는 모르타르 1㎥를 만드는데 쓰이는 각 재료의 사용량

(9) 레디믹스트 콘크리트(ready-mixed concrete)

정비된 콘크리트 제조설비를 갖춘 공장으로부터 구입자에게 배달되는 지점에 있어서의 품질을 지시하여 구입할 수 있는 굳지 않은 콘크리트

(10) 레이턴스(laitance)

블리딩으로 인하여 콘크리트나 모르타르의 표면에 떠올라서 가라앉은 물질

(11) 모래(sand)

자연 작용에 의하여 암석으로부터 만들어진 잔골재

(12) 모르타르(mortar)

시멘트, 잔골재, 물 및 필요에 따라 첨가하는 혼화 재료를 구성재료로 하여 이들을 비벼서 만든 것, 또는 경화된 것

(13) 무근 콘크리트(無筋-, plain concrete)

강재로 보강하지 않은 콘크리트

(14) 일반 콘크리트(一般-, normal-weight concrete)

잔골재, 자갈 또는 부순 모래, 부순 자갈, 여러 가지 슬래그 골재 등을 사용하여 만든 단위질량이 2,300kg/㎥ 전후의 콘크리트

(15) 부순 모래(crushed fine aggregate)

암석을 크러셔 등으로 분쇄하여 인공적으로 만든 잔골재

(16) 블리딩(bleeding)

굳지 않은 콘크리트, 굳지 않은 모르타르, 굳지 않은 시멘트 페이스트에서 고체 재료의 침강 또는 분리에 의해 혼합수의 일부가 유리되어 상승하는 현상

(17) 혼화재(混和材, mineral admixture)

혼화 재료 중 사용량이 비교적 많아서 그 자체의 부피가 콘크리트 등의 비비기 용적에 의해 계산되는 것

(18) 혼화 재료(混和 材料, admixture)

시멘트, 골재, 물 이외의 재료로서 콘크리트 등에 특별한 성질을 주기 위해 타설하기 전에 필요에 따라 더 넣는 재료

(19) 혼화제(混和劑, chemical admixture)

혼화 재료 중 사용량이 비교적 적어서 그 자체의 부피가 콘크리트 등의 비비기 용적에 계산되지 않는 것

1.6 재료의 저장

1.6.1 시멘트의 저장

(1) 시멘트는 방습적인 구조로 된 사일로 또는 창고에 품종별로 구분하여 저장하고 포대시멘트의 경우는 지상 300mm 이상 되는 마루에 쌓아 올려서 검사나 반출에 편리하도록 저장해야 하며, 쌓아 올린 포대 수는 13포대 이하 이어야 한다.

(2) 저장 중에 약간이라도 굳은 시멘트는 공사에 사용해서는 안 된다. 3개월 이상 장기간 저장한 시멘트는 사용하기에 앞서 재시험을 실시하여 그 품질을 확인하여야 한다.

1.6.2 골재의 저장

(1) 잔골재, 굵은골재 및 종류와 입도가 다른 골재는 각각 구분하여 따로따로 저장해야 하며 대소의 입자가 분리되지 않고 먼지나 잡물 등이 혼입되지 않아야 한다. 또한 저장 시 골재가 부서지지 않도록 해야 하며 저장설비에는 적당한 배수시설을 설치해야 한다.

(2) 골재는 겨울에는 빙설의 혼입 또는 동결을 방지하고 여름에는 건조나 온도의 상승을 방지할 수 있는 시설을 갖추고 이를 저장해야 한다.

1.6.3 혼화재료의 저장

(1) 혼화재료는 불순물이 혼입되지 않고 방습적인 사일로 또는 창고 등에 품종별로 저장해야 한다.

(2) 혼화재료는 저장 중에 분리되거나 변질되지 않도록 취급 또는 저장해야 하며 저장 중에 분리나 변질된 혼화재료는 사용해서는 안 된다.

(3) 혼화재는 날리지 않도록 취급에 주의해야 한다.

2. 재 료

2.1 재 료

2.1.1 시멘트

사용 시멘트의 종류는 공사시방서에서 규정하는 바에 따른다.

2.1.2 물

(1) 물은 기름, 산, 유기불순물, 혼탁물 등 콘크리트나 강재의 품질에 나쁜 영향을 미치는 물질의 유해량을 함유해서는 안 된다.

(2) 철근 콘크리트에는 해수를 혼합수로 사용해서는 안 된다. 다만, 무근 콘크리트에 해수를 사용할 경우 사전에 공사감독자의 승인을 받아야 한다.

2.1.3 골재

(1) 골재의 종류 및 굵은골재 최대치수는 공사시방서에서 규정하는 바에 따른다.

(2) 잔골재 및 굵은골재의 입도는 대소의 입자가 알맞게 혼합되어 있어야 하며 콘크리트표준시방서 제2장 일반콘크리트 '표 2.5 잔골재의 표준 입도' 및 '표 2.7 굵은 골재의 표준 입도'를 표준으로 한다. 체가름 시험은 KS F 2502에 따른다.

(3) 잔골재의 조립률이 콘크리트 배합을 정할 때 가정한 잔골재의 조립률에 비하여 ±0.20 이상의 변화를 나타내었을 때는 배합을 변경해야 한다.

(4) 유해물 함유량의 한도는 콘크리트표준시방서 제2장 일반콘크리트 '표 2.6 잔골재의 유해물 함유량 한도' 및 '표 2.8 굵은 골재의 유해물 함유량 한도'를 따르고 표의 최댓값 이하여야 한다.

(5) 잔골재와 굵은골재의 안정성 시험은 KS F 2507에 따른다.

(6) 잔골재는 황산나트륨에 의한 안정성 시험을 실시할 경우 조작을 5번 반복했을 때 손실질량백분율이 10% 이하이어야 한다.

(7) 굵은골재는 황산나트륨에 의한 안정성 시험을 실시할 경우 조작을 5번 반복했을 때 손실질량백분율이 12% 이하이어야 한다.

(8) 바다모래에 포함되는 염화물의 허용한도는 구조물의 종류, 중요도, 환경조건 등에 따라 공사감독자가 정하며 염화물 함유량 시험은 KS F 2515에 따른다.

(9) 고로슬래그 잔골재와 고로슬래그 굵은골재는 KS F 2544에 적합한 것이어야 한다.

2.1.4 혼화재료

(1) 혼화재 및 혼화제의 종류 및 품질에 대한 특별한 사항은 공사시방서에 규정하는 바에 따르며 그 품질이 확인된 것이 아니면 사용해서는 안 된다.

(2) 혼화재로 사용할 플라이 애시는 KS L 5405에 적합한 것이어야 한다.

(3) 혼화재로 사용할 고로슬래그 미분말은 KS F 2563에 적합한 것이어야 한다.

(4) 혼화재로 사용할 실리카 퓸은 KS F 2567에 적합한 것이어야 한다.

(5) 혼화재로 사용할 콘크리트용 팽창재는 KS F 2562에 적합한 것이어야 한다.

(6) 혼화제로 사용할 공기연행제, 감수제 및 공기연행감수제는 KS F 2560에 적합한 것이어야 한다.

(7) 혼화제로 사용할 철근 콘크리트용 방청제는 KS F 2561에 적합한 것이어야 한다.

(8) 혼화제로 사용할 유동화제는 한국콘크리트학회 규준KCI-AD101 「콘크리트용 유동화제 품질 규격」에 적합한 것이어야 한다.

(9) 혼화제로 사용할 수중 불분리성 혼화제는 한국콘크리트학회 규준 KCI-AD102 「콘크리트용 수중 불분리성 혼화제 품질규격」에 적합한 것이어야 한다.

(10) 이 외의 혼화재 및 혼화제를 사용할 경우 품질, 성능, 사용실적 등을 사전에 조사하여 워커빌리티, 강도, 내구성, 수밀성 등에 미치는 영향을 검토해야 한다.

2.2 재료의 계량과 비비기

2.2.1 계량장치

(1) 각 재료의 계량방법 및 계량장치는 공사에 적합하고 각 재료를 소정의 계량오차 내에서 계량할 수 있는 것이어야 한다.

(2) 각 재료의 계량장치는 공사개시 전 및 공사 중에 정기적으로 점검하여 조정해야 한다.

2.2.2 재료의 계량

(1) 계량은 현장배합에 따라 실시해야 하며 골재의 표면수율시험은 KS F 2550 및 KS F 2509에 따른다. 골재가 건조되어 있을 때의 유효 흡수율의 값은 골재를 적절한 시간동안 흡수시켜 구해야 한다.

(2) 1회분 비비기의 양은 공사의 종류, 콘크리트의 치는 양, 비비는 설비, 운반방법 등을 고려해서 정해야 하며 각 재료의 양은 질량으로 계량해야 한다. 다만, 물과 혼화제 용액은 체적으로 계량해도 좋다.

(3) 계량오차는 1회 계량분에 대해 콘크리트표준시방서 제2장 일반콘크리트 '표 2.18 계량오차'를 따르고 표의 허용오차 값 이하여야 한다.

2.2.3 비비기

(1) 콘크리트의 재료는 반죽된 콘크리트가 균질하게 될 때까지 충분히 비벼야 한다.

(2) 가경식 믹서 및 강제식 혼합믹서는 원칙적으로 각각 KS F 8008 및 KS F 8009에 적합한 것이어야 한다.

(3) 비비기 시간은 시험에 의하여 정하는 것을 원칙으로 하며 비비기 시간에 대한 시험을 실시하지 않은 경우 그 최소시간은 가경식 믹서일 경우에는 1분 30초 이상, 강제식 믹서일 경우에는 1분 이상을 표준으로 해야 한다.

(4) 비비기는 미리 정해 둔 비비기 시간의 3배 이상 계속해서는 안 된다.

(5) 비비기를 시작하기 전에 미리 믹서에 모르타르를 발라야 하며 믹서는 사용 전후에 충분히 청소해야 한다.

(6) 믹서안의 콘크리트를 전부 꺼낸 후가 아니면 믹서 안에 다음 재료를 넣지 않아야 한다.

2.3 레디믹스트 콘크리트

2.3.1 적용범위

레디믹스트 콘크리트에 관한 일반적인 사항을 규정하며 원칙적으로 KS F 4009에 따라야 한다.

2.3.2 공장의 선정

(1) KS F 4009 규정 및 심사규정을 참고하여 사용재료, 제설비, 품질관리 상태 등을 조사하고 사용목적에 맞는 공장을 선정하거나 설치하여야 한다.

(2) 공장을 선정할 때에는 현장까지의 운반시간, 배출시간, 콘크리트의 제조능력, 운반차의 수, 공장의 제조설비, 품질관리상태 등을 고려해야 한다.

(3) 단일구조물, 동일공구에 타설하는 콘크리트는 향후 하자관계가 불분명해질 우려가 있으므로 가능한 1개 공장의 레디믹스트 콘크리트를 사용해야 한다.

2.3.3 재 료

사용하는 재료는 6-1 일반콘크리트, 2.1.3 골재의 '잔골재의 표준입도', '굵은골재의 표준입도' 및 '유해물의 함유량 한도' 표에 따른다.

2.3.4 품 질

(1) 콘크리트의 종류 및 품질의 특별한 사항은 공사시방서에서 규정하는 바에 따라야 하며 레디믹스트 콘크리트를 발주할 경우에는 원칙적으로 KS F 4009에 따라 품질을 지정하는 것으로 한다. 배합보고서는 콘크리트 제조에 앞서 공사감독자에게 제출하고, 승인을 받아야 한다.

(2) 발주자는 다음 사항에 대하여 생산자와 협의하여 지정한다.

① 시멘트의 종류

② 골재의 종류

③ 굵은골재 최대치수

④ 혼화재료의 종류

⑤ 염화물 함유량의 한도

⑥ 호칭강도를 보증할 재령

⑦ 경량콘크리트의 경우는 콘크리트의 단위용적질량

⑧ 콘크리트의 최고 또는 최저온도

⑨ 물-시멘트비의 상한치

⑩ 단위수량의 상한치

⑪ 단위시멘트량의 하한치 또는 상한치

⑫ 유동화콘크리트의 경우는 유동화이전의 레디믹스트 콘크리트의 슬럼프 증대량

⑬ 그 외에 필요한 사항

2.3.5 레디믹스트 콘크리트 반입시의 제출물

(1) 레디믹스트 콘크리트 배합보고서

(2) 레디믹스트 콘크리트 현장배합 자료

(3) 레디믹스트 콘크리트 납품서

(4) 레디믹스트 콘크리트 구성재료 시험 성적서

(5) 구조물 부위별 사용 레디믹스트 콘크리트 종류 기록서

(6) 콘크리트 압축강도 시험성과표

3. 시 공

3.1 적용범위

(1) 콘크리트의 운반, 타설, 다지기, 표면 마무리에 관한 일반적인 사항을 규정한다.

(2) 공사개시 전에 운반, 타설 등에 관하여 미리 충분한 계획을 세워야 한다.

3.2 준 비

(1) 콘크리트의 타설량, 타설장소, 타설순서, 운반장치, 다지기 방법 등은 사전에 공사감독자와 협의해야 한다.

(2) 조수대기 작업의 경우에는 치기에 필요한 시간과 조위 관계를 충분히 파악하여 검토하고 거푸집에 틈이 있는 경우에는 틈을 메우는 등 필요한 조치를 강구해야 한다.

(3) 레디믹스트 콘크리트는 운반에 앞서 반입간격, 운반경로, 타설장소 등의 상황을 파악해 두어야 한다.

(4) 콘크리트 치기 전에 철근, 거푸집, 기타에 관하여 설계도에 정해진 대로 배치되었는지를 확인해야 하며 운반장치, 타설설비 및 거푸집 안쪽을 청소하고 콘크리트 치기 중에 잡물이 혼입되는 것을 방지해야 한다. 콘크리트의 수분이 흡수될 우려가 예상되는 곳은 물로 습하게 하여 두어야 한다.

(5) 타설장소 안의 물은 콘크리트 치기 전에 제거하여야 한다. 또 터파기 안으로 흘러들어온 물에 의해 이미 타설한 콘크리트가 씻기지 않도록 적당한 조치를 취하여야 한다.

3.3 운 반

(1) 콘크리트의 운반방법은 재료의 분리, 그 외에 콘크리트의 품질을 저하시키지 않도록 해야 한다.

(2) 콘크리트 펌프를 사용하는 경우는 콘크리트의 종류, 품질, 관경을 포함한 배관조건, 타설장소, 1회의 타설량, 타설속도 등을 고려하여 콘크리트 펌프의 기종을 선정해야 하며 압송조건은 관내에 콘크리트가 막히는 일이 없도록 정해야 한다.

(3) 벨트컨베이어를 사용할 경우 콘크리트의 품질을 해치지 않도록 벨트컨베이어를 적당한 위치에 배치하고, 또 벨트컨베이어의 끝부분에는 조절판 및 깔때기를 설치해서 재료분리를 방지해야 한다. 더욱이 배치에 있어서는 콘크리트의 횡 이동이 가능한 한 적게 되도록 하여야 한다.

(4) 버킷을 사용할 경우 버킷의 구조는 콘크리트를 투입, 배출할 때에 재료분리가 일어나지 않는 것으로서 콘크리트의 배출이 쉬워야 하며, 배출구의 개폐가 쉽고 닫았을 때 콘크리트나 모르타르가 새지 않아야 한다.

(5) 슈트를 사용하는 경우에는 원칙적으로 수직슈트를 사용해야 하며, 수직슈트는 깔때기 등을 이어대어 재료분리가 적은 것이라야 한다. 경사슈트는 전 길이에 걸쳐 거의 일정한 경사를 가져야 하며, 그 경사는 콘크리트의 재료분리가 일어나지 않아야 한다.

3.4 타 설

(1) 콘크리트의 타설작업에 있어서는 원칙적으로 정해진 시공계획서에 따라야 하며, 특히 철근 및 매설물의 배치나 거푸집의 변형 또는 손상이 되지 않도록 주의해야 한다.

(2) 콘크리트는 거푸집 안에서 횡 방향으로 이동시켜서는 안 되며, 타설 도중에 심한 재료분리가 생겼을 때는 재료분리를 방지할 방법을 강구해야 한다.

(3) 한 구획내의 콘크리트는 타설이 완료될 때까지 연속해서 쳐야 한다.

(4) 콘크리트는 그 표면이 한 구획 내에서는 거의 수평이 되도록 치는 것을 원칙으로 한다. 콘크리트 타설의 1층의 높이는 다짐능력을 고려하여 이를 결정해야 한다.

(5) 콘크리트를 2층 이상으로 나누어 칠 경우, 상층의 콘크리트 타설은 원칙적으로 하층의 콘크리트가 굳기 시작하기 전에 쳐야 하며 상층과 하층이 일체가 되도록 시공해야 한다. 또한, 콜드 조인트가 발생하지 않도록 시공구획면적, 콘크리트 공급능력, 이어치기 허용시간 간격 등을 정해야 하며, 이어치기 허용시간 간격은 콘크리트표준시방서 제2장 일반콘크리트 '표 2.27 허용 이어치기 시간간격의 표준'을 표준으로 한다.

(6) 거푸집의 높이가 높을 경우에는 재료의 분리를 방지하기 위하여 상부의 철근 또는 거푸집에 콘크리트가 부착하여 경화하는 것을 방지하기 위하여 거푸집에 투입구를 설치하거나, 연직슈트 또는 펌프배관의 배출구를 치는 면 가까운 곳까지 내려서 콘크리트를 타설해야 한다. 이 경우 슈트, 펌프배관 버킷, 호퍼 등의 배출구와 치는 면까지의 높이는 1.5m 이하를 원칙으로 한다.

(7) 콘크리트 타설 중 표면에 떠올라 고인 블리딩수가 있을 경우에는 적당한 방법으로 이 물을 제거한 후가 아니면 그 위에 콘크리트를 쳐서는 안 된다.

(8) 벽 또는 기둥과 같이 높이가 높은 콘크리트를 연속해서 칠 경우에는 타설 및 다질 때 재료분리를 될 수 있는 대로 적게 되도록 콘크리트의 반죽질기 및 쳐 올라가는 속도를 조정해야 한다.

3.5 다지기

(1) 콘크리트의 다지기에는 내부진동기를 사용하는 것을 원칙으로 하나 얇은 벽 등 내부진동기의 사용이 곤란한 장소에서는 거푸집 진동기를 사용할 수 있다. 사용하는 진동기는 공사에 적합한 것이어야 한다.

(2) 콘크리트는 친 직후 바로 충분히 다져서 콘크리트가 철근 및 매설물의 주위와 거푸집의 구석구석까지 잘 채워지도록 해야 한다.

(3) 진동다짐에 있어서는 진동기를 아래층의 콘크리트 속으로 100㎜ 정도 찔러 넣어야 한다.

(4) 내부 진동기는 연직으로 찔러 넣으며, 그 간격은 진동이 유효하다고 인정되는 범위의 지름 이하로서 일정한 간격으로 한다. 삽입간격은 일반적으로 0.5m 이하로 하며, 1개소 당 진동시간은 다짐 시 시멘트 페이스트가 표면 상부로 약간 부상하기 까지로 한다.

(5) 재 진동을 할 경우에는 콘크리트에 나쁜 영향이 생기지 않도록 초결이 일어나기 전에 실시해야 한다.

3.6 침하균열에 대한 조치

(1) 슬래브 또는 보의 콘크리트가 벽 또는 기둥의 콘크리트와 연속되어 있는 경우에는 침하균열을 방지하기 위하여 벽 또는 기둥의 콘크리트의 침하가 거의 끝난 후부터 슬래브 및 보의 콘크리트를 쳐야 하며 내민 부분을 가진 구조물의 경우에도 동일한 방법으로 시공해야 한다.

(2) 콘크리트가 굳기 전에 침하균열이 발생한 경우에는 즉시 다짐이나 재 진동을 실시하여 균열을 제거해야 한다.

3.7 이 음

(1) 설계에 정해져 있는 이음의 위치와 구조는 철저히 지켜야 한다.

(2) 설계에 정해져 있지 않은 이음을 설치할 경우에는 구조물의 강도, 내구성, 수밀성 및 외관을 해치지 않도록 시공계획서에 명시된 위치, 방향 및 시공방법을 준수한다.

(3) 시공이음은 될 수 있는 대로 전단력이 작은 위치에 설치하고, 부재의 압축력이 작용하는 방향과 직각되게 하는 것을 원칙으로 한다.

(4) 부득이 전단이 큰 위치에 시공이음을 설치할 경우에는 시공이음에 장부 또는 홈을 파거나 적절한 강재를 배치하여 보강해야 한다.

(5) 외부로부터 염분에 의한 피해를 받을 우려가 있는 해양 및 항만 콘크리트 구조물의 경우 되도록 시공이음부를 두지 않는 것이 좋다.

(6) 수밀을 요하는 콘크리트의 경우 소요의 수밀성이 얻어지도록 적절한 간격으로 시공이음부를 두어야 한다.

(7) 수평시공이음이 거푸집에 접하는 선은 될 수 있는 한 수평한 직선이 되도록 한다.

(8) 수평시공이음 시공시 콘크리트를 이어 칠 경우에는 먼저 친 콘크리트 표면의 레이턴스, 품질이 나쁜 콘크리트, 콘크리트에 붙지 않은 골재 등을 완전히 제거하고 새 콘크리트를 치기 전에 거푸집을 바로잡고 먼저 친 콘크리트와 밀착되게 다짐을 잘 해야 한다.

(9) 수평시공이음부가 될 콘크리트 면은 경화가 시작되면 되도록 빨리 쇠솔이나 잔골재 분사 등으로 면을 거칠게 하여 충분히 습윤 상태로 양생하여야 하며 역방향 치기 콘크리트 시공 시에는 콘크리트의 침하를 고려하여 시공이음이 일체가 되도록 콘크리트의 재료, 배합 및 시공방법을 선정해야 한다.

(10) 수직시공이음의 시공에 있어서는 시공이음면의 거푸집을 견고하게 지지하고 이음부분의 콘크리트를 진동기에 의해 충분히 다져야 한다.

(11) 수직시공이음 시공시 먼저 친 콘크리트의 시공 이음면은 쇠솔로 그 표면을 긁어내거나 또는 쪼아내기(chipping) 등에 의하여 거칠게 하고 수분을 충분히 흡수시킨 후에 시멘트 페이스트, 모르타르 또는 습윤면용 에폭시수지 등을 바른 후 새 콘크리트를 쳐서 이어나가야 한다.

(12) 새 콘크리트를 칠 때는 신·구 콘크리트가 충분히 밀착되도록 잘 다져야 한다. 또한 새 콘크리트를 친후 적당한 시기에 재 진동 다지기를 하는 것이 좋다.

(13) 시공이음면의 거푸집 철거는 콘크리트가 굳은 후 되도록 빠른 시기에 해야 하나 이 시기가 너무 빠르면 콘크리트에 유해한 영향을 주므로 주의해야 한다. 일반적으로 수직시공이음부의 경우 콘크리트 타설 후 여름에는 4~6시간, 겨울에는 10~15시간 정도로 한다.

(14) 바닥틀과 일체로 된 기둥 또는 벽의 시공이음은 바닥틀과의 경계부근에 설치하는 것이 좋다. 헌치(haunch)는 바닥틀과 연속해서 콘크리트를 쳐야 한다. 내민 부분을 가진 구조물의 경우에도 마찬가지로 시공해야 한다. 헌치부 콘크리트는 다짐이 불량하기 쉬우므로 다짐에 각별히 주의하여 조밀한 콘크리트가 얻어지도록 하여야 한다.

(15) 바닥틀의 시공이음은 슬래브 또는 보의 경간 중앙부 근처에 두어야 한다. 다만, 보가 그 경간 중앙에서 작은 보와 교차할 경우 작은 보 폭의 약 2배의 거리만큼 떨어진 곳에 보의 시공이음을 설치하고 시공이음을 통하는 경사진 인장철근을 배치하여 전단력에 대해 보강해야 한다.

(16) 아치의 시공이음은 아치축에 직각방향이 되도록 설치하여야 하며 부득이하게 평행한 방향으로 설치하게 될 경우 시공이음부의 위치, 보강 방법 등에 대해 충분히 검토한 후 설치해야 한다.

(17) 신축이음에는 구조물이 서로 접하는 양쪽부분을 절연시켜야 하며 필요에 따라 이음재, 지수판 등을 설치해야 한다. 신축이음의 단차를 피해야 하는 경우에는 장부 또는 홈을 두든가 전단 연결재를 사용하는 것이 좋다.

(18) 균열의 방지를 목적으로 균열유발 이음을 설치할 경우 구조물의 강도 및 기능을 해치지 않도록 그 구조 및 위치를 정해야 한다.

3.8 표면마무리

(1) 균일한 노출면을 얻고자 할 경우에는 재료, 배합, 콘크리트 치기의 방법 등이 바뀌지 않도록 하고 미리 정해진 구역의 콘크리트를 연속해서 치도록 특히 주의해야 한다.

(2) 거푸집판에 접하지 않는 면의 마무리는 콘크리트 상면에 스며 올라온 물이 없어진 후 또는 물을 처리한 후 표면 마무리를 해야 한다.

(3) 거푸집판에 접하여 노출면이 되는 콘크리트는 보기 좋은 모르타르의 표면이 얻어지도록 치고 다져야 한다.

(4) 마모를 받는 면의 경우에는 마모저항이 큰 양질의 골재를 사용하고, 물-결합재비가 작은 콘크리트로 치고 꼼꼼하게 다져서 매끈하게 마무리한 후 충분히 양생해야 한다.

(5) 특수한 마무리를 할 경우에는 구조물 전체에 나쁜 영향을 미치지 않도록 해야 한다.

3.9 양 생

(1) 콘크리트는 친후 경화에 필요한 온도, 습도조건을 유지하며, 유해한 작용의 영향을 받지 않도록 충분히 양생해야 한다.

(2) 콘크리트는 양생기간 중에 예상되는 진동, 충격, 하중 등의 유해한 작용으로부터 보호해야 한다.

(3) 양생의 방법 및 기간에 대해서는 사전에 공사감독자의 승인을 받아야 한다. 증기양생, 기타의 촉진양생을 할 경우에는 콘크리트에 나쁜 영향을 미치지 않도록 양생을 시작하는 시기, 온도의 상승속도, 양생온도 및 양생시간 등을 정해야 한다.

6-2 특수콘크리트

6-2-1 한중콘크리트

1. 일반사항

1.1 적용범위

(1) 본 시방서는 하루 평균 기온이 4℃ 이하일 때의 콘크리트시공에 관한 일반적인 사항을 규정한다.

(2) 본 절에서 규정하지 않은 사항은 콘크리트표준시방서 제14장 한중콘크리트에 따른다.

1.2 관련시방

콘크리트표준시방서 제14장 한중콘크리트

도로공사표준시방서 6-4-2 한중콘크리트

건축공사표준시방서 05025 한중콘크리트 공사

1.3 참조규격

KS F 2560 콘크리트용 화학 혼화재

1.4 용어의 정의

1.4.1. 급열양생(急熱養生, heat curing)

양생 기간 중 어떤 열원을 이용하여 콘크리트를 가열하는 양생

1.4.2 초기동해(初期凍害, early frost damage)

응결경화의 초기에 받는 콘크리트의 동해

1.5 제출물

(1) 사용 거푸집 및 보온양생 방법

(2) 제품 자료

(3) 그 밖의 사항은 6-1 일반콘크리트의 '1.5 제출물'의 해당요건에 따른다.

2. 재 료

2.1 재 료

(1) 골재가 얼은 상태에 있거나 빙설이 혼합된 골재는 그대로 사용하여서는 안 된다.

(2) 재료에 열을 가할 경우는 물이나 골재를 가열하며 시멘트는 어떠한 경우라도 직접 가열할 수 없으며 온도를 균등하게 하고 지나치게 건조하지 않는 방법을 적용해야 한다.

(3) 고성능 감수제, 고성능공기연행감수제, 방동, 내한제 등의 특수한 혼화제를 사용하는 경우에는 사전에 공사감독자의 승인을 받아야 한다.

2.2 배 합

(1) 한중콘크리트에는 공기연행 콘크리트의 사용을 원칙으로 한다.

(2) 단위수량은 초기동해를 적게 하기 위하여 소요의 워커빌리티를 유지할 수 있는 범위 내에서 될 수 있는 한 적게 해야 한다.

3. 시 공

3.1 콘크리트 비비기

(1) 콘크리트를 비빈후의 온도는 기상조건, 운반시간 등을 고려하여 콘크리트를 칠 때 소요의 온도가 되도록 해야 한다.

(2) 가열한 재료를 믹서에 투입하는 순서는 시멘트가 급결하지 않도록 정해야 한다.

(3) 콘크리트를 비빈 직후의 온도는 각 배치마다 변동이 작도록 관리해야 한다.

3.2 운반 및 치기

(1) 콘크리트의 운반 및 치기는 열량의 손실을 가능한 줄이도록 해야 한다.

(2) 콘크리트치기 때의 온도는 구조물의 단면치수, 기상조건 등을 고려하여 5~20℃ 범위에서 시행해야 한다.

(3) 콘크리트치기 때에는 철근이나 거푸집 등에 빙설 등이 붙어 있어서는 안 되고 지반이 동결했을 경우 사전에 이를 녹여야 한다.

(4) 한중에 시공할 경우에는 굵은골재와 주입모르타르가 동결하지 않도록 해야 한다.

(5) 주입모르타르의 온도를 올리기 위해 물을 가열할 경우 온수온도는 40℃ 이하 이어야 한다.

(6) 치기가 끝난 콘크리트 노출면은 장시간 외기에 노출되지 않도록 해야 한다.

3.3 양 생

(1) 콘크리트치기가 끝나면 동결되지 않도록 충분한 보호시설을 하고 특히 바람에 의한 동해를 입지 않게 해야 한다.

(2) 콘크리트를 가열 양생할 경우 급속히 건조되거나 국부적인 가열로 인한 손상을 입지 않도록 해야 하며 양생이 끝난 후 콘크리트온도가 급격히 떨어지지 않도록 해야 한다.

(3) 심한 기상작용을 받는 콘크리트는 소요의 압축강도가 될 때까지 콘크리트의 온도를 5℃ 이상으로 유지하여야 하며, 소요 압축강도에 도달한 후 2일간은 0℃ 이상이 되도록 해야 한다.

(4) 콘크리트는 시공 중에 예상되는 하중에 대하여 충분한 강도가 얻어질 때까지 양생을 해야 한다.

(5) 양생방법과 양생기간은 배합, 외기온도, 구조물의 종류 및 크기 등을 고려하여 정해야 하며 사전에 공사감독자의 승인을 받아야 한다.

3.4 현장 품질관리

(1) 한중콘크리트의 현장 품질관리는 콘크리트표준시방서 제2장 '3.8.4 콘크리트 시공 검사 외에 제14장 한중 콘크리트 '표 14.3 한중 콘크리트의 온도관리 및 검사'에 따른다.

6-2-2 서중콘크리트

1. 일반사항

1.1 적용범위

(1) 본 시방서는 하루 평균기온이 25℃를 초과하는 것이 예상될 때의 콘크리트 시공에 관한 일반적인 사항을 규정한다.

(2) 본 절에서 규정하지 않은 사항은 콘크리트표준시방서 제15장 서중콘크리트에 따른다.

1.2 관련시방

콘크리트표준시방서 제15장 서중콘크리트
도로공사표준시방서 6-4-3 서중콘크리트
건축공사표준시방서 05030 서중콘크리트 공사

1.3 참조규격

KS F 2560 콘크리트용 화학 혼화재

1.4 용어의 정의

1.4.1. 서중콘크리트(暑中-, hot wether concrete)

높은 외부기온으로 콘크리트의 슬럼프 저하나 수분의 급격한 증발 등의 염려가 있을 경우에 시공되는 콘크리트로서 하루 평균기온이 25℃를 초과하는 경우 서중콘크리트로서 시공

1.5 제출물

(1) 제품 자료
(2) 그 밖의 사항은 6-1 일반콘크리트의 '1.5 제출물'의 해당요건에 따른다.

2. 재 료

2.1 재 료

(1) 콘크리트의 각 재료는 될 수 있는 대로 온도가 낮아지도록 배려하여 사용해야 한다.
(2) 감수제 및 공기연행감수제는 KS F 2560에 적합한 지연성 혼화제의 사용을 원칙으로 한다. 고성능 감수제나 특수한 혼화제를 사용할 경우는 사전에 공사감독자의 승인을 받아야 한다.
(3) 유동화제는 한국콘크리트학회 규준 KCI-AD101「콘크리트용 유동화제 품질규격」에서 정한 지연형의 사용을 원칙으로 한다.

2.2 배 합

콘크리트의 배합은 소요강도와 워커빌리티를 얻을 수 있는 범위 내에서 단위수량과 단위시멘트량을 될 수 있는 한 적게 사용해야 한다.

3. 시 공

3.1 콘크리트 비비기

비빈 직후의 콘크리트 온도는 기상조건, 운반시간 등의 영향을 고려하여 콘크리트치기 때에 소요온도가 되도록 해야 한다.

3.2 운 반

(1) 운반 도중 콘크리트가 건조되거나 가열되어 슬럼프가 저하되지 않도록 적당한 장치를 사용하여 되도록 빨리 운송하여야 한다.

(2) 슬럼프가 25mm 이하의 낮은 콘크리트를 운반할 때는 덤프트럭 등을 사용하여 운반할 수 있으나 이때 콘크리트의 재료분리, 탈수 등으로 인한 슬럼프 변화를 방지하기 위하여 방수덮개 설치 등과 같은 적절한 대책을 수립하여야 한다.

3.3 콘크리트치기

(1) 지반, 거푸집 등 콘크리트로부터 물을 흡수할 우려가 있는 부분은 충분히 습윤 상태로 유지해야 한다. 또한 거푸집이나 철근 등이 직사광선을 받아 고온이 될 우려가 예상되면 살수, 덮개 등 적절한 조치를 해야 한다.

(2) 치기시간은 가급적 빠른 것이 좋으며 치기를 시작하여 1.5시간이 초과되지 않아야 한다.

(3) 콘크리트의 온도는 치기 때 35℃ 이하로 해야 한다.

(4) 콘크리트치기는 콜드조인트가 생기지 않는 방법으로 시공해야 한다.

(5) 서중에 시공할 경우에는 주입모르타르의 온도상승, 지나치게 빠른 팽창 및 유동성의 저하현상이 일어나지 않도록 재료와 시공에 있어서 주의해야 한다.

(6) 모르타르의 비벼진 온도가 25℃를 넘을 경우 유동성이 급격히 저하되어 주입관이나 수송관이 막히기 쉬우므로 이에 대한 대책을 수립해야 한다.

3.4 양 생

(1) 콘크리트치기가 끝나면 콘크리트표면을 건조하지 않도록 보호하고 빠르게 양생을 시작하여야 한다. 또한 기온이 높고 습도가 낮은 경우에는 균열이 발생하기 쉬우므로 직사광선, 바람 등을 막기 위하여 필요한 조치를 취해야 한다.

(2) 양생의 방법과 소요일수에 관하여는 사전에 공사감독자의 승인을 받아야 한다.

3.5 현장 품질관리

(1) 서중 콘크리트의 현장 품질관리는 콘크리트표준시방서 제2장 '3.8.4 콘크리트 시공 검사' 외에 제15장 서중콘크리트 '표 15.1 서중콘크리트의 품질 검사'에 따른다.

6-2-3 해양콘크리트

1. 일반사항

1.1 적용범위

(1) 본 시방서는 해양콘크리트구조물의 시공에 필요한 일반적인 사항을 규정한다.

(2) 해양콘크리트 구조물은 항만 및 해안시설, 해상도시, 해상공항, 해상 발전소, 해저 터널 등이며 육상구조물 중 해풍의 영향을 많이 받는 구조물도 해양콘크리트로 취급한다.

(3) 해안선으로부터 250m 이내의 육상 지역은 콘크리트 구조물이 염해를 입기 쉬우므로 해안으로부터 거리에 따라 구분하여 내구성 향상 대책을 수립해야 한다.

(4) 해상부는 해중, 간만대, 물보라 지역, 해상대기 중으로 구분하여 내구성 대책을 수립해야 한다.

(5) 해양콘크리트구조물의 시공을 수중콘크리트로 시공할 경우에는 6-2-4 수중콘크리트와 6-2-5 프리플레이스트콘크리트의 관련 조항에 따르며, 본 절에서 규정하지 않은 사항은 콘크리트표준시방서 제17장 해양콘크리트에 따른다.

1.2 관련시방

콘크리트표준시방서 제17장 해양콘크리트

토목공사표준일반시방서 04290 해양콘크리트공

도로공사표준시방서 6-4-7 해양콘크리트

건축공사표준시방서 05075 해수의 작용을 받는 콘크리트공사

1.3 참조규격

KS F 2560 콘크리트용 화학 혼화재

KS F 2561 철근 콘크리트용 방청제

KS F 2563 콘크리트용 고로 슬래그 미분말

KS L 5201 포틀랜드 시멘트

KS L 5210 고로 슬래그 시멘트

KS L 5211 플라이 애시 시멘트

KS L 5401 포틀랜드 포졸란 시멘트

KS L 5405 플라이 애시

1.4 용어의 정의

(1) 간만대 지역(干滿帶 地域, tidal zone)

평균 간조면에서 평균 만조면까지의 범위

(2) 내구성(耐久性, durability)

시간의 경과에 따른 구조물의 성능 저하에 대한 저항성

(3) 내동해성(耐凍害性, freeze thaw resistance)

동결융해의 되풀이 작용에 대한 저항성

(4) 물보라 지역(splash zone)

평균 만조면에서 파고의 범위

(5) 방청제(防錆劑, corrosion inhibitor)

콘크리트 중의 강재가 사용재료 속에 포함되어 있는 염화물에 의해 부식되는 것을 억제하기 위해 사용하는 혼화제

(6) 알칼리 골재반응(-骨材反應, alkali aggregate reaction)

알칼리와의 반응성을 가지는 골재가 시멘트, 그 밖의 알칼리와 장기간에 걸쳐 반응하여 콘크리트에 팽창균열, 팝아웃을 일으키는 현상

(7) 에폭시 도장철근(-塗裝鐵筋, epoxy coated bar)

정전 스프레이 방법에 의해 에폭시를 피복한 이형철근 및 원형철근

(8) 프리캐스트 콘크리트(precast concrete)

콘크리트가 굳은 후에 제자리에 옮겨 놓거나 또는 조립하는 콘크리트 부재를 말함

(9) 해상 대기중(海上 大氣中, marine atmosphere)

물보라의 위쪽에서 항상 해풍을 받으며 파고의 물보라를 가끔 받는 열악한 환경

(10) 해양환경(海洋還境, marine exposure)

해양환경은 해안선을 중심으로 바다 쪽을 해상부, 육지 쪽을 해안 지역이라 구분하여, 해상부는 해수 접촉부위별로 해상대기중, 물보라 지역, 간만대 지역, 해중으로 구분함

(11) 해양 콘크리트(offshore concrete)

항만, 해안 또는 해양에 위치하여 해수 또는 바닷바람의 작용을 받는 구조물에 쓰이는 콘크리트

(12) 화학적 침식(化學的 浸蝕, chemical attack)
산이나 황산염 등의 침식물질에 의한 콘크리트의 융해·열화 현상

1.5 제출물

(1) 제품 자료

(2) 해양환경조사

(3) 프리캐스트 부재 운반 및 설치 계획서

(4) 그 밖의 사항은 6-1 일반콘크리트의 '1.5 제출물'의 해당요건에 따른다.

2. 재 료

2.1 재 료

(1) 해양콘크리트구조물에 사용하는 시멘트는 해수의 작용에 대하여 특히 내구적이어야 하므로 KS L 5201 포틀랜드 시멘트에 플라이 애시, 고로슬래그 등의 혼화재료를 혼합하여 사용하는 것이 좋다. 또한 KS L 5210의 고로 슬래그 시멘트, KS L 5211의 플라이 애시 시멘트 등 혼합시멘트계 및 KS L 5201의 중용열 포틀랜드 시멘트를 사용해도 된다.

(2) 해수에 의한 침식이 심한 경우에는 시멘트 콘크리트 이외에도 폴리머 시멘트 콘크리트와 폴리머 콘크리트 또는 폴리머 함침 콘크리트를 사용할 수 있다.

(3) 골재는 깨끗하고 단단하며 내구적이고 적당한 입도를 가지며 허용치 이상의 유해물을 함유해서는 안 된다. 특히 얇은 석편, 부서지기 쉬운 것, 결이 있는 것, 흡수량이 큰 것, 팽윤성이 있는 것 등은 내구성이 좋지 않으므로 골재로 사용할 수 없다. 해수는 알칼리 골재 반응의 반응성을 촉진하는 경우가 있으므로 충분히 검토해야 한다.

(4) 강재는 KS 규격에 적합한 것이어야 한다. 특히 해양 환경에 놓인 강재는 염화물의 작용으로 부식되고 동시에 반복응력을 받는 강재는 피로강도가 크게 저하되므로 PS 강재 같은 고장력강에 작용응력이 인장강도의 60%를 넘을 경우 응력 부식 및 강재의 부식피로를 검토해야 한다.

2.2 물- 결합재비

(1) 해양콘크리트구조물에서는 내구성을 얻기 위하여 정한 물-결합재비의 최댓값은 콘크리트표준시방서 제17장 해양 콘크리트 '표 17.1 내구성으로 정하여진 공기연행 콘크리트의 최대 물-결합재비'의 값을 표준으로 한다.

(2) 공기연행 콘크리트로 만든 무근 콘크리트 구조물의 내구성을 고려한 최대 물-결합재비는 표의 값에 10% 정도 더한 값으로 할 수 있다.

(3) 육상 구조물이라도 해풍의 영향을 크게 받는 경우 표의 해상 대기 중에 상당하는 물-결합재비를 적용해야 한다. 또한 해수 또는 조수간만의 영향을 받는 경우 최대 물-결합재비의 값은 표준값보다 5% 정도 적게 해야 한다.

2.3 단위결합재량

(1) 단위결합재량은 구조물의 규모, 중요성, 환경조건 등을 고려하여 소요의 내구성이 얻어지도록 정해야 한다. 해양콘크리트 및 프리스트레스트 콘크리트 구조물에서 내구성을 얻기 위한 단위결합재량은 콘크리트표준시방서 제17장 해양 콘크리트 '표 17.2 내구성으로 정해지는 최소 단위결합재량'의 값 이상으로 하는 것이 좋으나 단위결합재량이 너무 많으면 얇은 단면과 두꺼운 단면의 건조수축 및 수화열에 의한 온도응력 때문에 콘크리트 균열 발생 가능성이 커지므로 주의해야 한다.

2.4 공기량

(1) 해양구조물에 쓰이는 공기연행 콘크리트의 공기량은 콘크리트표준시방서 제17장 해양 콘크리트 '표 17.3 콘크리트 공기량의 표준값'을 표준으로 한다.

(2) 설계기준 압축강도가 35MPa 이상인 경우 1% 감소한 값으로 할 수 있다.

3. 시 공

3.1 콘크리트의 시공

(1) 해양콘크리트는 배합, 치기, 다지기, 양생 등에 특히 주의하여 시공해야 한다.

(2) 시공이음은 될 수 있으면 피하는 것이 바람직하다. 시공이음을 피할 수 없는 경우 콘크리트표준시방서의 이음 규정에 따라서 내구성에 결함이 되지 않도록 충분한 조치를 강구해야 한다.

(3) 해양구조물에 시공이음부를 둘 경우 성능저하가 발생하기 쉬우므로 가능한 한 피해야 한다.

(4) 콘크리트는 재령 5일이 되기 전까지 해수에 씻기지 않도록 보호해야 하는데 고로슬래그 시멘트 등의 혼합 시멘트를 사용한 경우에는 이 기간을 설계기준압축강도의 75% 이상의 강도가 확보될 때까지 연장해야 한다.

(5) 철근과 거푸집과의 피복두께는 소정의 간격이 유지되도록 필요한 조치를 취해야 한다. 간격재의 개수는 기초, 기둥, 벽 및 난간 등에는 2개/㎡ 이상, 보 및 슬래브 등에는 4개/㎡ 이상을 표준으로 한다.

(6) 마모, 충격 등의 영향을 심하게 받는 부분은 철근의 피복두께 또는 단면을 증가시키거나 적당한 재료로 콘크리트 표면을 보호해야 한다.

3.2 현장 품질관리

(1) 콘크리트 시공 등이 부적절하면 해수에 의한 콘크리트의 열화나 철근부식으로 연결될 우려가 있으므로 특별한 규정이 없는 경우 콘크리트표준시방서 제2장 '3.8 현장 품질관리'의 해당 규정에 따른다.

6-2-4 수중콘크리트

1. 일반사항

1.1 적용범위

(1) 본 시방서는 수중콘크리트의 시공에 관한 일반적인 사항을 규정한다.

(2) 본 절에서 규정하지 않은 사항은 콘크리트표준시방서 제16장 수중콘크리트에 따른다.

(3) 수중콘크리트에 프리플레이스트콘크리트를 시공할 경우 6-2-5 프리플레이스트콘크리트의 관련조항에 따른다.

1.2 관련시방

콘크리트표준시방서 제16장 수중콘크리트

토목공사표준일반시방서 04240 수중콘크리트공

도로공사표준시방서 6-4-6 수중콘크리트

건축공사표준시방서 05080 수중콘크리트 공사

1.3 참조규격

KS F 2402 콘크리트의 슬럼프 시험 방법

KS F 2403 콘크리트의 강도 시험용 공시체 제작 방법

KS F 2405 콘크리트의 압축강도 시험 방법

KS F 2594 굳지 않은 콘크리트의 슬럼프 플로우 시험 방법

KCI-AD102 콘크리트용 수중불분리성혼화제 품질 규준

KCI-CT102 수중불분리성콘크리트의 압축강도 시험용 수중제작 공시체의 제작 방법

1.4 용어의 정의

(1) 공기중 제작 공시체(空氣中 製作 供試體, specimen of anti-washout concrete cast in air)
KS F 2403에서 규정하고 있는 거푸집을 사용하여 공기 중에서 수중불분리성콘크리트를 충전하여 제작한 공시체

(2) 수중불분리성콘크리트(水中不分離性-, anti-washout concrete underwater)
수중불분리성혼화제를 혼합함에 따라 재료 분리 저항성을 높인 수중 콘크리트

(3) 수중불분리성혼화제(水中不分離性混和劑, anti-washout admixture)
콘크리트의 점성을 증대시켜 수중에서도 재료 분리가 생기지 않도록 한 혼화제

(4) 수중유동거리(水中流動距離, underwater moving distance)
콘크리트를 타설할 때 타설 위치로부터 주위로 향하여 콘크리트가 유동하는 거리

(5) 수중제작공시체(水中製作供試體, specimen of anti-washout concrete cast in water)
KCI-CT102에서 규정하고 있는 거푸집에 수중에서 수중불분리성콘크리트를 낙하시켜 제작한 공시체

(6) 수중콘크리트(水中-, underwater concrete)
담수 중이나 안정액 중 혹은 해수 중에 타설되는 콘크리트

(7) 수평 환산거리(水平 換算距離, converted horizontal distance)
콘크리트의 배관이 수직관, 밴트관, 튜브관, 유연성이 있는 호스 등을 포함하는 경우에 이들을 모두 수평 환산길이에 의해 수평관으로 환산하여 배관 중의 수평관 부분과 합한 전체의 거리

1.5 제출물

(1) 제품 자료
(2) 환경오염 방지 가시설물 시공 상세도면
(3) 현장 타설말뚝 및 지하연속벽의 안정액처리계획서
(4) 그 밖의 사항은 6-1 일반콘크리트의 '1.5 제출물'의 해당요건에 따른다.

2. 재 료

2.1 재 료

(1) 시멘트 및 골재는 6-1 일반콘크리트의 '2. 재료'에 따른다.
(2) 굵은 골재 최대 치수는 수중불분리성콘크리트의 경우 40mm 이하를 표준으로 하

며, 부재 최소 치수의 1/5 및 철근의 최소 순간격의 1/2를 초과해서는 안 된다. 현장 타설말뚝 및 지하연속벽에 사용하는 콘크리트의 경우에는 25mm 이하, 철근 순간격의 1/2 이하를 표준으로 한다.

(3) 수중불분리성콘크리트는 타설 시 수중불분리성을 가지며 다지지 않아도 시공이 될 수 있을 정도의 유동성을 유지해야 하며 경화한 후에는 소정의 강도 및 내구성을 가져야 한다. 수중불분리성혼화제의 품질은 한국콘크리트학회 규준 KCI-AD102에 적합한 것이어야 한다.

(4) 수중불분리성콘크리트는 혼화제의 증점효과와 소정의 유동성 확보를 위해 일반 수중콘크리트보다 큰 단위수량이 요구되므로 감수제, 공기연행감수제 또는 고성능 감수제를 사용해야 한다. 그러나 혼화제 중에는 수중불분리성 혼화제와 병용할 경우 상호작용으로 나쁜 영향을 미치는 경우가 있으므로 반드시 품질을 확인해야 한다.

(5) 수중불분리성콘크리트의 수중분리 저항성은 수중분리도 혹은 수중・공기중 강도비로 설정한다. 일반적으로 한국콘크리트학회 규준 KCI-AD102 부속서 2에 준하여 실시한 수중분리도는 현탁 물질량 50mg/ℓ 이하, pH 12.0 이하이어야 한다. 수중・공기중 강도비는 일반적으로 0.7 이상으로 설정하나 수중분리 저항성 요구가 비교적 높은 경우에는 0.8 이상으로 설정해야 한다.

2.2 배 합

2.2.1 배합강도

(1) 수중콘크리트 배합은 설정된 소정의 강도, 수중분리저항성, 유동성 및 내구성 등의 성능을 만족하도록 시험에 의해 정해야 한다.

(2) 일반 수중콘크리트의 배합강도는 수중에서 시공할 경우의 강도가 표준공시체 강도의 0.6~0.8배가 되도록 설정해야 한다.

(3) 수중불분리성콘크리트의 배합강도는 한국콘크리트학회 규준 KCI-CT102에 따라 제작한 수중 제작 공시체의 재령 28일 압축강도로 설정해야 한다.

(4) 현장 타설 콘크리트말뚝 및 지하연속벽 콘크리트는 수중에서 시공할 때 강도가 대기 중에서 시공할 때 강도의 0.8배, 안정액 중에서 시공할 때 강도가 대기 중에서 시공할 때 강도의 0.7배가 되도록 배합강도를 설정해야 한다.

2.2.2 물-결합재비 및 단위 시멘트량

(1) 수중분리 저항성은 점성에 영향을 받으므로 물-결합재비와 단위 시멘트량으로 설정하며 콘크리트표준시방서 제16장 수중 콘크리트 '표 16.1 수중 콘크리트의 물-결합재 및 단위 시멘트량'의 값을 표준으로 한다.

(2) 수중불분리성콘크리트의 내염해성 및 각종 염류에 의한 침식작용은 일반적인 콘크리트와 거의 동일하므로 콘크리트의 화학작용 및 철근의 부식작용 등을 고려하여 물-결합재비를 정할 경우 최댓값은 콘크리트표준시방서 제16장 수중 콘크리트 '표 16.2 내구성으로부터 정해진 수중불분리성콘크리트의 최대 물-결합재비'의 값을 표준으로 한다.

(3) 지하연속벽에 사용하는 수중 콘크리트는 지하연속벽을 가설만으로 이용할 경우 단위 시멘트량을 300kg/m³ 이상으로 해야 한다.

2.2.3 유동성

(1) 일반 수중콘크리트나 현장 타설말뚝 및 지하연속벽에 사용하는 수중콘크리트의 유동성은 일반적으로 콘크리트표준시방서 제16장 수중 콘크리트 '표 16.3 일반 수중 콘크리트의 슬럼프 표준값'에 나타낸 슬럼프로 설정해야 한다.

(2) 현장타설말뚝 및 지하연속벽에 사용하는 수중콘크리트의 설계기준압축강도가 50MPa을 초과하는 경우 높은 유동성이 요구되므로 슬럼프 플로의 범위는 500mm~700mm로 해야 한다.

(3) 수중불분리성콘크리트의 유동성은 그 시공조건에 따라 콘크리트표준시방서 제16장 수중 콘크리트 '표 16.4 수중불분리성콘크리트의 슬럼프 플로'에 나타낸 슬럼프 플로로 설정해야 하며 슬럼프 플로 시험은 KS F 2594에 따른다.

(4) 수중불분리성콘크리트의 공기량이 과다한 경우 압축강도 저하, 수질오탁, 품질 변동 등의 원인이 되므로 공기량은 4% 이하로 한다.

(5) 현장타설 콘크리트말뚝 및 지하연속벽의 콘크리트는 일반적으로 트레미를 사용하여 수중에서 타설하기 때문에 슬럼프 값은 180~210mm를 표준으로 한다. 특히 철근간격이 좁은 경우 등 슬럼프가 큰 콘크리트를 타설할 필요가 있을 때는 유동화제를 사용한 부배합 콘크리트로서 시공해야 하나 슬럼프가 240mm를 넘지 않아야 한다.

2.3 비비기

(1) 수중불분리성콘크리트의 비비기는 배치 플랜트에서 물을 투입하기 전 건식으로 20~30초를 비빈 후 전 재료를 투입하여 비비기를 한다.

(2) 수중불분리성콘크리트를 레디믹스트 콘크리트 공장에서 비빌 경우에는 일반적인 지정사항 이외에 슬럼프 플로, 수중 제작 공시체의 압축강도, 수중·공기중 강도비, 수중불분리성혼화제의 종류와 사용량 등을 생산자와 협의하여 정해야 한다.

(3) 가경식 믹서를 이용하는 경우 콘크리트가 드럼 내부에 부착되어 충분히 비벼지지 못할 경우가 있으므로 믹서는 강제식 배치믹서를 사용해야 한다.

(4) 수중불분리성콘크리트는 일반 콘크리트에 비해 믹서에 걸리는 부하가 크므로 소요 품질의 콘크리트를 얻기 위한 1회 비비기량은 믹서의 공칭용량의 80% 이하로 해야 한다.

(5) 비비는 시간은 시험에 의해 콘크리트 소요의 품질을 확인하여 정하며 강제식 믹서의 경우 90~180초를 표준으로 한다.

2.4 자재 품질관리

(1) 일반 수중콘크리트의 자재 품질관리는 콘크리트표준시방서 제16장 수중콘크리트 '표 16.5 일반 수중 콘크리트의 품질검사'에 따른다.

(2) 수중불분리성 콘크리트의 자재 품질관리는 콘크리트표준시방서 제16장 수중콘크리트 '표 16.6 수중불분리성콘크리트의 품질검사'에 따른다.

(3) 현장 타설말뚝 및 지하연속벽에 사용하는 수중콘크리트의 자재 품질관리는 콘크리트표준시방서 제16장 수중콘크리트 '표 16.7 현장 타설말뚝 및 지하연속벽에 사용하는 수중콘크리트의 품질 검사'에 따른다.

3. 시 공

3.1 콘크리트의 시공

(1) 콘크리트는 정수 중(靜水 中)에 치는 것을 원칙으로 한다.

(2) 콘크리트를 수중에 낙하시켜서는 안 된다.

(3) 콘크리트면을 가능한 한 수평하게 유지하면서 소정의 높이 또는 수면 상에 이를 때까지 연속해서 타설하여야 한다. 1회 연속해서 타설해 올라가는 높이가 너무 클 경우 거푸집에 작용하는 측압에 의해 거푸집이 변형되고 모르타르가 누출할 염려가 있으므로 거푸집의 강도 및 조립에 주의하여야 한다.

(4) 콘크리트 재료분리를 적게 하기 위하여 치는 도중에 콘크리트가 흐트러지지 않도록 특히 유의해야 한다.

(5) 콘크리트가 경화할 때까지 물의 유동을 방지하여야 하며 이를 위해 특별한 조치가 필요한 경우 공사시방서에서 규정하는 바에 따른다.

(6) 콘크리트치기는 트레미나 콘크리트펌프를 사용하는 것을 원칙으로 한다. 다만 밑열림 방식의 상자나 포대를 이용할 경우에는 사전에 공사감독자의 승인을 받아야 한다.

(7) 트레미는 수밀성이며 콘크리트가 자유롭게 낙하할 수 있는 크기를 가져야 하고 콘크리트를 치는 동안 그 하반부가 콘크리트로 항상 채워져 있어야 한다. 또한 트레미는 콘크리트를 치는 동안 수평이동을 시키지 말아야 한다.

(8) 밑열림 방식의 상자나 포대가 콘크리트 치기 바닥면에 닿으면 콘크리트가 쉽게 배출되는 구조이어야 한다. 상기 방법으로 콘크리트 치기를 할 때 서서히 수중으로 내려 콘크리트를 배출한 후 콘크리트 면으로부터 상당한 거리가 떨어질 때까지 서서히 감아 올려야 한다.

(9) 수중불분리성혼화제를 사용하는 경우 그 혼화제는 한국콘크리트학회 규준 KCI-AD102 「콘크리트용 수중불분리성혼화제 품질규격」에 적합하여야 한다.

3.2 포대 콘크리트

(1) 사용하는 포대의 재질과 형상 및 규격은 설계도와 공사시방서의 규정하는 바에 따른다.

(2) 콘크리트는 포대용량의 약 2/3정도 담고, 포대 입구를 확실하게 묶어야 한다.

(3) 포대는 엇갈리게 1포대씩 정성들여 쌓아 나가야 하며 수중에 던지는 일이 없도록 하여야 한다.

(4) 유해물이 붙은 포대를 사용하여서는 안 된다.

3.3 현장 품질관리

(1) 일반 수중 콘크리트의 현장 품질관리는 콘크리트표준시방서 제16장 수중콘크리트 '표 16.8 일반 수중콘크리트의 콘크리트공 검사'에 따른다.

(2) 수중불분리성콘크리트의 현장 품질관리는 콘크리트표준시방서 제16장 수중콘크리트 '표 16.9 수중불분리성콘크리트공의 검사'에 따른다.

(3) 현장 타설말뚝 및 지하연속벽에 사용하는 수중콘크리트공에 대한 현장 품질관리는 콘크리트표준시방서 제16장 수중콘크리트 '표 16.10 현장타설말뚝 및 지하연속벽 수중콘크리트공의 품질 검사'에 따른다.

6-2-5 프리플레이스트콘크리트

1. 일반사항

1.1 적용범위

(1) 본 시방서는 프리플레이스트콘크리트 시공에 관한 일반적인 사항을 규정한다.

(2) 본 절에서 규정하지 않은 사항은 콘크리트표준시방서 제19장 프리플레이스트콘크리트에 따른다.

1.2 관련시방

콘크리트표준시방서 제19장 프리플레이스트콘크리트

건축공사표준시방서 05095 프리팩트 콘크리트 공사

1.3 참조규격

KS D 6705 알루미늄 및 알루미늄 합금박

KS F 2426 주입모르타르의 압축강도 시험 방법

KS F 2431 프리팩트 콘크리트의 압축강도 시험 방법

KS F 2432 주입모르터의 컨시스턴시 시험 방법

KS F 2433 주입모르타르의 블리딩률 및 팽창률 시험 방법

KS F 2502 굵은 골재 및 잔골재의 체가름 시험 방법

KS F 2562 콘크리트용 팽창재

KS F 2563 콘크리트용 고로 슬래그 미분말

KS F 2567 콘크리트용 실리카 퓸

KS L 5201 포틀랜드 시멘트

KS L 5405 플라이 애시

KS M 5604 도료용 알루미늄 안료

1.4 용어의 정의

(1) 골재의 실적률(骨材-實積率, solid volume percentage of aggregate)

용기에 채운 골재의 절대 용적의 그 용기 용적에 대한 백분율

(2) 굵은 골재 최소 치수(-骨材最小-, minimum size of coarse aggregate)

프리플레이스트 콘크리트에 사용되는 굵은 골재에 있어서 질량이 적어도 95% 이상 남는 체중에서 최대 치수의 체눈의 호칭치수로 나타낸 굵은 골재의 치수

(3) 주입모르타르(注入-, grout mortar)
프리플레이스트 콘크리트 등의 주입에 사용하는 모르타르로서 시멘트, 혼화 재료, 잔골재, 물 등을 혼합하여 제조한 것

(4) 프리플레이스트콘크리트(preplaced concrete)
미리 거푸집 속에 특정한 입도를 가지는 굵은 골재를 채워놓고 그 간극에 모르타르를 주입하여 제조한 콘크리트

(5) 팽창재(膨脹材, expansive agent)
주입 모르타르에 혼입하여 팽창성분을 일으키는 무기 또는 유기 혼화 재료

1.5 제출물

(1) 제품 자료
(2) 그 밖의 사항은 6-1 일반콘크리트의 '1.5 제출물'의 해당요건에 따른다.

2. 재 료

2.1 재 료

(1) 프리플레이스트콘크리트용 모르타르가 굵은 골재의 공극에 주입될 때 재료분리가 적고 주입되어 경화되는 사이에 블리딩이 적으며 소요의 팽창을 하여야 한다.
(2) 경화 후 콘크리트가 소요의 품질을 유지하기 위하여 압축강도와 굵은 골재와의 부착력을 가지며 충분한 내구성 및 수밀성과 강재를 보호하는 성능을 가져야 한다.
(3) 잔골재의 입도는 콘크리트표준시방서 제19장 프리플레이스 콘크리트 '표 19.1 잔골재의 표준입도'의 범위를 표준으로 하며, 조립률은 1.4~2.2 범위가 좋다.
(4) 굵은골재의 최소치수는 15㎜를 표준으로 하고 굵은 골재의 최대 치수는 부재단면 최소 치수의 1/4 이하, 철근콘크리트의 경우 철근 순간격의 2/3 이하로 하여야 한다.
(5) 시멘트는 KS L 5201에 적합한 포틀랜드시멘트를 사용하는 것을 원칙으로 한다. 그 외의 시멘트를 결합재로 사용할 경우에는 소요품질의 프리플레이스트콘크리트가 얻어지도록 시험에 의하여 확인해야 한다.
(6) 주입모르타르에는 유동성 및 보수성을 향상시키고 재료분리를 방지하며 팽창성을 가지는 혼화 재료 등을 사용할 수 있다.
(7) 팽창재는 팽창재의 품질, 시멘트의 종류, 온도, 배합, 비비기 시간 및 주입 후의 압력 등에 의하여 변할 수 있으므로 소요품질이 확보되는지 시험에 의하여 확인한 후 사용해야 한다.

2.2 배 합

(1) 주입모르타르의 시방배합은 공사시방서에서 규정하는 바에 따른다.

(2) 현장배합은 사전에 공사감독자의 승인을 받아서 시행하여야 한다.

(3) 주입모르타르의 유동성은 KS F 2432의 시험방법을 사용하여 시험할 경우 유하시간은 16～20초를 표준으로 한다. 고강도 프리플레이스트 콘크리트는 25～50초를 표준으로 한다.

(4) 팽창률은 KS F 2433의 시험방법을 사용하여 시험할 경우 시험 개시 후 3시간에서의 값이 5～10%의 값을 표준으로 한다.

(5) 블리딩률은 KS F 2433의 시험방법으로 시험할 때 시험 개시 후 3시간에서의 값이 3% 이하로 되어야 한다.

3. 시 공

3.1 시 공

3.1.1 거푸집

(1) 거푸집은 프리플레이스트 콘크리트의 측압과 그 외 시공시의 외력에 충분히 견디어야 한다.

(2) 거푸집을 떼는 시기와 순서는 사전에 공사감독자와 협의하고 승인을 받아야 한다.

3.1.2 모르타르 누출방지

(1) 기초와 거푸집 사이나 거푸집 이음부 등에서 주입모르타르가 새어나오지 않도록 해야 한다.

(2) 모르타르의 누출방지를 위해 거푸집 전면에 천으로 된 시트를 붙여서 누르거나 특수한 스펀지를 거푸집 하단에 설치한다.

3.1.3 굵은골재의 채움

(1) 굵은골재를 사용하기 전에 철근, 주입관이 소정의 위치에 배치되어있는지 점검해야 한다.

(2) 굵은골재는 크고 작은 입도가 골고루 분포되도록 하고 파쇄되지 않도록 투입해야 한다.

(3) 굵은골재는 먼지, 조개나 해조류 등이 부착되지 않은 청결한 상태를 유지하도록 해야 한다. 또한 주입모르타르의 팽창지연이 일어나는 것을 방지하기 위하여 필요에 따라 적절한 방법으로 보온 급열해야 한다.

3.1.4 비비기

(1) 비비기는 모르타르 믹서로 5분 이내에 균질하게 소요품질의 주입 모르타르가 비벼져야 한다.

(2) 비비기 시에는 잔골재의 입도와 표면수량을 확인하고 소정의 품질과 유동성을 갖도록 입도의 조정, 배합의 수정 및 수량의 보정 등 적절한 조치를 취해야 한다.

(3) 모르타르의 1배치 당 비빔량은 믹서의 비빔용량에 적합한 양으로 정해야 한다.

(4) 모르타르는 주입할 때까지 계속하여 휘저으면서 한데 섞어야 한다.

3.1.5 주입

(1) 모르타르의 주입은 설계도에 명시된 소정의 높이까지 계속해야 한다. 만일 주입을 중단하거나 이음을 하여야 할 경우에는 공사감독자의 승인을 받아야 한다.

(2) 주입은 최하부에서 시작하여 상방향으로 주입하고 모르타르면의 상승속도는 0.08~0.56mm/sec 정도가 되어야 한다.

(3) 수직주입관은 관을 끌어올리면서 주입하고 주입관의 선단은 0.5~2.0m 정도 모르타르에 묻히는 상태가 유지되어야 한다.

3.1.6 주입모르타르의 상승높이

(1) 주입모르타르의 상승상황을 확인하기 위하여 모르타르면의 측정이 가능하도록 해야 한다.

(2) 주입모르타르 표면의 유동경사는 1:3보다 크지 않도록 해야 한다.

3.2 현장 품질관리

(1) 주입모르타르 시공의 현장 품질관리는 콘크리트표준시방서 제19장 프리플레이스 콘크리트 '표 19.5 시공의 품질 검사'에 따른다. 이외의 검사는 제2장 '3.8.4 콘크리트의 시공 검사'에 따른다.

6-2-6 매스콘크리트

1. 일반사항

1.1 적용범위

(1) 본 시방서는 매스콘크리트 시공에 관한 일반적인 사항을 규정한다.

(2) 본 절에서 규정하지 않은 사항은 콘크리트표준시방서 제18장 매스콘크리트에 따른다.

1.2 관련시방

콘크리트표준시방서 제18장 매스콘크리트

도로공사표준시방서 6-4-5 매스콘크리트

건축공사표준시방서 05075 매스콘크리트 공사

1.3 참조규격

KS F 2563 콘크리트용 고로 슬래그 미분말

KS L 5201 포틀랜드 시멘트
KS L 5210 고로 슬래그 시멘트
KS L 5211 플라이 애시 시멘트
KS L 5405 플라이 애시

1.4 용어의 정의

(1) 관로식 냉각(管路式 冷覺, pipe-cooling)

매스콘크리트의 시공에서 콘크리트를 타설한 후 콘크리트의 내부온도를 제어하기 위해 미리 묻어둔 파이프 내부에 냉수 또는 공기를 강제적으로 순환시켜 콘크리트를 냉각하는 방법으로 포스트 쿨링(post-cooling)이라고 함.

(2) 급열양생(急熱養生, heating curing)

양생기간 중 어떤 열원을 이용하여 콘크리트를 보온하는 양생

(3) 내부구속(內部拘束, initial resistance)

콘크리트 단면 내의 온도차이에 의한 변형의 부등분포에 의해 발생하는 구속작용

(4) 단열온도 상승곡선(斷熱溫度 上昇曲線, adiabatic temperature rise curve)

단열상태에서 시간에 따른 콘크리트 배합의 온도상승량을 도시한 곡선으로서 콘크리트의 수화발열 특성을 나타냄

(5) 매스콘크리트(mass concrete)

부재 혹은 구조물의 치수가 커서 시멘트의 수화열에 의한 온도상승 및 강하를 고려하여 설계·시공해야 하는 콘크리트로 일반적인 표준으로서 넓이가 넓은 평판구조의 경우 두께 0.8m 이상, 하단이 구속된 벽조의 경우 두께 0.5m 이상으로 함

(6) 보온양생(保溫養生, insulation curing)

단열성이 높은 재료 등으로 콘크리트 표면을 덮어 열의 방출을 적극 억제하여 시멘트의 수화열을 이용해서 필요한 온도를 유지하고 부재의 내부와 표면의 온도차이를 저감하는 양생

(7) 선행 냉각(先行 冷覺, pre-cooling)

매스콘크리트의 시공에서 콘크리트를 타설하기 전에 콘크리트의 온도를 제어하기 위해 얼음이나 액체질소 등으로 콘크리트 원재료를 냉각하는 방법

(8) 수축·온도철근(收縮溫度鐵筋, shirinkage-temperature reinforcement)

수축과 온도변화에 의한 균열을 방지하기 위해 쓰이는 철근

(9) 수평 시공이음(水平 施工-, horizontal construction joint)
콘크리트를 타설할 때 작업성이나 온도균열의 제어를 고려하여 설계되는 수평의 시공이음

(10) 시공이음(construction joint)
콘크리트를 여러 번 분할 시공할 때 발생하는 이음으로서 설계할 때는 연속된 구조체로 취급됨

(11) 신축이음(伸縮-, expansion joint)
구조물의 신축에 대응하기 위해 설치하는 이음

(12) 연직 시공이음(鉛直 施工-, vertical construcsion joint)
콘크리트를 타설할 때 작업성이나 온도균열의 제어를 고려하여 설계되는 연직의 시공이음

(13) 온도균열지수(溫度龜裂指數, thermal cracking index)
매스콘크리트의 균열발생 검토에 쓰이는 것으로 콘크리트의 인장강도를 온도응력으로 나눈 값

(14) 온도제어양생(溫度制御養生, temperature-controlled curing)
콘크리트를 친 후 일정기간 콘크리트의 온도를 제어하는 양생

(15) 외부구속응력(外部拘束應力, external restricted stress)
새로 타설된 콘크리트 블록의 자유로운 열변형이 외부로부터 구속되는 경우에 발생하는 응력

1.5 제출물

(1) 사용재료의 온도관리방법
(2) 콘크리트의 단열온도상승시험 결과
(3) 블록분할과 이음위치도
(4) 사용재료 및 콘크리트의 냉각장치 설치도
(5) 신축이음의 설치위치 및 간격표시 전개도
(6) 온도균열의 제어계획서
(7) 제품자료
(8) 그 밖의 사항은 6-1 일반콘크리트의 '1.5 제출물'의 해당요건에 따른다.

2. 재 료

2.1 재 료

(1) 매스콘크리트에서는 수화열 저감을 위해 KS L 5201의 저발열형 시멘트인 저열포틀랜드시멘트, 중용열포틀랜드시멘트 등과 같은 포틀랜드시멘트, KS L 5210 고로슬래그시멘트, KS L 5211 플라이애시시멘트 등과 같은 고로슬래그 미분말, 플라이애시 등이 혼합된 2성분계 혼합형 시멘트 및 KS L 5405의 플라이 애시와 KS F 2563의 고로슬래그 미분말이 동시에 혼합된 3성분계 혼합형 시멘트를 사용하는 것이 바람직하다.

(2) 고로슬래그 미분말을 혼입하는 경우 슬래그는 온도의존성이 크기 때문에 콘크리트의 타설온도가 높을 경우 발열량이 증가하여 오히려 콘크리트 온도가 상승할 경우도 있으므로 사용할 경우 시험에 의해 그 특성을 확인해 두어야 한다.

(3) 저발열형 시멘트에 석회석 미분말 등을 혼합하여 더욱 수화열을 저감시킨 혼합형 시멘트에 대해서는 충분한 실험을 통해 그 특성을 확인할 필요가 있다.

(4) 저발열형 시멘트는 장기재령의 강도증진이 보통포틀랜드시멘트에 비하여 크므로, 91일 정도의 장기재령을 설계기준강도의 기준재령으로 하는 것이 바람직하다. 구조체 콘크리트의 강도관리를 위한 공시체의 양생방법은 표준양생으로 한다.

2.2 배 합

(1) 매스콘크리트의 재료 및 배합을 결정할 때에는 설계기준강도와 소정의 워커빌리티를 만족하는 범위 내에서 콘크리트의 온도상승이 최소가 되도록 하여야 한다.

(2) 콘크리트의 발열량은 대체적으로 단위시멘트량에 비례하므로 소요의 품질을 만족시키는 범위 내에서 단위시멘트량이 적어지도록 배합을 선정하여야 한다.

2.3 거푸집

(1) 매스콘크리트의 거푸집에 대하여는 온도균열제어의 관점으로부터 그 재료 및 구조의 선정, 존치기간 등을 결정하여야 한다.

(2) 사용 거푸집은 가능하면 온도차이를 줄일 수 있는 보온성이 좋은 것을 사용하여 존치기간을 길게 하는 것이 좋다. 탈형 후의 콘크리트 표면의 급랭을 방지하기 위해서는 시트 등으로 콘크리트 표면의 보온을 소정기간 동안 계속해 주어야 한다.

3. 시 공

3.1 시공 일반

(1) 매스콘크리트의 시공은 콘크리트구조물이 소요의 품질과 기능을 만족할 수 있도록 사전에 시멘트의 수화열에 의한 온도응력 및 온도균열에 대한 충분한 검토를 한 후에 시공계획서를 작성하여 이에 따라 실시하여야 한다.

(2) 매스콘크리트를 시공할 때 균열제어의 표준적인 방법은 콘크리트표준시방서 제18장 매스콘크리트 '그림 18.1 균열발생 검토 흐름도'에 따르는 것이 좋다.

3.2 콘크리트 타설 시간간격

(1) 매스콘크리트의 타설 시간간격은 균열제어의 관점으로부터 구조물의 형상과 구속조건에 따라 적절히 정하여야 한다.

(2) 신구 콘크리트의 유효탄성계수 및 온도차이가 크면 클수록 온도에 의한 응력이 커지므로 신구 콘크리트의 타설시간 간격을 지나치게 길게 하는 일은 피하여야 한다.

(3) 몇 개의 층으로 나누어 콘크리트를 쳐 이어나갈 경우 타설시간 간격을 너무 짧게 하면 콘크리트 전체의 온도가 높아져서 균열발생 가능성이 커질 우려가 있으므로 이를 고려하여 타설 계획을 수립하여야 한다.

3.3 콘크리트 타설 온도

(1) 매스콘크리트의 타설 온도는 온도균열을 제어하기 위한 관점에서 가능한 낮게 하여야 한다.

(2) 매스콘크리트 타설 후의 온도제어 대책으로 파이프쿨링을 적용시에는 소정의 효과를 거둘 수 있도록 파이프의 지름, 간격, 쿨링수의 온도와 양 및 기간 등을 검토한 후 적용하여야 한다.

3.4 운반, 타설 및 양생

(1) 매스콘크리트의 시공시 사전 검토에 의한 온도균열제어대책의 효과와 대량의 콘크리트를 연속적으로 시공하기 위한 모든 조건을 만족하도록 운반, 타설, 양생 등에 대하여 적절한 조치를 취하여야 한다.

(2) 넓은 면적에 걸쳐 콘크리트를 타설할 경우에는 콜드조인트가 생기지 않도록 시공구간의 면적, 콘크리트의 공급능력, 이어치기 허용시간 등을 고려하여 시공순서를 정하여야 한다. 특히 기온이 높을 경우에는 콜드조인트가 생기기 쉬우므로 응결지연제의 사용, 블록크기의 축소, 1층의 타설높이 저감 등의 대책을 고려하여야 한다.

(3) 매스콘크리트에서는 콘크리트를 친 후에 침강이 커서 침강균열이 생길 경우도 있다. 이와 같은 균열 자체는 온도균열발생의 원인이 되므로, 경화가 진행되지 않은 시점에서 재진동 다짐이나 다짐(tapping) 등을 실시하여야 한다.

3.5 현장 품질관리

(1) 매스콘크리트의 현장 품질관리는 콘크리트표준시방서 제2장 '3.8 현장 품질관리'의 해당요건 외에 콘크리트표준시방서 제18장 매스콘크리트 '표 18.4 매스콘크리트의 온도관리 및 검사'에 따른다.

(2) 거푸집을 떼어낸 후에 통상의 검사에 추가하여 콘크리트의 온도균열검사를 실시하여 유해한 온도균열이 발생한 것으로 판단된 경우에는 균열보수 등의 적절한 조치를 취하여야 한다.

6-3 철근 및 거푸집

6-3-1 철근

1. 일반사항

1.1 적용범위

(1) 본 시방서는 콘크리트에 사용하는 철근의 가공, 조립에 관한 일반적인 사항을 규정한다.

(2) 본 절에서 규정하지 않는 사항은 콘크리트표준시방서 제3장 철근작업에 따른다.

1.2 관련시방

콘크리트표준시방서 제3장 철근작업

토목공사표준일반시방서 04130 철근공

건축공사표준시방서 05020 철근의 가공 및 조립

1.3 참조규격

KS B 0802 금속 재료 인장 시험 방법

KS B 0833 강의 맞대기 용접 이음-인장 시험 방법

KS B 0845 강용접 이음부의 방사선 투과 시험 방법

KS B 0885 수동 용접기술 검정에 있어서의 시험 방법 및 그 판정기준

KS B 0896 강 용접부의 초음파 탐상 시험 방법

KS D 0244 철근 콘크리트용 봉강의 가스압접 이음의 검사 방법
KS D 0273 철근 콘크리트용 이형 봉강 가스 압접부의 초음파 탐상 시험 방법 및 판정 기준
KS D 3504 철근 콘크리트용 봉강
KS D 3527 철근 콘크리트용 재생 봉강
KS D 3613 철근 콘크리트용 아연 도금 봉강
KS D 3629 에폭시 피복 철근
KS D 7017 용접철망 및 철근격자
KS F 2561 철근 콘크리트용 방청제
KS M 6070 분체 도료

1.4 용어의 정의

(1) 가스 압접이음(-壓接-, gas press welding)
철근의 단면을 산소-아세틸렌 불꽃 등을 사용하여 가열하고 기계적 압력을 가하여 용접한 맞댐이음

(2) 수축·온도철근(收縮·溫度鐵筋, shrinkage and temperature reinforcement)
콘크리트의 건조수축, 온도 변화, 기타의 원인에 의하여 콘크리트에 일어나는 인장 응력에 대비해서 가외로 더 넣는 보조적인 철근

(3) 간격재(間隔材, spacer)
철근 혹은 프리스트레스용 강재, 시스 등에 소정의 철근피복을 가지게 하거나 그 간격을 정확하게 유지시키기 위하여 쓰이는 콘크리트제, 모르타르제, 금속제, 플라스틱제 등의 부품

(4) 강재(鋼材, steel)
철을 주성분으로 하는 구조용 탄소강의 총칭으로서, 철근 콘크리트용 봉강, 프리스트레스용 강재, 형강, 강판 등

(5) 방청제(防錆劑, corrosion inhibitor)
콘크리트 중의 강재가 염화물에 의해 부식되는 것을 억제하기 위해 사용하는 혼화제

(6) 온도철근(溫度鐵筋, temperature reinforcement)
수축과 온도 변화에 의한 균열을 억제하기 위해 쓰이는 철근

(7) 용접철망(鎔接鐵網, welded steel wire fabric)
콘크리트 보강용 용접망으로서 철근이나 철선을 직각으로 교차시켜 각 교차점을 전기저항 용접한 철선망

(8) 이형철근(異形鐵筋, deformed reinforcement)

표면에 리브와 마디 등의 돌기가 있는 봉강으로서 KS D 3504에 규정되어 있는 이형철근 또는 이와 동등한 품질과 형상을 가지는 철근

(9) 조립용 철근(組立用 鐵筋, erection bar)

철근을 조립할 때 철근의 위치를 확보하기 위하여 쓰는 보조적인 철근

(10) 철근(鐵筋, reinforcement, bar, rebar)

콘크리트를 보강하기 위해 콘크리트 속에 배치되는 봉 형상의 강재

(11) 기계적 이음(mechanical splice)

나사를 가지는 슬리브 또는 커플러, 에폭시나 모르타르 또는 용융 금속 등을 충전한 슬리브, 클립이나 편체 등의 보조장치 등을 이용한 이음

(12) 배력근(配力筋, distrubuting bar)

하중을 분산시키거나 균열을 제어할 목적으로 주철근과 직각에 가까운 방향으로 배치한 보조 철근

1.5 제출물

(1) 검사 및 시험계획서

(2) 시공계획서 및 도면

(3) 제품자료

(4) 품질자료 확인서

(5) 철근상세도

2. 재 료

2.1 재 료

(1) 철근의 종류, 재료와 형상 및 치수는 설계도서와 공사시방서에서 규정하는 바에 따른다.

(2) 철근은 KS D 3504의 철근콘크리트용 봉강, KS D 3527의 철근 콘크리트용 재생봉강의 규격에 맞는 것을 사용함을 원칙으로 하며 상기 규격이외의 철근을 사용하고자 할 때에는 시험을 실시하여 설계기준 항복강도 및 사용방법을 결정해야 한다.

2.2 보 관

(1) 철근은 지상에 직접 쌓거나 보관하지 말아야 하며 창고내 또는 옥외에 적치할 경우 적당한 덮개를 씌워서 저장해야 한다.

(2) 취급 및 검사에 편리하도록 가공 또는 조립된 철근은 종류별, 지름별, 사용부위별로 저장해야 한다.

3. 시 공

3.1 가공 및 조립

(1) 철근의 가공은 철근상세도에 표시된 형상과 치수가 일치하고, 재질을 상하지 않는 방법으로 가공해야 한다.

(2) 철근상세도에 철근의 구부리는 내면 반지름이 표시되지 않았을 때에는 구부림의 최소 내면 반지름 이상으로 철근을 구부려야 한다.

(3) 철근은 상온에서 가공하는 것을 원칙으로 하며 열을 가하여 가공하고자 할 때에는 사전에 공사감독자의 승인을 받아야 한다.

(4) 철근은 조립 전에 잘 닦고 녹이 떠있거나 이물질이 붙어 있어 콘크리트의 부착을 해칠 수 있는 것은 모두 제거해야 한다.

(5) 철근은 도면의 표시위치에 정확히 배치하고 콘크리트치기 때에 움직이지 않도록 견고하게 묶어야 한다. 현장에 필요하다고 판단되면 도면 표시 이외의 조립용 철근을 사용할 수 있다.

(6) 철근의 교점은 지름 0.9㎜ 이상의 풀림철선이나 적절한 클립을 사용하여 견고하게 묶어야 한다.

(7) 거푸집에 접하는 고임재 및 간격재는 본체 콘크리트와 동등 이상의 품질인 콘크리트 제품 또는 모르타르 제품의 간격재(spacer)를 사용하고 정확하게 시공이 되도록 해야 한다.

(8) 철근은 조립이 끝나면 반드시 공사감독자의 검사를 받아야 한다.

(9) 철근을 조립하고 상당기간 방치한 경우에는 콘크리트를 치기 전에 다시 조립검사를 하고 깨끗이 청소해야 한다.

3.2 이 음

(1) 철근상세도에 표시되어 있지 않은 곳에 철근의 이음을 둘 경우에는 그 이음의 위치와 방법은 콘크리트 구조설계기준을 따라 정하여야 한다.

(2) D35를 초과하는 철근은 겹침이음을 할 수 없다. 다만 서로 다른 크기의 철근을 압축부에서 겹침이음 하는 경우 D35 이하의 철근과 D35를 초과하는 철근은 겹침이음을 할 수 있다.

(3) 철근이음에 용접이음이나 기계적 이음, 슬리브 이음을 사용할 경우 공사감독자와 협의하여 그 성능을 사전에 시험 등에 의한 방법으로 확인한 후 가장 적합한 방법을 택해야 한다.

(4) 장래의 계속공사에 대비하여 구조물로부터 노출시킨 철근은 손상이나 부식 등을 받지 않도록 보호해야 한다.

3.3 현장 품질관리

3.3.1 철근이음의 검사

(1) 철근이음의 검사는 콘크리트표준시방서 제3장 철근작업 '표 3.4 철근 가공 및 조립에 대한 품질 검사'에 따른다.

(2) 검사 결과, 철근이음이 적당하지 않다고 판정된 경우에는 철근의 이음을 철근상세도에 적합하도록 수정하여야 한다.

3.3.2 철근가공의 검사

(1) 철근가공의 검사는 콘크리트표준시방서 제3장 철근작업 '표 3.5 철근이음의 검사'에 따른다.

(2) 검사 결과, 가공이 적당하지 않다고 판정된 경우에는 철근의 가공을 철근상세도의 치수에 맞게 수정하여야 한다.

6-3-2 거푸집 및 동바리

1. 일반사항

1.1 적용범위

(1) 본 시방서는 콘크리트치기에 필요한 거푸집, 비계 및 동바리에 관련된 일반적인 사항을 규정한다.

(2) 본 절에서 규정하지 않은 사항은 콘크리트표준시방서 제4장 거푸집 및 동바리에 따른다.

1.2 관련시방

콘크리트표준시방서 제4장 거푸집 및 동바리

가설공사표준시방서 제3장 거푸집 및 동바리

토목공사표준일반시방서 04110 동바리공

토목공사표준일반시방서 04120 거푸집공

1.3 참조규격

KS D 3530 일반구조용 경량 형강

KS D 3566 일반구조용 탄소 강관

KS D 3568 일반구조용 각형 강관

KS F 3110 콘크리트 거푸집용 합판

KS F 8001 강제 파이프 서포트

KS F 8002 강관 비계용 부재

KS F 8003 강관틀 비계용 부재 및 부속 철물

KS F 8006 강제틀 합판 거푸집

KS F 8021 조립형 비계 및 동바리 부재

KS F 8022 강관틀 동바리용 부재

KS F 8023 거푸집 긴결재

1.4 용어의 정의

(1) 간격재(間隔材, spacer)

거푸집 간격유지와 철근 또는 긴장재나 시스가 소정의 위치와 간격을 유지시키기 위하여 쓰이는 콘크리트, 모르타르제, 금속제, 또는 플라스틱 제품

(2) 거푸집(formwork, form, mold)

콘크리트 구조물이 필요한 강도를 발현할 수 있을 때까지 구조물을 지지하여 구조물의 형상과 치수를 설계도서대로 유지시키기 위한 가설구조물의 총칭

(3) 거푸집 긴결재(-緊結材, form tie)

기둥이나 벽체거푸집과 같이 마주보는 거푸집에서 거푸집널을 일정한 간격으로 유지시켜 주는 동시에 콘크리트 측압을 최종적으로 지지하는 역할을 하는 인장부재로 매립형과 관통형으로 구분

(4) 거푸집널(sheathing board)

거푸집의 일부로써 콘크리트에 직접 접하는 목재나 금속 등의 판류

(5) 동바리, 받침기둥(support, shore or staging)

거푸집 및 콘크리트의 무게와 시공하중을 지지하기 위하여 설치하는 부재 또는 작업 장소가 높은 경우 발판, 재료 운반이나 위험물 낙하 방지를 위해 설치하는 임시 지지대

(6) 멍에(sleepers)

장선과 직각방향으로 설치하여 장선을 지지하며 거푸집 긴결재나 동바리로 하중을 전달하는 부재

(7) 박리제(剝離劑, form oil)

콘크리트표면에서 거푸집널을 떼어내기 쉽게 하기 위하여 미리 거푸집널에 도포하는 물질

(8) 솟음(camber)

보, 슬래브 및 트러스 등에서 그의 정상적 위치 또는 형상으로부터 처짐을 고려하여 상향으로 들어 올리는 것 또는 들어 올린 크기

(9) 시스템 동바리(prefabricated shoring system)

수직재, 수평재, 가새 등 각각의 부재를 공장에서 미리 생산하여 현장에서 조립하여 거푸집을 지지하는 지주 형식의 동바리와 강제 갑판 및 철재트러스 조립보 등을 이용하여 수평으로 설치하여 지지하는 보 형식의 동바리를 지칭함

(10) 슬립폼(slip form)

수직으로 연속되는 구조물을 시공조인트 없이 시공하기 위하여 일정한 크기로 만들어져 연속적으로 이동시키면서 콘크리트를 타설하는 공법에 적용하는 거푸집

(11) 요크(yoke)

수직 슬립폼에 있어서 콘크리트의 측압을 지탱해주며 거푸집 하중, 시공하중 등을 잭(jack)에 전달하는 부재

(12) 요크빔(yoke beam)

요크에 걸린 하중이 잭(jack)으로 전달될 수 있도록 요크와 요크를 연결해주는 보

(13) U헤드

멍에에 가해진 하중을 동바리로 전달하기 위하여 동바리 상부에 정착하여 사용하는 U 형태의 연결 지지재

(14) 장선(長線, common joist, floor joist)

거푸집널을 지지하여 멍에로 하중을 전달하는 부재

(15) 잭로드(jack rod)

요크빔에 의해 전달되는 하중을 기 타설된 하부의 콘크리트로 전달하는 수직부재로 잭이 이동하는 레일과 같은 역할을 하는 슬립폼의 부속품

(16) 클라이밍 폼(climbing form)

이동식 거푸집의 일종으로써 인양방식에 따라 외부 크레인에 도움없이 자체에 부착된 유압구동장치를 이용하여 상승하는 자동상승 클라이밍 폼(self climbing form)방식과 크레인에 의해 인양되는 방식으로 구분

(17) 테이블 폼(flying table form)

바닥 슬래브의 콘크리트를 타설하기 위한 거푸집으로써 거푸집널, 장선, 멍에, 서포트를 일체로 제작·부재화하여 크레인으로 수평 및 수직 이동이 가능한 거푸집

(18) 폼라이너(formliner)

콘크리트 표면에 문양을 넣기 위하여 거푸집널에 별도로 부착하는 부재

(19) 폼행거(form hanger)

콘크리트 상판을 받치는 보 형식의 동바리재를 영구 구조물의 보 등에 매다는 형식으로 사용하는 부속품

1.5 거푸집 및 동바리의 구조

(1) 거푸집 및 동바리는 소정의 강도와 강성을 가지는 동시에 완성된 콘크리트 구조물의 위치, 형상 및 치수를 정확하게 나타내는데 알맞은 것이어야 한다.

(2) 거푸집 및 동바리는 콘크리트 구조물의 콘크리트 타설 공정, 거푸집 및 동바리 해체 등의 시공계획서에 따라 설계도를 작성하고 이에 의거하여 시공함을 원칙으로 한다.

1.6 제출물

(1) 제품 자료

(2) 시공계획서

(3) 시공상세 도면

(4) 거푸집 및 동바리 구조계산서

2. 재 료

2.1 거푸집널

(1) 거푸집널로 사용되는 합판은 KS F 3110의 규정에 적합해야 한다.

(2) 흠집 및 옹이가 많은 거푸집과 합판의 접착부분이 떨어져 구조적으로 약한 것은 사용할 수 없다.

(3) 거푸집의 띠장은 부러지거나 균열이 있는 것을 사용해서는 안 된다.

(4) 제물치장 콘크리트용 거푸집널에 사용하는 합판은 내알칼리성이 우수한 재료로 표면처리된 것이어야 한다.

(5) 금속제 거푸집널은 KS F 8006의 규정에 적합한 것이어야 한다.

(6) 형상이 찌그러지거나 비틀림 등 변형이 있는 것은 교정한 다음 사용해야 한다.

(7) 금속제 거푸집의 표면에 녹이 많이 발생한 경우에는 쇠솔 또는 샌드페이퍼 등으로 제거하고 박리제를 엷게 칠하여 사용해야 한다.

(8) 거푸집널을 재사용하는 경우에는 콘크리트에 접하는 면을 깨끗이 청소하고 볼트용 구멍 또는 파손부위를 수선한 후 사용해야 한다.

(9) 목재 거푸집널은 콘크리트의 경화 불량을 방지하기 위하여 직사광선에 노출되지 않도록 씌우개로 덮어두어야 한다.

(10) 재제한 목재를 거푸집널로 사용할 경우에는 콘크리트와 접하는 면은 대패질한 후 사용해야 한다.

2.2 동바리

(1) 강관 동바리는 KS F 8001, KS F 8002, KS F 8003, KS F 8021, KS F 8022의 규정에 적합한 것으로 하고 신뢰할 수 있는 시험기관의 내력시험 등에 의하여 허용하중을 표시한 제품을 사용해야 한다.

(2) 원형 강관은 KS D 3566, 각형 강관은 KS D 3568, 경량형강은 KS D 3530의 규정에 적합한 것이어야 한다.

(3) 현저한 손상, 변형, 부식이 있는 것은 사용할 수 없다.

(4) 굽어져 있는 강관 동바리는 사용할 수 없다.

2.3 기타 재료

(1) 거푸집 긴결재는 KS F 8023의 규정에 적합한 것으로 하고 신뢰할 수 있는 시험기관의 내력시험 등에 의하여 허용하중을 표시한 제품을 사용해야 한다.

(2) 연결재는 다음 사항에 합당한 것을 선정하여 사용해야 한다.

① 치수가 정확하고 충분한 강도가 있는 것

② 회수, 해체가 쉬운 것

③ 조합 부품수가 적은 것

(3) 박리제는 변색, 경화 지연, 경화 불량 등의 콘크리트 품질 및 표면 마감재료의 부착에 유해한 영향을 끼치지 않는 것을 사용하여야 하며 공사감독자의 승인을 받아야 한다.

3. 시 공

3.1 거푸집의 허용오차

(1) 거푸집 조립에 대한 허용오차는 완성된 콘크리트 구조물이 콘크리트 표준시방서 제2장『3.8.5.3 콘크리트 부재의 위치 및 형상 치수의 검사』에서 정한 허용오차 이내이도록 시공하여야 한다.

3.2 거푸집 및 동바리의 조립 및 해체

(1) 거푸집은 볼트나 강봉 등을 사용하여 콘크리트 치기 때에 거푸집의 변형이 생기지 않도록 단단히 조여야 한다. 이들 재료는 거푸집을 떼어낸 후 콘크리트 표면에 나타나지 않도록 해야 한다.

(2) 거푸집 내면에는 콘크리트가 묻어나지 않도록 박리제를 발라야 한다.

(3) 비계와 동바리는 필요에 따라 조립이나 떼어내기에 편리한 구조로서 이음이나 접촉부에서 하중을 안전하게 전달하도록 해야 한다.

(4) 중요한 구조물에서는 공사감독자의 승인을 득한 상세한 시공도에 의하여 조립되어야 한다.

(5) 거푸집, 비계 및 동바리의 떼어내는 시기와 순서는 사전에 공사감독자의 승인을 받아야 한다.

(6) 거푸집 조립에 사용한 세퍼레터와 폼타이에 의한 콘크리트 표면 구멍은 모르타르 등으로 메워야 한다.

3.3 현장 품질관리

(1) 거푸집 및 동바리의 현장 품질관리는 콘크리트표준시방서 제4장 거푸집 및 동바리 '표 4.5 거푸집 및 동바리의 품질 검사'에 따른다.

(2) 검사 결과, 거푸집 및 동바리 시공이 적당하지 않다고 판정된 경우에는 책임기술자의 승인을 받아 적절한 조치를 취하여야 한다.

6-4 콘크리트 블록

1. 일반사항

1.1 적용범위

(1) 본 시방서는 콘크리트 사각블록(solid block), L형 블록, 셀블록, 직립소파블록 및 소파블록 등의 제작, 운반, 전치, 가거치 및 거치공사에 관한 일반사항을 규정한다.

(2) 본 절에서 규정하지 않은 사항은 본 시방서 『6-1 일반콘크리트』 및 『6-2 특수콘크리트』에 따른다.

1.2 관련시방

(1) 콘크리트표준시방서 제17장 해양콘크리트

(2) 토목공사표준일반시방서 04430 프리캐스트 콘크리트

1.3 참조규정

(1) 참조규격

참조규격은 본 시방서 『6-1 일반콘크리트』 및 『6-2 특수콘크리트』에 따른다.

(2) 관련법규

① 건설기술관리법

② 개항질서법

③ 항로표지법

1.4 용어의 정의

(1) 사각블록(solid block) : 입방형의 무근콘크리트제의 블록

(2) L형 블록(L-type bolck) : L형상의 철근콘크리트제의 블록

(3) 셀블록(cellular block) : 밑면과 윗면이 없고 측벽만으로 이루어져 속이 비어있는 철근콘크리트제의 박스모양의 것

(4) 직립소파블록 : 소파기능을 가진 벽체로 직립으로 쌓아올릴 수 있도록 만들어진 철근콘크리트제의 블록

(5) 소파블록(wave dissipating block) : 파력의 감쇄나 반사파의 방지를 목적으로 한 이형 콘크리트 블록

(6) 전치 및 가치 : 콘크리트블록 제작 후 임시로 제작장내 또는 적출장 등 다른 장소로 이동보관 하는 것

1.5 제출물

(1) 수급인은 당해 공종 착수 전까지 본 시방서『1-2 공사준비 및 시공관리, 1.4 제출서류 및 공정관리』에 따라 시공계획서를 작성하여 공사감독자의 승인을 받아야 한다.

(2) 수급인은 공사 착수 전에 시험 및 검사 계획서를 본 시방서『1-4 품질관리 및 시공점검, 검측』의 해당요건에 따라 작성하여 제출하여야 한다.

(3) 시공상세도면은 본 시방서『1-2 공사준비 및 시공관리, 1.4 제출서류 및 공정관리』에 따라 작성하여야 하며 시공상세도에는 다음 사항이 포함되어야 한다.

① 제작장 배치계획(가거치장 포함)

② 콘크리트 타설방법에 따른 가시설 도면

③ 동바리 및 비계

(4) 운반 및 거치용 장비계획서

① 운반방법에 따른 장비 사용계획서

② 거치장비 사용계획서

2. 재 료

2.1 재 료

(1) 콘크리트 재료에 대한 품질기준은 본 시방서『6-1 일반콘크리트, 6-2 특수콘크리트』에 따른다.

(2) 철근은 본 시방서『6-3-1 철근』에 따른다.

(3) 거푸집 및 동바리는 본 시방서『6-3-2 거푸집 및 동바리』에 따른다.

3. 시 공

3.1 제 작

(1) 제작장은 콘크리트 재료반입, 타설장비 진출입, 콘크리트 블록의 운반 및 반출로 등을 고려하여 효율적인 배치가 되도록 하여야 한다.

(2) 콘크리트 운반, 타설 및 양생, 철근 및 거푸집은 본 시방서『6-1 일반콘크리트』, 『6-2 특수콘크리트』및『6-3 철근 및 거푸집』의 관련조항에 따른다.

(3) 제작장은 블록제작시 부등침하에 의하여 블록이 기울어지거나 블록 하중에 의한 지반파괴 등이 발생하지 않도록 사전에 충분한 검토를 하여야 하며 제작장 바닥을 평탄하게 정지한 후 제작하여야 한다.

(4) 블록제작용 거푸집은 형상이 변형되거나 면이 거칠어지지 않는 견고하고 매끈한 것이어야 하며, 구조가 단순하여 조립과 해체가 간단하고 취급이 편리한 것이어야 한다.

(5) 블록의 높이가 높을 때는 측압에 의해 변형되지 않도록 버팀재나 적절한 동바리를 이용하여 거푸집을 조립하여야 한다.

(6) 콘크리트 블록의 높이가 2m 이상이 되면 작업 비계를 설치하여야 한다.

(7) 소파블록용 거푸집은 특별한 사유가 없는 한 강재거푸집을 사용하여야 하며 해당 규격제품이거나 실제규격에 맞게 제작하여야 한다.

(8) 사각블록과 소파블록의 콘크리트 타설은 1개를 한 번에 타설하여야 하고 이음 타설해서는 안 된다. 다만, 사각블록의 경우 부득이한 사유로 이음 타설을 할 경우 신·구 콘크리트를 확실하게 결합시킬 수 있는 철근 등 결합재를 매입하여야 한다.

(9) 블록의 운반, 전치, 거치 및 가거치에 용이하도록 들고리를 매입할 경우 들고리 상단이 콘크리트 면보다 올라와서는 안 된다.

(10) 거푸집 해체시기는 공사감독자와 협의하여 결정하여야 한다.

(11) 제작과 관련하여 특별한 사항은 전문 또는 공사시방서의 규정하는 바에 따른다.

3.2 운반, 전치 및 가거치

(1) 블록의 운반, 전치 및 가거치 시기와 방법은 사전에 공사감독자와 협의하여야 한다.

(2) 블록의 전치 또는 가거치 장소는 평탄하게 정리하여 블록에 과대한 편심응력이 발생하지 않도록 하여야 하며 가거치장소가 해수중일 때에는 지반의 침하나 매몰, 파랑이나 조류에 의해 손상될 우려가 있는지 검토하여야 한다.

(3) 가거치는 블록 형별 및 규격별로 구분하여 쌓아야 한다.

(4) 특별한 사항은 전문 또는 공사시방서의 규정하는 바에 따른다.

3.3 거 치

(1) 거치시기와 방법에 대해서는 사전에 공사감독자와 협의하여야 한다.

(2) 거치에 앞서 기상, 해상조건을 충분히 검토하고, 적절한 시기를 선정하여 계획된 위치에 거치가 되도록 하여야 한다.

(3) 해수중에 가거치된 블록을 거치하는 경우 블록의 접촉면에 부착된 조개류와 해조류 등을 완전히 제거하여야 한다.

(4) 블록을 거치할 때 틈채움용 돌을 사용하여 공극을 메우거나 물리지 않는 구간을 틈채움 하여서는 안 된다.

(5) 콘크리트 블록을 여러 단으로 거치할 때는 공사 시종점을 제외한 블록 세로줄눈이 동일선상에 겹치지 않도록 하여야 하고 블록은 서로 엇물리게 쌓아 전체가 하나의 구체로 작용하게 하여야 한다.

(6) 소파블록은 정적의 경우, 하단부터 상단쪽으로 서로 엇물리도록 하고 소정의 공극율을 유지하도록 붙여 쌓아야 한다.

(7) 소파블록을 2단 이상 거치할 경우에 1단만을 계속하여 진행하지 말아야 하며 층과 층사이가 잘 짜여지게 거치하여야 한다.

(8) 기타 특별한 사항은 전문 또는 공사시방서의 규정하는 바에 따른다.

3.4 검사 및 허용오차

3.4.1 검사

(1) 콘크리트 블록 거치의 검사는 전문 또는 공사시방서의 규정한 바에 따른다.

(2) 소파블록의 경우 소정의 개수, 계획비탈면, 마루높이, 폭 등 설계도서와 맞게 거치 되었는지 검사하여야 하며 블록끼리 맞물린 상태를 점검하여야 한다. 그 외 특별한 사항은 전문 또는 공사시방서의 규정한 바에 따른다.

3.4.2 허용오차

(1) 콘크리트 블록 제작의 외관규격에 대한 허용오차는 다음과 같다.

① 길이, 높이, 폭 : (+)20㎜, (-)10㎜

② 벽두께 : (±)10㎜

(2) 콘크리트 블록 거치에 대한 허용오차는 다음과 같다.

① 기준선 : (±)50㎜

② 거치간격 : 50㎜ 이하

6-5 케이슨

1. 일반사항

1.1 적용범위

(1) 본 시방서는 케이슨의 제작, 진수, 해상운반, 거치 및 가거치 공사에 관한 일반적인 사항을 규정한다.

(2) 본 절에서 규정하지 않은 사항은 본 시방서『6-1 일반콘크리트』및『6-2 특수콘크리트』에 따른다.

1.2 관련시방

(1) 콘크리트표준시방서 제17장 해양콘크리트

(2) 토목공사표준일반시방서 04430 프리캐스트 콘크리트

1.3 참조규정

1.3.1 참조규격

참조규격은 본 시방서『6-1 일반콘크리트』및『6-2 특수콘크리트』에 따른다.

1.3.2 관련법규

(1) 건설기술관리법

(2) 개항질서법

(3) 항로표지법

(4) 해양환경관리법

1.4 용어의 정의

(1) 케이슨(caisson) : 수중의 구조물 또는 기초를 구축하기 위하여 주로 철근콘크리트로 만든 상자모양이나 원통모양의 구조물

(2) 진수(launching) : 케이슨을 제작하여 운반하거나 거치하기 위해 바다에 띄우는 것

(3) 가거치(temporary storage) : 공사용 케이슨이나 블록 등을 설치하기 전에 육상, 수상 또는 수중의 일정한 장소로 옮겨 임시로 놓아두는 것

(4) 밸러스트(ballast) : 케이슨 진수 또는 해상운반시 안정을 유지하기 위하여 케이슨 내부 일부를 채워 넣는 해수 또는 모래 등 중량물

(5) 건선거(乾船渠, dry dock) : 선박을 건조하거나 수리하기 위하여 또는 케이슨을 제작하기 위하여 해안부에 선박 등이 출입할 수 있도록 굴착하여 입구에 문비(gate leaf)와 급배수 장치를 갖춘 시설물

(6) 갑문(閘門, gate) : 건선거에 선박 등을 통과시키기 위하여 수위의 고저를 조절하는 수문

(7) 부선거(浮船渠, floating dock) : 선박을 건조하거나 수리하기 위한 시설로 밸러스트 탱크에 물의 양을 조절하여 가라앉거나 띄울 수 있도록 한 시설

1.5 제출물

(1) 수급인은 당해 공종 착수 전까지 본 시방서 『1-2 공사준비 및 시공관리, 1.4 제출서류 및 공정관리』에 따라 시공계획서를 작성하여 공사감독자의 승인을 받아야 한다.

(2) 수급인은 공사 착수 전에 시험 및 검사계획서를 본 시방서 『1-4 품질관리 및 시공점검, 검측』의 해당요건에 따라 작성하여 제출하여야 한다.

(3) 시공상세도면은 본 시방서 『1-2 공사준비 및 시공관리, 1.4 제출서류 및 공정관리』에 따라 작성하여야 하며 시공상세도에는 다음 사항이 포함되어야 한다.

① 제작장 가시설 도면

② 동바리 및 거푸집 제작 설치도

③ 진수방법에 따른 케이슨 이동 및 진수장치 상세도

④ 가거치장 조성도면(필요시)

(4) 진수 및 거치용 장비 계획서

① 진수방법에 따른 케이슨 이동, 운반 및 진수장비 계획서

② 케이슨 거치 및 속채움장비 사용계획서

2. 재 료

2.1 재 료

(1) 콘크리트 재료에 대한 품질기준은 본 시방서 『6-1 일반콘크리트, 6-2-3 해양콘크리트』에 따른다.

(2) 철근은 본 시방서 『6-3-1 철근』에 따른다.

(3) 거푸집 및 동바리는 본 시방서 『6-3-2 거푸집 및 동바리』에 따른다.

3. 시 공

3.1 제 작

(1) 제작순서와 방법에 대한 계획서를 작성하여 공사감독자와 협의하여야 한다.

(2) 콘크리트 운반, 타설 및 양생, 철근 및 거푸집은 본 시방서『6-1 일반콘크리트』, 『6-2 특수콘크리트』및『6-3 철근 및 거푸집』의 관련조항에 따른다.

(3) 제작장은 케이슨 제작 시 부등침하에 의하여 케이슨이 기울어지거나 케이슨 하중에 의한 지반파괴 등이 발생하지 않도록 사전에 충분한 검토를 하여야 하며 제작장 바닥을 평탄하게 정지하고 콘크리트와 바닥이 단절되도록 한 후 제작하여야 한다.

(4) 케이슨 저판콘크리트는 일시에 타설하여야 한다. 부득이한 사유로 시공이음이 될 경우에는 이음부분이 충분한 지수대책과 구조적 취약점이 되지 않도록 대책을 세우고 공사감독자의 승인을 받아야 한다.

(5) 벽체 콘크리트는 타설작업시 시공이음은 롯드 별로 수평이음을 하여야 하며, 어떠한 경우에도 수직이음을 해서는 안 된다.

(6) 벽체 콘크리트를 롯드 별로 수평이음을 할 경우 이음으로 인한 누수를 방지하여야 하며 누수방지용 자재는 설계도면에 의하거나 공사감독자와 협의하여 설치하여야 한다.

(7) 벽체 콘크리트를 슬립폼(slip form)방식으로 시공할 경우에는 작업계획 및 거푸집에 대한 시공 상세도면을 작성하여 공사감독자에게 제출하여 승인을 받아야 한다.

(8) 해상에서의 타설작업시 시공이음은 이음면이 해수에 씻기지 않도록 특별한 주의를 기울여야 한다.

(9) 케이슨을 기중기선에 의한 진수공법으로 시공하는 경우 예인용 로프 걸고리, 케이슨을 들어올리기 위한 들고리는 설계도면에 명시된 정확한 위치에 매설되어야 하고 들고리의 매설방법에 대한 시공 상세도면을 작성하여 공사감독자에게 제출하여 승인을 받아야 한다.

(10) 부선거(浮船渠, floating dock)에 의한 제작시공은 기상 및 해상조건에 유의하여 안전하게 작업을 하여야 하며, 2함 이상의 케이슨을 동일 선거에서 제작할 경우 케이슨 상호간에 지장이 생기지 않도록 배치하여야 한다.

(11) 케이슨내의 주수용 밸브의 설치여부와 규격 및 수량은 설계도서에 따르며 공사감독자와의 협의를 거쳐서 설치하여야 한다.

(12) 수급인은 케이슨 제작기간 동안, 안전방망 설치등 추락방지를 위한 조치를 강구하여야 한다.

(13) 제작과 관련하여 특별한 사항은 전문 또는 공사시방서의 규정하는 바에 따른다.

3.2 진 수

3.2.1 진수준비

(1) 진수시기는 해상조건, 기상조건, 조위상태 등 자연조건과 인근해역 선박운항 여부 등을 검토하여 공사감독자와 협의하여 결정하여야 한다.

(2) 케이슨 진수에 앞서 케이슨의 이상 유무를 철저히 점검하여 이상이 발견되었을 경우에는 즉시 공사감독자에게 보고하고 공사감독자의 지시에 따라 적절한 조치를 취하여야 한다.

(3) 케이슨의 밸러스트에 대하여는 설계도서와 전문 또는 공사시방서의 규정하는 바에 따른다.

(4) 케이슨 진수에 앞서 케이슨 개구부(상면, 측면)에는 뚜껑이나 안전망 등을 설치하여 추락방지에 대한 안전을 강구하여야 한다.

(5) 케이슨이 진수할 때의 요동, 기울어짐이나 인근에 제작된 케이슨과의 충돌을 방지할 수 있도록 로프 등으로 단단하게 매어두어야 한다.

(6) 2개 이상의 케이슨을 연속하여 진수할 경우 해상에서 서로 부딛치지 않도록 간격을 충분히 유지하고 주의를 기울여야 한다.

(7) 진수전에 여유수심 반영여부를 검토하여 충분한 흘수심을 확보하여야 한다.

3.2.2 진수

(1) 경사로에 의한 진수

① 경사로에 의한 진수는 진수 전에 경사로의 경사, 수중부의 수심, 경사로 전면의 장애물 유무 등을 상세히 조사 점검하여 사고를 예방하여야 한다.

② 케이슨을 잭업(jack up)할 경우에는 잭(jack)을 편심하중이 걸리지 않도록 배치하고 잭의 스토로크(stroke)도 같도록 하여야 한다.

③ 진수 시 케이슨이 수중부에 충격을 가하면서 부력을 받아 기울어질 우려가 있으므로 충분한 대비책을 강구하여야 한다.

(2) 건선거에 의한 진수

① 진수 전에 건선거 갑문(gate) 전면을 상세히 조사하여 진수 시 사고를 방지하여야 한다.

② 문비 부상 시 갑문의 측벽 및 저면에 충격이나 마찰이 일어나지 않도록 하여야 한다.

③ 갑문을 닫기 전에 갑문주변의 이물질이나 매몰 토사를 깨끗이 제거하는 등 갑문 보호에 특별히 유의하여야 한다.

(3) 기중기선에 의한 진수

① 기중기선으로 진수 시 충분한 수심이 확보되는 시간을 사전에 면밀히 검토하여 기상 및 해상상황, 항행선박 지장여부 등을 감안한 진수계획을 수립하여 공사감독자와 협의한 후 진수작업에 임해야 한다.

② 들고리틀 및 기자재의 형상, 규격, 재질 등은 진수 전에 공사감독자의 승인을 받아야 한다.

③ 케이슨을 달아올리는 작업을 하기 전에 케이슨의 들고리, 들고리틀, 들고리틀에 연결된 와이어 및 그 연결부 등을 면밀히 점검하여 하자가 없음을 확인하여야 한다.

④ 기타 특별한 사항은 전문 또는 공사시방서의 규정하는 바에 따른다.

(4) 부선거에 의한 진수

① 케이슨을 진수시킬 장소는 소요 수심을 확보할 수 있어야 하고, 정온도 및 충분한 작업 공간을 확보할 수 있어야 하며, 다른 항행선박에 지장을 주지 않는 곳이어야 한다.

② 수심은 케이슨을 부상시킬 수 있는 계산상의 수심보다 최소 0.5m 이상의 여유가 있어야 한다.

③ 부선거는 한쪽으로 기울어지지 않도록 주수하여야 하며 주수 시 네 모퉁이의 침수상황을 확인하여 부선거 전체가 균등하게 침수되도록 하여야 한다.

(5) 기타방법에 의한 진수

리프트(lift)방식에 의한 진수방법, 사상진수(砂上進水)방법, 가물막이 방법, 반잠수선에 의한 진수방법, 흘수조정식 진수방법 등 본 시방서에서 규정하고 있지 않는 사항은 특성에 따라 관련 전문 또는 공사시방서에서 규정하는 바에 따른다.

3.3 가거치

(1) 가거치에 앞서 케이슨의 이상유무를 확인하고 이상이 발견되면 즉시 공사감독자와 협의하여 필요한 조치를 하여야 한다.

(2) 가거치 장소가 해상인 경우 케이슨 침설은 특별히 규정하는 사항이 없으면 주수에 의하는 것을 원칙으로 한다.

(3) 주수 시 각 격실의 수위차로 인하여 케이슨이 기울어지는 일이 없도록 조심하여야 하며, 격실간의 수위차는 설계도에 특별한 규정이 없는 한 1m 이하로 하여야 한다.

(4) 케이슨의 가거치 위치와 구역은 설계도서와 전문 또는 공사시방서의 규정하는 바에 따른다.

(5) 가거치에 앞서 가거치 장소에 대하여 충분한 조사를 시행하고 가거치에 지장이 있을 경우 거치시기 및 방법에 대하여 공사감독자와 협의하여야 한다.

(6) 가거치 기간 중 기상변화나 해상변화에 대하여 충분히 대비하여 관리하고 이상이 발생하면 공사감독자와 협의하여 즉시 필요한 조치를 하여야 한다.

(7) 가거치 후 케이슨의 위치를 알아볼 수 있도록 부표나 표지등을 설치하여야 하고, 표지등의 규격과 수량 등은 설계도에 명시하고 특별한 사항은 전문 또는 공사시방서의 규정하는 바에 따른다.

3.4 해상운반

3.4.1 운반준비

(1) 수급인은 운반 작업에 착수하기 전에 운반 항로에 대하여 수심, 조류, 암초 등의 장애물과 항행선박 지장여부 등을 상세히 조사한 후 기상·해상조건을 감안한 운반계획을 수립하여 공사감독자와 협의하여야 하며 운반거리가 멀어 운반에 장시간을 요할 경우에는 급격한 해상변화에 따른 대응책이나 대피계획을 세워야 한다.

(2) 운반계획에는 조위, 조류의 방향, 유속, 풍향 및 풍속, 파랑 등을 고려하여 예인 시 케이슨의 저항력을 검토하고 이에 상응하는 예인용 와이어의 규격, 예인선의 용량 및 척수, 해상운반 시간 등이 포함되어야 한다.

(3) 운반전에 케이슨의 이상 유무를 확인하고, 만일 이상이 발견되면 즉시 공사감독자에게 사실을 알리고 협의하여야 한다.

(4) 케이슨이 부상하고 자체가 안정이 되도록 발라스트용 주수 등 필요한 조치를 한 후 예인선으로 케이슨을 예인하여야 한다.

(5) 케이슨을 부상시켜 놓은 상태로 방치하면 여러 가지 위험이 발생할 우려가 있으므로, 부상 즉시 해상운반 할 수 있도록 필요한 배수량 및 소요배수시간을 감안하여 배수펌프의 용량과 대수를 결정하여야 한다.

(6) 운반거리, 해상조건 등을 검토하여 케이슨의 임시뚜껑 설치유무를 공사감독자와 협의하여 결정하여야 한다.

(7) 운반도중 케이슨에 누수나 물이 들어가 케이슨 안정성에 문제가 발생할 경우 즉시 배수할 수 있도록 하여야 한다.

(8) 예인용 와이어의 결선위치는 케이슨의 부심부근으로 설치하도록 하며, 와이어는 예인 도중 파선이나 단선되는 사고가 발생되지 않도록 충분한 크기와 강도를 갖는 것이어야 한다.

(9) 와이어의 결선은 예인 도중 풀어지지 않도록 단단하게 하고 해상운반을 시작하기 전에 결선상태를 다시 점검 확인하여야 하며, 와이어에 감기는 케이슨의 모서리는 손상되지 않도록 고무류나 목재류 등으로 보호 조치를 하여야 한다.

(10) 해상운반 중 발생하는 부득이한 사고에 대비하여야 하며 사고가 발생할 경우 즉시 공사감독자에게 연락을 취하고 대책을 협의하여야 한다.

(11) 운반선에 싣고 운반하는 등의 특별한 사항은 전문 또는 공사시방서의 규정하는 바에 따른다.

3.4.2 해상운반

(1) 출항할 때에는 감긴 로프의 결속 및 손상여부, 케이슨의 기울어진 상태 등 이상 유무를 확인하여 운반에 지장이 없도록 필요한 조치를 취하여야 한다.

(2) 해상운반 중 케이슨의 안정에 유의하고 케이슨의 누수 현상, 예인와이어의 결선상태 등을 계속 점검하며 운반하여야 한다.

(3) 운반속도는 케이슨이 안정성을 유지할 수 있는 속도이어야 하며, 케이슨을 대각선 방향으로 예인해서는 안 된다.

(4) 기중기선으로 들고 운반하는 경우에는 케이슨이 흔들리거나 회전하지 않도록 하여야 한다.

(5) 운항 중에는 케이슨을 항상 주시하여 이상이 발견되면 즉시 공사감독자에게 알리고 적절한 조치를 강구하여야 한다.

(6) 기항 또는 대피하였을 경우나 목적지에 도착하였을 때에는 즉시 이상 유무를 공사감독자에게 보고하여야 하며, 운항계획에 따라 특정지점을 통과하였을 때에도 통과시간 및 이상 유무를 보고하여야 한다.

(7) 운반도중 기항이나 피난하는 경우 가거치 방법에 대하여 사전에 공사감독자와 협의를 하여야 하며, 닻이 잘 걸리는 장소를 택하여 케이슨을 띄운 상태에서 가거치를 하고 예인선은 케이슨을 충분히 감시할 수 있는 위치에 배치하여야 한다.

3.5 거 치

(1) 케이슨의 거치 방법과 시기는 사전에 공사감독자와 협의를 하여야 한다.

(2) 거치에 앞서 기상, 해상조건을 충분히 검토하여 적절한 시기를 선정하여야 한다.

(3) 주수 시 격실의 수위차는 1m 이상이 되지 않도록 하여야 한다.

(4) 가거치 하였던 케이슨을 부상시켜 거치하고자 할 때에는 케이슨 표면에 부착된 조개류와 해조류가 거치에 지장이 없도록 제거하여야 한다.

(5) 거치가 완료되면 이상 유무를 확인하고 이상이 발견되면 공사감독자와 협의하여 즉시 필요한 조치를 취하여야 한다.

(6) 케이슨이 정확한 위치에 침설 되었는지를 확인한 후 계속 주수하여 케이슨 내부에 물을 채워 안정시킨 뒤 거치기자재, 임시뚜껑 등을 철거하여 속채움 작업을 할 수 있도록 하여야 한다.

(7) 속채움 작업 중 수시로 기준선 및 부위별 침하상태를 계측하고, 그 상태에 따라 각 격실별로 속채움의 속도를 조절하여 케이슨 제체의 균등 침하와 기준선·거치 간격 등을 조정하여야 한다.

(8) 케이슨 거치 후 침하에 대비하여 침하량을 지속적으로 관찰하여 기록을 유지하여야 한다.

(9) 기타 특별한 사항은 전문 또는 공사시방서의 규정하는 바에 따른다.

3.6 검사 및 허용오차

3.6.1 검사

케이슨 제작, 진수 후 및 거치시의 검사는 전문 또는 공사시방서의 규정한 바에 따른다.

3.6.2 허용오차

(1) 케이슨 제작의 외관규격에 대한 허용오차는 다음과 같다.

① 길이, 높이, 폭 : (+)30㎜, (-)10㎜

② 벽두께 : (±)10㎜

③ 저판두께 : (+)30㎜, (-)10㎜

(2) 케이슨 거치에 대한 허용오차는 다음과 같다.

구 분	케이슨 질량 5,000톤 미만	케이슨 질량 5,000톤 이상
기준선	(±)100㎜	(±)150㎜
높 이	(±)100㎜	(±)100㎜
거치간격	100㎜ 이하	150㎜ 이하

6-6 드라이 독 구조물

1. 일반사항

1.1 적용범위

(1) 본 시방서는 드라이 독(dry dock)의 콘크리트 구조물 등에 관한 일반사항을 규정한다.

(2) 본 절에서 규정하지 않은 사항은 전문 또는 공사시방서의 규정하는 바에 따른다.

1.2 관련시방

(1) 콘크리트표준시방서 제17장 해양콘크리트

(2) 토목공사표준일반시방서 04430 프리캐스트 콘크리트

1.3 참조규정

(1) 참조규격

참조규격은 본 시방서 『6-1 일반콘크리트』 및 『6-2 특수콘크리트』에 따른다.

(2) 관련법규

① 건설기술관리법

② 개항질서법

③ 항로표지법

④ 해양환경관리법

1.4 용어의 정의

(1) 측면블록(lateral block)

독 게이트 함체의 가장자리 수직면을 지지하기 위하여 설치된 블록

(2) 게이트 실(gate sill)

게이트 함체의 바닥 수평면을 지지하기 위해 바닥에 설치된 돌출면

(3) 펌프룸(pump room)

독 내의 주·배수설비를 설치하기 위한 시설물로 급·배수 기능뿐만 아니라 게이트 함체의 가장자리 수직면을 지지하기 위한 시설

(4) 거벽(渠壁, wall)

독 내의 수직벽체시설로 각종 서비스갤러리(service gallery)와 차량진입로(ramp way), 진입계단 등을 설치한다.

1.5 제출물

(1) 수급인은 당해 공종 착수 전까지 본 시방서『1-2 공사준비 및 시공관리, 1.4 제출서류 및 공정관리』에 따라 시공계획서를 작성하여 공사감독자의 승인을 받아야 한다.

(2) 수급인은 공사 착수 전에 시험 및 검사 계획서를 본 시방서『1-4 품질관리 및 시공점검, 검측』의 해당요건에 따라 작성하여 제출하여야 한다.

(3) 시공상세도면은 본 시방서『1-2 공사준비 및 시공관리, 1.4 제출서류 및 공정관리』에 따라 작성하여야 하며 시공상세도에는 다음 사항이 포함되어야 한다.

① 차수 가시설 도면

② 배수 가시설 도면

③ 토류벽 가시설 도면

④ 동바리 및 거푸집 제작 설치도

(4) 자재운반, 콘크리트 타설, 가시설 설치 및 철거장비 계획서

① 운반방법에 따른 장비 사용계획서

② 콘크리트 타설장비 사용계획서

③ 가시설 설치 및 철거장비 사용계획서

2. 재 료

2.1 재 료

(1) 콘크리트 재료에 대한 품질기준은 본 시방서『6-1 일반콘크리트, 6-2 특수콘크리트』에 따른다.

(2) 철근은 본 시방서『6-3-1 철근』에 따른다.

(3) 거푸집 및 동바리는 본 시방서『6-3-2 거푸집 및 동바리』에 따른다.

(4) 방식은 본 시방서『제9장 방식』에 따른다.

3. 시 공

3.1 작업준비

(1) 독 바닥(dock floor)은 콘크리트 타설전에 재하하중이 지반에 균등하게 전달될 수 있도록 기초처리가 설계조건을 만족하는지 검토하여 공사감독자와 협의한 후 타설시기를 결정하여야 한다.

(2) 시공순서와 방법에 대한 계획서를 작성하여 공사감독자의 승인을 받아야 한다.

(3) 독 바닥, 게이트 실(gate sill), 거벽(wall), 측면블록(lateral block) 및 펌프룸(pump room) 등의 콘크리트속에 매설되는 제시설물은 정위치에 부착되도록 콘크리트를 타설하기 위한 거푸집 제작 시 미리 매설물을 설치하여 공사감독자의 검사를 받은 후 콘크리트를 타설하여야 한다.

3.2 구조물 제작

(1) 각 구조물의 콘크리트 형상 및 치수는 설계도서에 따르고 특별한 사항은 전문 또는 공사시방서의 규정하는 바에 따른다.

(2) 콘크리트 운반, 타설 및 양생, 철근 및 거푸집은 본 시방서『6-1 일반콘크리트』, 『6-2 특수콘크리트』 및 『6-3 철근 및 거푸집』의 관련조항에 따른다.

(3) 독 바닥 콘크리트는 비교적 얇은 부재로 철근량이 많고 모서리부분이나 겹이음부분에서 콘크리트가 잘 충전되지 않으므로 바이브레터 외에 다짐봉 등을 병용해서 충분한 다짐을 하여야 한다.

(4) 독 바닥, 게이트 실, 거벽 및 펌프룸 등 차수가 필요한 구조물은 콘크리트를 일시에 타설하여야 하며, 시공이음은 설계도서에 명시된 형상, 치수 및 간격으로 설치하여야 하고 공사감독자와 협의하여 결정된 이외의 시공이음을 두어서는 안 된다.

(5) 독 바닥, 게이트 실 및 거벽 등 차수가 필요한 콘크리트를 이어서 타설을 할 경우 이음으로 인한 누수를 방지하여야 하며 누수방지용 자재는 설계도면에 의하거나 공사감독자와 협의하여 설치하여야 한다.

(6) 거벽 등 벽체의 콘크리트 타설작업시 시공이음은 롯드별로 수평이음을 하여야 하며, 어떠한 경우에도 수직이음을 해서는 안 된다.

(7) 지수판 및 수팽창지수재는 내구성 및 내염해성에 대한 안전성이 입증된 확실한 부재를 선택하여야 한다.

(8) 모든 구조물의 콘크리트 타설은 수중작업이 발생하지 않도록 하여야 하며, 타설면은 물기를 완전히 제거하고 기존의 콘크리트면에 부착된 레이턴스와 해조류를 제거하는 등 필요한 조치를 취하여야 한다.

3.3 검사 및 허용오차

(1) 검사

드라이 독 구조체의 콘크리트 타설 후 검사는 전문 또는 공사시방서의 규정한 바에 따른다.

(2) 허용오차

① 기준면에 대한 요철 : (±)20㎜

② 높이, 폭 : (±)20㎜

6-7 덮개 콘크리트

1. 일반사항

1.1 적용범위

(1) 본 시방서는 케이슨의 덮개 콘크리트 공사에 대한 일반적인 사항을 규정한다.

(2) 본 절에서 규정하지 않은 사항은 본 시방서『6-1 일반콘크리트』및『6-2 특수콘크리트』에 따른다.

1.2 관련시방

(1) 콘크리트표준시방서 제17장 해양콘크리트

(2) 토목공사표준일반시방서 04430 프리캐스트 콘크리트

1.3 참조규정

(1) 참조규격

참조규격은 본 시방서『6-1 일반콘크리트』및『6-2 특수콘크리트』에 따른다.

(2) 관련법규

① 건설기술관리법

② 개항질서법

③ 항로표지법

1.4 제출물

(1) 수급인은 당해 공종 착수 전까지 본 시방서『1-2 공사준비 및 시공관리, 1.4 제출서류 및 공정관리』에 따라 시공계획서를 작성하여 공사감독자의 승인을 받아야 한다.

(2) 수급인은 공사 착수 전에 시험 및 검사 계획서를 본 시방서『1-4 품질관리 및 시공점검, 검측』의 해당요건에 따라 작성하여 제출하여야 한다.

(3) 시공상세도면은 본 시방서『1-2 공사준비 및 시공관리, 1.4 제출서류 및 공정관리』에 따라 작성하여야 하며 시공상세도에는 다음 사항이 포함되어야 한다.

① 제작장 배치계획(가거치장 포함)

② 콘크리트 타설방법에 따른 가시설 도면

③ 동바리 및 비계

(4) 운반 및 거치용 장비 계획서

① 운반방법에 따른 장비 사용계획서

② 거치장비 사용계획서

2. 재 료

2.1 재 료

(1) 콘크리트 재료에 대한 품질기준은 본 시방서『6-1 일반콘크리트, 6-2 특수콘크리트』에 따른다.

(2) 철근은 본 시방서『6-3-1 철근』에 따른다.

(3) 거푸집 및 동바리는 본 시방서『6-3-2 거푸집 및 동바리』에 따른다.

3. 시 공

3.1 제작, 거치 및 타설

(1) 콘크리트 운반, 타설 및 양생, 철근 및 거푸집은 본 시방서『6-1 일반콘크리트』, 『6-2 특수콘크리트』및『6-3 철근 및 거푸집』의 관련조항에 따른다.

(2) 덮개 콘크리트 제작은 설계도서에 따르며 별도 규정이 없으면 본 시방서『6-4 콘크리트 블록』의 관련조항에 따른다.

(3) 덮개 콘크리트 설치시기 및 운반방법에 대해서는 공사감독자와 협의하여 결정하여야 하며, 별도 규정이 없으면 본 시방서『6-4 콘크리트 블록』의 관련조항에 따른다.

(4) 덮개 콘크리트는 케이슨 속채움 종료 후 즉시 시공을 하여야 한다.

(5) 덮개 콘크리트를 현장에서 타설할 경우 타설장비 등에 의해 케이슨 구조체에 손상을 주지 않도록 주의하여 시공하여야 한다.

(6) 기타 특별한 사항은 전문 또는 공사시방서의 규정하는 바에 따른다.

6-8 상치 콘크리트

1. 일반사항

1.1 적용범위

(1) 본 시방서는 케이슨의 상치 콘크리트 공사에 대한 일반적인 사항을 규정한다.

(2) 본 절에서 규정하지 않은 사항은 본 시방서『6-1 일반콘크리트』및『6-2 특수콘크리트』에 따른다.

1.2 관련시방

콘크리트표준시방서 제17장 해양콘크리트

1.3 참조규정

(1) 참조규격

참조규격은 본 시방서『6-1 일반콘크리트』및『6-2 특수콘크리트』에 따른다.

(2) 관련법규

① 건설기술관리법

② 개항질서법

③ 항로표지법

1.4 제출물

(1) 수급인은 당해 공종 착수 전까지 본 시방서『1-2 공사준비 및 시공관리, 1.4 제출서류 및 공정관리』에 따라 시공계획서를 작성하여 공사감독자의 승인을 받아야 한다.

(2) 수급인은 공사 착수 전에 시험 및 검사계획서를 본 시방서『1-4 품질관리 및 시공점검, 검측』의 해당요건에 따라 작성하여 제출하여야 한다.

(3) 시공상세도면은 본 시방서『1-2 공사준비 및 시공관리, 1.4 제출서류 및 공정관리』에 따라 작성하여야 하며 시공상세도에는 다음 사항이 포함되어야 한다.

가. 콘크리트 타설방법에 따른 가시설 도면

나. 동바리 및 비계

① 운반 및 타설용 장비 계획서

가 운반방법에 따른 장비 사용계획서

나. 타설장비 사용계획서

2. 재 료

2.1 재 료

(1) 콘크리트 재료에 대한 품질기준은 본 시방서『6-1 일반콘크리트, 6-2 특수콘크리트』에 따른다.

(2) 철근은 본 시방서『6-3-1 철근』에 따른다.

(3) 거푸집 및 동바리는 본 시방서『6-3-2 거푸집 및 동바리』에 따른다.

3. 시 공

3.1 타 설

(1) 콘크리트 운반, 타설 및 양생, 철근 및 거푸집은 본 시방서『6-1 일반콘크리트』,『6-2 특수콘크리트』및『6-3 철근 및 거푸집』의 관련조항에 따른다.

(2) 상치 콘크리트의 형상 및 칫수, 시공이음 등은 설계도서에 따르며 공사감독자와 협의를 거쳐서 설치하여야 한다.

(3) 상치 콘크리트 타설은 수중작업이 발생하지 않도록 하여야 하며, 타설면은 물기를 완전히 제거하고 기존의 콘크리트면에 부착된 레이턴스와 해조류를 제거하는 등 필요한 조치를 취하여야 한다.

(4) 기타 특별한 사항은 전문 또는 공사시방서의 규정하는 바에 따른다.

3.2 검사 및 허용오차

(1) 검사

상치콘크리트 검사는 전문 또는 공사시방서의 규정한 바에 따른다.

(2) 허용오차

① 연장 : 규정하지 않음

② 기준선 : (±) 30㎜

③ 높이 : (±) 30㎜

④ 폭 : (±) 20㎜

제7장 말뚝

제7장 말 뚝

7-1 강재말뚝

1. 일반사항

1.1 적용범위

본 시방서는 강재말뚝의 시공에 관한 일반적인 사항을 규정한다.

1.2 참조규격

KS F 4602 강관 말뚝

KS F 4603 H형강 말뚝

KS D 3503 일반 구조용 압연 강재

KS D 3515 용접 구조용 압연 강재

1.3 제출물

(1) 공사를 시작하기 전에 해당 공사의 공사계획에 맞추어 시공계획서를 작성하여 제출하여야 한다.

(2) 시험계획에 따라 말뚝 재하 시험보고서를 추가로 제출하여야 한다.

(3) 필요한 각종 시험과 검사에 대한 계획서를 공사착수 전에 제출하여야 한다.

2. 재 료

2.1 말뚝의 재질

(1) 강재말뚝은 KS F 4602, KS F 4603의 표준에 적합하여야 한다.

(2) 그 밖의 강재는 KS D 3503, KS D 3515의 표준에 적합하여야 한다.

(3) 강재말뚝의 종류, 재질, 형상 및 치수는 설계도면이나 공사시방서에서 규정하고 있는 바에 따른다.

2.2 말뚝박기 장비

(1) 말뚝박기 장비는 말뚝에 손상을 주지 않는 것이어야 하며, 작업 실시 전 사용말뚝, 지반조사 자료 및 항타 장비에 대한 자료와 함께 파동이론분석 결과를 공사감독자에게 제출하여야 한다.

(2) 공사감독자는 관입깊이에 따른 예상 지지력, 최종 관입량, 항타 응력의 크기 등 파동이론 분석 결과를 토대로 항타 장비에 대한 사용승인 여부를 판단하여야 한다.

(3) 파동이론 분석 결과, 항타에 의한 압축 혹은 인장 응력이 강재말뚝 항복강도의 90%를 초과하는 경우 항타장비의 교체 또는 개조, 시공방법의 변경방안 등을 검토해야 한다.

2.3 제 작

(1) 말뚝의 두부와 선단부 보강, 연결부 제작 및 기타 가공은 원칙적으로 공장에서 제작하여야 한다. 부득이 현장에서 제작할 때에는 공사감독자의 승인을 받아 제작하여야 한다.

(2) 강재말뚝의 이음부의 위치, 구조 및 이음방법은 설계도면에 명시된 바와 같이 하여야 한다.

(3) 가공 및 제작하는 말뚝의 형상, 치수 및 사용하는 강재의 재질은 설계도서와 같게 하고, 특별한 사항은 공사시방서의 규정에 따른다.

3. 시 공

3.1 운반 및 보관

(1) 말뚝을 운반하고 보관할 때에는 도장면, H형 말뚝의 플랜지 끝부분, 강재말뚝의 이음부 등이 손상되지 않도록 하고, 큰 처짐이나 변형이 생기지 않도록 취급하여야 한다.

(2) 말뚝을 수평방향으로 들어 올리거나 운반할 경우에는 2점 달기를 하여야 한다.

3.2 기준틀

(1) 기준틀용 H형 말뚝을 관측된 계획법선과 일치되도록 박고, 가이드빔을 설치한 후 가이드빔에 붙여 말뚝을 세우고 박는다.

(2) 기준틀은 설계도면에서 표시하고 있는 바와 같이 시공하고, 수시로 검수가 가능하도록 한다. 기준틀은 10m 단위로 2개조를 시설하고, 10m 단위로 이설한다.

3.3 시험말뚝 박기

(1) 시험말뚝 박기에 사용되는 기자재는 본 공사에 사용되는 것과 동일한 것으로서 소정의 계획 위치에 공사감독자 입회하에 시험말뚝 박기를 시행한다.

(2) 시공성이나 시공시의 소음 및 진동영향, 말뚝 설치 종료조건 등을 파악하고 시공관리에 필요한 자료를 얻기 위하여 공사착수 전에 시험말뚝을 시공해야 한다. 다만 시공지점에서의 말뚝의 시공성이 충분히 파악되어 있는 경우에는 시험말뚝을 생략할 수 있다.

(3) 시험말뚝 박기를 실시할 때에는 말뚝 박기 작업 전반에 대한 적합성 여부를 확인하기 위하여 정재하시험 또는 동재하시험을 실시하여야 한다.

(4) 시험말뚝은 기초마다 적절한 위치를 선정하여 설계도면의 말뚝 길이보다 1.0~2.0m 긴 것을 사용하여야 한다.

(5) 시험말뚝의 시공결과 말뚝길이, 두께, 말뚝본수, 시공방법 또는 기초형식을 변경할 필요가 생긴 경우는 전문기술자의 변경 검토서를 공사감독자에 제출하여 승인을 받은 후 시공하여야 한다.

(6) 시험말뚝 박기에 관련된 아래 내용을 조사 측정하고 기록한다.

① 단위당 관입량

② 총 관입 깊이

③ 박은 날짜 시간

④ 시공 정밀도

⑤ 말뚝의 변형 및 기울기

⑥ 심도별 타격회수

⑦ 리바운드량

⑧ 장비명세

⑨ 쿠션재

⑩ 시공소요시간

⑪ 램의 중량, 낙하 높이 및 타격에너지

⑫ 유압 햄머 사용시 유압펌프 규격 및 타격에너지

3.4 준비, 세우기와 박기

(1) 강재말뚝을 박기 전에 들기 위한 구멍 뚫기와 박히는 길이는 1m 간격으로 표시하고 노출 부분에는 0.5m 간격으로, 최종구간에는 10mm 단위로 눈금표시를 하여야 하며, 필요 정도에 따라 공사감독자와 협의하여 눈금매기기를 하여야 한다.

(2) 시공방법 및 순서에 관하여는 사전에 공사감독자와 협의하여야 한다.

(3) 시공장비는 말뚝이 소정의 위치에 정확하게 설치될 수 있도록 정확한 위치와 견고한 지반 위에 설치하여야 한다.

(4) 말뚝 인입 시, 리더와 와이어의 각도는 30도 이하로 유지하여야 하며, 인입 중 항타기를 선회해서는 안 된다. 특히, 말뚝을 매단 상태에서 주행은 하지 않아야 한다.

(5) 말뚝 머리는 승인 받은 두부 보강재 또는 슈를 사용해서 해머의 직접 타격으로 손상되지 않도록 보호하여야 한다.

(6) 세우기가 완료된 말뚝은 박기 전에 직교하는 2방향에 대하여 위치와 각도를 확인하여야 한다.

(7) 말뚝은 설계 도면에 명시된 깊이까지 연속으로 박아야 한다.

(8) 말뚝 선단이 규정된 깊이까지 도달되기 전에 말뚝 박기가 불가능한 경우에는 신속하게 공사감독자에게 보고하여 협의한 후 적절한 조치를 취하여야 한다.

(9) 지지력 측정값이 설계 도서에 제시된 지지력에 도달하지 않은 경우에는 신속하게 공사감독자에게 보고하여 적절한 조치를 취하여야 한다.

3.5 이어박기, 절단 및 두부정리

(1) 말뚝을 이어박아야 하는 경우, 공장에서 제작한 이음부 자재를 운반하여 현장에서 육상 용접 이음을 하여야 한다. 부득이 해상 용접을 할 경우 이음부 재료의 품질은 강재말뚝 본체와 동등한 것을 사용하여야 하며 사전에 공사감독자와 협의하여 승인을 받아야 한다. 이음부의 용접방법 및 검사방법은 공사감독자와 협의하여야 한다.

(2) 현장에서 박고 있는 말뚝의 지지층이 예상보다 깊어져 부득이 이어박기를 하여야 할 경우와 지지층이 얇아져 말뚝을 절단해야 하는 경우 이어박기 및 절단방법에 대하여 공사감독자와 협의하여야 한다.

(3) 말뚝은 설계도서에 표시된 높이에서 축방향과 직각으로 절단하여야 하며 절단 시 손상된 부분은 깨끗이 정리하여야 한다.

3.6 말뚝 박기 기록

(1) 말뚝 박기는 반드시 공사감독자의 입회하에 시행하여야 한다. 작업 전에 그날의 작업위치 및 시공계획서를 공사감독자에게 제출하여 승인을 받아야 한다.

(2) 항타기의 기종선정은 토질조건, 말뚝규격 및 주변여건 등을 고려하여 공사감독자와 협의 결정하여야 한다.

(3) 각종기록 및 데이터는 매 작업마다 작성하여 기록은 공사감독자에게 제출, 보관하여야 한다.

(4) 항타기의 선정과 항타기록 양식은 공사감독자의 승인을 받아야 한다. 말뚝의 항타기록은 전체 길이에 대해 0.5m 부근에서는 0.1m 마다하여야 하며 말뚝 박기 중 나타난 이상조건 등을 기재하여야 한다.

(5) 진동식 및 유압식 항타기를 사용할 경우, 주요 관측 항목은 다음 내용과 같다.

① 말뚝의 총 관입량

② 말뚝의 총 타격회수

③ 최종 관입부근의 리바운드량 및 최종관입량

④ 최종 관입부근의 램 낙하고 또는 타격 에너지

3.7 검사와 허용오차

(1) 말뚝이 소정의 위치, 방향, 높이, 기울기 및 법선 등에 대하여 설계도서에서 규정하고 있는 대로 시공되었는지를 확인하여야 한다.

(2) 검사결과 불합격으로 판정될 경우 수급인 부담으로 재시공 또는 보완 후에 재검사를 요청하여 승인을 받아야한다.

(3) 허용오차

① 말뚝의 연직도나 경사도는 1/75 이내이어야 한다.

② 말뚝타입 후 평면상의 위치가 설계도면의 위치로부터 100㎜와 D/4(D : 말뚝 직경)중 큰 값 이상으로 벗어나지 않아야 한다.

③ 말뚝머리 기준고에 대한 허용오차는 ±50㎜이다.

7-2 콘크리트 말뚝

1. 일반사항

1.1 적용범위

(1) 본 시방서는 콘크리트 말뚝의 시공에 관한 일반적인 사항을 규정한다.

(2) 이 절에서 규정하지 않은 사항은 7-1 강재말뚝의 규정을 따른다.

1.2 참조규격

KS F 4301 원심력 철근콘크리트 말뚝

KS F 4303 프리텐션 콘크리트 말뚝

KS F 4306 프리텐션 방식 원심력 고강도 콘크리트 말뚝

KS F 4307 프리텐션 방식 진동 PC말뚝

KS F 7001 원심력 콘크리트 말뚝의 시공표준

1.3 제출물

(1) 시공계획서

(2) 시험 및 검사

필요한 각종 시험과 검사에 대한 계획서를 공사착수 전에 공사감독자에게 제출하여야 한다.

2. 재 료

3.1 말뚝의 재질

(1) 콘크리트 말뚝은 KS F 4301, KS F 4303 및 KS F 4306, KS F 4307, KS F 7001의 표준에 적합하여야 한다.

(2) 말뚝의 종류, 재질, 형상 및 치수는 설계도면이나 공사시방서의 규정하는 바에 따른다.

3. 시 공

3.1 운반 및 보관

(1) 콘크리트 말뚝은 운반과정에서 단면의 비틀림, 무리한 충격으로 인한 균열이나 말뚝에 손상이 가지 않도록 유의하여야 한다. 콘크리트 말뚝은 지형이 평탄하며 배수가 잘 되도록 정지하고 각목을 깔고 그 위에 보관하여야 한다.

(2) 콘크리트 말뚝은 수평으로 달아 올리거나 수평으로 운반할 때 반드시 2점 달기를 하여야 한다.

3.2 말뚝 박기와 보강

(1) 말뚝 박기의 방법과 순서, 작업 중 부득이한 보강사항은 사전에 공사감독자와 협의하여야 한다.

(2) 말뚝 머리는 해머의 직접 타격으로 균열, 박리 또는 파열 등이 발생하지 않도록 적절한 말뚝 쿠션재로 보호하여야 한다.

3.3 이어박기, 머리부분 절단 및 보강

(1) 말뚝 박기가 완료되면 말뚝의 일정높이까지 절단하여야 한다. 이때 절단방법과 머리부분 보강은 설계도서의 규정에 따라야 한다.

(2) 콘크리트 말뚝의 현장 이음은 이음 철구를 이용한 아크 용접 이음으로 하여야 한다.

(3) 콘크리트 보호 층을 둔 경우에는 말뚝 박기가 완료된 후에 보호층을 제거하고 철근을 노출시켜야 한다.

3.4 검사 및 허용오차

(1) 말뚝이 소정의 위치, 방향, 높이, 기울기 및 법선 등에 대하여 설계도면에서 규정하고 있는 대로 시공되었는지를 확인하여야 한다.

(2) 말뚝을 박을 때 파손이 되어 제 기능을 발휘할 수 있는지의 유무를 확인하여야 한다.

(3) 허용 오차

① 말뚝의 연직도나 경사도는 1/75 이내이어야 한다.

② 말뚝타입 후 평면상의 위치가 설계도면의 위치로부터 100㎜와 D/4(D : 말뚝직경) 중 큰 값 이상으로 벗어나지 않아야 한다.

③ 말뚝머리 기준고에 대한 허용오차는 ±50㎜이다.

7-3 강널말뚝 및 벽강관 말뚝

1. 일반사항

1.1 적용범위

(1) 본 시방서는 계류시설, 호안, 방파제 등에 사용되는 강널말뚝, 상자형 벽강관널말뚝과 벽강관말뚝의 시공에 관한 사항을 규정한다.

(2) 이 절에서 규정하지 않은 사항은 7-1 강재말뚝의 규정을 따른다.

1.2 참조규격

KS F 4602 강관 말뚝

KS F 4604 열간 압연강 널말뚝

KS D 3503 일반 구조용 압연 강재

KS D 3515 용접 구조용 압연 강재

1.3 제출물

(1) 시공계획서

(2) 시험 및 검사

필요한 각종 시험과 검사에 대한 계획서를 공사착수 전에 공사감독자에게 제출하여야 한다.

2. 재 료

2.1 말뚝의 재질

(1) 강널말뚝은 KS F 4602, KS F 4604, KS D 3503 및 KS D 3515의 표준에 적합하여야 한다.

(2) 강널말뚝의 종류, 재질, 형상 및 치수는 도면이나 공사시방서에서 규정하는 바에 따른다.

2.2 제 작

(1) 강널말뚝, 이형 강널말뚝과 박스형 벽강관말뚝, 벽강관말뚝의 제작은 공장이나 현장 제작장에서 가공 제작하는 것으로 한다. 부득이 현장에서만 제작할 때에는 공사감독자의 승인을 받아 제작하여야 한다.

(2) 제작하는 강널말뚝의 형상, 치수와 사용하는 강재의 재질은 설계도서에 제시된 바에 따른다.

(3) 현장에서 강널말뚝 이음은 도면에서 명시된 대로 시공하고, 이음부의 위치와 내용은 공사감독자의 협의, 조정 및 승인을 받아야 한다.

3. 시 공

3.1 운반 및 보관

(1) 강널말뚝의 운반과정에서 도장면, 이음부와 하단부(박히는 끝부분)에 손상을 입지 않도록 하고, 단면특성을 살리기 위하여 크게 비틀림이나 변형이 생기지 않도록 주의를 기울여야 하며, 보관에서는 지형이 평탄하며 배수가 잘되게 정지하고 받침목을 깔아 포개어 쌓아 보관하여야 한다.

(2) 강널말뚝을 수평으로 달아 올리거나 운반하는 경우 반드시 2점 달기를 하여야 한다.

3.2 공사준비와 기준틀

(1) 계획법선에 대한 수시 점검과 기준틀 시설위치 확인을 위한 관측대 시설을 하고 운반된 강널말뚝를 박기 전에 필요한 눈금표시, 세우기용 구멍 뚫기 등 공사 준비가 되어야 한다.

(2) 강널말뚝을 계획된 정확한 위치에 세우기 위하여 기준틀 설치를 하고 기준틀에 따라서 세우기와 박기가 이어져야 한다. 법선에 대한 관측과 기준틀을 설치할 때에는 공사감독자와의 사전협의와 승인이 있어야 한다.

3.3 세우기와 박기

(1) 세우기는 기준틀에 따라 계획법선에 맞추어 강널말뚝을 세워 나가야 하며 시공방법, 순서는 사전에 공사감독자와 협의하여야 한다.

(2) 세우기를 마친 강널말뚝은 해머능력과 현장작업여건, 공사기간 등을 고려하여 1매씩 박거나 2매씩 박는다. 강널말뚝을 박아나가면 진행방향으로 경사가 생기므로 강널말뚝 1매 폭 이상으로 벌어지지 않게 시공하지만, 1매 폭 정도 경사가 발생하게 되면 공사감독자의 승인을 받아 이형널말뚝을 박아 경사를 수정하여야 한다. 단 이형 널말뚝은 연속하여 사용하여서는 안 된다.

(3) 지층의 변화와 장해물 등으로 소정의 깊이까지 박혀지지 않는 경우에는 구조적인 문제점이 예상되므로 사전에 공사감독자와 협의하여 대책을 세워야 하며 토질조건이 연약하여 박는 깊이가 깊어질 때에도 박는 깊이에 대하여 공사감독자와 협의를 하여야 한다.

(4) 강널말뚝을 박을 때 이탈된 강널말뚝은 뽑고 다시 박아야 하며, 다시 박기가 불가능할 경우에는 공사감독자와 협의하여 적절한 보강조치를 취하여야 한다.

(5) 연약지반에 강널말뚝을 박을 때 선단부의 지지력이 적거나 경사가 지면서 박혀진 인접 강널말뚝이 같이 박히면서 내려가는 경우, 경사를 수정하고 이음부에 그리스 등을 발라 마찰력을 감소시키거나 시공상태에 따라 박혀진 다른 널말뚝과 용접하여 고정시켜야 한다.

(6) 강널말뚝은 특히 회전이나 경사가 일어나지 않는 방법을 강구하여 박아야 한다.

(7) 강널말뚝을 박을 때 지반이 단단한 모래, 풍화토, 풍화암 지역에서는 바이브로 해머와 선단부에 워터제트 시설을 하여 소요 심도까지 박아야 한다. 이 경우에는 공사감독자와의 충분한 협의를 거쳐 시행하여야 한다.

(8) 워터젯트를 사용한 강널말뚝 시공에서 최종 관입은 관입부 지반이 약화되지 않도록 젯트 분사를 제한, 조정하여 병용기계로 관입시켜 안정화시켜야 한다.

3.4 이어박기와 절단

강널말뚝의 이어박기와 절단에 대하여는 공사감독자와의 협의하여야 한다.

3.5 항타기록

강널말뚝의 항타기록을 작성 보관하여야 한다.

3.6 검사 및 허용오차

(1) 말뚝이 소정의 위치, 방향, 높이, 기울기 및 법선 등에 대하여 설계도면에서 규정하고 있는 대로 시공되었는지를 확인하여야 한다.

(2) 허용오차

① 벽체 길이 : (+) 널말뚝 1매 폭, (-) 없음

② 법선에 대한 굴곡 : (±)100㎜

③ 법선에 대한 기울기(횡방향) : 1/75 이하

④ 법선 방향의 기울기(종방향) : (시공 중) 아래 위의 차가 널말뚝 1매 폭 이하, (완료 후) 1/75 이하

7-4 셀식 강널말뚝

1. 일반사항

1.1 적용범위

(1) 본 시방서는 접안시설, 호안, 방파제, 가물막이 등에 사용되는 셀식 강널말뚝의 시공에 관한 일반적인 사항을 규정한다.

(2) 이 절에서 규정하지 않은 사항은 7-1 강재말뚝의 규정을 따른다.

1.2 참조규격

KS F 4604 열간 압연강 널말뚝

KS D 3503 일반 구조용 압연 강재

KS D 3515 용접 구조용 압연 강재

1.3 제출물

(1) 시공계획서

(2) 시험 및 검사

필요한 각종 시험과 검사에 대한 계획서를 공사착수 전에 공사감독자에게 제출하여야 한다.

2. 재 료

2.1 말뚝의 재질

(1) 강널말뚝은 KS F 4604, KS D 3503 및 KS D 3515의 표준에 적합하여야 한다.

(2) 강널말뚝의 종류, 재질, 형상 및 치수는 도면이나 공사시방서에서 규정하는 바에 따른다.

2.2 제 작

(1) 강널말뚝의 안내말뚝, 이항말뚝의 제작은 공장이나 현장의 제작장에서 하는 것으로 한다. 부득이 현장 제작장에서만 제작할 때에는 공사감독자의 승인을 받아 제작해야 한다.

(2) 현장에서의 강널말뚝 이음은 도면에서 명시한 대로 시공하고, 이음부의 위치와 내용은 공사감독자와 협의, 조정 및 승인을 받아야 한다.

3. 시 공

3.1 운반과 보관

(1) 셀식 강널말뚝의 운반 과정에서 도장면, 이음부와 하단부(박히는 끝부분)에 손상을 입지 않도록 하고, 단면특성을 살리기 위하여 크게 비틀림이나 변형이 생기지 않도록 주위를 기울여야 하며, 보관에서는 지형이 평탄하며 배수가 잘되게 정지하고 받침목을 깔아 포개어 쌓아 보관하여야 한다.

(2) 셀식 강널말뚝을 수평으로 달아 올리거나 운반하는 경우 반드시 2점 달기를 하여야 한다.

3.2 공사준비와 가이드링

(1) 계획법선에 대한 수시점검과 가이드링 설치위치 확정을 위한 관측대를 설치하고, 강널말뚝의 눈금표시, 세우기 작업용 구멍뚫기 등 공사준비를 하여야 한다.

(2) 셀을 계획된 위치에 정확히 설치하기 위하여 가이드링 설치용 지지주 박기와 가이드빔 시설을 우물정자 형상으로 시설하고, 그 위에 가이드링을 얹어 놓고 강널말뚝을 세워나가면서 차례로 박아 셀을 형성하며, 법선에 대한 관측과 지지대 설치 및 가이드링 설치 시에는 공사감독자의 사전 협의와 승인이 있어야 한다.

3.3 강널말뚝 세우기

(1) 강널말뚝 세우기는 가이드링에 따라 아크부의 T형 강널말뚝을 먼저 세우고, 다음에 안내 강널말뚝을 세운 후 안내말뚝을 중심으로 좌우에 강널말뚝을 세워나가며 간격이 균등하게 세워지도록 하여야 한다.

(2) 균등하게 세우기가 완료되면 최종으로 안내말뚝을 뽑아내고 시공해야 할 강널말뚝을 세워야 한다.

(3) 강널말뚝 세우기에 앞서 기상, 해상조건 등을 고려하여 사전에 세우기의 공정에 대하여 공사감독자와 협의하여야 한다.

3.4 강널말뚝의 박기

(1) T형 강널말뚝을 먼저 박은 다음 T형 좌우 강널말뚝을 2~3매씩 단위로 박아 T형을 고정하여야 하고, 나머지 말뚝을 박는 순서로 시공하여야 한다.

(2) 박기 순서와 방법에 대하여는 사전에 공사감독자와 협의하여야 한다.

3.5 속채움

(1) 양질의 모래나 자갈로 속채움을 하여야 한다. 속채움 재료를 선정할 때 필요한 사항은 공사시방서의 규정하는 바에 따른다.

(2) 속채움 할 때 셀에 편심이 가하여지지 않도록 셀 중앙부에서 외측으로 속채움을 시행하여야 하며, 셀이나 아크부의 변형, 경사 등의 상태를 주의깊게 관측하여야 한다.

(3) 속채움 할 때 속채움을 반쯤 시행하여 가이드링과 지지시설 등을 철거하고 셀변형 방지용 속채움 링을 설치한 후 연속적으로 속채움을 완료하여야 한다.

(4) 속채움 작업이 완료될 때까지의 작업 공정에 대하여 공사감독자와 협의하고 만일의 기상, 해상 변화에 대비하여야 한다.

3.6 프리패브셀식 강널말뚝

(1) 적용범위, 재료, 제작, 운반과 보관 등 공사 준비는 셀식 강널말뚝의 관련 사항에 따른다.

(2) 조립기지에서 가이드링 외부에 셀용 강널말뚝을 세우는 방법은 7-3 강널말뚝 및 벽강관말뚝의 해당 사항에 따른다.

(3) 조립된 강널말뚝은 소요 매수로 묶어, 바이브로 해머를 장착한 후 들고리틀에 연결하고, 들고리틀을 해상 기중기로 들고 해상운반 하는 공법이므로 케이슨 진수방법과 유사한 공정은 제6장 콘크리트의 관련조항에 따른다.

(4) 아크부의 조립, 해상운반도 프리패브(prefab)셀식의 시공방법에 따른다.

(5) 소정의 위치에 거치된 조립된 셀의 박기 순서 등은 공사감독자와 협의하여 시행하여야 한다.

(6) 조립 기지의 시설, 공사의 작업 순서, 바이브로 해머의 선정, 해상 기중기선의 선정 등 현장작업에 관련된 사항은 공사감독자와 협의하여 시행하여야 한다.

7-5 콘크리트 널말뚝

1. 일반사항

1.1 적용범위

(1) 본 시방서는 콘크리트 널말뚝의 공사에 관한 일반적인 사항을 규정한다.

(2) 이 절에서 규정하지 않은 사항은 7-3 강널말뚝 및 벽강관 말뚝의 규정을 따른다.

1.2 참조규격

KS F 4021 철근 콘크리트 널 말뚝

KS F 4208 콘크리트 널 말뚝

1.3 제출물

(1) 시공계획서

(2) 시험 및 검사

필요한 각종 시험과 검사에 대한 계획서를 공사착수 전에 공사감독자에게 제출하여야 한다.

2. 재 료

2.1 말뚝의 재질

(1) 콘크리트 널말뚝은 KS F 4021, KS F 4208의 표준에 적합한 것이어야 한다.

(2) 콘크리트 널말뚝의 종류, 재질, 형상 및 치수는 도면이나 공사시방서에서 규정하는 바에 따른다.

2.2 제 작

(1) 제작하는 콘크리트 널말뚝의 형상, 치수와 사용하는 강재의 재질은 설계도서에 제시된 바에 따라야 한다.

(2) 콘크리트 널말뚝의 현장 이음은 도면에 명시된 대로 실시하여야 하며, 이음부의 위치와 내용은 공사감독자의 협의, 조정 및 승인을 받아야 한다.

3. 시 공

3.1 운반 및 보관

(1) 콘크리트 널말뚝은 철근 배근에 따라 인장측과 압축측이 있는 경우가 있으므로 이를 잘 확인하여 취급 과정에서 과대한 응력 발생으로 균열이나 손상이 발생하지 않도록 주의하여야 한다.

3.2 말뚝 박기

(1) 콘크리트 널말뚝은 이어박기를 해서는 안 된다. 말뚝의 길이가 모자라거나 손상된 말뚝은 제거하고 규격에 맞는 새 것으로 교체하여 다시 박아야 한다.

(2) 콘크리트 널말뚝은 인장측과 압축측을 확인하고 휨응력의 발생 상황에 따라 말뚝의 방향을 맞추어 박아야 한다.

3.3 검사 및 허용오차

(1) 말뚝이 소정의 위치, 방향, 높이, 기울기 및 법선 등에 대하여 설계도면에서 규정하고 있는 대로 시공되었는지를 확인하여야 한다.

(2) 허용오차

① 벽체 길이 : (+) 널말뚝 1매 폭, (-) 없음

② 법선에 대한 굴곡 : (±)100㎜

③ 법선에 대한 기울기(횡방향) : 1/75 이하

④ 법선 방향의 기울기(종방향) : (시공 중) 아래 위의 차가 널말뚝 1매 폭 이하, (완료 후) 1/50 이하

⑤ 널말뚝 마루높이 : (±) 50㎜

7-6 나무말뚝

1. 일반사항

1.1 적용범위

본 시방서는 나무말뚝공사에 관한 일반적인 사항을 규정한다.

1.2 제출물

(1) 시공계획서

(2) 시험 및 검사

필요한 각종 시험과 검사에 대한 계획서를 공사착수 전에 공사감독자에게 제출하여야 한다.

2. 재 료

2.1 말뚝의 재질

(1) 나무말뚝의 종류, 재질, 형상 및 치수는 도면이나 공사시방서의 규정하는 바에 따른다.

(2) 말뚝의 재질은 벌레가 먹지 않고 직선형이며 썩지 않은 양질이어야 한다.

3. 시 공

3.1 말뚝 박기

말뚝박기의 방법과 순서에 대하여는 사전에 공사감독자와 합의하여야 한다.

3.2 보강말뚝, 이음 및 절단

나무말뚝의 보강용 더 박기, 이음 및 절단을 하여야 할 필요가 있을 경우에는 즉시 공사감독자에게 보고하고 지시에 따라야 한다.

3.3 검사 및 허용오차

(1) 말뚝이 소정의 위치, 방향, 높이, 기울기 및 법선 등에 대하여 설계도면에서 규정하고 있는 대로 시공되었는지를 확인하여야 한다.

(2) 허용오차

① 말뚝 중심위치 : 100㎜ 이하

② 말뚝 마루높이 : (±) 50㎜

7-7 버 팀

1. 일반사항

1.1 적용범위

본 시방서는 널말뚝 구조의 버팀 시공에 관한 일반적인 사항을 규정한다.

1.2 참조규격

KS D 3503 일반 구조용 압연 강재

KS D 3515 용접 구조용 압연 강재

KS D 3711 크롬 몰리브덴강 강재

KS D 7002 PC강선 및 PC강연선

1.3 제출물

(1) 시공계획서

(2) 시험 및 검사

필요한 각종 시험과 검사에 대한 계획서를 공사착수 전에 공사감독자에게 제출하여야 한다.

2. 재 료

2.1 띠 장

(1) 띠장(wale)에 사용하는 강재는 KS D 3503 또는 KS D 3515의 표준에 적합하여야 한다.

(2) 띠장은 설계도서에 규정한 형상 및 치수로 하여야 한다.

(3) 기타부품도 KS에서 정한 재질과 규격으로 하여야 한다.

2.2 타이로드

(1) 재질, 형상 및 치수는 설계도서와 필요한 경우 공사시방서의 규정하는 바에 따른다. 사용할 타이로드(tie rod)와 부속품은 제작하기 전에 제작도면을 제출하여 공사감독자의 승인을 받아야 한다.

(2) 일반구조용 압연강재의 화학성분 및 기계적인 성질은 KS 규격품 또는 동등 이상이어야 한다.

(3) 고장력 강재의 기계적 성질은 규격품 이상이어야 한다.

(4) 타이로드는 부속품의 각 부재를 조합하여 인장 시험할 경우 본체인 로드부에서 절단이 되도록 하여야 하고 그 전단강도는 규격값 이상이어야 한다.

2.3 타이케이블

(1) 재질, 형상, 치수와 허용인장 하중은 설계도서와 필요한 경우 공사시방서에서 규정하는 바에 따른다. 사용할 타이케이블(tie cable)과 부속품은 제작하기 전에 제작도면을 공사감독자에게 제출하여 승인을 받아야 한다.

(2) 종류, 명칭, 탄성계수, 단면적, 단위중량, 전단강도, 항복강도 등의 규격값은 사용전에 공사감독자에게 자료를 제출하여 승인을 받아야 한다.

(3) 타이케이블 강선은 PS강연선으로 KS D 7002 또는 동등 이상의 재질이어야 한다.

(4) 타이케이블에 사용하는 피복재는 고밀도 폴리에틸렌 수지로 내부식성, 내방수성이어야 한다.

(5) 조임앵커(fitting anchor)는 크롬몰리브덴 강재로서 KS D 3711 또는 동등 이상의 것이어야 하며, 고강도로서 내마모성 및 내부식성 재질이어야 한다.

(6) 허용인장응력의 인장강도에 대한 안전율은 상시 3.8 이상, 지진시 2.5 이상으로 한다. 항복강도는 인장강도의 2/3 이상 이어야 한다.

(7) 강재는 피복재를 사용하고 계속 녹스는 것을 방지하도록 가공하여야 한다.

(8) 고정단은 충분한 수밀성이 확보되어야 하고 고정단을 너트 조임하고, 나사길이에 여유를 두어 길이 조정이 가능하도록 하여야 한다.

(9) 타이케이블은 본체와 고정단을 조합하여 인장시험을 할 경우 본체인 강선부에서 절단이 되도록 하여야 하며 전단강도는 규정값 이상이어야 한다.

2.4 받침재

(1) 받침재는 타이로드나 타이케이블이 길어 자중에 의한 처짐을 방지하기 위하여 설치하는 것으로서 목재나 7-1 강재말뚝에 따른다.

(2) 받침재의 종류와 형상 치수는 설계도서와 같게 하며, 필요한 경우 특별한 사항은 공사시방서의 규정하는 바에 따른다.

2.5 버팀벽

(1) 콘크리트 버팀벽의 콘크리트 및 철근에 관하여는 제6장 콘크리트의 관련조항에 따른다.

(2) 버팀벽은 7-1 강재말뚝, 7-2 콘크리트 말뚝, 7-3 강널말뚝 및 벽강관말뚝, 7-4 셀식 강널말뚝, 7-5 콘크리트 널말뚝, 7-6 나무말뚝에서 규정하는 바에 따른다.

3. 시 공

3.1 띠장의 조립

(1) 띠장은 말뚝 벽체의 일체성과 직선화를 목적으로 시공되며 타이재의 설치위치에 맞추어 시공되어야 하므로 설계도서에 의거 공사감독자와 충분한 협의를 거쳐 가공 조립하여야 한다.

(2) 띠장은 널말뚝 벽체와 밀착하여 시공되어야 하며 전제 길이에 수평으로 일직선이 되게 가공 조립되어야 한다.

(3) 그 밖의 부품도 KS에서 정한 재질과 규격으로 한다.

3.2 타이로드의 설치

(1) 타이로드를 운반할 때에는 나사부분에 손상이 가지 않도록 포장하고 도장된 칠이 벗겨지지 않도록 주의하여야 한다.

(2) 타이로드의 받침은 설계도면과 같이 시설하고 특별한 사항은 공사시방서에서 규정하는 바에 따른다.

(3) 타이로드는 모퉁이와 같은 특별한 위치를 제외하고 널말뚝 법선에 직각으로 설치하여야 한다.

(4) 링조인트(ring joint)는 상하로 움직이도록 조립하고 작동이 잘 되도록 하여야 한다.

(5) 타이로드는 전면 널말뚝 벽체와 후면 버팀벽을 너트로 고정하고 중간에서 턴버클(turnbuckle)로 전체의 길이를 조여 조정한다. 너트와 턴버클로 조정할 때 균등하게 장력이 가해지도록 조여야 한다.

(6) 턴버클의 나사의 묻히는 길이는 고정너트의 높이만큼 묻히고 또한 고정너트 나사부는 나사선(튀어나온 선) 대부분이 묻히고 나사선 3줄 이상의 길이가 남도록 조여야 한다.

(7) 타이로드 나사부위를 가공할 때 나사의 홈이 타이로드 본체의 지름을 유지하도록 하여야 한다.

3.3 타이케이블의 설치

(1) 타이케이블의 시공 시, 시공순서, 매립높이, 전면을 준설할 경우 준설깊이 등으로 인한 긴장력의 크기에 대하여 사전에 공사감독자와 충분히 협의를 하여야 한다.

(2) 타이케이블의 운반 시 나사부에 손상이 가지 않도록 포장하고 본체의 피복재도 손상되지 않도록 주의하여 취급하여야 한다.

(3) 타이케이블은 모퉁이와 같은 특수한 위치를 제외하고 널말뚝 법선에 직각 방향으로 설치하여야 한다.

(4) 타이케이블의 긴장(pre-tension)은 타이케이블을 설치한 후 균등하게 장력이 가해지도록 잭(jack) 등과 같은 긴장장치를 사용하여야 한다.

(5) 타이케이블의 긴장, 매립 및 전면준설의 시공은 본체에 나쁜 영향이 미치지 않도록 유의하여야 한다.

(6) 타이케이블의 나사부는 너트가 다 묻히고 고정너트 나사부는 나사선(튀어나온선) 대부분이 묻히되 나사선 3줄 이상 정도의 길이가 남도록 조여야 한다.

(7) 뒷채움 사석을 시공할 경우 피복부에 손상이 가지 않도록 주의하고 피복재 보호를 위한 특별한 조치를 취여야 한다.

(8) 타이케이블과 상치콘크리트의 경계부에서 압밀침하가 생기더라도 타이케이블에 전단응력이 작용하지 않도록 트럼펫 튜브(trumpet tube)를 끼워서 시공하는 것을 원칙으로 한다.

3.4 받침대

(1) 타이케이블의 길이, 중량에 따라 받침대 말뚝을 1열~3열로 박고 받침빔을 타이케이블에 직각방향으로 시공하여 타이케이블의 처짐을 방지하여야 한다.

(2) 말뚝의 시공은 말뚝의 종류에 따라 7-1 강재말뚝, 7-2 콘크리트 말뚝, 7-6 나무말뚝에 따른다.

3.5 버팀벽

(1) 콘크리트 버팀벽은 프리캐스트벽을 제작하여 거치하는 방법이 있고 현장에서 설계도면에 맞게 현장콘크리트치기 방법이 있다. 프리캐스트벽의 제작 거치는 제6장 콘크리트, 6-4 일반 블록에 준하고 현장타설 콘크리트 버팀벽은 제6장 콘크리트에 따른다.

(2) 말뚝 및 널말뚝 버팀벽은 설계도면에 의하여 시공하며 시공 전에 공사감독자와 충분한 협의가 있어야 한다.

(3) 말뚝 및 널말뚝 시공은 7-1 강재말뚝에 따른다.

3.6 검사 및 허용오차

(1) 검사

검사방법은 공사시방서에서 규정하는 바에 따른다.

(2) 허용오차

관련내용에 따른 허용오차를 적용해야 한다.

7-8 말뚝 재하시험

1. 일반사항

1.1 적용범위

(1) 본 시방서는 말뚝 박기 시방에서 요구되는 말뚝 재하시험에 관한 일반적인 사항을 규정한다.

(2) 재하시험은 시공자가 수행하고, 독립적인 검사시험기관이 입회하여 기록할 수 있다.

1.2 참조규격

KS F 2445 축하중에 의한 말뚝침하 시험방법

2. 재 료

(1) 장비의 기종, 재하장치 하중 및 계기는 시험에 적합한 것으로서 공사감독자의 승인을 받은 것이라야 한다.

(2) 말뚝 재하시험에 사용되는 계측기기는 2년 이내에 교정검사가 이루어진 것을 사용하여야 한다.

3. 시 공

(1) 압축 정재하시험은 지반조건에 큰 변화가 없는 경우, 말뚝 250개당 1회 또는 구조물별로 1회 이상 실시한다.

(2) 말뚝 박기에 앞서 항타장비의 성능확인, 장비의 적합성 판정, 지반조건의 확인, 말뚝재료의 건전성 판정, 말뚝 지지력 확인 등을 위해 설계에서 제시한 바에 따라 재하시험을 실시하여야 한다. 다만, 설계에서 명시되지 않은 경우에는 다음 표의 빈도로 동재하시험을 실시하여야 한다.

동재하시험 실시 빈도(EOID 방법)

구분	시험 빈도
구조물별 말뚝 수 1~80본까지	2
구조물별 말뚝 수 81~160본까지	3
구조물별 말뚝 수 161본 이상	4 이상

(3) 시간 경과에 의한 지반변화 효과 확인을 위해 시공 후 일정한 시간이 경과한 다음 재항타하여 동재하시험을 실시하여야 한다.

(4) 시험한 말뚝이 명시된 요건을 만족하지 못하면 다른 말뚝으로 추가시험을 실시하여야 한다.

(5) 동재하시험 결과로부터 파동방정식 분석을 재수행하여 현장 여건에 적합한 말뚝 시공관리 기준을 수립하고, 이것을 말뚝 박기 할 때 시공관리 기준으로 하여야 한다.

제 8 장 안벽부속시설및기타

제 8 장 안벽 부속시설 및 기타

8-1 방충재

1. 일반사항

1.1 적용범위

본 시방서는 항만용 방충재에 관한 일반적인 사항을 규정한다.

1.2 참조규격

KS M 6518(가황 고무 물리 시험방법)

2. 재 료

2.1 일반사항

2.1.1 방충재(防衝材)에 사용되는 재료는 목재, 철재, 고무 등 여러 종류가 있으나 방충재의 재료, 형상, 품질은 도면 및 공사시방서의 규정하는 바에 따른다. 다만 고무 방충재가 주로 사용되므로 이에 대한 것은 2.1.2항에서 구체적으로 규정한다.

2.1.2 고무

(1) 방충재에 사용하는 고무는 내노화성(耐老化性), 내해수성(耐海水性), 내유성(耐油性) 및 내마모성 등의 내구성을 갖는 카본블랙 배합의 천연 또는 합성고무를 주원료로 한다.

(2) 고무는 균질한 것으로서, 이물질의 혼입, 기포, 홈, 균열(균열), 기타 유해한 결정이 없는 것으로 하여야 한다.

2.1.3 설치용 철판(設置用 鐵板)

설치용 철판을 내장한 방충재는 철판과 고무 본체부를 견고하게 가유황접착(加硫黃接着)함과 동시에 노출되지 않도록 고무로 피복하여야 한다.

2.1.4 방충재의 물리적 재질 기준

(1) 방충재에 사용하는 고무는 다음의 표에 나타낸 기준치를 만족시켜야 한다.

시 험 방 법			기 준 치
물리시험	노화 전	인장강도	15.7MPa
		신장율	350% 이상
		경도(Hs)	75 이하
		압축영구변형율	30% 이하
	노화 후	인장강도	노화 전 값의 80% 이상
		신장율	노화 전 값의 80% 이상
		경도(Hs)	노화 전 값의 +8도 이하

(2) 물리시험은 전항 (1)의 시험항목에 대하여 KS M 6518의 시험방법에 의한다. 또한 동 규격에 대하여 2종류 이상의 시험방법이 규정되어 있을 경우에는 각각 다음 방법에 따라야 한다.

① 경도시험 : 스프링식 경도 시험(A형)

② 노화시험 : 공기 가열 노화 시험

③ 시험온도 : 70±1℃

④ 시험시간 : 96시간

⑤ 압축 연구 변형 시험 : 열처리 온도 70±1℃

⑥ 열처리 시간 : 22시간

2.1.5 설치용 부속품

방충재를 설치하기 위한 철물의 종류, 재질에 대해서는 공사시방서의 규정하는 바에 따른다.

3. 시 공

3.1 제작 및 설치

(1) 방충재의 종류, 형상, 치수, 및 성능에 대하여는 도면 및 공사시방서의 규정하는 바에 따른다. 또한 도면이나 공사시방서에 명시되어 있지 않은 방충재 및 부속품의 형상, 치수의 상세도 및 성능의 표준곡선에 대해서는 도면 등을 제출하여 공사감독자의 승인을 받아야 한다.

(2) 고무 방충재의 형상, 치수의 허용오차 및 볼트 구멍에 관한 치수의 허용오차는 다음의 표에 따라야 한다.

고무방충재의 형상, 치수의 허용오차

치 수	길이, 폭, 높이	몸체 두께(肉厚)
허용 오차	+4%, -2%	+8%, -2% 단, 300H 이하에 대해서는 +10%, -5%

고무방충재의 볼트 구멍에 관한 치수의 허용오차

치 수	볼 트 구 멍	볼트 구멍 중심 간격
허용 오차	±2㎜	±4㎜

(3) 방충재의 성능 시험은 보통 충격력을 받는 면에 수직으로 압축을 가하여 시행하여야 한다.

① 성능은 방충재의 표준 성능곡선에서 구해지는 에너지 흡수값과 반력값과의 비가 최대로 되기까지 압축하는 동안에 흡수되는 에너지와 그 사이에 발생하는 최대 반력값으로서 나타내야 한다.

② 성능시험에 의한 시험값은 규정의 성능값에 대하여 최대반력값은 그 이하로, 에너지 흡수값은 그 이상이 되어야 한다.

(4) 방충재 본체부에는 다음 사항을 표시하여야 한다.

① 치수(높이, 길이)

② 제조 연월일 또는 그 약호

③ 제조 업체명 또는 그 약호

(5) 방충재의 설치는 설계도면 및 공사시방서의 규정하는 바에 따라 시행하고, 그 시행시기 및 설치방법은 사전에 공사감독자와 협의 하여야 한다.

8-2 계선주

1. 일반사항

1.1 적용 범위

본 시방서는 계선주에 대한 일반적인 사항을 규정한다.

1.2 참조규격

KS D 4101(탄소강 주강품)

KS D 3503(일반 구조용 압연 강재)

KS D 3515(용접 구조용 압연 강재)

KS B 1012(6각 너트)

KS B 1326(평와셔)

KS M 6030(방청도료)

2. 재 료

2.1 계선주 및 부속품의 재질

(1) 계선주 및 부속품의 재질은 다음의 표를 기준으로 한다.

명 칭	재 질	비 고
계선주 본체	KS D 4101 3종 SC46	
앵 커 볼 트	KS D 3503 2종 SS 400	
육 각 너 트	KS B 1012 1종 3급	
나사받이(평와셔)	KS B 1326	
앵 커 판	KS D 3503 2종 SS400 및 KS D 4101 3종 SC46	

(2) 두부유공형(頭部有孔形) 계선주의 속채움 콘크리트는 상치콘크리트와 동일한 품질로 한다.

3. 시 공

3.1 제 작

(1) 계선주의 구조, 형상, 치수와 사용하는 형식 및 시험에 대하여는 도면 및 공사시방서의 규정하는 바에 따른다.

(2) 계선주의 콘크리트 매입부 이외의 주강표면은 매끈하게 다듬고 나사받이(washer)와 접촉하는 면은 그라인딩(grinding)마감을 시행하여야 한다.

(3) 계선주의 외부표면은 녹을 제거하고 KS M 6030에 규정하는 일반용 녹막이 도장(2종)을 1회 하여야 한다.

(4) 계선주의 두부에는 설계 견인력을 양각(陽刻)표시하여야 한다.

(5) 계선주의 강재 두께 이외의 치수 허용오차는 다음의 표에 따라야 한다. 다만 볼트 구멍의 중심 간격 이외의 치수에 대하여는 +측의 허용오차는 초과하여도 된다.

치수의 허용오차

(단위 : ㎜)

치 수 구 분	길이의 허용오차
100 이하	±2
100을 넘고 200 이하	±2.5
200을 넘고 400 이하	±4
400을 넘고 800 이하	±6
800 이상	±8

(6) 강재 두께의 허용 범위는 3㎜ 이하로 하여야 한다. 다만 공사감독자의 승인을 얻은 경우는 +측의 허용 오차는 초과하여도 좋다.

3.2 설 치

(1) 계선주 기초가 강재말뚝(강관 말뚝 H형 강재말뚝) 또는 강재말뚝 기초인 경우는 제7장 말뚝을 따른다.

(2) 콘크리트 말뚝기초일 경우에는 제7장 말뚝을 따른다.

(3) 콘크리트(확대)기초일 때는 제6장 콘크리트에 따르되 원칙적으로 시공이음을 두지 않아야 한다.

(4) 두부유공형(頭部有孔形)계선주의 속채움 콘크리트는 두부표면까지 콘크리트를 채우고, 계선주 저판하면까지 콘크리트가 충분히 골고루 채워지도록 시공하여야 한다.

8-3 차막이

1. 일반사항

1.1 적용 범위

본 시방서는 차막이에 관한 일반적인 사항을 규정한다.

1.2 참조규격

KS D 3500(열간압연 강판 및 강대의 모양, 치수, 무게 및 그 허용차)

KS D 3502(열간압연 형강의 모양, 치수, 무게 및 그 허용차)

KS D 3503(일반 구조용 압연 강재)

KS D 3705(스테인리스 강판 및 강대)

KS D 3706(스테인리스 강봉)

KS B 1012(6각 너트)

KS B 1016(기초볼트)

ASTM F 1136(standard specification for zinc/aluminium corrosion protective coatings for fasteners)

2. 재 료

2.1 재 질

(1) 차막이 및 부속품의 강재부는 재질이 SS400(KS D 3503)으로 하되 방식도장을 하지 않는 스테인리스강을 사용할 시는 해수에서 내식성이 좋은 STS316(KS D 3705~6)으로 하여야 하고 규격은 다음의 표를 기준으로 한다.

차막이 및 부속품의 규격

명 칭	규 격
차막이피복재	KS D 3500 강판
앵글	KS D 3502 등변산형강
기초볼트	KS B 1016 J형 M20×250
6각너트	KS B 1012 1종 3급 강도구분4

아연 알루미늄 피막처리(볼트, 너트 등)

시 험 항 목	품질기준
외 관	이상 없을 것
부 착 력	5% 이하
부식저항성(염수분무시험, 720시간)	적청이 없을 것
부풀음(염수분무시험 후)	부풀음 및 박리가 없을 것
도막 두께	6~12㎛

(2) 콘크리트는 상치 콘크리트와 동일한 품질로 하여야 한다.

(3) 형상과 치수 및 길이는 설계도면 및 공사시방서의 규정하는 바에 따른다.

(4) 강재 이외의 차막이에 대해서는 도면 및 공사시방서의 규정하는 바에 따르며, 위의 규격이외의 재질을 사용할 때(P.E 및 F.R.P 등)에는 시험성적서 등 성능을 인정할 수 있는 자료를 제출하여 승인 후 사용하여야 한다.

3. 시 공

(1) 콘크리트는 제6장 콘크리트를, 용접 및 절단은 도면 및 공사시방서의 규정하는 바에 따른다.

(2) 피복철물의 도장은 다음의 표의 공정에 의한 4회 도장을 하고, 차막이에 대해서는 흑색과 황색의 얼룩무늬 모양으로 최종 상도로 도장하되, 얼룩무늬의 폭은 200mm, 경사도는 60도 되게 도장하여야 한다.

차막이의 도장 공정

구분	공 정	바탕처리 및 도료명	표준사용량 (kg/㎡)	도장간격 시간	신너
신설 및 재도장	1. 바탕처리 (SP10)	브라스트법에 의해 흑피(黑皮)와 녹, 기타의 부착물을 완전히 제거하여 강철면이 노출되고 금속광택을 나타내는 정도로 바탕처리를 한다.			
	2. 하도	무기질 아연말 도료 아연알루미늄용사(조면형성제 20㎛)	75 270(370)	바탕 처리 후에 즉시	전용 신너
	3. 중도(1회)	에폭시 수지도료(미스트코트 포함)	200	24시간 이상	전용 신너
	4. 상도(1회)	에폭시 수지도료	200	15시간 이상	전용 신너
부분보수도장	1. 바탕처리 (SP3)	동력공구 (그라인더, 치핑햄머 등)에 의해 치밀한 흑피나 녹, 기타의 부착물을 완전히 제거하고, 강철면이 노출되는 정도로 바탕처리를 한다.		바탕 처리 후에 즉시	
	2. 하도(2회)	에폭시 방청도료	200	24시간 이상	전용 신너
	3. 상도(2회)	에폭시 수지도료	200	15시간 이상	전용 신너

(주의) 하도 및 중도의 도장간격은 가능한 최소한 간격(24시간 이내) 도장사양에 따른다.

(3) 용접을 현장에서 시행하는 경우에는 부분 보수도장(재도장) 시 중도와 상도를 현장작업으로 한다. 또 시공할 때에 도막(塗膜)을 손상한 경우에 부분적으로 보수도장을 하여야 한다.

(4) 상기의 표의 도장 간격은 20°C의 표준적인 경우의 값을 나타낸 것으로 도막 건조 후 즉시 도장하여야 하며, 시행에 있어서는 공사감독자의 승인을 얻어야 한다.

(5) 강재 이외의 차막이 시공에 대해서는 도면 및 공사시방서에서 정하는 바에 따른다.

8-4 기타 부속시설

1. 일반사항

1.1 적용범위

본절은 안벽 상부공의 사다리, 엔드 스토퍼, 잭업 베이스 등의 상부 부대 공사에 적용할 시방을 규정한다.

1.2 참조규격

KS D 3503(일반 구조용 압연 강재)
KS D 3515(용접 구조용 압연 강재)
KS D 3517(기계구조용 탄소 강관)
KS D 3595(일반 배관용 스테인리스 강관)
KS D 3705(열강압연 스테인리스 강관 및 강대)
KS D 3706(스테인리스 강봉)
KS D 4101(탄소강 주강품)
KS D 4106(탄소 주강품)
KS D 7014(스텐레스 피복 아아크 용접)
KS B 1002(6각 볼트)
KS B 1010(마찰 저항용 고장력 6각볼트, 너트, 평와셔의 세트)
KS B 1012(6각 너트)

2. 재 료

2.1 재 료

(1) 시공현장에 반입된 모든 재료 또는 생산품이 본 장에서 규정한 요구조건에 부합된 것을 입증하는 제작자 또는 생산자의 확인서를 감독자에게 제출하여야 한다.

(2) 강재는 SS400(KS D 3503), SM400, 490(KS D 3515), KS D 3566, KS D 4101의 규격에 적합하고, 스테인리스 강재는 STS316(KS D 3705~6) 및 KS D 3595)에 맞는 것으로 설계 도면에 표시된 형상 및 치수이어야 한다.

(3) 앙카용 볼트, 낫트는 KS B 1010 규격에 맞는 것이라야 한다.

(4) 사다리는 KS D 3595에 규정한 재료 및 규격에 맞는 재질로 설계도면에 표시된 형상 및 치수대로 시공되어야 한다.

(5) 엔드 스토퍼(End Stopper)에 사용되는 재료는 KS D 3503, KS D 1002, KS F 1012(6각 너트) 및 KS B 2211(목재의 충격시험 방법), KS F 2251(목재의 방부제의 방부 효력 시험 방법)의 해당 규정에 합격한 것이라야 하고 속채움 콘크리트는 『제6장 콘크리트』의 해당 항목에 준한다.

3. 시 공

3.1 사다리

(1) 사다리 설치를 위한 이음부는 KS D 7014 규정에 따라야 하고 용접부는 요철이 없도록 표면처리를 하여야 한다.

(2) 사다리를 콘크리트에 고정시키기 위하여 앙카되는 부분은 설계도서에 표시된 형상 및 치수대로 갈고리를 두어 콘크리트와 일체가 되도록 시공해야 한다.

3.2 엔드 스토퍼

(1) 엔드 스토퍼(end stopper)는 설계도면에 표시된 위치 및 규격에 따라 설치하되 하역 기계의 제작 시방에 따라 위치 및 규격의 변동을 할 수 있다. 이때에는 수급인이 새로 도면을 작성하여 감독자의 승인을 받아 시공하여야 한다.

(2) 앙카볼트 및 너트는 콘크리트 면과 일치되어 양측 엔드 스토퍼가 수평 및 일직선이 되도록 주의하여 설치한다.

(3) 강재 내부의 콘크리트 채움은 내부에 공간이 생기지 않도록 잘 다져 넣어야 하며 강도는 $f_{ck}=24MPa$로 하고 콘크리트 주입 시 강재 외부에 묻은 콘크리트는 깨끗하게 닦아내야 한다.

(4) 목재 완충재는 좋은 재질을 사용하며 방부제를 칠하여 목재가 썩지 않도록 처리하여 감독자의 승인을 받은 후에 시공해야 한다.

(5) 강재의 표면은 녹막이용 페인트 및 방식도장을 하고 그 위에 황색 및 검정색의 경계색을 도장하되 각 색깔의 폭은 200mm로 하며 경사도는 60°가 되게 한다.

3.3 잭업 베이스

(1) 잭업 베이스(jack up base)는 설계도면에 표시된 치수 및 형상으로 제작 설치되어야 하며 하역장비 수선용 잭크가 충분하게 배치되도록 해야 한다.

(2) 콘크리트에 부착시키는 앙카용 철근은 소요깊이 및 형상을 유지해야 하고 철판과의 용접은 확실하게 시공하여 분리되지 않도록 해야 한다.

(3) 잭업 베이스(jack up base)는 하역기계의 수리, 보수의 전용이므로 하역장비의 구조에 따라 변경될 수 있으며, 이때에는 수급인이 하역기계에 맞도록 도면을 작성하여 감독자의 승인을 받아야 한다.

3.4 모서리보호

(1) 모서리 보호의 강재부는 재질은 스테인리스 강재로 설계 도서에 표시된 규격 및 형상으로 공장에서 제조되어야 한다.

(2) 모서리 보호를 고정시키기 위한 앙카용 철근은 소정의 규격대로 표면 및 측면이 콘크리트면과 일치되도록 거푸집 조립 후 거푸집 또는 철근에 고정시켜야 한다.

(3) 모서리 보호의 시공은 설계도서 및 본 시방서 규격대로 설치되었는가를 검사 확인하고 안벽 법선에서의 요철이 ±30mm 이내이어야 한다.

(4) 위의 규격이외의 재질을 사용할 때 (P.E 및 F.R.P 등)에는 시험성적서 등 성능을 인정할 수 있는 자료를 제출하여 승인 후 사용할 수 있다.

3.5 핀 컵

(1) 핀컵(pin-cup)의 사용재료는 스테인리스 철재나 이에 상응하는 소요강도 및 인발력을 가진 탄소강 또는 고장력 저합금강 등으로서 KS 관련 규정에 준해야 한다.

(2) 핀컵(pin-cup)은 하역장비의 구조 또는 앙카시키는 방법에 따라 위치 및 구조가 변경될 수 있으므로 하역기계 제작자의 사양에 따라 변경되어야 하며 이때 수급인은 하역장비에 맞도록 변경된 도면을 작성 공사감독자의 승인을 받아 설치해야 한다.

(3) 핀컵(pin-cup)은 하역장비의 자중, 풍압 등에 의하여 충분히 견딜 수 있어야 하므로 지지시키는 앙카볼트, 용접 등은 충분한 규모여야 한다.

8-5 오탁방지막

1. 일반사항

1.1 적용범위

본 시방서는 준설공사 매립 등 항만공사에 따라 발생하는 오탁의 해양확산을 방지하기 위하여 사용될 오탁 방지막의 제작, 설치공과 소요장비 및 기타 사항에 대하여 규정한다.

1.2 참조규격

KS K 0769(지오텍스타일의 인열 강도 시험 방법)

KS K ISO 10319(지오신세틱스-광폭 인장강도시험)

ASTM D 4945(standard test method for high-strain dynamic testing of piles)

ASTM D 4533(standard test method for trapezoid tearing strength of geotextiles)

ISO 9864(geosynthetics-test method for the determination of mass per unit area of geotextiles and geotextile-related products)

2. 재 료

2.1 재 질

2.1.1 오탁방지막

(1) 오탁방지막은 흙속이나, 해수 및 일광에 노출된 상태에서도 내구성이 강하고 여과성이 양호하며 해수의 혼탁 및 확산을 방지할 수 있는 재료로서 반드시 공사감독자의 승인을 받아야 한다.

(2) 설계도면에 표시된 형상 및 규격으로 가공, 설치하여야 하며 그 사용 재질의 기준치는 다음과 같다.

항 목	단 위		기준치	시험방법
인장강도	kN/m	건조	2.5×2.5 이상	KS K ISO 10319 ASTM D 4945
		습윤	2.5×2.5 이상	
인장신도	%	건조	25% 이하	KS K ISO 10319 ASTM D 4945
		습윤	25% 이하	
인열강도	N	건조	800×800 이상	KS K 0769 ASTM D 4533
		습윤	800×800 이상	
중 량	N/㎡		6 이상	ISO 9864
투수계수	cm/sec		α × 10^{-3} 이상	-
수 축 율	%		0.2 × 0.2 이하	-

(3) 오탁방지막의 재료는 (2)항의 기준에 적합한 것이라야 하며, 공인 시험기관에서 시행한 시험 성적서를 사전에 공사감독자에게 제출하여 승인을 받은 후 사용하여야 한다.

2.1.2 앵커(anchor)

(1) 오탁방지막을 고정시키기 위한 앵커(anchor)는 지반조건을 고려하여 충분히 기능을 발휘 가능한 형식을 적용하여야 한다.

(2) 오탁방지막 앵커(anchor)형식의 선정은 경제성, 시공성, 제거 유용성 등을 고려하여 결정하고 공사감독자의 승인을 받아 시행하여야 한다.

3. 시 공

3.1 계획, 조사

(1) 본 공사를 수행하기 전에 오탁확산 방지막 설치 예정 위치 및 구간에 대한 수심, 조류 등을 조사하여 현지여건의 설계와 상이 여부를 검토하고 시공계획서를 작성, 공사감독자에게 보고하여야 한다. 시공계획서에는 다음 사항이 포함되어야 한다.

① 섬유의 무게, 인장강도, 인열강도의 시험성적서

② 장비투입계획

③ 앵커(anchor)의 설치 방법

④ 유지관리 계획

(2) 조사 자료를 활용하여 오탁방지막 설치 구간, 경로, 개구부 형상 및 안전표시 시설과 오탁확산 방지막 및 앵커(anchor)의 설치방법, 소요장비 동원계획, 설치기간 등을 포함하는 상세한 설치계획 공정표를 작성하여 공사감독자의 승인을 받아 시행하여야 한다.

(3) 오탁방지막이 설치된 이후에는 주기적인 순찰 및 유지관리로 오탁방지막 및 설치 부속물의 손괴, 유실 등에 의한 기능 저하 또는 상실에 대비하여야 한다.

3.2 구조형상

(1) 오탁방지막은 해저지형 및 조위변화에 적절히 대응하여야 하고 부유물질의 해양확산을 방지할 수 있도록 내구성 있게 제작되어야 하며, 취급 및 설치가 용이하고, 이음부가 파손되지 않도록 견실하게 봉제 가공하여야 한다.

(2) 부체(float)부는 조류 및 파랑에 의해 안쪽으로 휩쓸리지 않아야 하고 부력유지 및 복원력이 우수한 원통상으로 제작되어야 하며, 이형물체와의 충돌에 의한 파손을 방지하기 위하여 플루트 커버(float cover)를 덧씌운 구조이어야 한다.

(3) 하단부는 체인(chain)을 부착하여 방지막 전체에 주름이 잡히거나 굴곡이 없는 평면형상을 유지하도록 하여야 한다.

3.3 시 공

(1) 오탁방지막은 설치 후 바람, 유수 및 파랑 등에 의하여 파손 또는 유실되지 않도록 서로 견고하게 연결, 앵커를 고정하여야 하며, 패류, 해조류, 해중 부유물질의 부착으로 성능저하가 없도록 이들의 제거 등 유지관리를 철저히 하여야 한다.

(2) 오탁방지막의 현장 점검은 매 공사일 마다 1회 실시하는 것을 원칙으로 하며, 현장 점검 시 오탁방지막의 파손을 발견하며, 즉시 공사감독자에게 보고하여 원래 상태와 같이 복구하여야 한다.

(3) 오탁방지막의 유동을 방지하기 위해 해저면에 설치하는 앵커의 형식은 오탁방지막을 고정시키는 주기능과 보조기능이 충분히 발휘할 수 있어야 하며 조류, 조위, 파랑변화에 대처할 수 있는 규모이어야 한다.

(4) 앵커 와 오탁방지막을 연결시키는 Wire Rope는 조류, 조위, 파랑에 견딜 수 있는 충분한 재질 및 규격이어야 하며 연결용 클립(clip), 샤클(shackle)도 동일 규격이어야 한다.

(5) 현장에서의 이음은 연결부에서 오탁수가 누출되지 않도록 플라이(fly) 등으로 보강하여야 하며, 이의 재질도 원 방지막과 동일하여야 한다.

(6) 노출해상에 오탁방지막을 설치할 경우에는 항해선박, 작업선박의 통행에 지장이 없도록 오탁 확산 방지 기능을 최대한 유지하면서 적절한 통로로 활용할 수 있는 개구부를 설치하고, 등부표 등의 안내 및 안전표지 시설을 설치하여야 한다.

8-6 필터매트

1. 일반사항

1.1 적용범위

본 시방서는 항만 구조물 축조 시 사용되는 필터 매트에 대하여 규정한다.

1.2 참조규격

KS K 0768(지오텍스타일의 파열 강도 시험 방법)

KS K 0769(지오텍스타일의 인열 강도 시험 방법)

KS K ISO 9864(지오신세틱스-지오텍스타일 및 관련제품의 단위 면적당 질량 측정 시험 방법)

KS K ISO 10319(지오신세틱스-광폭 인장 강도 시험)

KS K ISO 12956(지오텍스타일 및 관련 제품-유효 구멍 크기 측정)

2. 재 료

2.1 필터 매트(filter mat)의 선택기준

(1) 항만 구조물에 적용되는 필터 매트는 원사가 탄력성이 높고 견고한 합성섬유 재질로 짜여진 제품이어야 한다.

(2) 시공 중 장기간 태양광에 노출될 우려가 있을 경우에는 반드시 UV 처리가 된 재질을 사용하여야 한다.

(3) 설계도서에 명시되어 있지 않는 경우의 필터 매트의 제품 선택기준은 다음과 같다.

항 목		단 위	품 질 기 준	시험 방법
재 질		-	폴리프로필렌(P.P) 단섬유 혹은 폴리에스테르(PET) 부직포 100%	FTIR법
중 량		N/㎡	5 이상	KS K ISO 9864
물리적 특성	최대인장강도	KN/m	50 이상	KS K ISO 10319
	인장신도	%	20 이상	KS K ISO 10319
	파열강도	N/㎠	600 이상	KS K 0768
	일열강도	N	1,200 이상	KS K 0769
	꿰뚫림강도	N	950 이상	
수리적 특성	투수계수	cm/sec	$a \times 10^{-1}$ 이상 (a = 1~9)	
	AOS(O90)	㎛	110 이하	KS K ISO 12956
내환경성	UV		150시간, 인장강도 85% 이상 유지 500시간, 인장강도 70% 이상 유지	

3. 시 공

3.1 필터 매트(filter mat) 포설작업

(1) 수급인은 필터 매트의 포설방법, 현장 접합방법 및 시공 장비 투입계획, 공정 및 품질관리에 관한 사항을 명시한 시공계획서를 작성하여 공사감독자의 승인을 받아야 한다.

(2) 필터 매트 포설 전 시공 바닥면을 정리하고 로울러 등으로 다짐을 하여 지반내의 밀도를 높여야 한다.

(3) 필터 매트가 포설된 모든 표면은 움푹 패인 곳이나 큰 돌, 예리한 조각, 나무뿌리 등을 제거하여 청결한 수평상태와 평탄성을 유지하여야 한다.

(4) 필터 매트가 포설된 표면이 움푹 폐인 곳이나 큰 돌을 피할 수 없는 시공일 경우는 보다 작은 크기의 골재(120㎜ 이하)를 표면에 일차적으로 포설한 후 필터 매트의 손상이 발생하지 않도록 사전에 인장강도 및 내구연한을 충분히 검토해 장기사용에 따른 손상에 대한 안전을 고려하여 시공하여야 한다.

(5) 필터 매트 포설순서

① 필터 매트 재단 : 응력이 발생될 수 있는 방향과 필터 매트의 길이 방향을 일치시켜 가능한 한 겹침이음을 줄일 수 있도록 재단하여야 한다.

② 필터 매트 포설 : 재단되어진 필터 매트를 포설할 경우는 최소 500mm를 기준으로 겹쳐 시공하고 포설면의 각종 장애물과 유기불순물을 제거하고 표면을 고른 후 공사감독자의 확인을 받아 필터 매트를 포설하여야 한다.

3.2 필터 매트(filter mat)의 이음

(1) 단순 겹침 이음 : 응력이 필터 매트의 인장력에 주어지지 않는 시공의 경우

(2) 핀 고정 이음 : 응력이 필터 매트의 인장력에 주어지지 않으나 겹침 이음 상태를 시공 중 견고히 유지하기 위한 경우

(3) 봉제선 이음 : 응력이 필터 매트의 인장력에 영향을 줄 경우는 반드시 2선이상의 봉제사로 봉제를 하여야 한다.

① 공장봉합 : 공장에서 소요 측 길이만큼 봉합하는 것으로 현장 봉합에 비하여 재질의 할증이 적고 작업 능률을 높일 수 있다. 공장봉합은 현장까지의 운반 조건 등도 고려하여야 한다.

② 현장봉합 : 공장 봉합된 재료를 현장의 설계 조건에 맞게 봉합하여야 한다.

3.3 시험 및 검사

(1) 시험

검사용 시편은 KS K ISO 9862 지오신세틱스-샘플링 및 시험편의 준비에 의거하여 공급자가 납품한 물품 중 임의의 부분에서 공사감독자가 채취하여 일부는 시험용으로 사용하고 일부는 공사감독자가 보관하며, 시험 빈도는 20,000㎡ 마다 1회로 한다.

(2) 검사

시험성적서에 첨부된 시편과 납품한 물품이 동일 품질인지를 확인하고 결과가 기준값을 충족하여 합격된 물품을 사용한다.

(3) 시험기관

국가공인시험기관에서 시험하여야 한다. 단, 국가공인 시험기관에서 시험이 불가능할 때는 제조사의 품질시험 성적서와 국제품질인증서를 제출하여야 한다.

8-7 함 선

1. 일반사항

1.1 적용 범위

본 시방서는 강재함선의 구조에 대한 사항과 절단, 가공, 용접, 조립 등 제작에 관한 사항을 규정한다.

1.2 시스템 설명

1.2.1 강재함선

(1) 함선은 중앙격벽과 횡격벽을 두어 함선내부를 분류된 공 탱크로 설계 되어야 한다. 각 격벽은 수밀격벽으로 건조하여 함선의 일부 탱크가 손상되어 해수가 유입되더라도 충분한 잔존복원력을 유지하도록 설계하여야한다.

(2) 선저구조

① 선저판과 선저판의 이음은 V형 혹은 배벨(bevel)형 용접으로 완전용입용접을 한다.

② 선저판과 선측판, 선수미판의 이음부에는 형강을 덧대어 필렛(fillet) 연속용접을 실시하여 수밀성을 강화한다.

③ 종늑골식 단저 구조로서 종늑골을 500mm 간격으로 배치하며, 중심선내용골 및 측내용골을 설치하고 2.5m 간격의 선저횡특설늑골이 지지토록 한다.

④ 선저 내용골은 웨브와 정판형(T형)으로 만들고 선저판, 외판 및 횡격벽 등과 웨브 사이, 정판과 웨브 사이에는 필렛 연속용접으로 한다.

⑤ 웨브의 이음부 및 정판의 이음부는 V형 용접으로 하되 배벨링(beveling)을 한 후 완전용입용접을 한다.

⑥ 웨브에는 용접 시 응력집중을 피하기 위하여 반원모따기(50R)를 하여야 한다.

(3) 상갑판 구조

① 상갑판에는 100mm 높이의 라운드 챔버(round camber)를 준다.

② 상갑판과 상갑판의 이음은 V형 혹은 Bevel형 용접으로 완전용입용접을 한다.

③ 갑판하부에는 종늑골을 500mm 간격으로 배치하며, 중심선거더 및 측거더를 설치하고 최대 2.5m 간격의 갑판횡특설늑골이 이를 지지토록 한다.

④ 갑판하거더는 웨브와 정판형(T형)으로 만들고 상갑판, 외판 및 횡격벽 등과 웨브 사이, 정판과 웨브 사이에는 필렛 연속용접으로 한다.

⑤ 웨브의 이음부 및 정판의 이음부는 V형 용접으로 하되 배벨링(beveling)을 한 후 완전용입용접을 한다.

⑥ 웨브에는 용접 시 응력집중을 피하기 위하여 반원모따기 (50R)를 하여야 한다.

(4) 선측구조

① 선측외판과 외판의 이음부는 V형 혹은 배벨형 용접으로 완전용입용접을 한다.

② 선측외판과 상갑판의 이음부는 외측에 V형 혹은 배벨형 완전용입용접을 실시하고, 내측에는 필렛 연속용접을 실시한다.

③ 선측판과 선수미판의 이음부에는 형강을 덧대어 필렛 연속용접을 실시하여 수밀성을 강화한다.

④ 선측판에는 종늑골식 구조로서 550mm 간격으로 종늑골을 배치하며 선측횡특설늑골이 이를 지지토록 한다.

⑤ 선측 횡특설늑골은 웨브와 정판형(T형)으로 만들고 선측판과 웨브 사이, 정판과 웨브 사이에는 필렛 연속 용접으로 한다.

⑥ 웨브의 이음부 및 정판의 이음부는 V형 용접으로 완전용입용접을 한다.

⑦ 웨브에는 용접 시, 응력집중을 피하기 위하여 반원 모따기(50R)를 하여야 한다.

(5) 선수미구조

① 선수미 외판과 외판의 이음부는 V형 혹은 배벨형 용접으로 완전용입용접을 한다.

② 선수미판과 상갑판의 이음부는 외측에 V형 혹은 배벨형 완전용입용접을 실시하고, 내측에는 필렛 연속용접을 실시한다.

③ 선측판과 선수미판의 이음부에는 형강을 덧대어 필렛 연속용접을 실시하여 수밀성을 강화한다.

④ 선수미판에는 수직보강재를 500mm 간격으로 배치한다.

⑤ 선저내용골과 갑판하거더가 위치하는 곳에는 웨브를 설치한다.

⑥ 웨브에는 용접시, 응력집중을 피하기 위하여 반원 모따기(50R)를 하여야 한다.

(6) 종격벽

① 종격벽은 수평 보강재를 취부하고 보강재는 필렛 연속용접으로 취부한다.

② 상갑판과 선저판의 이음부에는 필렛 연속용접을 실시한다.

(7) 횡격벽(transverse bulkhead)

① 횡격벽은 수직 보강재를 취부하고 보강재는 필렛 연속용접으로 한다.

② 상갑판, 저판, 외판 등과 횡격벽과의 이음부에는 필렛 연속용접을 실시한다.

(8) 브라켓

① 각 판과 부재, 부재와 부재가 만나는 곳에는 브라켓을 적절하게 취부하여 견고히 한다.

② 브라켓(bracket)의 용접은 필렛 연속용접으로 한다.

(9) 필라(pillar)

① 각 횡특설늑골과 갑판하거더, 내용골이 만나는 곳에는 강관(125A SCH40)을 설치한다.

② 필라(pillar)의 상하단부에는 더블 플레이트(double plate)를 1개씩 설치하고 필렛 연속용접을 실시한다.

1.2.2 콘크리트 함선

콘크리트 함선의 구조 및 시공에 관한 사항은 "콘크리트 표준시방서"에 준한다.

1.3 제출물

(1) 다음 사항은 감독자의 사전 승인을 받아야 한다.

① 공사 시행순서 및 공법

② 제작도

③ 안내판 등 각종 표시판 설치

④ 자재의 관리

⑤ 제조 시행에 필요한 조치 및 기타 공익상 필요한 조치

(2) 반입 자재는 설계도서에 명기되어 있는 규격품을 감독자의 검사를 받아 사용하여야 한다.

(3) 함선 제작 과정은 건설기술관리법 제28조 규정에 의하여 설비 감리 전문회사로 등록한 업체로부터 시공 시 도급자가 책임 감리를 받아야 한다.

2. 재 료

2.1 강 재

(1) 강재는 신품으로서 형상이 올바르고 곧은 것이어야 하며, 유해한 홈이나 심한 녹등이 없는 것이어야 한다.

(2) 재료는 “강구조물공”항의 각 해당 항목에 명시한 요구조건에 일치하여야 하며, 본항에서 별도로 명시한 항목들이 함께 적용된다.

(3) 관급이 아닌 기타 자재는 K.S 규격품이어야 한다.

2.2 콘크리트

콘트리트에 대한 재료에 대한 사항은 ″콘크리트 표준시방서″에 준한다.

3. 시 공

3.1 시공일반

(1) 설계도서와 시방서에 명기되어 있지 않은 사항에 대하여 해석상 차이가 있을 시는 감독자의 해석에 따른다.

(2) 설계도서에 표시된 치수는 완성된 치수를 말한다.

(3) 다음 사항은 수급자 부담으로 한다.

① 설계도서에 명기되어 있지 않은 사항일지라도 당연히 시공하여야 할 부분

② 시행표시판 및 공사기록 사진

(4) 공사시행 중 공사물을 막론하고 시설물에 손상을 주지 않도록 적절한 보호조치를 하여야 한다.

(5) 공사에 수반되는 제 시험결과는 납품 전 감독자에게 제출하여야 한다.

3.2 제 작

(1) 함선제작은 함선제작 설비를 갖춘 조선소에서 제작하여야 한다.

3.3 함선운반

3.3.1 함선 운반

(1) 수급인은 대상위치에서 최단거리에 위치한 제작장에서 함선제작이 이루어지도록 노력하여야하며 운반비용은 발주청과 향후 정산 할 수 있다.

제9장 방식

제9장 방 식

9-1 방식 일반

항만구조물은 심한 부식 환경에 노출되어 있기 때문에 부식으로부터 시설물을 보호하기 위한 경제적인 방식대책이 설계, 시공되어야 하며 유지관리 되어야 한다.

9-2 전기방식

1. 일반사항

1.1 적용범위

전기방식의 적용범위는 항만용 강관말뚝, 강널말뚝, 강재바지선 등과 같이 수중에 잠기는 강구조물의 유전 양극방식에 의한 전기방식의 사항을 규정한다.

2. 재 료

2.1 양극재질

2.1.1 유전 양극법에서 양극의 재질은 원칙적으로 전기방식용 알루미늄합금으로 하여야 한다.

2.1.2 알루미늄 합금양극의 전류효율은 90% 이상으로 하고 효율시험성적표를 공사감독자에게 제출하여야 한다.

3. 시 공

3.1 양극설치

3.1.1 양극의 배치는 강구조물의 전면에 고르게 분산하여 배치하는 것을 원칙으로 하여야 한다.

3.1.2 양극설치에는 건하식, 용접식, 볼트취부식이 가능하도록 하여야 한다.

3.1.3 양극의 배치와 설치는 시공 전에 상세도면을 제출하여 공사감독자의 승인을 받아야 한다.

3.2 측정장치

3.2.1 전기방식 시 방식전위를 측정하는 장치를 설치해야 한다.

3.2.2 측정장치는 연속측정이 가능해야 하며, 측정위치와 설치개소는 공사감독자의 승인을 받아야 한다.

3.2.3 측정장치에 관한 제반시공사항은 항만 및 어항공사 전문시방서(제10장 방식공사)의 기준에 따른다.

3.3 검 사

3.3.1 검사방법은 아래 내용을 항만 및 어항공사 전문시방서(제10장 방식공사)의 규정하는 바에 따른다.

3.3.2 양극의 규격과 성능은 상기한 항만 및 어항공사 전문시방서(제10장 방식공사)에 따른다.

9-3 방식도장

1. 일반사항

이 항의 규정은 방식도장에 대한 일반적인 사항을 규정한다.

1.1 참조규격

SPS -KPIC 한국페인트·잉크협동조합 단체규격

IS0 8501-1 강재료의 표면처리

2. 재 료

방식도료의 규격은 항만 및 어항공사 전문시방서에서 규정하는 바에 따른다.

3. 시 공

3.1 우천 또는 풍랑에 의해 해수의 비산(飛散)이 심할 때 또는 상대습도가 85% 이상 일 때는 작업을 중지하고, 작업을 다시 시작할 때는 공사감독자의 승인을 받아야 한다.

3.2 표면처리(表面處理)는 아래 내용(항만 및 어항공사 전문시방서)을 따른다.

3.2.1 설계도서에 표면처리 등급에 대한 별도의 추천이 없는 경우는 SIS Sa2½ 또는 동등한 규격 등급으로 블라스트 세정을 하여야 한다.

3.2.2 표면처리가 끝난 피 도장물은 표면의 결함방지를 위해 표면처리 후 4시간 이내에 다음 도장을 하여야 한다. 현장여건 등으로 인하여 도장이 불가할 경우 수급인은 대안을 공사감독자에게 제출하여 승인을 받아야 한다. 이때 여하한 일이 있어도 24시간을 넘겨서는 안 되며 넘을 경우에는 다시 표면처리를 실시하여야 한다.

3.2.3 표면처리가 끝난 후에는 강재 표면에 잔재한 유해물질을 에어블로우를 통하여 제거한 후 도장 작업을 하여야 한다.

3.2.4 열 영향부(용접 비드부 포함)의 표면처리는 용접 후 최소한 48시간 경과 후에 시행하여야 한다.

3.2.5 용접부의 슬래그(slag) 등은 표면처리 전 그라인딩으로 깨끗하게 제거해야 한다.

3.2.6 전기 그라인딩으로 표면처리 시 컵브러쉬(환형 브러쉬)는 항상 유기물질 및 그리스등에 오염되지 않은 깨끗한 것을 사용해야 한다.

3.2.7 용접 비드와 모재의 경계면에 유기물질 등이 남아 있으면 머리카락 형태의 도료분리현상이 발생되므로 표면처리 시 완전히 제거하여야 하며, 분리현상이 발생한 부위는 동력공구 등으로 제거한 후 스프레이나 붓으로 터치업(touch-up)을 시행하여야 한다.

표면처리 규격요약(SSPC 및 NACE 규격)

등 급			정 의	비 고
NACE	SSPC	명 칭		
	SP 2	수공구 세정	느슨하게 부착되어 있는 밀스케일, 녹, 페인트, 기타 이물질을 제거한다. 무딘 퍼티용 칼로 제거되지 않는 밀스케일, 녹, 페인트는 부착물로 간주하며 제거할 필요가 없다.	Hand Tool Cleaning
	SP 3	동력공구 세정	느슨하게 부착되어 있는 밀스케일, 녹, 페인트, 기타 이물질을 제거한다. 무딘 퍼티용 칼로 제거되지 않는 밀스케일, 녹, 페인트는 부착물로 간주하며 제거할 필요가 없다.	Power Tool Cleaning
	SP11	나금속 동력공구 세정	육안으로 관찰시 기름, 그리스, 먼지, 밀스케일, 녹, 페인트, 산화물, 부식생성물, 기타 이물질이 없어야 한다. 단 피팅이 있는 소지의 피트 하부에는 녹과 기존도막의 잔류상태가 미량 허용되며, 표면조도는 최소 25㎛ 이상 이어야 한다.	Power tool cleaning to Bare Metal
	SP14	산업등급 세정	육안으로 관찰 시 기름, 그리스, 먼지가 없어야 한다. 단 밀착하여 붙어있는 밀스케일, 녹, 기존도막은 최대 10%까지 허용된다.	Industrial Blast Cleaning
	SP15	상용등급 동력공구 세정	육안으로 관찰 시 기름, 그리스, 먼지, 밀스케일, 녹, 기존도막, 산화물, 부식생성물, 기타, 이물질이 없어야 한다. 단, 밀스케일, 또는 기존도막의 얼룩(때)에 의하여 생긴 가벼운 색바램이나 흔적의 합이 고루 퍼져 있으되 33%를 초과해서는 안 되며, 표면조도는 최소 25㎛ 이상이어야 한다.	Commercial Grade Power tool Cleaning
No.1	SP 5	나금속 세정	육안으로 관찰 시 기름, 그리스, 먼지, 밀스케일, 녹, 기존도막, 산화물, 부식생성물, 기타 이물질이 없어야 한다.	White Metal Blast Cleaning
No.2	SP 10	준나금속 세정	육안으로 관찰 시 기름, 그리스, 먼지, 밀스케일, 녹, 기존도막, 산화물, 부식생성물, 기타 이물질이 없어야 한다. 단, 녹, 밀스케일 또는 기존도막의 얼룩(때)에 의하여 생긴 가벼운 색바램이나 흔적의 합이 고루 퍼져 있으되 5%를 초과해서는 안 된다.	Near-White Metal Blast Cleaning
No.3	SP 6	상용등급 세정	육안으로 관찰 시 기름, 그리스, 먼지, 밀스케일, 녹, 기존도막, 산화물, 부식생성물, 기타 이물질이 없어야 한다. 단, 밀스케일, 또는 기존도막의 얼룩(때)에 의하여 생긴 가벼운 색바램이나 흔적의 합이 고루 퍼져 있으되 33%를 초과해서는 안 된다.	Commercial Blast Cleaning
No.4	SP 7	경등급 세정	육안으로 관찰 시 기름, 그리스, 먼지, 느슨하게 부착되어 있는 녹, 밀스케일, 기존도막이 없어야 한다. 단, 밀착된 밀스케일, 녹, 기존도막은 허용된다. 이때 무딘 퍼티용 칼로 제거하려 해도 안 될 경우에는 밀착된 것으로 간주한다.	Brush-off Blast Cleaning

표면처리 규격요약(ISO 8501-1)

구 분	등 급	정 의	비 고
블라스트에 의한 표면처리	Sa 1	육안으로 관찰 시 기름, 그리스, 먼지, 느슨하게 붙어 있는 밀스케일, 녹, 페인트 도막 및 기타 이물질이 없어야 한다.	Light Blast Cleaning
	Sa 2	육안으로 관찰 시 기름, 그리스, 먼지가 없어야 한다. 단 밀스케일, 녹, 페인트 도막과 기타 이물질 중 소지에 밀착되어 있는 것은 소량 허용된다.	Thorough Blast Cleaning
	Sa 2½	육안으로 관찰 시 기름, 그리스, 먼지, 밀스케일, 녹, 페인트 도막, 기타 이물질이 없어야 한다. 오염의 잔류 흔적은 작은 점이나 줄무늬 형태로 아주 가벼운 상태이면 허용된다.	Very Thorough Blast Cleaning
	Sa 3	육안으로 관찰 시 기름, 그리스, 먼지, 밀스케일, 녹, 페인트 도막 기타 이물질이 전혀 없어야 한다. 그리고 균일한 금속광택을 띄어야 한다.	Blast Cleaning to Visually Clean Steel
수공구 또는 동력공구에 의한 표면처리	St 2	기름, 그리스, 먼지, 소지에 느슨하게 부착되어 있는 밀스케일, 녹, 페인트 도막, 기타 이물질이 없어야 한다.	Thorough Hand and Power Tool Cleaning
	St 3	기름, 그리스, 먼지, 소지에 느슨하게 부착되어 있는 밀스케일, 녹, 페인트 도막, 기타 이물질을 제거하여 금속광택을 띄는 정도 이여야 한다.	Very Thorough Hand and Power Tool Cleaning

3.3 도 장

3.3.1 도장은 하도, 중도, 상도로 나누어서 시행하며, 각 공정별 도장 간격 및 도장회수, 표준사용량은 아래 내용(항만 및 어항공사 전문시방서)을 따른다.

(1) 대기조건

① 도장 온도범위는 5℃~43℃에서 작업을 해야 하며, 상대습도의 영향을 고려하여야 한다.

② 고온에서 도장 작업을 할 경우에는 너무 빨리 건조되어 핀홀이나 도막의 누락부분 발생 원인이 되므로 유의하여야 한다. 또한 10℃ 미만의 저온조건에서는 건조지연 혹은 불완전한 경화를 유발시키므로 유의하여야 한다.

③ 대기온도 및 강재 표면온도가 이슬점 온도보다 5℃ 이상에서 도장작업시에는 강재 표면에 수분응축이 생겨 부착력이 감소되므로 주의하여야 한다.

④ 우천 시나 안개 및 서리가 있는 기상상태에서는 부착력감소, 도막의 박리저하방지를 위해 도장작업을 하여서는 안 된다.

⑤ 바람이 심하게 부는 날(45km/시간)에는 도장을 하지 않아야 하며, 바람이 심하면 도막의 과잉건조와 주위의 환경에 의한 과잉오염 현상이 발생하기 때문에 주의하여야 한다. 공장 등 인위적으로 바람을 막을 수 있는 장소에서는 도장을 계속 할 수 있다.

(2) 도료의 취급

① 도료의 대부분은 용기 내에서 바닥으로 가라앉는 경향이 있으므로 시공 전에 혼합하지 않으면 만족스런 도장효과를 얻을 수 없으므로 도료의 혼합 시에는 전기나 고압의 공기를 이용한 교반기나 교반막대로 충분히 교반 혼합하여야 한다.

② 넓은 부위를 도장 시에는 전면적의 색상이 동일하도록 도장작업을 완료하는데 필요한 물량을 작업장 내에 준비하여야 한다.

③ 도료 희석제 사용은 도료제조회사의 사양에 따라 사용한다.

④ 보관기간이 경과한 도료는 사용하여서는 안 되며 필요시에는 제조회사 및 공공기관의 시험을 필하여 합격된 제품만 사용하여야 한다.

⑤ 도료보관은 화기로부터 멀리하여야 하며, 개봉된 도료는 즉시 사용될 수 있도록 하여야 한다.

⑥ 도료보관 시에는 최소 1개월에 한 번씩 바닥을 뒤집어 주어야 한다.

⑦ 도료를 나누어 사용할 경우에는 뚜껑을 닫고 1~2분 동안 뒤집어 통이 밀봉 되도록 하여 도료에 피막이 생기는 것을 방지하여야 한다.

⑧ 도료보관은 통풍이 잘되고 직사광선 및 과열로부터 위험이 없는 격리된 장소에 보관하며 가능한 보관온도를 10~38℃가 유지 가능한 장소에 보관하여야 한다.

⑨ 현장에 반입된 도료는 도료용기에 표기된 부착물(라벨)등이 손상되지 않도록 보관하여야 하며, 비, 눈 및 이슬 등에 노출되지 않도록 하여야 한다.

⑩ 도료는 완전히 밀봉된 상태로 현장에 반입하여야 하며, 보관 또한 완전히 밀봉된 상태로 보관해야 한다.

⑪ 아연말을 함유한 하도 도료는 전색제(액체)에 분말(아연말)을 첨가하면서 혼합해야하며, 혼합 후 사용 시에는 필히 40~100 매쉬의 망사에 걸러서 사용한다. 또한 사용 중에도 교반을 계속해 전색제에 분말이 골고루 분산되도록 한다.

⑫ 각 도료별 혼합 후 사용이 가능한 시간 및 희석제는 다음 표와 같으며, 사용가능 시간을 경고한 도료나 해당희석제를 사용치 않은 도료를 사용해서는 안 된다.

(3) 도장계 선정

도장계의 구성은 사용도료의 특성 및 내구연수에 따라 차이가 있으나 다음 표와 같이 일반적으로 원자재 블라스팅, 표면처리 프라이머, 제품 블라스팅 하도, 중도, 상도로 구분한다. 그러나 하도, 중도, 상도 개념은 최근 들어 각 단계의 기능을 동시에 수행하는 도료의 개발로 공장도장과 현장도장으로도 구별되므로 공사감독자와 협의하여 결정하여야 한다.

도장계의 구성

단 계	기 능
원자재 블라스팅	원자재를 가공 전에 연마제를 사용한 블라스팅으로 처리하는 단계로서 품질확보 및 경제성 측면에서 매우 중요한 단계이다. 예전에는 일부 선박 및 강교에서만 수행되었는데 최근에 들어서는 전반적으로 실시되고 있는 실정이며, 설계자는 품질확보 및 경제성에서 매우 중요한 단계임을 고려하여 필히 설계에 반영되어야 한다.
무기질 아연말 도료	제작기간 동안의 발청을 방지하는 동시에 제작 후 본도장을 위한 제품 블라스팅을 용이하게 하기 위함. 제작 시 가능한 박막(15~25㎛) 도장하는 것이 좋다. 일반적으로 방청기능은 3개월에서 1년 정도이다.
제품 블라스팅	하도 전에 전처리 프라이머를 제거하고 하도의 부착을 양호하게 하기 위해 표면조도를 형성시키는 과정으로서 도장 공정 중 가장 중요한 단계로 간주함. 전처리 프라이머가 열화 된 부위나 열 영향부 오염부 등은 준나금속블라스팅이 요구되며 일반부, 즉 전처리 프라이머가 완벽히 살아있는 부위는 표면조도 형성을 위한 블라스팅도 허용하는 것이 타당하다
무기질 아연말 도료, 아연알루미늄용사	철 표면의 부식반응을 억제하는 기능을 가진 단계로 발청 방지를 주목적으로 시행되는 도장단계로 징크 실리케이트계 또는 아연알루미늄 용사계가 좋으며, 철 표면과 부착력이 양호해야 한다.
고고형분 에폭시 도료	하도와 상도와의 유기적인 관계를 보완하는 기능과 하도의 방청력 보완 상도의 내후성보완 기능을 한다. 일반적으로 중도도료로 가장 양호한 것은 에폭시계 도료이다. 중도의 도막두께는 하도와 상도의 성능에 따라 결정한다.
폴리우레탄, 실리콘변성 아크릴도료, 불소도료	상도의 주기능은 미관(색상)과 내후성으로 간주하며, 아울러 내수성 및 색상보존력도 탁월해야 한다. 현재 가장 범용화 된 중방식 상도로서는 광택 및 내후성이 양호한 도료가 좋다.
미세유리섬유 함침도료 폴리우레아 도료	1회 도장으로 후도막 형성이 가능한 도장재로서, 하도와 부착이 우수하고 후도막으로 전체 도막의 내구성을 높여준다. 중도로서 도막두께는 하도와 상도의 성능에 따라 결정한다.

(4) 특수부위의 도장

① 고장력 볼트로 시공하는 부재의 접합면은 마찰력을 높여주기 위하여 먼저 조임 작업을 한 후에 부재와 볼트외부에 도장을 실시하는 경우가 많으나 접합면에 대한 완전한 방청이 곤란하므로 특수한 도장을 필요로 한다. 그 방법은 접합면에 마찰계수가 큰 아연알미늄 용사를 실시하거나 무기질 아연말 도료로 도장한다. 이때 접합면의 마찰계수(μ)는 0.4 이상으로 하여야 한다.

② 볼트이음부의 부식방지는 아래와 같은 도장 방법을 이용하여야 한다.

가. 생산 공장에서 방식 처리된 볼트·넛트를 사용하며, 아연알루미늄 피막처리가 가장 적합하다.

나. 볼트구멍 및 판 접합면은 아연알루미늄을 용사하여 피막을 입힌다.

다. 볼트·너트를 체결하면서 벗겨진 부분은 아연알루미늄을 용사하여 피막을 입힌다.

라. 상기방법으로 아연알루미늄으로 피막이 입혀진 부위에는 본 도장(중도 및 상도)을 실시한다.

마. 볼트이음부의 부식방지는 도장, 금속용사 외에도 페트로레이텀 테이프 피복 및 점탄성 폴리머 코팅을 이용하여 볼트, 너트부위를 통째로 감싸주는 방법을 활용할 수도 있다.

③ 용접부위의 부식방지는 아래와 같은 도장 방법을 이용 하여야 한다.

가. 용접 후 용접부위에서 수소가스가 방출하도록 48~72시간 방치한다.

나. 품질관리기준에 따라 처리된 용접부위 표면에는 아연 알루미늄을 용사하여 두께 75미크론 이상의 피막을 입힌다.

다. 아연알루미늄 피막이 입혀진 부위에 본 도장(중도 및 상도)을 실시한다.

아연 알루미늄 피막처리(볼트, 너트 등 적용)

시 험 항 목	품질기준
외 관	이상 없을 것
부착력	5% 이하
부식저항성(염수분무시험, 720시간)	적청이 없을 것
부풀음(염수분무시험 후)	부풀음 및 박리가 없을 것
도막 두께	(6 ~ 12)μm

참조) 규격: ASTM F 1136 Standard Specification for Zinc/Aluminium Corrosion Protective Coatings for Fasteners

4. 검 사

검사방법은 항만 및 어항공사 전문시방서의 규정하는 바에 따른다.

9-4 페트로레이텀 피복공법

1. 일반사항

본 시방서는 항만의 강관말뚝, 강널말뚝 및 기타 철구조물에 대한 페트로레이텀 피복공법에 대한 일반적인 사항을 규정한다.

항만의 구조물은 건습 반복수면(간만대, 비말대부)에서 부식속도가 수중부에 비해 빠르고 저수위 가속부식(accelerated low water corrosion)이 발생할 수 밖에 없으며 수중과 같이 전기방식법에 의한 부식방지가 불가하므로 통상 약최저저조면(approx. L.L.W)이하 1m부터 상부콘크리트 구조물 하단까지 적용한다.

2. 재 료

2.1 페트로레이텀 테이프

해양용 테이프의 품질은 KS A 1556(방식 테이프) 2종 규정 및 AWWA C217에 적합한 재질이어야 한다. 동 규정에서 시험항목이 상이하거나 동등하더라도 수치의 차이가 있는 부분은 상위의 수치를 적용하여야 한다.

2.2 페트로레이텀 페이스트(paste)

KS M 2213(방청) NP-4(경질막) 및 AWWA C217 프라이머(primer) 기준에 적합한 재질이어야 한다. 동 규정에서 시험항목이 상이하거나 동등하더라도 수치의 차이가 있는 부분은 상위의 수치를 적용하여야 한다.

2.3 보호카바

보호카바의 재질은 폴리에틸렌(polyethylene), 폴리프로피렌(polypropylene), 유리섬유 강화 플라스틱 등을 사용할 수 있으며 강구조물의 형태와 규격에 따라 다양하게 설계할 수 있다. 보호카바의 역할은 파압과 조류, 해상 부유물의 접촉에 대해 방식재료를 보호하기 위한 것인 만큼 유선형으로 설계하여야 하며 부유물인 그물, 밧줄 등이 걸리지 않도록 결합부의 볼트, 너트가 노출되지 않도록 매립형으로 설계하여야 한다.

3. 시 공

페트로레이텀 피복공법의 시공은 시공현장의 사전조사 후 경제성 및 내구성을 고려한 최적시공 방법 및 순서, 시공계획, 공정 및 안전관리 등을 합리적으로 검토하여 공사감독자와 협의하여야 한다.

3.1 사전조사

피복공법을 적용하고자 하는 피방식구조물의 표면상태와 주위환경을 면밀히 조사하여 경제성과 장기내구성을 고려한 최적의 피복공법을 선택하도록 해야 한다.

3.2 공정계획

시공예산을 고려한 최적의 피복공법이 결정되면 완벽한 피복방식이 되도록 시공순서에 의한 충분한 공정기간을 두어야 한다.

3.3 시공절차

3.3.1 표면처리

3.3.2 페트로레이텀 테이프 피복

3.3.3 보호시트 감기

3.3.4 보호카바 설치

3.3.5 콘크리트 슬라브 하단과 강재가 접하는 부위의 처리(pile cap protection)

3.3.6 유리/섬유 강화프라스틱 현장적층(필요시)

3.3.7 검사 및 시험

3.4 안 전

3.4.1 페트로레이텀 피복공법은 현장상황에 따라 물때에 영향을 받을 수 있으므로 조위에 따른 시공계획이 필요하다.

3.4.2 강말뚝이 직항이 아닌 사항인 경우 보호카바는 경사도에 맞는 사전 재단이 필요하므로 경사각을 사전에 측정하여야 한다.

3.4.3 유리섬유 강화플라스틱을 사용 시 사항의 상단을 맞추기 위해 현장재단을 할 경우 작업요원은 반드시 안전마스크를 착용하여야 한다.

제10장 부두포장

제 10 장 부두포장

10-1 동상방지층, 보조기층 및 기층

10-1-1 동상방지층

1. 일반사항

1.1 적용범위

본 시방서는 동결융해작용에 대한 포장파손을 방지하기 위하여 마무리된 노상면의 동상방지층 공사에 적용한다.

1.2 참조규격

KS F 2303 흙의 액성・소성한계 시험 방법

KS F 2312 흙의 다짐 시험 방법

KS F 2320 노상토 지지력비(CBR) 시험 방법

KS F 2340 사질토의 모래당량 시험 방법

1.3 제출물

(1) 해당 공사의 공사계획에 맞추어 시공계획서를 작성한 후 제출해야 한다.

(2) 다음 사항을 추가로 제출해야 한다.

① 재료시험 성적서

② 골재생산 계획서

2. 재 료

2.1 재료의 품질 기준

(1) 동상방지층 재료는 쇄석, 하상재료, 슬래그 또는 공사감독자가 확인한 재료 또는 혼합물로서 점토, 실트, 유기불순물 등을 포함하지 않은 비동결 재료이어야 하며, 도로공사표준시방서 제8장 '표 8-1 동상방지층 재료의 품질기준'을 만족하여야 한다.

(2) 설계도서에 재료의 품질기준이 명시되어 있을 경우에는 그 기준에 따른다.

2.2 재료의 표준입도

동상방지층에 사용될 재료는 골재의 최대치수가 100mm 이하로서 4.76mm 체의 통과 중량 백분율이 30~70%의 범위이고, 0.08mm 체 통과분이 15% 이하인 범위에서 적절한 입도를 유지하여야 한다. 단, 현지 재료의 활용 및 경제성 등을 고려하여 보조기층재료와 동일한 재료를 사용할 수 있다.

3. 시 공

3.1 노상의 완성

동상방지층 시공 이전에 노상표면의 유해물, 시공기면의 뜬돌, 기타 불순물을 제거하고 정리하여야 한다.

3.2 포 설

동상방지층의 포설은 다짐 후 1층의 두께가 200mm를 넘지 않도록 균일하게 깔아야 한다.

3.3 다 짐

(1) 다짐작업은 도로의 외측 단부에서 시작하여 도로의 중심선 쪽으로 중심선에 평행방향으로 진행하여야 하며, 로울러의 후륜 폭의 반폭으로 서행하여 다짐면을 겹쳐 다짐함으로써 후륜으로 전 표면을 다짐하여 나가도록 한다.

(2) 다짐은 로울러가 전진할 때 다짐면과 주륜이 접하는 전면에 파상기복(波狀起復)이 생기지 않을 때까지 계속하여야 한다.

(3) 편경사 구간에서는 상술한 바와 동일한 방법으로 다짐하여 얕은 쪽에서 높은 쪽으로 진행하여야 한다. 동상방지층은 KS F 2312 에서 E다짐방법으로 구한 최대건조밀도의 95% 이상으로 다짐하여야 하며 다짐작업 중 함수비는 상기 시험에서 정하여진 최적함수비의 ±2% 범위 이내로 유지하여야 한다.

3.4 마무리

(1) 완성된 동상방지층은 설계도서에 표시된 경사 및 횡단면과 일치되도록 하여야 하며 계획고와의 차이는 30mm 이하이어야 한다. 완성한 표면의 높이가 과다한 곳은 다시 깎아 소요밀도가 되도록 재 다짐하여야 한다.

(2) 완성된 표면의 높이가 ±10% 이상 차이나는 구간은 표면을 80mm 이상 긁어 일으켜 소요두께가 되도록 재료를 보충하거나 과잉재료를 제거한 후 다짐밀도가 확보되도록 재 다짐 하여 마무리 하여야 한다.

(3) 현장다짐밀도 확인을 위하여 공사 감독자의 승인을 얻어 방사성 동위원소 장비를 사용할 수도 있다.

10-1-2 보조기층

1. 일반사항

1.1 적용범위

본 시방서는 마무리된 노상면 또는 동상방지층 상부의 보조기층 공사에 적용한다.

1.2 참조규격

KS F 2303 흙의 액성・소성 한계 시험 방법

KS F 2311 현장에서 모래 치환법에 의한 흙의 단위중량 시험 방법

KS F 2312 흙의 다짐 시험 방법

KS F 2320 노상토 지지력비(CBR) 시험 방법

KS F 2340 사질토의 모래당량 시험 방법

KS F 2508 로스앤젤레스 시험기에 의한 굵은 골재의 마모 시험 방법

1.3 제출물

(1) 해당 공사의 공사계획에 맞추어 시공계획서를 작성한 후 제출해야 한다.

(2) 다음사항을 추가로 제출하여야 한다.

① 재료시험 성적서

② 골재생산 계획서

2. 재 료

2.1 재료의 품질기준

보조기층 재료는 견고하고 내구적인 부순돌, 자갈, 모래, 슬래그 기타 공사감독자가 확인한 재료 또는 혼합물로써 점토질, 실트(silt), 유기불순물, 기타 유해물을 함유하여서는 안 되며 도로공사표준시방서 제8장 '표 8-2 보조기층 재료의 품질기준'에 적합하여야 한다. 재료의 외형은 비교적 균일한 형상을 가지고 있어야 하며, 골재원 선정 및 변경은 재료사용 전에 공사감독자의 승인을 받아야 한다.

2.2 재료의 표준입도

보조기층 재료의 입도는 도로공사표준시방서 제8장 '표 8-3 보조기층 재료의 입도'를 만족하여야 한다. 수급인은 위의 기준을 만족하는 입도 중에서 공사용 재료로 적합한 입도를 선택하여 공사감독자의 확인을 받아 사용하여야 한다.

3. 시 공

3.1 준 비

(1) 보조기층은 규정에 따라 완료된 면 위에 포설하여야 한다.

(2) 보조기층은 노상면 또는 동상방지층이 먼지, 점토 등 기타 불순물이 있거나 동결상태에 있을 때는 포설하여서는 안 되며, 노상면이 부적합할 경우에는 면 고르기, 재다짐 또는 필요한 경우 치환 등을 실시하여 시방서의 기준에 맞는 노상면을 준비하여야 한다.

3.2 재료의 혼합

(1) 보조기층 재료는 규정 입도 및 시방에 맞도록 혼합한 후 공사감독자의 확인을 받아 현장에 반입하여야 한다.

(2) 혼합된 보조기층재는 입도가 균질하여야 하며, 적정한 함수비를 가지고 있어 재료의 저장, 운반 및 포설 중 재료분리가 일어나지 않도록 하여야 한다.

3.3 포 설

(1) 보조기층 재료의 운반, 포설 및 다짐시에는 적정한 함수비를 가지고 있어야 한다.

(2) 포설에 사용하는 장비는 재료분리를 일으키지 않는 장비로서 시험 시공시 사용되어 확인된 장비이어야 한다. 다만, 포설장비가 들어갈 수 없는 협소한 지역에서는 특수장비를 사용하여 포설할 수 있으며, 소규모 공사의 경우 공사감독자의 승인을 받아 시험시공을 생략할 수 있다.

(3) 보조기층 재료의 포설은 다짐 후의 1층 두께가 200mm를 넘지 않도록 재료를 균일하게 포설하여야 한다.

(4) 보조기층은 설계도서에 별도지시가 없으면 기층 끝단에서 양 옆으로 각각 600mm씩 연장 시공하여 기층 끝단 면에 있는 보조기층의 다짐을 원활히 하여 소요 거푸집이나 장비에 대해 충분한 지지력을 확보하여야 한다.

(5) 보조기층은 다음 공종의 작업을 시작하기 전에 최소 500m 이상의 구간을 완성하여야 한다. 다만, 인터체인지, 고속도로 진입로 또는 격리된 지역은 공사감독자가 기준을 완화할 수 있다.

3.4 다 짐

(1) 보조기층의 다짐장비는 탄댐(tandem)로울러, 진동로울러 또는 타이어 로울러 등을 사용하며, 공사감독자의 확인을 받아 다짐을 시행하여야 한다.

(2) 다짐은 KS F 2312의 E방법으로 구한 최대 건조밀도의 95% 이상 다져야 한다.

(3) 다짐은 길 어깨 쪽에서 중앙 쪽으로 점진적으로 시행하되 전회 다짐한 곳을 일정한 간격으로 겹쳐 다져야 한다.

(4) 다짐시의 함수비는 상기 시험 방법에서 구한 최적함수비의 ±2% 범위 이내로 유지하여야 한다. 현장밀도 시험은 KS F 2311에 따라 시험한다.

(5) 현장다짐밀도를 평판재하시험결과로 확인할 때 아스팔트 포장인 경우는 침하량 2.5mm에서 지지력계수(K30) 30kg/㎥ 이상으로 관리하여야 하며, 시멘트 포장인 경우는 침하량 1.25mm에서 지지력계수(K30) 20kg/㎥ 이상으로 관리하여야 한다.

3.5 마무리

(1) 보조기층은 설계도서에 표시된 종・횡단경사 대로 정확히 마무리 되어야 한다.

(2) 보조기층의 마무리면은 계획고보다 30mm 이상 차이가 있어서는 안 된다. 3m의 직선자로 도로 중심선에 평행 또는 직각으로 측정할 때 20mm 이상 요철이 있어서는 안 되며, 콘크리트포장의 경우 10mm 이상의 요철이 있어서는 안 된다.

(3) 새로운 측정은 이미 측정이 끝난 부분에 직선자를 반씩 겹쳐 측정하여야 한다. 보조기층의 완성두께는 10% 이상 증감이 있어서는 안 된다.

3.6 두께측정

(1) 완성된 보조기층의 두께측정은 커터(cutter)로 자르거나 구멍을 파서 측정한다. 매 3,000㎡에 1개 공 이상씩 두께측정을 하여야 하며, 측정두께가 설계두께보다 10% 이상 차이가 생기는 구간은 표면을 80mm 이상 긁어 일으켜 재료를 보충 또는 제거하고 소요 두께가 되도록 다시 다져야 한다. 이에 소요되는 공사비는 수급인 부담으로 한다.

(2) 두께측정을 위한 코아채취 시험용 보링 부분에도 수급인 부담으로 원상복구 하여야 한다.

3.7 유지관리

(1) 시공기간 중 보조기층은 항상 양호한 상태로 유지되어야 하며 손상부분은 즉시 보수하여야 한다.

(2) 보조기층 마무리면은 기층이나 표층 포설 전에 적절한 함수비를 함유하고 있어야 한다.

(3) 완성된 보조기층면을 공사용 차도로 활용하였거나, 또는 보조기층 완성 후 강우, 강설 등의 기상변화에 장기간 방치하여 두었거나 공사감독자가 필요하다고 판단하는 경우에는 재시험을 실시하여 공사감독자의 승인을 다시 받아야 한다.

(4) 시험결과 불합격 되었을 경우에는 수급인 부담으로 재시공하여야 한다.

10-1-3 아스팔트 콘크리트 기층

1. 일반사항

1.1 적용범위

본 시방서는 아스팔트 콘크리트 기층 공사에 적용한다.

1.2 참조규격

KS F 2337 마샬시험기를 사용한 역청 혼합물의 소성흐름에 대한 저항력 시험 방법

KS F 2355 피막박리시험에 의한 피복면적

KS F 2503 굵은 골재의 비중 및 흡수량 시험 방법

KS F 2502 골재의 체가름 시험 방법

KS F 2507 골재의 안정성 시험 방법

KS F 2508 로스앤젤레스 시험기에 의한 굵은골재의 마모 시험 방법

KS F 3501 역청 포장용 채움재

KS M 2201 도로 포장용 아스팔트

1.3 제출물

(1) 해당 공사의 공사계획에 맞추어 시공계획서를 작성한 후 제출해야 한다.

(2) 다음사항을 추가로 제출해야 한다.

① 시험포장 계획서

② 재료시험 성적서

③ 골재생산 계획서

2. 재 료

2.1 재료의 품질기준

(1) 아스팔트 콘크리트 기층에 사용할 아스팔트는 KS M 2201의 종류에 부합되는 것이어야 한다.

(2) 골재는 견고하고 내구적인 쇄석, 자갈, 슬래그, 모래, 석분 및 기타재료로 하며 이들의 혼합물에는 점토, 유기불순물, 먼지 기타유해물이 함유되어서는 안 된다. 쇄석 및 자갈은 표면이 깨끗하고 모양은 너무 편평하고 세장한 조각이 없어야 하며 도로공사표준시방서 제8장 '표 8-6 아스팔트 콘크리트 기층용 골재의 품질기준'을 만족하여야 한다.

(3) 채움재(filler)는 KS F 3501의 규정에 적합한 것으로 석회석 및 시멘트 기타공사감독자가 확인한 재료를 사용하며 함수비 1% 이하로서 덩어리가 없어야 하며 도로공사표준시방서 제8장 '표 8-7 채움재의 입도기준'을 만족하여야 한다.

2.2 재료의 입도

굵은골재, 잔골재 및 채움재를 혼합하였을 때 도로공사표준시방서 제8장 '표 8-8 아스팔트 콘크리트 기층용 골재의 입도기준' 중 어느 하나를 사용하여야 한다. 다만, 필요한 경우 공사감독자의 승인을 받아 입도를 다소 수정하여 사용할 수 있다.

2.3 재료의 승인 및 시험

(1) 계약상대자는 가열 아스팔트 안정처리 기층에 사용할 아스팔트와 골재의 시료 및 시험결과를 공사에 사용하기 15일 전에 감독자에게 제출하여 승인을 받아야 한다.

(2) 아스팔트의 공급원 변경이나 골재원을 변경할 경우에는 사전에 감독자의 승인을 받아야 한다.

(3) 감독자는 사용재료의 적정여부를 결정하기 위하여 필요시 보조시험을 시행할 수 있으며, 시공 중에도 아스팔트의 추출시험을 지시할 수 있다.

2.4 재료의 저장

(1) 아스팔트 드럼(drum)은 입고순서 및 정유소별로 분류하여 저장하고 입고순서대로 사용한다.

(2) 탱크차(tank lorry)로 현장에 반입하는 아스팔트를 저장할 경우에는 가열이 가능한 별도의 저장탱크 시설을 갖추어야 한다.

(3) 골재는 종류별, 크기별로 분리 저장하여 서로 혼합되지 않도록 하여야 한다. 재료 분리가 일어나지 않도록 저장하여야 하며, 먼지, 진흙 등 불순물이 혼합되지 않도록 하여야 한다.

(4) 석분은 방습이 잘되는 장소에 저장하며, 포대에 든 석분은 지면에서 300mm 이상 높이에 있는 마루를 설치한 창고에 저장하여 입고순서대로 사용하여야 한다.

2.5 기층용 아스팔트 혼합물 품질기준

KS F 2337에 의하여 시험했을 때 도로공사표준시방서 제8장 '표 8-9 기층용 아스팔트 혼합물의 마샬 시험 기준'에 합격한 것이어야 한다.

2.6 기준밀도

가열 아스팔트 안정처리 혼합물의 기준밀도는 공사감독자의 승인을 받은 배합에 대하여 골재의 25mm 이상의 부분을 25~13mm로 치환한 재료에 대하여 실내에서 혼합하여 3개의 마샬공시체를 제작해서 아래 식으로 구한 마샬공시체의 밀도의 평균치를 기준밀도로 한다. 또한 기준밀도의 결정에 있어서는 공사감독자의 승인을 받아야 한다.

$$\text{공시체의 밀도} = \frac{\text{건조공시체의 공기중의 중량(g)}}{\text{공시체의 표면건조중량(g)} - \text{공시체의 수중중량(g)}}$$

$$\times \text{상온의 물의 밀도}(g/cm^3)$$

3. 시 공

3.1 플랜트(plant)

아스팔트 포장작업에 사용할 플랜트는 현장 배합설계에 따라 혼합물을 생산할 수 있도록 계량되고 조정할 수 있으며 믹서용량은 1,000kg 이상인 것으로 현장 반입 전에 기종, 용량, 성능 및 부속기구에 대하여 공사감독자의 승인을 받아야 한다.

사용할 플랜트의 기종은 자동계량방식(automatic weighting system)의 배치(batch)식 플랜트를 원칙으로 하고, 중량계량을 정확히 할 수 있는 장비가 부착된 것이어야 한다. 다만, 공사감독자의 서면승인을 받은 경우에는 연속식을 사용할 수 있다. 플랜트의 장비는 다음의 제 기준에 맞아야 하며, 공해방지 시설을 갖춘 것이어야 한다.

(1) 골재 피이더(feeder)

골재 피이더는 종류가 각기 다른 골재를 균일하게 드라이어(dryer)에 공급할 수 있는 장치를 갖추어야 한다. 콜드 빈(cold bin)과 골재 피이더 사이에는 골재가 원활히 공급되는가를 확인하기 위하여 필요한 인원을 배치하여야 한다.

(2) 아스팔트 저장탱크 및 켓틀(kettle)

아스팔트 저장탱크 및 켓틀은 최소 2일 동안의 작업에 지장이 없을 만큼 충분한 용량과 아스팔트를 완전히 배출할 수 있는 시설을 갖추고 있어야 하며, 아스팔트를 소정의 온도까지 균등하게 가열할 수 있는 장비와 아스팔트 배출구 부근에 온도를 측정할 수 있는 자기온도계가 설치되어 있어야 한다.

(3) 드라이어(dryer)

드라이어는 골재를 건조시켜 소정의 온도까지 가열할 수 있는 것으로 플랜트를 연속적으로 운행할 수 있도록 충분한 용량을 가지고 있어야 하며 배출구 부근에서 자기온도계를 설치하여 가열된 골재의 온도를 자동으로 기록 또는 측정할 수 있는 것이어야 한다.

(4) 체가름 장치(gradation control unit)

체가름 장치는 가열된 골재를 입경별로 최소 3종류이상 체가름 할 수 있는 능력을 가진 것으로서 평소 운용시의 플랜트 믹서보다 약간 큰 용량을 가진 것이어야 한다. 체가름 장치는 공사감독자가 지시하는 방법과 빈도로 청소가 가능하며, 신제품으로 바꾸거나 수리가 용이하여야 한다.

(5) 하트 빈(hot Bin)

하트 빈은 입경이 다른 골재를 각각 분리 저장할 수 있도록 3개 이상 분리된 것이어야 한다. 또한 각 빈(bin)마다 오우버-플로우 파이프(over-flow pipe)를 설치하여 체가름된 골재가 섞이지 않도록 하여야 하며 각 빈에는 시료채취 장치를 각각 설치하여야 한다.

(6) 집진장치(dust collector)

플랜트에는 집진장치를 설치하여야 한다.

(7) 플랜트 검사

플랜트는 혼합물을 생산하기 전에 기계의 결함여부를 검사하여야 하며, 결함사항이 발견되면 혼합물 생산 전에 수리하고 배치식 플랜트의 하트 빈 중량계는 계기눈금이 정확히 맞도록 검사하여 조정하여야 한다. 하트 빈, 아스팔트 탱크 및 켓틀의 온도계는 혼합물 생산 전에 검사하여 조정하여야 한다.

(8) 골재 계량기

골재 계량기에 붙어있는 저울의 최소 눈금은 저울전체용량의 1/200 이하이어야 하며, 스프링식이 아닌 저울로써 진동에 의한 영향을 받지 않은 표준형이어야 한다. 또한 계량기는 한배치의 재료를 한 번에 계량할 수 있는 용량을 가져야 하며 정밀도는 계량중량의 1% 이내이어야 한다.

(9) 아스팔트 계량기

아스팔트 계량기는 소정의 아스팔트량을 계량할 수 있는 것으로서 계량통의 용량은 배치혼합에 소요되는 아스팔트량보다 15% 이상 큰 것이어야 하며, 정밀도는 계량중량의 1% 이내이어야 한다.

(10) 스프레이어(sprayer)

스프레이어는 소요량의 아스팔트를 믹서 내부에 균일하게 살포할 수 있도록 설계된 것이어야 한다.

(11) 호퍼(hopper)

호퍼는 한 배치의 혼합용 골재를 계량할 수 있는 충분한 용량을 가진 것이어야 한다.

(12) 믹서(mixer)

믹서는 2축식 퍼그 밀(pug mill)형 배치 믹서로서 균질한 혼합물을 생산할 수 있는 것이어야 하며 날개와 고정부분인 믹서의 내벽과의 간격이 20mm 이하이어야 한다. 믹서는 혼합시간을 조절할 수 있는 타임록(time lock)이 장치되어 있어야 하며, 이 타임록은 혼합 작업 중 믹서 게이트를 폐쇄할 수 있는 것이어야 한다.

(13) 석분 빈

석분의 투입은 습기를 방지하고 연속하여 투입될 수 있도록 사이로(silo)를 설치하여야 하며 자동 계량하여 투입되도록 장치를 하여야 한다.

(14) 생산량의 기록장치

대규모 플랜트에서는 생산된 혼합물의 양을 확인하기 위하여 자동기록 장치를 설치해야 한다.

3.2 기상조건

아스팔트 혼합물은 포설할 표면이 습윤되어 있거나 불결할 때, 비가 내리거나 안개가 낀 때, 포설할 표면이 얼어있을 때, 기온이 5℃ 이하일 때는 시공하여서는 안 된다.

3.3 시험포장

(1) 수급인은 설계도서에 따라 공사에 적합한 재료 및 시공기계를 사용하여 공사감독자 입회하에 시험포장을 실시하여야 한다.

(2) 시험포장 면적은 약 500㎡ 정도로 공사감독자의 승인을 받아 이를 조정할 수 있으며, 소정의 다짐을 실시하여 두께 및 밀도를 측정해야 한다.

(3) 시험포장은 최적 아스팔트의 함량, 다짐도, 다짐후의 두께, 밀도, 포설, 다짐방법, 플랜트 배합 및 현장 포설온도 등을 검토할 목적으로 시행한다.

(4) 시험포장을 시행할 장소 및 혼합물의 배합에 대하여는 공사감독자와 협의한 후 시험포장계획서를 제출하고 결과에 대하여 공사감독자와 협의하여야 한다.

(5) 시험포장은 설계도서에 만족할 경우 본포장의 일부로 사용할 수 있으나 규정에 벗어날 경우에는 이를 원상 복구하여야 한다.

(6) 시험포장에 소요되는 비용은 포장의 계약단가에 포함한 것으로 간주하고 별도의 지불은 하지 않는다.

3.4 현장배합

(1) 수급인은 아스팔트 및 골재의 대표적인 시료를 이용하여 시험비빔 및 시험포장을 시행한 결과를 검토한 후 혼합물의 종류별 골재의 입도, 아스팔트의 함량, 혼합물의 혼합시간, 믹서 배출시의 온도 등을 공사감독자와 협의하여 결정한다.

(2) 수급인은 위의 (1)항에 따라 혼합물을 생산하여야 한다. 실제 플랜트에서 생산되는 혼합물의 골재입도는 배합설계시의 입도와 다르게 나타나는 것이 보통이기 때문에 시험배합을 실시하여 규정된 혼합물의 품질기준에 만족하는지를 확인해야 한다.

(3) 아스팔트 혼합물의 품질기준에 만족하지 않을 경우 골재의 입도 또는 아스팔트의 함량을 수정해야 한다.

(4) 시공 중 혼합물의 개선이 필요한 경우에는 공사감독자가 현장배합의 변경을 지시할 수 있다.

3.5 혼합작업

(1) 혼합작업은 이 절의『3.1 플랜트』에 규정한 플랜트에서 아스팔트, 골재 및 채움재를 사용하여 혼합하여야 한다.

(2) 종류 및 크기별로 저장되어 있는 콜드 빈의 골재는 가열, 건조 및 체가름하여 크기별로 하트 빈으로 보내며, 하트빈에서는 골재와 채움재를 배합비에 따라 계량하

여 믹서로 보내어 믹서에서 혼합시킨 후 소요량의 아스팔트를 믹서에 주입하여 혼합 생산하여야 한다.

(3) 믹서에 투입된 골재와 아스팔트의 온도는 규정된 온도에서 ±10℃의 범위를 넘어서는 안 된다.

(4) 믹서에서 5~15초 동안 골재를 혼합한 후 가열된 아스팔트를 주입하고 균질한 혼합물이 될 때까지 30초 이상 계속 혼합하여야 한다. 이때 과잉혼합이 되지 않도록 주의하여야 한다.

(5) 연속플랜트에서는 혼합시간을 45초 이상으로 관리하여야 한다.

$$\text{혼합시간(초)} = \frac{\text{믹서의 전용량(kg)}}{\text{매초당 믹서의 배출량(kg/초)}}$$

(6) 배치플랜트나 연속플랜트의 어느 것을 사용하든 혼합시간은 현장배합 시험결과에 따라 결정하여야 하며, 믹서에서 배출시 혼합물의 온도는 시험배합에서 결정된 혼합물의 온도에서 ±15℃의 범위내의 규정된 온도(180℃)를 넘어서는 안 된다.

(7) 믹서에 골재를 투입할 때 골재의 온도는 아스팔트 투입온도보다 10℃ 이상 높아서는 안 된다.

3.6 혼합물의 운반

(1) 플랜트에서 포설현장까지 혼합물 운반에 사용할 트럭의 적재함은 바닥이 깨끗하고 평평하여야 한다.

(2) 혼합물의 양은 계획시간 이전에 포설 및 다짐을 마칠 수 있을 만큼 현장에 운반하여야 한다.

(3) 혼합물은 운반도중 오물이 유입되거나 온도가 떨어지는 것을 방지하기 위하여 트럭에 덮개를 씌워야 한다.

3.7 포 설

(1) 아스팔트 혼합물의 포설에 사용하는 피니셔(finisher)는 자주식으로 설계도서에 표시한 선형, 경사 및 크라운에 일치되도록 포설할 수 있는 자동센서가 부착된 장비이어야 하며, 혼합물을 평탄하게 포설할 수 있는 호퍼, 포설스크류, 조절스크리드 및 탬퍼를 장치한 것으로 혼합물의 공급량에 따라 작업속도를 조절할 수 있는 것이어야 한다.

(2) 아스팔트 혼합물을 포설하기에 앞서 보조기층면을 점검하여 손상된 부분이 있으면 이를 보수하고 표면상의 먼지 및 기타 불순물은 완전히 제거하여야 한다. 프라임 코트나 택 코트가 충분히 양생되기 전에는 혼합물을 포설하여서는 안 된다.

(3) 수급인은 시험포장 결과 보고서를 공사감독자에게 제출하여 공사감독자가 현장 포설시방온도 범위를 지정할 수 있도록 하여야 하며, 시방온도보다 20℃ 이상 낮을 경우에는 그 혼합물은 폐기하여야 한다.

(4) 아스팔트 콘크리트 기층은 1층 다짐후의 두께가 100mm 이내가 되도록 포설하여야 한다. 포설작업이 오랫동안 중단될 경우에는 혼합물의 포설 및 다짐에 부적합한 온도이하로 식어서 완성면의 평탄성이 좋지 않거나 다짐밀도가 적어지므로 포설작업이 연속적으로 이루어질 수 있도록 플랜트의 생산능력에 맞추어 포설속도를 조정하여야 하며, 혼합물 운반계획을 면밀히 수립하여야 한다.

(5) 혼합물은 포설 스크류 깊이의 2/3 이상 차 있도록 호퍼에 충분히 공급하여야 한다. 이때 호퍼의 조정문은 스크류와 피이더가 85% 이상 작동되도록 조절되어야 한다.

(6) 피니셔의 속도는 혼합물 포설두께와 종류에 따라 조정하며, 스크리드는 작업을 시작할 때 가열하여야 한다.

(7) 편경사가 있는 구간에서의 피니셔는 도로중심선에 평행하게 노면이 낮은 곳에서 높은 곳으로 포설하여야 한다. 또한, 직선구간에서는 도로중심선에 평행하게 길 어깨 쪽에서 도로중심선 쪽으로 포설하여야 하며, 종단방향으로는 낮은 곳에서 높은 곳으로 포설해야 한다.

(8) 피니셔 뒤에는 삽과 레이크 인부를 고정 배치하여 피니셔의 마무리가 불완전한 곳은 수정하여야 한다. 포설 중에 혼합물의 재료분리가 생길 경우에는 피니셔의 운행을 즉시 중지하고 원인을 조사하여 포설 불량부분은 즉시 보수하여야 한다.

(9) 기계포설이 불가능한 곳에는 인력포설을 하여야 하며 이때 재료분리 현상이 일어나지 않도록 주의해야 한다.

(10) 이미 완성된 포장 층에는 공사감독자의 확인을 받아 택 코트를 시행한 후 혼합물을 포설하여야 한다.

3.8 다 짐

(1) 다짐장비는 12톤 이상의 마카담 로울러와 8톤 이상의 2축식 탄댐로울러 및 12톤 이상의 타이어 로울러를 사용하여야 하며, 규격·종류 및 다짐횟수는 시험포장 결과에 따라 결정한다.

(2) 다짐장비의 종류를 변경코자 할 경우는 반입 전에 공사감독자의 승인을 득하여야 하며, 로울러는 전·후진 방향 전환 시 노면에 충격을 가하지 않는 자주식으로서 혼합물이 바퀴에 부착되지 않도록 하여야 한다.

(3) 혼합물을 포설한 후 다짐장비로 균일하게 다짐을 실시하여야 하며, 로울러 다짐이 불가능한 곳에서는 수동식 탬퍼로 다짐을 할 수 있다.

(4) 다짐작업에 사용할 로울러의 대수, 조합, 다짐횟수 등은 시험시공 결과에 의거 시행하여야 하며, 혼합물 포설 후 로울러의 하중에 의하여 이동하지 않을 정도로 안정되면 즉시 로울러를 투입하여 다짐을 시행한다. 마카담 로울러로 초기 다짐을 실시한 후에는 횡단면의 양호도를 검사하여 불량한 곳이 발견되면 공사감독자의 지시에 따라 혼합물을 가감하여 수정하여야 한다.

(5) 다짐작업 중 로울러의 다짐선을 갑자기 변경하거나 방향을 바꿔 포설한 혼합물의 이동이 생기도록 하여서는 안 된다. 로울러의 방향전환은 안정된 노면위에서 하여야 하며 포설된 혼합물이 이동되었으면 레이크로 긁어 일으켜 다짐 전 상태로 만든 후 다시 다짐을 실시하여야 한다. 다짐이 끝났다 하더라도 완전히 양생될 때까지는 로울러 등 중장비를 포장면에 세워 두어서는 안 된다.

(6) 현장다짐밀도는 이 절의『3. 아스팔트 콘크리트 기층』의 3.2에 의한 방법으로 구한 기준밀도의 96% 이상이어야 한다.

(7) 다짐작업 후 양생 완료 전에는 공사감독자의 확인 없이 교통을 소통시켜서는 안 된다.

3.9 이 음

(1) 포장의 이음은 이음부분이 외형으로 눈에 띄지 않도록 정밀히 시공하여야 하며 이미 포설한 단부에 균열이 생겼거나 다짐이 충분하지 않은 경우에는 그 부분을 깨끗이 잘라내고 인접부를 시공하여야 한다.

(2) 세로이음, 가로이음 및 구조물과의 접촉면은 깨끗이 청소한 후 공사감독자가 승인한 역청재를 바른 후 시공하여야 한다. 아스팔트 안정처리 기층 및 아스팔트 콘크리트 기층의 가로이음의 위치는 1m 이상, 세로이음의 위치는 0.15m 이상 어긋나도록 시공하여야 한다.

3.10 마무리

(1) 아스팔트 콘크리트 기층 및 아스팔트 콘크리트 표층의 완성면은 3m 직선자로 도로 중심선에 직각 또는 평행으로 측정하였을 때 가장 깊이 들어간 곳(最凹部)이 3mm 이상 이어서는 안 된다.

(2) 직선자를 사용하여 평탄성 측정을 할 경우에는 이미 측정한 곳에 직선자를 반 이상 겹쳐서 측정하여야 한다.

3.11 두께측정

(1) 수급인은 공사감독자가 지정하는 위치 또는 매 층당 3,000㎡ 마다 코어를 채취하여 두께를 측정하고, 그 결과를 공사감독자에게 제출하여야 한다.

(2) 완성두께는 설계두께보다 10% 이상 초과 시공하거나 5% 이상 부족 시공되어서는 안 된다.

(3) 코어 채취한 곳을 원상복구 하는데 소요되는 비용은 수급인 부담으로 한다.

10-1-4 빈배합 콘크리트(lean concrete) 기층

1. 일반사항

1.1 적용범위

본 시방서는 빈배합 콘크리트 기층의 건식 (lean concrete, dry mixing type) 공사에 대하여 적용한다.

1.2 참조규격

KS F 2303 흙의 액성· 소성한계 시험 방법

KS F 2312 흙의 다짐 시험 방법

KS F 2503 굵은 골재의 비중 및 흡수량 시험 방법

KS F 2507 골재의 안정성 시험 방법

KS F 2508 로스앤젤레스 시험기에 의한 굵은 골재의 마모 시험 방법

KS F 2511 골재에 포함된 잔입자(0.08mm 체를 통과하는) 시험 방법

KS F 2512 골재중에 함유되는 점토덩어리량의 시험 방법

KS F 2513 골재에 포함된 경량편 시험 방법

KS F 2516 긁기 경도에 의한 굵은 골재의 연석량 시험 방법

1.3 제출물

1.3.1 해당 공사의 공사계획에 맞추어 시공계획서를 작성한 후 제출해야 한다.

1.3.2 다음 사항을 추가로 제출해야 한다.

(1) 재료시험 성적서

(2) 골재생산 계획서

(3) 시험포장 계획서

2. 재 료

2.1 재료의 품질기준

(1) 시멘트

전문시방서에서 규정하는 바에 따른다.

(2) 물

콘크리트 혼합물에 사용하는 물은 깨끗해야 하며, 기름, 염분, 산, 알카리, 당분, 기타품질에 영향을 주는 유해물이 함유되어서는 안 된다.

(3) 굵은골재

전문시방서에서 규정하는 바에 따른다. 다만, 굵은골재의 품질기준은 도로공사표준시방서 제8장 '표 8-10 빈배합 콘크리트 기층용 굵은 골재의 품질기준'에 따른다.

(4) 잔골재

전문시방서에 규정하는 바에 따른다. 다만, 잔골재의 품질기준은 도로공사표준시방서 제8장 '표 8-11 빈배합 콘크리트 기층용 잔골재의 품질기준'에 따른다.

2.2 골재의 입도

골재의 표준입도는 설계도서에 표시하는 경우 이외에는 도로공사표준시방서 제8장 '표 8-12 빈배합 콘크리트 골재의 입도' 중에서 하나를 사용하여야 한다.

2.3 시멘트량

시멘트량의 결정기준인 압축강도는 설계도서에 명시되어 있는 경우를 제외하고는 도로공사표준시방서 제8장 '표 8-13 빈배합 콘크리트의 강도'의 기준에 따른다.

3. 시 공

3.1 준 비

(1) 빈배합 콘크리트 기층시공에 앞서 보조기층의 표면에는 뜬돌, 점토, 기타 유해물이 있어서는 안 된다. 보조기층면은 본 절『10-1-2 보조기층』의 3.에 따라 양호한 상태로 유지관리 되어야 하며, 이 조건과 맞지 않으면 수급인 부담으로 이를 제거하고 다시 시공하여야 한다.

(2) 보조기층면이 건조해 있을 때에는 균일하게 살수한 후 기층 시공을 하여야 한다.

3.2 시공기계

(1) 일반사항

『10-3 시멘트 콘크리트 포장』에 따른다.

(2) 배치 플랜트(batch plant)

『10-3 시멘트 콘크리트 포장』에 따른다.

(3) 장비점검

사용장비(휘니샤, 로울러등)는 공사 전 점검을 실시하여 작업 중 장비의 고장을 사전 예방할 수 있도록 제반 조치를 강구하여야 한다.

3.3 기상조건

(1) 빈배합 콘크리트 기층의 포설은 공사감독자가 별도 대책을 세워 지시한 경우를 제외하고는 기온이 4°C 이하이거나 우천 시에는 시공해서는 안 된다.

(2) 일평균기온이 30℃ 이상인 경우에는 함수비의 관리에 특히 유의하여야 한다.

(3) 양생기간 중 동결이 예상되는 경우에는 기층면을 보호할 수 있도록 동결방지책을 강구하여 공사감독자의 확인을 받아야 한다.

3.4 시험포장

(1) 수급인은 시방 규정에 적합한 재료 및 시공기계를 사용하여 공사감독자 입회하에 시험포장을 실시하여야 한다. 시험포장 면적은 500㎡ 정도로 하며, 다짐도, 다짐후의 두께, 재료분리, 부설 및 다짐방법 등을 검토한다.

(2) 수급인은 시험포장을 실시할 장소, 혼합물의 배합 등에 대하여는 공사감독자와 협의한 후 시험포장 계획서를 제출하고, 결과에 대하여 공사감독자와 협의하여야 한다.

3.5 현장배합

수급인은 빈배합 콘크리트 기층시공에 사용할 대표적인 시료를 사용하여 시험생산 및 시험포장을 실시, 그 결과를 공사감독자에게 제출하고 공사감독자는 그 결과를 검토하여 재료의 배합비, 시멘트량 및 함수비를 결정하여야 한다.

3.6 혼합물 생산

(1) 골재는 잔골재와 굵은골재로 구분하여 적재하고 계량하며, 잔골재율은 시험결과에 따라 공사감독자와 협의하여 조정하여야 한다.

(2) 혼합은 중앙혼합식으로 균등한 품질이 되도록 생산하여야 하며, 혼합시간은 2~4분을 기준으로 한다.

(3) 혼합시 함수량은 일반적으로 시멘트 및 골재 혼합량의 6%를 기준으로 한다.

3.7 혼합물 운반

(1) 콘크리트 혼합물의 운반은 운반차에 싣거나 내릴 때 그 높이를 가능한 낮게 하여 재료분리가 일어나지 않도록 해야 한다. 운반차는 콘크리트를 내리는 작업이 쉬운 것이라야 하며 내리기 작업 후에는 물로 씻어내야 한다.

(2) 콘크리트가 비벼진 후부터 치기가 끝날 때까지의 시간은 1시간을 넘어서는 안 된다.

(3) 하절기, 강풍, 기타의 경우에는 콘크리트가 운반 도중에 건조하지 않도록 보호하여야 한다.

3.8 포 설

혼합물은 피니셔에 의해 균일한 두께로 포설하여야 한다. 다만, 폭이 다르고 형상이 특수한 부분에는 인력으로 포설할 수 있다.

3.9 다 짐

(1) 다짐은 가수 혼합 후 2시간 이내에 완료되도록 해야 하며, 균일한 다짐도가 얻어지고 재료분리가 일어나지 않도록 평탄하게 마무리해야 한다.

(2) 콘크리트의 최대건조밀도는 KS F 2312의 E방법으로 구하며 현장다짐도의 기준은 100% 이상으로 한다.

(3) 다짐장비는 진동로울러, 탄댐로울러와 타이어로울러를 사용하며 로울러별 다짐순서와 다짐횟수는 시험포장 결과에 의하여 결정하며, 다짐장비의 종류를 변경코자 할 경우에는 반입 전에 공사감독자의 승인을 받아야 한다.

(4) 다짐 후의 두께 및 마무리면에 대한 허용오차는 다음과 같다.

- 다짐후의 두께 : 설계두께의 ±10%
- 마무리면 : 계획고 ±15mm

3.10 시공이음 및 단부처리

(1) 시공이음은 도로중심선의 직각 방향으로 설치하여야 한다.

(2) 시공이음부는 시멘트 콘크리트 포장 줄눈의 위치와 적어도 300mm 이상 엇갈리게 설치해야 한다.

(3) 시공이음부는 다음 공사의 시공시 손상을 받지 않도록 보호해야 하며, 시공이음부근의 다짐이 충분하도록 주의하여 시공해야 한다.

3.11 마무리

빈배합 콘크리트 기층의 완성면은 7.6m 프로파일 미터를 사용할 때 PrI=480mm/km 이하이어야 하고, 직선자로 측정하였을 때 가장 깊이 들어간 곳(凹)이 10mm 이상이 되어서는 안 된다.

3.12 양 생

(1) 빈배합 콘크리트의 기층은 수분이 소량이므로 증발에 의하여 표면이 건조・이완되지 않도록 살수 또는 비닐 덮기 등으로 습윤양생을 철저히 실시하여야 한다.

(2) 재령 7일의 압축강도 및 평탄성 시험결과를 확인하기 전에는 교통을 개방해서는 안 된다.

10-2 아스팔트 콘크리트 포장

10-2-1 프라임 코트

1. 일반사항

1.1 적용범위

본 시방서는 보조기층면에 역청재를 살포하여 가열 아스팔트 콘크리트층을 결합시키거나 불투수층을 형성케 하는 프라임 코트 공사에 적용한다.

1.2 참조규격

KS M 2203 유화 아스팔트

1.3 제출물

(1) 해당 공사의 공사계획에 맞추어 시공계획서를 작성한 후 제출해야 한다.

(2) 재료시험 성적서를 추가로 제출해야 한다.

2. 재 료

2.1 프라임 코트의 품질기준

프라임 코트에 사용되는 역청재료는 RS(C)-3, 또는 공사감독자의 승인을 받은 재료로서 KS M 2203의 기준에 합격하는 것이어야 한다. 사용할 역청재료가 유화아스팔트인 경우에는 제조 후 60일이 넘은 것은 사용해서는 안 된다.

2.2 재료의 승인 및 시험

사용할 역청재료는 공사에 사용하기 15일 전까지 시험성과표를 공사감독자에게 제출하여 승인을 받아야 한다. 필요에 따라 공사감독자는 시공 중 아스팔트 추출시험을 지시할 수 있다.

3. 시 공

3.1 표면정비

(1) 프라임 코트를 시공할 표면은 뜬돌, 먼지, 점토, 기타 이물질이 없어야 하며, 보조기층 등 역청재를 살포할 표면은 본 시방서 각 항의 규정에 따라 마무리 되어야 한다.

(2) 표면은 시공 전에 약간의 습윤상태로 하여 공사감독자의 확인을 받아야 하며 역청재의 침투를 방해하는 이물질이 있을 경우 파워 브룸(power broom) 등으로 제거해야 한다.

3.2 장 비

본 절『10-2-2 택 코트』의 3.2에 따른다.

3.3 기상조건

(1) 프라임 코트는 표면이 먼지가 나지 않을 정도로 잘 건조된 후 시공해야 하며, 유화아스팔트를 역청재료로 사용할 경우 기온이 10℃ 이하일 때에는 공사감독자의 확인 없이 시공해서는 안 된다.

(2) 우천 시에 시공해서는 안 되며, 작업도중 비가 내리기 시작하면 즉시 작업을 중지해야 한다.

(3) 프라임 코트는 일몰 후 시공하여서는 안 된다.

3.4 역청재의 살포

(1) 표면정비 후 상기조건에 맞는 장비로서 역청재를 살포하여야 한다. 역청재 살포량 및 살포온도는 설계도서에 의하되, 살포 전에 현장시험을 통해 정확한 살포량을 결정하여야 하며, 공사감독자의 확인을 받아야 한다.

(2) 역청재를 표면에 살포한 후 24시간 경과 후에 관찰한 결과 적게 살포된 부분은 추가로 살포하여 시정해야 하며, 역청재가 과다하거나 또는 표면에 완전히 흡수되지 않은 경우에는 표면에 모래를 살포해 과다 역청재를 흡수토록 해야 한다. 이때 상층 포장시공 전에 흩어진 모래는 제거 후 타이어 로울러로 다져야 한다.

(3) 역청재 살포 시에는 교량의 난간, 중앙분리대, 연석 등 포장면 완성 후 노출될 부분이 더럽혀지지 않도록 하여야 한다. 이 경우 이미 살포한 프라임 코트에는 살포한 선을 따라 비닐 등을 덮어 추가살포가 되지 않도록 하고, 그 후 인접부분을 살포하는 것이 좋다.

3.5 유지관리

역청재를 살포한 표면은 포장 시공 전까지 손상되지 않도록 보호하여야 하며, 포장 시공 전에 프라임 코트에 손상이 생기면 수급인 부담으로 보수하여야 한다.

10-2-2 택 코트

1. 일반사항

1.1 적용범위

본 시방서는 포장면에 역청재를 엷게 살포하여 신・구 포장층을 결합시키기 위해 실시하는 택 코트에 대하여 적용한다.

1.2 참조규격

KS M 2203 유화 아스팔트

1.3 제출물

(1) 해당 공사의 공사계획에 맞추어 시공계획서를 작성한 후 제출해야 한다.

(2) 재료시험 성적서를 추가로 제출해야 한다.

2. 재 료

2.1 역청재의 품질기준

(1) 택 코트에 사용할 역청재는 RS(C)-4 또는 KS M 2203의 규격에 합격하는 것이어야 한다.

(2) 사용할 역청재료가 유화아스팔트인 경우에는 제조 후 60일이 넘은 것은 사용하여서는 안 된다.

2.2 재료의 승인 및 시험

사용할 역청재료는 공사에 사용하기 15일 전까지 시험성과표를 공사감독자에게 제출하여 승인을 받아야 한다.

3. 시 공

3.1 표면정비

(1) 택 코트를 시공할 포장면은 시공 전에 뜬돌, 먼지 기타 유해물을 파워 부룸(power broom) 및 파워 블로워(power blower)로 제거하고 공사감독자의 확인을 받아야 한다.

(2) 표면이 일정치 못한 파형부분은 적절한 재료로 치환, 보수해야 한다. 택 코트를 시공할 포장면이 시공한지 며칠 지나지 않았고, 유해물이 없으면 공사감독자 확인을 받아 택 코트를 생략할 수도 있다.

3.2 장 비

역청재료의 살포에는 역청재료를 균일하게 살포할 수 있는 아스팔트 디스트리뷰터를 사용해야 한다. 이 디스트리뷰터에는 시간당 주행거리를 표시하는 회전속도계와 노즐에서 나오는 역청량을 기록하는 역청살포량 기록기가 장치되어 있어야 한다. 디스트리뷰터의 출입이 곤란하거나 협소한 곳에는 공사감독자의 승인을 받아 엔진 스프레이어 또는 핸드 스프레이를 사용할 수 있다.

3.3 기상조건

(1) 택 코트는 표면이 깨끗하고 건조할 때 시공하여야 하며, 기온이 5℃ 이하일 때는 공사감독자의 확인 없이 시공하여서는 안 된다.

(2) 우천 시에 시공하여서는 안 되며, 작업도중 비가 내리기 시작하면 즉시 작업을 중지하여야 한다.

(3) 일몰 후 역청재를 살포 시에는 사전 공사감독자의 확인을 받아야 한다.

3.4 역청재의 살포

(1) 표면을 정비한 후 역청재를 아스팔트 디스트리뷰터로 살포하여야 한다.

(2) 역청재 사용량 및 살포온도는 설계도서에 의하되, 살포 전 현장시험을 통해 정확한 살포량을 결정하여야 하며, 공사감독자의 확인을 받아야 한다. 역청재는 과잉살포가 되지 않도록 주의하여야 하며, 사전 결정된 양 이상으로 살포되어 포장의 결합에 유해하다고 판단되면 역청재를 제거하고, 재시공하여야 한다.

(3) 역청재 살포 후 즉시 타이어 로울러로 택 코트 살포가 균일하지 못한 부분을 시정해야 한다.

(4) 역청재 살포시에는 교량의 난간, 중앙분리대, 연석 등 포장면 완성 후 노출될 부분이 더럽혀지지 않도록 유의하여야 한다.

(5) 역청재는 살포 후 수분 또는 휘발분이 건조할 때까지 충분히 양생하여야 하며, 표층 완료시까지 차량통행을 금지시켜야 한다.

3.5 유지관리

역청재를 살포한 표면은 표층 완료시까지 손상이 되지 않도록 보호하여야 하며, 손상발생시 표층포설전에 수급인 부담으로 보수하여야 한다.

10-2-3 아스팔트 콘크리트 중간층

1. 일반사항

1.1 적용범위

본 시방서는 프라임 코트 또는 택 코트로 시공한 기층면에 아스팔트 콘크리트 포장의 중간층 공사에 대하여 적용한다.

1.2 참조규격

KS F 2337 마샬시험기를 사용한 역청 혼합물의 소성흐름에 대한 저항력 시험 방법
KS F 2355 역청 골재 혼합물의 피막 박리 시험 방법
KS F 2503 굵은 골재의 밀도 및 흡수율 시험 방법
KS F 2507 골재의 안정성 시험 방법
KS F 2508 로스엔젤레스 시험기에 의한 굵은 골재의 마모 시험 방법
KS F 2575 굵은 골재중 편장석 함유량 시험 방법
KS F 3501 역청포장용 채움재

1.3 제출물

(1) 해당 공사의 공사계획에 맞추어 시공계획서를 작성한 후 제출해야 한다.

(2) 다음 사항을 추가로 제출해야 한다.

① 재료시험 성적서

② 시험포장 계획서

2. 재 료

2.1 아스팔트

아스팔트의 종류는 전문시방서에 규정하는 바에 따른다.

2.2 잔골재

(1) 잔골재란 2.5mm를 통과하고 0.08mm 체에 남는 골재를 말하며 천연모래, 부순모래 또는 이 두 가지를 혼합한 것을 사용한다.

(2) 부순모래는 굵은골재의 품질기준에 합격하는 부순돌 또는 부순자갈을 파쇄하여 생산한 것이어야 한다.

(3) 잔골재는 깨끗하고, 견고하고, 내구적이어야 하며, 점토, 흙, 먼지 또는 유해물을 허용치 이상 함유하지 않아야 한다.

(4) 잔골재중 0.4mm 체를 통과한 것을 흙의 액성한계 시험법에 따라 시험하였을 때 비소성(非塑性)이어야 한다.

(5) 천연모래는 2.5mm 체에 남는 골재가 10% 이상 함유되어 있어서는 안 되며, 골재의 안정성시험(KS F 2507)을 5회 반복했을 때 감량이 중량비로 10% 이하이어야 한다.

2.3 굵은골재

(1) 굵은골재는 2.5mm 체에 남는 골재를 말하며, 부순돌(쇄석), 슬래그 또는 부순자갈이어야 한다.

(2) 부순자갈은 최대입경의 3배 이상의 자갈을 부수어 생산한 것이어야 한다. 강자갈은 표면에 묻어있는 진흙, 먼지 등을 물로 씻어내야 한다. 굵은골재는 깨끗하고, 단단하며, 내구적인 것으로서 흙, 진흙, 먼지 기타 유해물이 함유되거나 피복되어 있지 않아야 한다.

(3) 5㎜ 체에 남는 굵은골재 중 편평하고 세장한 골재를 20% 이상 함유하여서는 안 된다.

(4) 아스팔트 콘크리트용 굵은골재는 도로공사표준시방서 제9장 '표 9-3 아스팔트 콘크리트 중간층용 골재의 품질기준'에 합격한 것이어야 한다.

2.4 채움재

채움재는 KS F 3501(역청포장용채움재)의 규정에 적합한 것으로 공사 감독자가 승인한 재료로서 함수비는 1% 이하이어야 한다.

2.5 재료의 입도

잔골재, 굵은골재 및 채움재를 혼합했을 때의 중간층용 혼합골재의 입도는 도로공사 표준시방서 제9장 ‘표 9-4 아스팔트 콘크리트 중간층용 골재의 표준입도’에 따른다.

2.6 재료의 승인 및 시험

『10-1-3 아스팔트 콘크리트 기층』의 2.3에 따른다.

2.7 재료의 저장

『10-1-3 아스팔트 콘크리트 기층』의 2.4에 따른다.

2.8 아스팔트 혼합물의 품질기준

아스팔트 콘크리트 중간층용 혼합물은 KS F 2337에 의하여 시험했을 때 도로공사 표준시방서 제9장 ‘표 9-5 아스팔트 콘크리트 중간층용 혼합물의 품질기준’에 합격하는 것이어야 한다.

2.9 기준밀도

『10-1-3 아스팔트 콘크리트 기층』의 2.6에 따른다.

3. 시 공

3.1 플랜트

『10-1-3 아스팔트 콘크리트 기층』의 3.1에 따른다.

3.2 기상조건

『10-1-3 아스팔트 콘크리트 기층』의 3.2에 따른다.

3.3 시험포장

『10-1-3 아스팔트 콘크리트 기층』의 3.3에 따른다.

3.4 현장배합

『10-1-3 아스팔트 콘크리트 기층』의 3.4에 따른다.

3.5 혼합작업

『10-1-3 아스팔트 콘크리트 기층』의 3.5에 따른다.

3.6 혼합물의 운반

『10-1-3 아스팔트 콘크리트 기층』의 3.6에 따른다.

3.7 포 설

『10-1-3 아스팔트 콘크리트 기층』의 3.7에 따른다.

3.8 다 짐

『10-1-3 아스팔트 콘크리트 기층』의 3.8에 따른다.

3.9 이 음

『10-1-3 아스팔트 콘크리트 기층』의 3.9에 따른다.

3.10 마무리

『10-1-3 아스팔트 콘크리트 기층』의 3.10에 따른다.

3.11 두께측정

『10-1-3 아스팔트 콘크리트 기층』의 3.11에 따른다.

10-2-4 아스팔트 콘크리트 표층

1. 일반사항

1.1 적용범위

본 시방서는 교통하중을 직접 전달하는 아스팔트 콘크리트 표층에 대하여 적용한다.

1.2 참조규격

KS F 2337 마샬시험기를 사용한 역청 혼합물의 소성흐름에 대한 저항력 시험 방법
KS F 2355 역청 골재 혼합물의 피막 박리 시험 방법
KS F 2503 굵은 골재의 밀도 및 흡수율 시험 방법
KS F 2507 골재의 안정성 시험 방법
KS F 2508 로스엔젤레스 시험기에 의한 굵은 골재의 마모 시험 방법
KS F 2575 굵은 골재중 편장석 함유량 시험 방법
KS F 3501 역청포장용 채움재
KS M 2201 스트레이트 아스팔트

1.3 제출물

(1) 해당 공사의 공사계획에 맞추어 시공계획서를 작성한 후 제출해야 한다.

(2) 다음 사항을 추가로 제출해야 한다.

① 재료시험 성적서

② 시험포장 계획서

2. 재 료

2.1 아스팔트

아스팔트의 종류는 전문시방서에서 규정하는 바에 따른다.

2.2 골 재

『10-1-4 아스팔트 콘크리트 중간층』의 2.에 따른다.

2.3 재료의 입도

잔골재, 굵은골재 및 채움재를 혼합한 혼합골재의 입도는 도로공사표준시방서 제9장 '표 9-6 아스팔트 콘크리트 표층용 골재의 표준입도'에 따른다.

2.4 재료의 승인 및 시험

아스팔트콘크리트 표층에 사용할 아스팔트 및 골재의 승인 및 시험은『10-1-3 아스팔트 콘크리트 기층』의 2.3에 따른다.

2.5 재료의 저장

『10-1-3 아스팔트 콘크리트 기층』의 2.4에 따른다.

2.6 아스팔트 혼합물의 품질기준

아스팔트콘크리트 표층용 혼합물은 도로공사표준시방서 제9장 '표 9-7 아스팔트 콘크리트 표층용 혼합물의 품질기준'에 따른다.

2.7 기준밀도

가열아스팔트 혼합물의 기준밀도는 공사감독자가 승인한 현장배합기준에 의해 제조한 혼합물로 실내에서 3개의 마샬공시체를 만들고, 다음 식으로부터 구한 마샬공시체 밀도의 평균치를 기준밀도로 한다. 또한 기준밀도의 결정에 있어서는 공사감독자의 승인을 받아야 한다.

$$\text{공시체의 밀도}(\text{g/cm}^3) = \frac{\text{건조공시체의공기중중량(g)}}{\text{공시체의표면건조중량(g)} - \text{공시체의수중중량(g)}}$$

$$\times \text{항온의 물의 밀도}(g/cm^3)$$

3. 시 공

3.1 플랜트

『10-1-3 아스팔트 콘크리트 기층』의 3.1에 따른다.

3.2 기상조건

『10-1-3 아스팔트 콘크리트 기층』의 3.2에 따른다.

3.3 시험포장

『10-1-3 아스팔트 콘크리트 기층』의 3.3에 따른다.

3.4 현장배합

『10-1-3 아스팔트 콘크리트 기층』의 3.4에 따른다.

3.5 혼합작업

『10-1-3 아스팔트 콘크리트 기층』의 3.5에 따른다.

3.6 혼합물의 운반

『10-1-3 아스팔트 콘크리트 기층』의 3.6에 따른다.

3.7 포 설

『10-1-3 아스팔트 콘크리트 기층』의 3.7에 따르며, 1층의 다짐 후 두께는 70mm 이내가 되도록 포설하여야 한다.

3.8 다 짐

『10-1-3 아스팔트 콘크리트 기층』의 3.8에 따른다. 다짐밀도는 2.7에서 규정한 기준밀도의 96% 이상이어야 하며, 마샬시험의 다짐회수는 설계도서에 표시한다.

3.9 이 음

『10-1-3 아스팔트 콘크리트 기층』의 3.9에 따른다.

3.10 마무리

『10-1-3 아스팔트 콘크리트 기층』의 3.10에 따르며, 프로파일인덱스(profile index)는 7.6m 프로파일미터(profile meter)를 사용하여 신설포장의 경우 100mm/㎞ 이하이어야 한다. 1일 시공분의 PrI가 240mm/㎞를 초과할시 포장작업을 중지하고 평탄성 불량원인을 제거한 후 시행하여야 한다.

3.11 두께측정

『10-1-3 아스팔트 콘크리트 기층』의 3.11에 따른다.

3.12 품질관리 및 검사

(1) 수급인은 아스팔트 콘크리트 표층의 품질관리를 위해 시공 전에 각 혼합물의 품질 및 입도규정에 적합한지를 판정하여야 하며, 각 재료에 대한 시험결과를 시공 전에 공사감독자에게 제출하여 승인을 받은 후 시공하여야 한다.

(2) 수급인은 표층 시공 후 시험시공에 의한 다짐밀도, 계획고와의 차이, 층 두께의 확인을 실시하여 공사감독자의 확인을 받아야 한다.

10-3 시멘트 콘크리트 포장

1. 일반사항

1.1 적용범위

본 시방서는 시멘트 콘크리트포장 공사에 대하여 적용한다.

1.2 참조규격

KS F 2401 굳지 않은 콘크리트의 시료 채취 방법

KS F 2402 콘크리트의 슬럼프 시험 방법

KS F 2403 콘크리트의 강도 시험용 공시체 제작 방법

KS F 2408 콘크리트의 휨 강도 시험 방법

KS F 2409 굳지 않은 콘크리트의 단위용적 질량 및 공기량시험 방법(질량방법)

KS F 2502 골재의 체가름 시험 방법

KS F 2540 콘크리트 양생용 액상 피막형성제

KS F 2560 콘크리트용 화학 혼화제

KS F 4009 레디믹스트 콘크리트

KS F 8006 강제틀 합판 거푸집 패널

1.3 제출물

(1) 공사계획에 맞추어 시공계획서를 작성하여 제출하여야 한다.

(2) 다음 사항을 추가로 제출하여야 한다.

① 시방배합 및 시험포장 계획서

2. 재 료

2.1 품질기준

(1) 시멘트

사용하는 시멘트의 종류는 전문시방서에서 규정하는 바에 따른다.

(2) 물

콘트리트 혼합에 사용할 물은 깨끗하여야 하며, 기름, 염분, 산, 알칼리, 당분, 기타 품질에 영향을 주는 유해물이 있어서는 안 된다.

(3) 잔 골재

잔 골재는 전문시방서에서 규정하는 바에 따른다.

(4) 굵은 골재

굵은 골재는 전문시방서에서 규정하는 바에 따른다.

(5) 혼화재료

혼화재료는 전문시방서에서 규정하는 바에 따른다.

(6) 줄눈 재료

줄눈재료는 전문시방서에서 규정하는 바에 따른다.

(7) 양생재료

양생재료는 전문시방서에서 규정하는 바에 따른다.

(8) 거푸집 재료

인력포설 구간의 거푸집 재료는 KS F 8006 에 맞는 강재로 두께 6mm 이상, 길이 3m 이하, 폭은 포장두께 이상이라야 한다. 수급인은 곡선구간용에 쓰일 거푸집을 미리 준비하여야 한다.

(9) 분리막

분리막은 취급이 용이하고 물을 흡수하지 않으며 콘크리트를 칠 때나 다질 때에 찢어지지 않는 것이어야 한다.

2.2 골재의 입도

(1) 잔 골재의 입도는 전문시방서에서 규정하는 바에 따른다. 체가름 시험은 KS F 2502에 따른다.

(2) 포장용 콘크리트의 굵은 골재의 입도는 도로공사표준시방서 제10장 '표 10-1 포장용 콘크리트의 굵은 골재 입도 기준'에 따른다.

2.3 재료의 시험 및 승인

(1) 시멘트

시멘트는 전문시방서에서 규정하는 바에 따른다.

(2) 골 재

골재는 전문시방서에서 규정하는 바에 따른다.

(3) 혼화재료

혼화재료는 공사에 사용하기 30일 전에 시료 및 시험성과표를 공사감독자에게 제출하여 승인을 받아야 한다.

(4) 줄눈재료

수급인은 공사에 사용하기 15일 전에 줄눈판과 줄눈주입재의 시료 및 시험성과를 공사감독자에게 제출하여 승인을 받아야 한다.

(5) 물

물은 기름, 산, 유기불순물, 혼탁물 등 콘크리트나 강재에 나쁜 영향을 미치는 유해물질을 함유하거나 바닷물을 사용할 수 없으며, 수질이 의심스럽다고 판단될 때에는 공사감독자의 승인을 받아 사용하여야 한다.

(6) 피막양생제

수급인은 공사에 사용하기 15일 전에 피막양생제의 시험성과를 공사감독자에게 제출하여 승인을 받아야 한다.

2.4 재료의 저장

(1) 시멘트

시멘트는 전문시방서에서 규정하는 바에 따른다.

(2) 골 재

골재는 전문시방서에서 규정하는 바에 따른다.

(3) 혼화재료

혼화재료는 전문시방서에서 규정하는 바에 따른다.

(4) 피막양생제

피막양생제는 동절기에 동결하지 않도록 창고 안에 보관하여야 하며, 이를 사용할 때에는 양생시험을 실시하여 변질여부를 확인한 후 사용하여야 한다.

(5) 강 재

강재는 창고 안에 보관하든가 또는 직접 땅에 닿지 않게 받침대를 설치하고 덮개로 덮어서 보관하여야 한다.

(6) 줄눈재료

줄눈판과 주입줄눈재는 창고 안에 보관하거나 적당한 덮개로 덮어서 보관하여야 하며, 편편한 판 위에 놓아 변형하지 않도록 하고 주입줄눈재가 변질되지 않도록 저장하여야 한다.

2.5 재료의 변경

재료의 공급원이 변경되었을 경우에는 수급인은 신속히 공사감독자에게 보고하고 승인을 얻어야 한다.

3. 시 공

3.1 시공장비

(1) 시공일반

시공조건에 맞는 장비의 선정은 콘크리트포장의 품질 및 작업효율에 막대한 영향을 미치므로 수급인은 시공에 사용할 모든 장비의 기종, 기능, 기계상태, 배치계획, 오염대책 등을 기재한 장비 사용계획서를 제출하여 공사감독자의 승인을 받아야 하며, 공사현장에 반입하여 사용 전에 공사감독자의 확인을 받아야 한다.

(2) 배치플랜트

① 배치플랜트는 잔골재 및 굵은골재를 입도별로 계량할 수 있는 계량장치를 구비하여야 한다.

② 벌크시멘트를 사용할 때는 계량장치, 빈, 호퍼를 구비하여야 한다. 호퍼는 작업도중 먼지나 기타 유해물질이 혼합되는 것을 방지할 수 있는 구조로 된 것을 사용하여야 한다.

③ 배치플랜트는 작업 중 점검과 검사 및 작업원의 안전을 도모하기 위한 안전장치가 부착되어 있어야 하며, 이외의 사항은 전문시방서에서 규정하는 바에 따른다.

(3) 믹 서

① 포장용 콘크리트는 현장플랜트 또는 레디믹스트 콘크리트로 공급하거나 일부 또는 전체를 트럭믹서에서 혼합하여 공급하여야 한다. 각 믹서에는 혼합용 드럼의 용량을 혼합콘크리트의 부피로 표시하고, 브레이드의 회전속도를 표시하는 장비 제작자의 표찰이 잘 보이는 곳에 부착되어 있어야 한다.

② 콘크리트를 혼합할 믹서는 규정된 혼합시간 내에 골재, 시멘트 및 물을 완전히 혼합하여 균질한 혼합물을 만들고, 재료분리가 발생하지 않고 배출할 수 있는 것으로 공사감독자의 승인을 받은 것이어야 한다.

③ 각 믹서는 드럼에 모든 재료가 완전히 채워졌을 때 배출 레버가 자동적으로 잠기고 혼합이 끝났을 때는 열릴 수 있는 승인된 시간조절장치를 구비하여야 하며, 각 배치 수를 정확하게 나타낼 수 있는 계수기가 부착되어 있어야 한다.

④ 각 믹서는 적당한 시간간격을 두고, 청소를 하여야 하며, 드럼 내에 날이 20mm 이상 닳았을 때는 수선하거나 교체하여야 하며, 기타사항은 전문시방서에서 규정하는 바에 따른다.

⑤ 트럭믹서는 KS F 4009에 적합한 것이어야 한다.

(4) 백호우와 스프레더(spreader)

다져지지 않은 콘크리트를 깔기면에 고르게 펴는 장비로는 일반적인 경우 백호우를 사용하며, 대규모 공사인 경우에는 스크류형 스프레더, 벨트형 스프레더, 호퍼용 스프레더를 사용한다. 또한, 소규모 공사인 경우에는 믹서의 동력을 이용한 스트라이크 오프를 사용하거나 인력깔기를 할 수 있다.

(5) 슬립폼 페이버(slipform paver)

슬립폼 페이버는 오거(auger) 및 스트라이크오프(strike-off)로 콘크리트를 적절한 높이로 깐 후 바이브레이터, 템퍼, 콘포밍플레이트(conforming plate), 사이드플레이트(side plate)로 다지고, 플로우트, 트레일포옴(trail form) 및 에저(edger)로 마무리하면서 연속적으로 포설할 수 있어야 한다.

(6) 거친면 마무리기

거친면 마무리기는 설계도서 및 시방서에 명기된 규격대로 마무리 할 수 있는 기능을 갖추어야 한다.

(7) 양생제 살포기

양생제 살포기는 전 포장면에 균일하게 살포되도록 일정한 압력을 갖는 분무장치와 교반장치를 갖추고 있어야 한다.

(8) 콘크리트 커터

콘크리트 커터는 수냉각식 다이아몬드 톱날이나, 마모형 톱날이 부착되어 경화된 콘크리트에 설계치수 및 능률로 줄눈을 자를 수 있어야 한다.

3.2 시공면 준비

(1) 시멘트 콘크리트포장의 시공에 앞서 시공에는 뜬돌, 점토, 기타 유해물이 있어서는 안 되며, 항상 양호한 상태로 유지되어야 하고 손상부분은 즉시 보수하여야 한다.

(2) 완성된 기층면이 공사용 차량의 왕래로 인하여 훼손 및 골재의 탈리 등이 발생하였을 경우 수급인은 즉시 이를 보완하고 공사감독자의 확인을 받아야 한다.

(3) 보조기층이나 기층면이 건조해 있을 때는 적절한 함수비를 얻을 때까지 균일하게 추가 살수 한 후 콘크리트를 타설하여야 한다.

(4) 슬래브 저면의 평탄성에 맞추어 스크래취 템플레이트 (scratch template)로 보조기층의 표면을 검사하고 요철부분은 고르게 수정하여야 한다.

(5) 보조기층 표면에 분리막을 설치할 경우에는 가능한 한 이음이 없이 전폭으로 깔아 겹이음부가 없도록 하여야 하며, 부득이하게 이음을 할 경우 세로방향으로 100mm 이상, 가로방향으로 300mm 이상 겹치도록 설치하여야 한다. 다만 보조기층면과 슬래브 사이의 마찰저항이 구조적으로 필요한 연속철근콘크리트 포장에서는 분리막을 설치하지 않는다.

3.3 거푸집 설치

(1) 거푸집의 측면은 브레이싱으로 저판에 지지되어야 하고 이때 저판에서의 브레이싱 지지점은 측면으로부터 높이의 3분의 2지점 이상으로 하여야 한다.

(2) 거푸집은 설치 후 진동기의 충격다짐과 포설기계의 최대 윤하중에 충분히 견딜 수 있어야 하며, 거푸집 설치 이격 허용오차는 거푸집용 강재두께 이하이어야 한다.

(3) 거푸집은 콘크리트 치기 전에 깨끗이 닦고, 유지류를 발라 두어야 하며, 거푸집 설치 상태에 대한 공사감독자의 검사를 받아야 한다.

(4) 포장판 두께의 변경이나 인력 마무리를 해야 하는 특수한 지역에 사용할 거푸집은 재질, 구조, 설치방법 및 제거에 대하여 공사감독자의 승인을 받아야 한다.

(5) 거푸집 설치의 상태 및 기층면의 정비에 대해서는 콘크리트 깔기 전에 공사감독자의 검사를 받아야 한다.

(6) 거푸집은 길이 3m 마다 윗면의 변형이 3mm 이상 있어서는 안 되고, 측면의 변형이 6mm 이상 있어서는 안 된다.

(7) 곡선반경 50m 이하의 경우는 목재 거푸집을 사용할 수 있으며, 이때 600mm 마다 강재 지지말뚝을 설치하여야 한다.

3.4 배 합

(1) 시공일반

포장용 콘크리트의 배합은 소요품질과 작업에 적합한 워어커빌리티 및 피니셔빌리티를 갖는 범위 내에서 단위수량이 될 수 있는 대로 적게 되도록 정하여야 한다. 포장용 콘크리트는 AE감수제를 사용하거나 또는 AE제와 감수제를 혼합하여 사용한다. 또한, 인력타설 시공이 불가피한 경우에는 별도의 배합설계를 실시하여 공사감독자의 승인을 얻어야 한다.

(2) 배합기준

포장용 시멘트 콘크리트의 배합기준은 아래 표와 같다.

항 목	시 험 방 법	기 준 범 위
설계기준 휨강도 (f_{28})	KS F 2408	4.5 MPa 이상
단 위 수 량		150 kg/㎥ 이하
굵은 골재의 최대치수		40 mm 이하
슬 럼 프 값	KS F 2402	25 mm 이하
AE콘크리트의 공기량 범위	KS F 2409	4 ~ 6 %

(3) 시방배합

① 수급인은 공사감독자가 승인한 콘크리트의 재료를 사용하여 공사감독자의 입회하에 시방배합을 실시하여야 하며, 공사감독자는 이를 토대로 현장배합을 결정한다. 이 시방배합은 사용하는 플랜트의 관리상태 및 수급인의 시공경험 등에 의해 콘크리트 휨강도의 변동계수를 정하고, 목표로 하는 배합강도를 결정해서 설계하여야 한다.

② 수급인은 3.1항에 규정된 시멘트양의 범위 내에서 소요의 품질과 작업에 적합한 워커빌리티 및 피니셔빌리티를 갖는 콘크리트를 만들 수 있는 플랜트를 준비함과 동시에 사용하는 플랜트의 성능, 관리방법, 수급인의 시공경험 등 콘크리트의 변동계수를 가정하는 자료를 공사감독자에게 보고하여야 한다.

③ 시방배합의 수정은 공사감독자가 필요하다고 인정할 때, 골재원이 변경되었을 때, 또는 잔골재의 조립율이 0.2 이상 변화가 생겼을 때 실시한다.

(4) 현장배합

수급인은 시멘트 콘크리트 포장에 이용할 재료를 사용하여 시방배합 및 시험포장을 실시한 후 그 결과를 제출하고, 수급인은 공사감독자와 협의하여 현장배합을 결정하여야 한다.

(5) 기 타

그 외의 사항은 전문시방서에서 규정하는 바에 따른다.

3.5 시험포장

(1) 수급인은 본 시방서의 규정에 적합한 재료 및 시공기계를 사용해서 공사감독자의 입회하에 시험포장을 실시하여야 한다.

(2) 시험포장의 면적은 1,000㎡ 정도로 하며 공사감독자의 승인을 받아 이를 조정할 수 있으며 소정의 두께와 마무리 및 재료분리를 최소로 하는 양호한 시멘트 콘크리트 포장을 시행할 목적으로 실시한다.

(3) 수급인은 시험포장을 시행할 장소, 혼합물의 배합, 시공기계, 시공방법이 포함된 시험포장 계획서를 제출하여 승인을 받은 후 시행하고, 그 결과에 대하여 공사감독자와 협의하여야 한다.

3.6 콘크리트 제조

(1) 재료의 계량

재료의 계량은 현장배합에 의한 배합비에 따라 실시하며, 각 재료는 1회분의 비비기양(각 배치)마다 중량으로 계량하여야 하며, 물이나 혼화제 용액은 용적으로 계량할 수도 있다. 시멘트 콘크리트 재료의 계량 허용오차는 도로공사표준시방서 제10장 '표 10-3 시멘트 콘크리트 재료의 계량 허용오차'에 따른다.

(2) 비비기

① 콘크리트의 비비기는 현장혼합, 고정식 플랜트 및 트럭믹서를 사용한다. 단, 소규모공사에는 이동식 플랜트도 사용할 수 있다.

② 믹서는 성능이 좋은 강제식 믹서 또는 가경식 믹서를 사용하여야 하며, 믹서 1회분 혼합량이 그 믹서의 제조업자가 제시하는 규격 용량 이상 혼합해서는 안 된다.

③ 수급인은 배합시험 결과보고서를 작성, 제출하여 공사감독자가 콘크리트의 비비기 시간을 결정할 수 있도록 하여야 하며, 시험이 불가능할 경우에는 믹서 안에 재료를 전부 투입한 후 강제식 믹서에서는 1분, 가경식 믹서에서는 1분 30초를 표준으로 한다. 단, 어떠한 경우라도 위의 시간을 3배 이상 초과해서는 아니 된다.

④ 1배치의 콘크리트를 비빈 후 다음 배치의 콘크리트를 비빌 때는 믹서내의 모든 재료를 완전히 배출한 후 혼입하여야 한다.

⑤ 비비기는 콘크리트 혼합물이 균질하게 될 때까지 충분히 실시해야 하며, 배출시 재료의 분리가 일어나서는 안 된다. 믹서 드럼의 회전속도는 제조회사의 장비설명서에 나타난 대로 하여야 한다.

⑥ 비빈 후 경화되기 시작한 콘크리트를 되 비벼서 사용해서는 안 되며, 또한 믹서 내에서 30분 이상 경과한 콘크리트도 사용해서는 안 된다.

(3) 레디믹스트 콘크리트

① 레디믹스트 콘크리트는 전문시방서에서 규정하는 바에 맞는 것으로 공사감독자의 승인을 득하여 사용해야 하며, 품질규격은 KS F 4009에 적합하여야 한다.

② 레디믹스트 콘크리트는 이미 타설된 콘크리트에 해를 주지 않도록 운반하여야하고, 내려놓을 장소나 그 방법은 공사감독자의 지시를 받아야 한다.

(4) 콘크리트의 운반

① 콘크리트의 운반은 재료분리와 함수비의 변화가 최소화할 수 있도록 하며, 운반차는 싣거나 내리는 작업이 용이한 것이라야 한다.

② 콘크리트는 비벼진 후부터 끝날 때까지의 시간은 1시간을 넘어서는 안 되며, 아지데이터 트럭으로 운반하는 경우는 90분 이상 경과해서는 안 된다. 그러나 기온이 매우 높거나, 콘크리트가 빨리 응결할 경우에는 이를 감소시켜야 한다.

③ 콘크리트는 비빈 후 운반되는 과정에서 굳지 않아야 하며, 조금이라도 굳은 콘크리트는 사용을 금한다. 운반도중 콘크리트가 건조되는 것을 방지하기 위해서 수급인은 적절한 보호방법을 강구하여야 한다.

④ 콘크리트를 운반차에 싣거나 내릴 때는 그 높이를 되도록 낮게 하여, 재료분리가 일어나지 않도록 하여야 하며, 운반차는 사용 전후에 적재함 내부를 깨끗이 제거하고 물기를 제거하여야 한다.

⑤ 덤프트럭으로 운반할 경우에는 적재함의 틈을 없애고 적재함 상단보다 낮고 편평하게 적재하고 수분증발 및 이물질 혼합을 막기 위해 덮개를 설치하여야 한다.

⑥ 운반차량은 포장장비의 작업능력에 맞는 종류와 소요대수를 결정하여야 한다.

⑦ 중앙혼합장에서 혼합하고 트럭믹서를 운반하는 경우에는 KS F 4009의 운반규정에 따른다.

(5) 기상조건

① 콘크리트의 배합, 치기 및 마무리는 주간에 실시하는 것을 원칙으로 하며, 부득이하게 야간에 시공하여야 할 경우에는 공사감독자의 승인을 받아야 한다. 또한 기온이 4℃ 이하이거나 32℃ 이상인 경우나 우천 시에는 시공해서는 안 된다. 다만, 부득이하게 시공하여야 할 경우에는 품질확보를 위한 제반조치에 대하여 사전에 공사감독자의 승인을 득하여야 한다.

② 양생기간 중 동결이 예상되는 경우에는 공사감독자의 승인을 받아 동결방지대책을 강구하여 포장면을 보호하여야 한다.

③ 서중 및 한중 콘크리트 시공에 관해서는『6-2-1 한중 콘크리트』및『6-2-2 서중 콘크리트』에 따른다.

3.7 콘크리트 깔기 및 다짐

(1) 시공일반

① 콘크리트 치기는 페이버 또는 이와 동등한 장비에 의하여 시공하여야 하며, 초기 경화가 시작되기 전에 시공하여야 한다.

② 콘크리트 깔기방법으로는 고정 거푸집에 하는 인력치기방법과 슬립폼에 의한 페이버 치기방법이 있으며 공사규모나 장비 및 작업여건에 따라 이를 선택하여 적용한다.

③ 콘크리트는 한번 친 다음에는 될 수 있는 대로 콘크리트를 다시 이동하지 않고, 재료분리가 일어나지 않도록 한다.

④ 동결된 보조기층에 콘크리트 깔기를 해서는 안 된다. 특히 기온이 4℃ 이하인 경우와 32℃ 이상인 경우에는 반드시 한중 콘크리트 또는 서중 콘크리트 시공계획을 수립하여 공사감독자의 승인을 득한 후 콘크리트 치기를 실시하여야 한다.

(2) 깔 기

① 콘크리트는 승인된 장비와 공법을 사용하여 균일한 두께로 깔아야 한다.

② 콘크리트는 소정의 위치에 균등량을 설계도서에 표시된 두께와 구배를 갖도록 그 양을 조절해서 다지고 마무리하여야 한다.

③ 스프레더로 펴 고른 다음 불완전한 부분이 생기면 삽 등으로 고쳐야 한다. 콘크리트 슬래브의 모서리 또는 줄눈 부위에 콘크리트의 재료분리가 생기지 않도록 조심해서 시공하여야 한다.

④ 줄눈의 위치는 포장면 외측에 미리 표시해 두고, 콘크리트 치기를 중단해야 할 경우에는 줄눈위치에서 최소한 500mm 이상 깔기를 하여 시공줄눈으로 자르고 다짐 후 마무리를 하여야 한다. 또한 콘크리트 치기가 1시간 이상 지연되거나, 강우(雨)에 의해 현저하게 손상을 입었을 경우에는 이음부 또는 손상부위를 제거하고 재시공하여야 한다.

(3) 다 짐

① 콘크리트깔기 후 신속하게 피니셔 등을 사용해서 연석부까지 충분한 다짐을 하여야 한다. 거푸집 및 줄눈 부근은 봉 진동기를 사용해서 다짐을 하여야 한다. 이때 진동기는 거푸집이나 줄눈어셈블리에 직접 접촉시켜서는 안 되며, 모르타르가 떠올라올 정도로 과도하게 다짐을 하면 안 된다.

② 콘크리트는 재료분리가 일어나지 않도록 깔고 소정의 다짐도가 얻어질 때까지 다짐을 한다.

③ 사용 진동기는 진동이 전기 또는 압축공기인 회전형이어야 하며, 진동횟수 및 강도는 10～20초간의 정상다짐 동안에 혼합물을 충분히 다질 수 있는 것이어야 한다.

④ 1층의 다짐두께는 350mm 이하이며, 혼합물의 다짐은 포설 후 1시간 이내에 완료하여야 한다.

⑤ 진동기는 콘크리트를 고르는데 사용해서는 안 되며, 한 자리에 20초 이상 머물러 있어서도 안 된다.

3.8 슬립폼 페이버(slip form paver)에 의한 깔기

(1) 깔기는 굳지 않은 콘크리트를 펴고, 다지고, 고르고, 마무리하는 일을 일관된 작업으로 수행하는 슬립폼 페이버에 의한 깔기 장비를 사용하여야 한다.

(2) 콘크리트 치기는 인력이 최소로 될 수 있도록 하여야 한다.

(3) 쳐 넣은 콘크리트는 설계도서에 맞는 균질한 것이어야 한다.

(4) 콘크리트의 진동은 전폭 및 길이에 대하여 실시하여야 한다.

(5) 포장의 선형은 전자감응식 유도장치를 설치해서 설계도서에 나타난 정확한 선형이 이루어져야 한다.

(6) 콘크리트를 칠 때 슬럼프값은 50mm 이하이어야 하며, 균일한 반죽질기를 갖고 있어야 한다.

(7) 콘크리트를 타설할 때 콘크리트의 비비기, 운반, 공급 등이 슬립폼 페이버(slip-form paver)의 진행속도에 적합하도록 하여야 하며 콘크리트의 깔기는 가능한 한 연속적으로 실시하여야 한다.

(8) 콘크리트를 친 후 모따기부분(edge)을 제외한 포장부분이 6mm 이상 처짐이 발생하였을 때는 콘크리트의 초결이 시작되기 전에 수정하여야 한다.

(9) 슬립폼 페이버의 진행이 정지되었을 때는 모든 진동 및 다짐 장치도 계속 가동해서는 안 된다.

(10) 장비의 정비를 위한 경우를 제외하고는 다른 장치에 의해 페이버를 견인해서는 안 된다.

(11) 기존 포장 위에 슬립폼 페이버가 주행할 때는 기존 포장면이 손상되지 않도록 고무패드 등을 깔아서 보호하여야 한다.

3.9 보강용 철망의 설치

(1) 보강용 철망은 운반 또는 보관 적치 시 철망의 비틀림, 솟음 등의 변형이 생기지 않도록 하여야 한다.

(2) 보강용 철망은 설계도서에 따라 종류별 수량을 표시된 위치에 정확하게 설치하여야 한다.

(3) 철망은 하부 콘크리트를 설계도서에 표시된 높이까지 포설한 후 설치해야 하며, 철망 설치 후에는 즉시 상부 콘크리트를 깔아야 한다. 또한, 포장의 전 두께를 펴 깐 후 기계적인 방법으로 표면에서 소정의 깊이까지 삽입하는 방법을 사용할 수도 있다.

(4) 하부 콘크리트의 깔기가 끝난 후 상부 콘크리트를 칠 때 까지 30분 이상 경과 시에는 그 부분의 하부 콘크리트는 제거하고, 재시공하여야 한다.

(5) 철망의 상세 및 겹치는 방법 등은 설계도서에 따른다.

(6) 철망을 겹쳐서 설치할 경우에는 설치 중 또는 설치 후라도 이동하지 않도록 하여야 한다.

3.10 연속철근의 설치

(1) 연속철근은 설계도서에 따라 종류별 수량을 표시한 위치에 정확하게 설치하여야 한다.

(2) 연속철근의 설치는 콘크리트를 치기 전에 받침(chair)으로 철근이 이동하지 않도록 견고하게 고정하여야 한다.

(3) 철근의 이음개소는 동일단면에 집중시켜서는 안 되며, 이음개소가 서로 엇갈리도록 하여야 한다. 철근의 이음길이는 직경의 30배 이상 또는 400mm 이상으로 하여야 한다.

(4) 철근은 운반이나 보관, 적치 시에 휘거나 심하게 부식되지 않도록 주의하여야 하며 철근을 배근할 때는 변형된 철근을 사용해서는 안 된다.

3.11 보강용 콘크리트 슬래브

(1) 보강용 콘크리트 슬래브는 교대의 뒷채움부에 설치하는 접속슬래브(approach slab)와 토공부의 지지력의 불연속 구간에 설치하는 포장하부 보강슬래브로 구분된다.

(2) 접속 슬래브의 구조는 교대의 뒷채움부 다짐불량에 의한 부등침하와 포장파손으로 인한 주행성의 저하를 최소화 할 수 있는 구조이어야 하며, 연장, 폭, 두께 등은 설계도서에 따른다.

(3) 포장하부 보강슬래브는 포장 슬래브 하부에 추가적으로 설치되는 철근 콘크리트 슬래브로서 지지력의 불연속, 지중구조물로 인한 부등침하 등이 예상되는 곳에 설치되며, 연장, 폭, 두께 등은 설계도서에 따른다.

(4) 교량접속부는 시공조건이 불리하고 줄눈부가 집중되어 있으므로 평탄마무리와 줄눈시공에 특별히 주의하여야 한다.

(5) 표면마무리는 바이브레이팅 스크리드나 데크 피니셔에 의한 마무리 등의 기계 마무리를 원칙으로 한다.

3.12 포장단부처리

연속철근 콘크리트 포장의 시・종점부 자유단(공법이 다른 포장 또는 교량 접속부)에는 포장판의 신축에 의한 충격흡수를 위해 포장 단부처리를 하여야 하며, 그 방법은 설계도서에 따른다.

3.13 줄 눈

(1) 시공일반

① 줄눈형식, 설치위치 및 방향은 포장 전폭에 걸쳐서 동일한 형태의 줄눈을 설계도서에 따라 설치하여야 하며, 줄눈 간격은 도로공사표준시방서 제10장 '표 10-4 시멘트 콘크리트 포장의 줄눈 간격'에 따른다.

② 줄눈 부근의 콘크리트 슬래브는 다른 부분과 동일한 강도 및 평탄성을 갖도록 마무리하여야 한다. 줄눈을 삽입한 인접슬래브 상호간의 높이의 차는 2mm 이상 되어서는 안 된다.

(2) 가로시공줄눈

① 시공줄눈은 포설작업이 완료되었을 때, 비가 올 때, 기계고장 등으로 인해 치기작업이 30분 이상 중단되었을 때 설치하며, 시공줄눈은 원칙적으로 가로줄눈의 설치위치에 맞추어 시공하여야 한다.

② 시공줄눈은 맞댐 줄눈으로 한다. 시공줄눈을 홈줄눈 위치에다 설치할 경우에는 다우웰바를 사용하고 그 이외의 경우에는 타이바를 사용한다.

③ 연속철근콘크리트 포장의 경우 시공줄눈부에 대해서는 취약하지 않도록 보강하여야 하며, 보강방법 등은 설계도서에 따른다.

(3) 가로팽창줄눈

① 팽창줄눈의 줄눈판은 중심선에 수직하고, 일직선으로 배치하여야 하며 슬래브 전폭에 걸쳐서 완전히 양쪽 슬래브가 절연되도록 설치하여야 한다. 또한 시공줄눈부위 또는 구조물과 접속되는 부분에 위치하도록 한다.

② 팽창줄눈은 포장슬래브와 구조물이 접하는 부분에 설치하여야하며, 콘크리트가 경화한 다음 커터로 홈을 자를 경우에는 거푸집을 제거한 후에 콘크리트가 절단에 의해 해를 받지 않을 강도에 이르렀을 때 절단하여야 한다.

(4) 가로수축줄눈

① 수축줄눈은 설계도서에 명시된 깊이까지 중심선에 대하여 수직으로 자르고, 홈 내의 이물질을 깨끗이 청소한 후 주입줄눈재로 홈을 채워야 한다.

② 균열을 방지하기 위하여 가로수축줄눈을 한 칸씩 건너 1차 컷팅을 시행하여야 한다.

③ 연속철근 콘크리트 포장에서는 가로수축줄눈을 생략한다.

(5) 세로줄눈

세로줄눈은 홈줄눈, 맞댐줄눈으로 하며, 노면에 수직으로 정해진 깊이의 홈을 만들고 주입 줄눈재를 주입하여야 한다.

(6) 다우월바 및 타이바

① 다우월바 및 타이바는 설계도서에 따라 정확한 위치에 설치하여야 한다.

② 다우월바는 방부제 및 활동제를 도장하여야 한다.

③ 다우월바 및 타이바를 체어에 지지할 경우, 체어는 철근을 용접 조립한 것이라야 하며, 충분히 고정시켜 시공 중에 변형이 생기지 않도록 하여야 한다.

④ 타이바는 이형봉강으로 하며 깊이와 길이 및 배치간격으로 설치하여야 한다.

(7) 주입줄눈재의 주입

① 양생기간이 끝난 후 기상조건이 허락하는 한도 내에서 곧 주입 줄눈재를 주입하여야 한다.

② 주입줄눈재는 주입하기에 앞서 홈을 깨끗하게 청소하고, 콘크리트 부스러기나 먼지 등을 제거하여 건조시켜야 한다.

③ 주입줄눈재 시공은 홈 내면에 프라이머를 뿌린 다음 기포가 생기지 않도록 주입하고, 주입이 끝났을 때 줄눈재의 상면이 포장슬래브의 표면 보다 3mm 정도 낮은 높이가 되도록 한다.

3.14 표면마무리

(1) 시공일반

① 표면마무리는 계획고까지 깔기 및 다짐이 완료된 후, 초벌마무리, 평탄마무리, 거친면마무리 순으로 행한다.

② 기계에 의한 마무리 방법으로는 피니셔에 의한 초벌마무리, 표면마무리기에 의한 평탄마무리 및 부러쉬 등에 의한 거친면 마무리가 일반적이다.

③ 특수지역 및 좁은 지역을 제외하고는 기계에 의한 마무리를 원칙으로 하며, 표면마무리에 사용할 기계, 기구는 포장시공계획서에 포함하여 공사감독자에 제출하고, 승인을 얻어야 한다.

④ 마무리를 용이하게 하기 위해 물을 추가하여 시공하는 것은 절대 금한다.

(2) 초벌마무리

초벌마무리는 피니셔나 슬립폼 페이버 등과 같은 기계에 의한 방법을 사용하여야 한다. 다만, 기계의 고장이나 기타의 사유로 마무리 장비를 사용할 수 없는 경우에는 공사감독자의 승인을 받아 인력에 의한 간이 피니셔나 템플리트 탬퍼(tamplet tamper)로 초벌마무리를 할 수 있다.

(3) 평탄마무리

① 초벌마무리를 한 후에는 표면마무리 장비에 의한 기계마무리나 플로우트(float)에 의한 인력마무리로 종방향의 요철을 고르는 평탄마무리를 하여야 한다.

② 콘트리트 슬래브의 표면은 콘크리트가 굳기 전에 직선자로 평탄성을 점검하고, 필요에 따라 요철부분을 정정하여야 한다.

(4) 거친면마무리

① 평탄마무리가 끝나고 포장의 표면에 물기가 없어지면 타이닝기에 의한 기계마무리 또는 비, 솔 등을 사용하는 인력마무리로 거친면 마무리를 하여야 한다. 이때 홈의 깊이는 3~6mm 이상을 표준으로 하고, 홈의 간격은 20~30mm로 하여 충분한 마찰계수를 갖도록 하여야 한다.

② 특별히 마찰계수를 증진시킬 필요가 있을 경우에는 공사감독자의 지시에 따라 홈의 깊이 및 간격을 조정할 수 있다.

3.15 거푸집 제거

(1) 거푸집은 콘크리트 타설 후 강도가 자중 및 시공 중에 가해지는 강도 이상일 때 제거하도록 한다.

(2) 거푸집 제거 작업 중에 콘크리트 슬래브에 손상을 주어서는 안 되며, 손상을 주었을 경우에는 수급인 부담으로 즉시 보수하여야 한다.

(3) 거푸집 제거 후 슬래브의 양측은 본 절의 3.16에 따라 양생하여야 한다. 거푸집 제거 후 재료이탈이 약간 생긴 부분은 시멘트 모르타르로 깨끗이 메워야 하며, 공용성 및 내구성에 문제가 예상되는 경우에는 재시공하여야 한다.

3.16 양 생

(1) 표면마무리가 끝난 후 교통이 개방될 때까지 건조, 온도변화, 하중, 충격 등의 나쁜 영향을 받지 않도록 보호하여야 한다. 특히 양생기간 동안 습윤상태를 유지하기 위하여 피막양생을 할 수 있다.

(2) 피막양생으로 수밀한 막을 만들기 위하여 충분한 양의 살포가 필요하며, 온도변화를 작게하기 위하여 충분한 백색안료를 혼합할 필요도 있다.

(3) 피막양생제는 콘크리트 슬래브 표면에 물기가 없어진 직후에 종·횡방향으로 2회 이상 나누어 얼룩이 없도록 충분히 살포하여야 한다.

(4) 피막양생제의 사용량은 품질사양서에 준하여 실시하며 규정농도는 0.4~0.5ℓ/㎡로 한다.

(5) 콘크리트를 칠 때 하루 평균 기온이 4℃ 이하로 내려가는 것이 예상되면, 본 절 3.18의 한중콘크리트 시공을 적용한다.

(6) 우천 시에 아직 굳지 않은 콘크리트는 즉시 비닐, 쉬이트, 방수지 등으로 덮어서 콘크리트의 손상을 막아야 한다.

(7) 습윤양생기간은 시험에 의해서 정하여야 하며, 현장양생을 시킨 공시체의 휨강도가 배합강도의 70%에 달할 때까지의 기간으로 한다. 이때 양생용 덮개로 사용되는 가마니, 마대 및 마포는 항상 습윤상태로 유지하여야 한다.

(8) 습윤양생기간은 일반적으로 보통 포틀랜드 시멘트를 사용했을 경우에는 14일간, 조강포틀랜드 시멘트를 사용했을 경우에는 7일간, 중용열 포틀랜드 시멘트를 사용했을 경우에는 21일간을 표준으로 한다.

3.17 포장면 보호 및 교통개방

(1) 수급인은 포장판의 양생기간 중 차량 및 인마의 진입에 의한 피해를 방지하기 위해서 양생 중 표지, 주민방책 등을 설치하고, 감시인을 상주시켜 슬래브를 보호하여야 한다.

(2) 교통개방은 강도시험 결과에 따라 공사감독자의 승인을 얻은 후 시행하여야 한다.

(3) 줄눈주입재의 양생이 완료된 후 교통을 개방시켜야 한다.

3.18 특수기상 조건하에서의 콘크리트 치기

(1) 시공일반

일평균기온이 4℃ 이하이거나 32℃ 이상인 경우에는 공사감독자의 승인을 받아 다음에 기술한 한중콘크리트 또는 서중콘크리트로 시공할 수 있도록 준비하여야 한다.

(2) 한중콘크리트

① 한중콘크리트에 사용할 시멘트는 포틀랜드 시멘트를 표준으로 한다.

② 동결되거나 빙설이 혼입되어 있는 골재는 가열해서 사용하여야 한다.

③ 시멘트를 혼합하기 전 물과 골재의 혼합물의 온도는 시멘트의 급결을 우려하여 40℃이하로 하여야 하며, 시멘트는 어떠한 경우라도 직접 가열해서는 안 된다.

④ 콘크리트의 비비기, 운반 및 치기는 가열된 열량의 손실이 가급적 적게 되도록 하여야 한다.

⑤ 치기시 콘크리트의 온도는 5~20℃를 원칙으로 하며, 이 온도를 계속 유지하기 위해 필요한 경우에는 물 및 골재를 가열해서 사용하여야 한다.

⑥ 가열한 재료를 믹서에 투입하는 순서는 시멘트가 급결을 일으키지 않도록 하여야 한다.

⑦ 마무리된 보조기층은 콘크리트를 깔 때까지 동결하지 않도록 보호하여야 한다. 또한, 거푸집, 철근 등에 빙설이 부착되어 있을 때는 이를 제거하여야 한다.

⑧ 콘크리트 치기는 깔기 부터 표면마무리까지 신속히 작업하여야 하며, 깔기작업에 불편이 없는 양생덮개를 사용하여 콘크리트의 열량손실이 적게 되도록 하여야 한다.

⑨ 한중에는 콘크리트가 동결되기 쉬우므로 응결 경화의 초기에 동결되지 않도록 양생포, 비닐시이트 등 보호덮개를 사용하여야 한다.

⑩ 보호덮개만으로 부족할 경우에는 열풍기, 스팀 등을 사용하여야 하며, 콘크리트면에 직접 열이 전단되지 않도록 해야 한다. 히팅(heating)을 종료할 때에는 단계적으로 온도를 낮추어야 한다.

⑪ 동해를 받은 콘크리트는 가장 가까이 있는 수축줄눈 또는 팽창줄눈까지 콘크리트 전체를 제거한 후 수급인 부담으로 재시공하여야 한다.

(3) 서중콘크리트

① 서중콘크리트에 사용할 시멘트는 고온의 것을 사용해서는 안 되며, 직사광선에 직접 노출된 골재를 사용해서도 안 된다. 또한 비비기에 사용하는 물은 되도록 저온의 물을 사용하여야 한다.

② 콘크리트 운반도중에는 시이트나 기타 적정한 방법으로 덮어서 건조하지 않도록 하여야하며, 콘크리트 치기 시 온도는 35℃ 이하이어야 한다.

③ 깔기기계가 직사광선에 의해 가열되는 것을 방지하기 위하여 공사감독자는 적절한 차양시설의 설치를 지시할 수 있다.

④ 혼합된 콘크리트는 1시간 이내에 빨리 쳐야한다. 콘크리트의 치기가 끝났을 때나 시공이 중단되었을 때는 콘크리트의 표면이 건조하지 않도록 보호하고, 습윤상태로 유지하여야 한다.

3.19 품질관리 및 검사

(1) 평탄성 측정

① 다짐 및 마무리를 마친 후 콘크리트가 충분히 경화하면 포장표면의 평탄성을 검측하여야 한다.

② 평탄성의 측정은 7.6m 프로파일미터를 사용하여야 하며, 부득이 3m 직선자나 기타 기구를 사용할 경우에는 공사감독자의 승인을 득하여야 한다.

③ 요철이 5mm 이상 차이가 나서는 안 되며, 5mm를 넘는 높은 부위는 승인된 기계로 갈아내어야 한다. 또 임의의 점과 계획고의 차는 ±30mm 이하 이어야 한다.

④ 프로파일 인덱스(profile index)는 7.6m 프로파일미터를 사용할 경우 본선 토공부 및 편도 4차선 이상의 터널은 160mm/km 이하이어야 한다. 다만, 현장여건상 대형 조합장비의 투입이 불가능한 경우 종단구배 5% 이상 및 평면곡선반경 600m 이하구간은 240mm/km 이하로 한다.

⑤ 평탄성기준에 어긋나는 부분에 대하여는 공사감독자의 지시를 받아 재시공 또는 수정하여야 한다. 재시공 또는 수정을 하는 경우에는 이 부분에 대하여 평탄성 측정을 실시한 후 그 시험결과는 공사감독자에게 제출하여 재확인을 받아야 하며, 이 때에 소요되는 모든 비용은 수급인 부담으로 한다.

(2) 포장슬래브의 두께 측정

포장슬래브의 두께는 타설 후 측면에서 300m 마다 측정하여야 한다. 측정한 평균 두께가 설계두께보다 5% 이상 얇을 경우에는 재시공 하여야 하며 이에 대한 범위의 결정은 검측자가 결정하며 수급인은 이에 따라야 한다.

(3) 품질시험

① 골재 및 콘크리트의 품질시험시료는 골재의 재료관리 및 콘크리트의 배합, 비비기, 다짐, 마무리 등의 적정성을 판정하기 위하여 채취한다.

② 시료의 채취 및 시험은 모두 수급인이 실시하고 그 결과는 공사감독자에게 서면으로 제출하여 확인을 받아야 한다.

③ 콘크리트 강도시험에 의한 콘크리트의 품질관리는 일반적인 경우 공시체의 재령 28일에서의 강도시험에 의하고 결과에 따라 실시한다. 이때의 공시체는 수중 양생한 것으로 시험 하여야 한다.

④ 휨강도시험에 쓰이는 공시체는 일반적인 경우 동일 배치에서 샘플링하여 3개 이상의 공시체를 제작하며, 그 평균치를 대표값으로 한다. 이 경우 콘크리트의 시료 채취방법(KS F 2401), 공시체 제작방법(KS F 2403) 및 휨강도 시험방법(KS F 2408)은 KS에 따르고, 필요에 따라서는 공시체의 제작횟수, 제작개수, 재령 및 양생방법을 변경하여 적용할 수 있다.

10-4 쇄석 포장

1. 일반사항

1.1 적용범위

본 시방서는 쇄석 포장 공사에 적용한다.

1.2 참조규격

KS F 2303 흙의 액성·소성 한계 시험 방법

KS F 2311 현장에서 모래 치환법에 의한 흙의 단위중량 시험 방법

KS F 2312 흙의 다짐 시험 방법

KS F 2320 노상토 지지력비(CBR) 시험 방법

KS F 2340 사질토의 모래당량 시험 방법

KS F 2508 로스앤젤레스 시험기에 의한 굵은 골재의 마모 시험 방법

1.3 제출물

(1) 해당 공사의 공사계획에 맞추어 시공계획서를 작성한 후 제출해야 한다.

(2) 다음사항을 추가로 제출하여야 한다.

① 재료시험 성적서

② 골재생산 계획서

2. 재 료

2.1 재료의 품질

쇄석포장 재료는 내구적인 부순돌, 부순자갈 등을 모래, 스크리닝스 혹은 기타 적당한 재료와 혼합한 것, 슬래그, 기타 공사감독자가 승인한 재료로서 점토, 유기불순물, 먼지 등 유해량을 함유하여서는 안 된다. 재료는 4.76mm 체에 남는 것 중 중량으로 70% 이상의 것이 적어도 2개의 파쇄면을 가져야 하며, 도로공사표준시방서 제8장 '표 8-4 입도조정기층 재료의 품질기준'에 맞는 것이어야 한다.

2.2 재료의 표준입도

쇄석 포장 재료의 표준입도는 도로공사표준시방서 제8장 '표 8-5 입도조정기층 재료의 표준입도'를 만족하여야 한다.

3. 시 공

3.1 준 비

(1) 쇄석포장 시공 전에 보조기층면의 먼지, 점토, 유기물, 기타 불순물을 제거하고 정리하여야 한다.

(2) 보조기층면이 동결상태에 있을 때는 포설해서는 안 되며, 보조기층면이 부적합할 경우에는 면고르기, 재다짐 등을 실시하여야 한다.

3.2 재료의 혼합

(1) 쇄석포장 재료는 규정 입도 및 시방에 맞도록 혼합한 후 공사감독자의 확인을 받아 현장에 반입하여야 한다.

(2) 혼합된 쇄석 포장 재료는 입도가 균질하여야 하며, 적정한 함수비를 가지고 있어 재료의 저장, 운반 및 포설 중 재료분리가 일어나지 않도록 하여야 한다.

3.3 포 설

(1) 쇄석포장 재료의 운반, 포설 및 다짐시에는 적정한 함수비를 가지고 있어야 한다.

(2) 포설에 있어 재료분리를 일으키지 않도록 하고, 다짐 후 1층의 마무리두께가 150mm를 넘지 않도록 균일하게 포설하여야 한다.

3.4 다 짐

(1) 쇄석포장의 다짐은 머캐덤 롤러, 탄뎀 롤러, 진동 롤러 또는 타이어 롤러를 이용하여 감독자의 승인을 받아 시행하여야 한다.

(2) 다짐은 KS F 2312의 D방법 또는 E방법으로 구한 최대건조밀도의 95% 이상으로 다져야 한다.

(3) 다짐은 길어깨쪽에서 도로의 중심선쪽으로 시행하며, 전회 다짐한 부분을 일정한 간격으로 겹쳐서 다져야 한다.

(4) 다짐시의 함수비는 3.4의 (2)에서 구한 최적함수비 또는 공사감독자가 지시하는 함수비로 한다.

(5) 다짐도를 알기 위한 현장밀도시험은 KS F 2311에 따라 측정한다.

(6) 쇄석포장의 마무리에 앞서 기층 표면 전체에 걸쳐 공사감독자의 승인을 받은 타이어 롤러로 적어도 3회 이상 프루프 롤링(proof rolling)을 실시하여야 한다. 프루프 롤링에 사용하는 타이어 롤러의 복륜하중은 5t 이상, 타이어 접지압은 549kN/㎡ (5.6kgf/㎠)이어야 한다. 프루프 롤링 결과 발견된 불량 부분은 공사감독자의 지시에 따라 재시공한다.

3.5 마무리

(1) 쇄석포장은 설계도서에 표시된 종・횡단 경사대로 정확히 마무리하여야 한다.

(2) 쇄석포장의 마무리면은 계획고보다 30mm 이상 차이가 있어서는 안 된다. 또 20m 이내의 임의의 2점에서 계획고보다 15mm 이상 차이가 있어서는 안 된다. 도로중심선에 평행 또는 직각으로 3m 직선자를 대어서 측정할 때 가장 들어간 곳의 깊이가 10mm 이상이 되어서는 안 된다. 측정은 이미 측정한 곳에 직선자를 절반 이상 겹쳐서 측정하는 것으로 한다.

3.6 두께측정

(1) 완성된 쇄석포장의 두께측정은 커터(cutter)로 자르거나 구멍을 파서 측정한다. 매 2,000㎡에 1개 공 이상씩 두께측정을 하여야 하며, 측정두께가 설계두께보다 10% 이상 차이가 생기는 구간은 표면을 50mm 이상 긁어 일으켜 재료를 보충하거나 또는 제거하고 소요두께가 되도록 다시 다져야 한다. 이에 소요되는 공사비는 계약상대자 부담으로 한다.

(2) 두께측정을 위한 시험용 코아채취 보링 부분도 계약상대자 부담으로 원상복구하여야 한다.

3.7 시험포장

(1) 계약상대자는 쇄석포장 시공에 앞서서 공사에 사용할 재료 및 시공기계를 사용하여 감독자 입회하에 시험포장을 실시하여야 한다.

(2) 시험포장 면적은 1,000㎡ 정도로 하며, 다짐도, 다짐 후의 두께, 재료분리 여부, 포설 및 다짐방법 등을 검토한다.

(3) 시험포장을 실시한 장소, 재료배합 등에 대하여는 공사감독자와 협의한 후 시험포장 계획서를 제출하고, 결과에 대하여 공사감독자와 협의하여야 한다.

제11장 항로표지

제 11 장 항로표지

1. 일반사항

1.1 적용범위

(1) 본 시방서는 항만·어항의 계획 및 공사시 필요한 항로표지 설치공사에 관한 일반적 사항을 규정한다.

(2) 항로표지 설치공사는 국토해양부 고시 “항로표지의 기능 및 규격에 관한 기준” 을 따른다.

(3) 본 시방서에 규정하지 않은 사항에 대해서는 항로표지법, 동법 시행령 및 시행규칙, 항로표지 관련 고시 · 예규 · 훈령, 전문시방서, 공사시방서를 적용하여 시공하여야 한다.

1.2 용어의 정의

(1) "항로표지"란 등광·형상·색채·음향·전파 등을 수단으로 항·만·해협, 그 밖의 대한민국의 내수·영해 및 배타적 경제수역을 항행하는 선박에게 지표가 되는 등대·등표·입표·부표·안개신호(무신호)·전파표지·특수신호표지 등을 말한다.

(2) “항로표지 장비 · 용품”이란 항로표지 기능유지를 위하여 사용하는 등명기, 충방전조절기, 레이콘, 원격단말장치(RTU), 데이터로거장치(D/U), 항로표지용 A/S, 축전지, 태양전지, 렌즈, LED 모듈, 전구, 등명기 제어반 등을 말한다.

(3) "항로표지 부속시설"이란 항로표지의 부속된 사무실, 숙소·동력실 창고 등의 용도로 사용되는 건축물(「건축법」 제2조제1항제2호에 따른 건축물을 말한다.)과 건축물에 설치된 건축설비(「건축법」 제2조제1항제3호에 따른 건축설비를 말한다.), 진입로 등의 시설 등을 말한다.

(4) 그 외 본 시방서에서 사용하는 용어는 항로표지법, 동법시행령 및 시행규칙, 관련 고시, 예규, 훈령 그리고 전문시방서, 공사시방서 내용에 따른다.

1.3 참조규정

(1) 항로표지법 및 동법 시행령, 규칙

(2) 전기사업법 및 동법 시행령, 규칙

(3) 건축 및 토목공사 표준시방서

(4) 건축 및 토목재료 표준시방서
(5) 콘크리트 표준시방서
(6) 한국산업표준 (KS)
(7) 항만 및 어항공사 전문시방서
(8) 항만 및 어항 설계기준
(9) 항로표지의 기능 및 규격에 관한 기준
(10) 표준형부표제작 및 품질관리기준에 관한 규정
(11) 항로표지 장비 및 용품의 표준화 규정
(12) 항로표지장비·용품 검사기준
(13) 항로표지 업무편람
(14) IALA(국제항로표지협회) 권고
(15) 건설공사 품질관리 검사기준

2. 재 료

2.1 자 재

(1) 공사에 사용되는 자재는 KS 규격품을 사용하여야 하며, KS 규격품이 없는 것은 동등 이상의 자재를 사용하여야 한다.
(2) 주요 자재는 관계시방서나 기준 또는 KS 규격품에서 규정하고 있는 바에 따라 보관 및 관리에 특히 유의하여야 한다.
(3) 공사 착수 전, 자재의 규격 및 품질에 대한 시험성적표를 제출하여 감독관의 승인을 득한 자재만 사용해야 한다.

2.2 장 비

(1) 공사에 투입될 장비는 구조 성능, 안전장치, 표시판, 성능 시험방법 등이 KS 규격품에 해당하거나, 동등 이상의 장비를 사용하여야 한다.
(2) 공사구역 내에 필요한 장비, 설비 및 부대기구의 예비품을 구비해 고장 즉시 교체, 수선이 가능토록 해야 한다.
(3) 공사 착수 전, 장비 시방서 및 투입계획서를 제출하여 감독관의 승인을 득하여 사용해야 한다.

3. 시 공

3.1 유(무)인등대 설치

3.1.1 유(무)인등대의 기능

(1) 유(무)인등대는 지정된 지리적 위치에 직립된 탑이나 견고한 건축물 또는 구조물로 설치하여 신호등과 주간표지로서의 역할을 하고 야간에는 고유한 등질로 먼 거리에서 이용할 수 있도록 하여야 한다.

(2) 안전항행을 지원하기 위하여 등탑 상부에 레이더비콘, 항로표지용 선박자동식별장치(AtoN AIS), 지향등 등을 병설할 수 있다.

(3) 유(무)인등대는 다음 각호와 같이 기능에 적합한 특성을 갖추어야 한다.

① 형상 : 임의의 형태 또는 재질을 사용 할 수 있지만 주간표지로서의 구별이 분명하여야 한다.

② 등색 : 백색(W), 홍색(R), 녹색(G), 황색(Y)

③ 등질 : 등화의 점멸방식을 사용하고, 섬광, 명암광 등의 리듬을 사용하고 있으며, 색광도 쓰이고 있다.

④ 도색 : 일반적으로 백색을 사용하지만, 방파제 또는 해상구조물 등대에는 홍색, 녹색, 황색을 사용한다.

3.1.2 유(무)인등대의 구성

유(무)인등대시설은 등탑(등롱), 숙소, 사무실, 동력실, 전력생산 및 전원시설, 저수시설, 진입도로, 선착장 등으로 구성된다.

3.1.3 설치 위치

유(무)인등대는 해안에 돌출한 곳, 섬 그리고 방파제 및 파제제 등 항만시설물에 선박에서 신속하고 쉽게 확인 할 수 있는 위치에 선정해야 한다.

3.1.4 등탑구조(燈塔構造)

(1) 등탑의 높이는 필요한 광달거리에 따라 결정되며 등탑의 형태 및 규모는 외력에 따라 달라진다.

(2) 등탑은 하부에 축전지실(주로 무인등대 경우)과 상부의 등명기실로 구성되며 필요시 등롱을 설치하고 상부의 출입을 위한 사다리, 낙뢰방지시설로 구성된다.

(3) 등탑설치에 따른 일반적인 시방은 전문시방서에 따르며 기타 등탑 시설공사를 위한 시방서는 본 시방서 중 해당사항에 따른다.

3.1.5 등롱(燈籠)

(1) 등롱의 지붕재료는 부식을 방지하기 위하여 구리, 스텐레스 또는 동등이상의 재질을 사용한다.

(2) 등롱의 크기는 전문시방서 중 항로표지 부분의 등롱관련 해당조항에 따른다.

3.1.6 항로표지용 등명기(航路標識 燈明器)

(1) 해상용 등명기(국토해양부 공고)의 표준 규격서에 따라 제작되고 항로표지법에 의한 공인검사기관의 시험검사에 합격된 제품을 사용하여야 한다.

(2) 설치 시 상・하 수평을 맞추어 광원의 빛이 일정한 방향으로 발산되도록 하여야 한다.

3.1.7 기타 장비 설치

(1) 음파표지(音波標識)

① 등대에는 에어사이렌 또는 전기혼을 설치할 수 있으며 등대 설계 시 정한 음달거리에 따라 음파표지 종류를 선정한다.

② 음파표지의 음달거리는 5해리 내외, 음파는 400~600 싸이클 내외이어야 한다.

③ 음파표지는 기상, 해상에 의한 음향 감쇄를 고려하고 음파가 방해받지 않는 위치에 정확히 설치하며 설치방법은 전문시방서 규정에 따른다.

(2) 전파표지(電波標識)

① 등대에는 레이다비콘, DGPS 기준국, 항로표지용 선박자동식별장치(AtoN AIS)를 설치할 수 있으며, 등대 설계시 정한 전파거리에 따라 전파표지 종류와 출력을 선정한다.

② 전파표지의 통달거리는 DGPS 기준국은 100해리 이내, 레이더 비콘은 10해리 내외 이어야 한다.

③ 전파표지의 설치방법은 전문시방서 규정에 따른다.

(3) 전력 생산 및 전원시설

① 등대 설계 시 소요전력량과 전력생산시설을 선정하며 전력생산시설은 상용전원, 태양광발전 시스템, 풍력발전 시스템, 발동발전기 시스템 등이어야 한다.

② 태양광발전 시스템은 해상용 태양전지 모듈, 태양전지 거치대, 전력조절기, 전력제어장치, 인버터, 축전지 등으로 구성되며 설치방법은 전문시방서를 참조한다.

③ 풍력발전 시스템은 운동량변환장치, 동력전달장치, 제어장치, 축전지, 인버터 등으로 구성되며 각 구성 요소들이 상호 연관되게 시스템이 제작되어야 하며 설치방법은 전문시방서를 참조한다.

④ 발동발전기 시스템은 발동발전기, 충전기, 자동절체스위치, 축전지, 인버터 등으로 구성되며 설치방법은 전문시방서를 참조한다.

⑤ 축전지는 KS 규격품을 사용하고 각종 전력생산 시스템 용량에 따라 종류를 선정하고 설치방법은 전문시방서를 참조한다.

⑥ 기타전원시설 및 부속설비 설치는 전기사업법, 전기공사업법, 전기설비기술기준 등의 법규를 준수하여야 한다.

3.1.8 영조물 설치

영조물(등탑, 사무실, 동력실, 창고 등) 건축물은 건축공사 표준시방서에 따르며, 축대, 선착장 및 진입도로 공사는 본 표준시방의 해당사항에 따른다.

3.2 등(입)표 설치

3.2.1 등(입)표의 기능

(1) 등(입)표는 수중 또는 수상의 암초 또는 해저면에 설치하는 고정 항로표지로서 형상이나 색상, 형상, 두표, 등광의 특성 또는 이들의 결합에 의해 기능을 판별할 수 있도록 설치하여야 한다.

(2) 등표에 등화가 없는 경우를 입표라고 하며 단지 주간표지로서의 역할만 한다.

(3) 등(입)표는 다음 각 호와 같이 기능에 적합한 특성을 갖추어야 한다.

① 도색 및 형상 : 국제해상부표식 규정에 적합한 색상 및 형상

② 두표 : 국제해상부표식 규정에 적합하도록 설치

③ 등색 : 백색(W), 홍색(R), 녹색(G)

④ 등질 : 국제해상부표식 규정에 적합한 등질

3.2.2 등(입)표의 구성

등표시설은 등탑(등롱), 항로표지용 장비(등명기, 태양전지, 축전지, 충방전조절기), 두표로 구성된다.

3.2.3 설치 위치

(1) 등(입)표는 암초, 천소・노출암 등을 표시하기 위하여 설치하는 경계표이며 해상에 고립되어 설치되므로 파랑 및 풍압, 조류 등에 견딜 수 있도록 위치에 선정하여야 한다.

(2) 위치 선정 시 구조물의 표고는 약최저저조면을 기본 수준면으로 하는 해상 기본수준면(APP. L.L.W DL(±)0.00)을 기준으로 한다.

3.2.4 기초공사

(1) 등탑기초 보강이 필요할 경우 ROCK ANCHOR의 천공 및 모르터 충전으로 시공하여야 한다.

(2) 천공직경 및 심도는 설계서에 명시된 치수 이상이어야 한다.

(3) ANCHOR의 설치는 천공완료직후 즉시 시행하여야 하며, 천공부의 저면으로 교란된 이물질이 낙하되어도 필요한 천공높이에 지장이 없도록 하여야 한다.

(4) 등탑은 특히 미관상 유의를 하여 시공하여야 하며, 삽입물의 누락이 없도록 주의하고 감독관의 검사를 받아야 한다.

3.2.5 등탑 구조

(1) 등탑은 상부에 축전지실과 등명기실로 구성되며 상부 출입을 위한 사다리, 낙뢰방지시설로 구성된다.

(2) 등탑 SLAB와 출입문에는 물줄기 홈을 반드시 설치하여야 하고 기타사항은 감독관의 지시에 따른다.

3.2.6 접지 및 피뢰침 설치

(1) 기초 콘크리트를 타설 전에 반드시 피뢰접지를 위한 구리봉과 피뢰선을 설치하고 피뢰선이 끊어지지 않도록 세심한 주의를 하고, 콘크리트를 타설하여야 하며, 매설완료 후 감독관의 검사를 받아야 한다.

(2) 피뢰침 접지와 피뢰선은 다른 공정 및 파랑 등으로 인하여 파손되지 않도록 현장여건에 맞게 견고히 매설 또는 정착하여야 한다.

(3) 피뢰침 접지시설의 접지 구리봉 일부는 항상 수중부에 있도록 처리하여야 한다.

3.2.7 사다리, 난간 및 출입문 제작

(1) 부식되지 않는 스텐레스 등의 재질을 사용하여 견고하게 제작하여야 한다.

(2) 절단 및 용접은 미관을 고려하여 요철이 없도록 하여야 하고 용접부위는 연결부 전체를 하여야 한다.

(3) 사다리는 부식되지 않는 재질로 만들되, 파이프와 파이프 사이의 간격이 일정하게 유지되도록 한다.

(4) 난간 설치시 지주의 간격은 일정하게 유지하여야 하며, 난간의 기초부분은 콘크리트로 견고히 고정시켜야 한다.

(5) 등명기실 출입문은 경첩과 ANCHOR BAR는 강한 바람에도 견딜 수 있도록 견고하게 제작, 설치하여야 한다.

3.2.8 기타 장비 설치

(1) 등(입)표에는 전파표지, 기상신호표지, 항로표지용 AIS, 조사등 등을 관련규정에 따라 병설할 수 있다.

(2) 해상용 등명기(국토해양부 공고)의 표준 규격서에 따라 제작되고 항로표지법에 의한 공인검사기관의 시험검사에 합격된 제품을 사용하여야 한다.

(3) 축전지는 KS 규격품을 사용하고 각종 전력생산 시스템은 용량에 따라 종류를 선정하고 설치방법은 전문시방서를 참조한다.

3.3 부표 설치

3.3.1 부표의 기능

(1) 항해하는 선박에게 암초나 천소 등 장해물의 존재를 알려주거나 항로를 표시하기 위하여 침추를 해저에 정치하여 해면상에 뜨게한 구조물로서 등광을 발하는 것을 등부표라 하고, 등광을 발하지 않고 주로 주간에만 이용하는 것을 부표라 한다.

(2) 부표는 다음 각호와 같이 기능에 적합한 특성을 갖추어야 한다.

① 도색 및 형상 : 국제해상부표식 규정에 적합한 색상 및 형상

② 등색 : 백색(W), 홍색(R), 녹색(G), 황색(Y), 청색(B)

③ 등질 : 국제해상부표식 규정에 적합한 등질

(3) 부표의 두표 형상은 항해자가 인지 가능하도록 다음 각호의 기준을 적용하여 설치한다.

① 원추형 : 저면직경의 0.75∼1.5배 높이의 원추

② 원통형(캔) : 직경의 0.75∼1.5배 높이의 원통

③ 구형 : 수선 상에서 보이는 높이가 그 직경의 2/3 이상의 구

3.3.2 부표의 구성

부표는 표체, 철탑, 항로표지 장비용품(등명기, 태양전지, 축전지, 충방전조절기) 두표, 계류장치(체인, 섀클, 스위블, 침추)로 구성된다.

3.3.3 부표의 규격

부표는 설치지점의 해저지형이나 저질, 수심, 조류, 파고 및 풍력 등 해상여건을 충분히 조사 검토한 후 규격을 결정하여야 한다.

3.3.4 설치 위치

(1) 항로의 한계 상에서는 시정이 일반적인 조건하에서 항해자의 눈높이가 1.5m 보다 높을 경우 주간에는 수로의 전방 양측에 2개 이상의 표지를 볼 수 있어야 하고, 야간에는 2개 이상의 등화를 볼 수 있도록 설치하여야 한다.

(2) 부표의 배치선은 가능한 직선이거나 완만한 곡선이어야 한다.

(3) 부표의 설치위치를 결정할 때는 최신 대축척 해도상에서 검토하여야 하며 최대이용선박의 안전을 기준하여 해저 또는 하상지형과 수심, 저질, 장해물, 천소 등의 여건을 고려하여야 한다.

(4) 부표의 위치는 침추를 해저나 하상에 투하하여 정치된 지점으로 한다.

3.3.5 부표의 계류구(繫留具)

(1) 부표는 조차, 파랑 등 해역의 여건을 고려한 수심의 1.5~2.5배의 쇠사슬로 침추(닻)에 연결 고정해야 한다.

(2) 부표에 사용되는 체인은 '스터드 없는 체인'을 사용하여야 하나, 부표의 크기, 조류・유속・파력 등 외력의 영향 등을 감안하여 필요한 경우 '스터드 있는 체인'을 사용할 수 있다.

(3) 사슬 1련의 길이는 25m를 표준으로 하며, 고삐사슬의 길이는 10m로 한다.

(4) 계류구 규격은 전문시방서 및 국토해양부 훈령 "표준형부표 제작 및 품질관리기준에 관한 규정"을 따른다.

3.3.6 기타장비 설치

(1) 부표에는 전파표지, 기상신호표지, 항로표지용 AIS 등을 관련규정에 따라 병설할 수 있다.

(2) 해상용 등명기(국토해양부 공고)의 표준 규격서에 따라 제작되고 항로표지법에 의한 공인검사기관의 시험검사에 합격된 제품을 사용하여야 한다.

(3) 축전지는 저방전율형(LDA-400A)을 사용하고 각종 전력생산 시스템은 용량에 따라 종류를 선정하고 설치방법은 전문시방서를 참조한다.

3.4 도등의 설치

3.4.1 도등(導燈)의 기능

(1) 도등은 동일한 수직 평면에 있는 2개 이상의 표지 또는 등화로 구성하여 항해자가 동일 방위로 나타내는 안내선을 따라 항해할 수 있도록 하여야 한다.

(2) 도등 구조물은 도색이나 형상은 특정되지 않으나 인접한 구조물과 혼동이 되지 않고 분명히 구별될 수 있어야 한다.

(3) 도등은 다음 각호와 같이 기능에 적합한 특성을 갖추어야 한다.

① 도색 : 설치 장소 주변 배후 색상에 비해 현저하게 대비되는 최적의 색상을 선택

② 형상 : 의미 없음, 직사각형이나 삼각형 형태를 권장

③ 등색(설치시) : 설치장소 주변 배후광의 색상에 비해 현저하게 대비되는 최적의 색상을 선택

④ 등질 : 임의, 부동 등화가 주로 사용되지만 절전 및 배후광에 의한 식별을 강화하기 위하여 동기점멸도 사용할 수 있다.

3.4.2 도등의 구성

도등은 등명기(LED 모듈), 전원시설(상용전원), 로컬 컨트롤러, 로컬 전원반, 메인 컨트롤러, 메인 분전반 및 원격감시제어시스템 및 주간표지 등으로 구성한다.

3.4.3 설치 위치

(1) 도등의 설치 위치는 항해요건을 고려하여 선택하되, 쉽게 이용될 수 있고 가능한 높고 단단한 대지 위에 설치하여야 한다.

(2) 도등은 항해자가 어느 위치에서든 이용 가능한 도선(導線)을 바라 볼 때 항해자의 관측을 방해 받아서는 안 된다.

(3) 도시 및 항만 배후광에 의한 감쇄를 고려하여야 한다.

3.4.4 도등용 등명기 설치

(1) 도등용 등명기의 색상은 주변 배후광을 고려하여 시인성이 가장 뛰어난 색상과, IALA 등질기준을 적용하여야 한다.

(2) 현장여건 변화에 따라 광도, 등질, 작동시간 등을 조정할 수 있도록 제작되어야 한다.

(3) 도등용 등명기는 공인검사기관에서 시험검사(광도, 색도, 발산각 등)를 실시하여야 한다.

(4) 전원인입을 위한 한국전력 등 협의를 이행하여야 하며, 도등에 전원을 원활하게 공급하기 위하여 이음 없이 배선작업을 시행하여야 한다.

3.4.5 주간표지 설치

(1) 주간표지의 고정형 철재구조물은 견고히 제작하고, 구조물의 자재에 대한 시험검사 등을 시행하여야 한다.

(2) 주간표지는 풍압에 의해 진동이 최소화 될 수 있도록 제작하고, 기온 등에 따른 취성파괴가 일어나지 않도록 용접해야 한다.

3.4.6 기타장비 설치

(1) 배선기구 및 전원장치는 KS 규격품, 또는 동등한 수준 이상의 규격 및 기준에 적합한 것으로 선정해야 한다.

(2) 공사 착공 전, 배선 회로도, 램프 및 안정기의 시험성적서, 조명기구 설치도 등을 감독관에게 승인 받은 후 설치해야 한다.

(3) 분전반은 구조가 튼튼하고, 각 부는 쉽게 헐거워지지 않도록 견고하게 조립되고 내구성이 있어야 한다.

(4) 원격감시제어 컴퓨터를 설치하여 무선 또는 유선 통신을 통하여 전도등과 후도등의 메인 컨트롤러와 통신으로 데이터를 주고받을 수 있어야 한다.

(5) 설정된 주기에 따라 자동으로 전도등 및 후도등의 상태 정보를 원격지에서 수집할 수 있어야 하며, 관리자가 수동으로 즉각 운영이 가능하여야 한다.

3.5 지향등 설치

3.5.1 지향등(指向燈)의 기능

(1) 지향등은 지정된 분호에 대하여 상이한 등색의 빛을 사용하는 고정항로표지로서 등색으로 항해자에게 방향지시정보를 제공하여야 한다.

(2) 지향등은 다음 각 호와 같이 기능에 적합한 특성을 갖추어야 한다.

① 도색 및 형상 : 임의

② 등색 : 홍색(R), 백색(W), 녹색(G)

③ 등질 : 적절한 주기

3.5.2 지향등의 구성

지향등, 전원시설(상용전원, 발동발전기, 태양전지, 축전지), 자동원격감시시스템으로 구성한다.

3.5.3 설치 위치

지향등은 항해자에게 안전수로, 변곡점, 합류점, 경고 또는 기타 중요한 항행 정보를 제공하며, 도등 설치가 곤란한 위치에 설치한다.

(1) 수심이 얕은 곳, 사주 등

(2) 정박지 등 위치 표시

(3) 수로(항로)의 가장 깊은 수심구역

(4) 부표의 설치 위치 표시

(5) 항행 가능 수로의 구역

3.5.4 지향등 설치

(1) 서비스 구역을 정확히 설정하여 등광의 발산각을 산정하며, 백광의 등호 내에 항행에 지장이 있는 장해물이 없어야 한다.

(2) 주간에도 이용 시작지점에서 등광을 확인할 수 있는 광도로 설치한다.

(3) 지향등은 등화의 색상이 분명하여야 하며, 요구되는 범위 내에서 충분한 광력을 확보하여야 하며, 요구사항에 적합한 광력과 정확한 각도로 나타내어야 한다.

(4) 지향등은 공인검사기관에서 시험검사(광도, 색도, 발산각 등)를 실시하여야 한다.

(5) 전원인입을 위한 한국전력 등 협의를 이행하여야 하며, 도등에 전원을 원활하게 공급하기 위하여 이음 없이 배선작업을 시행하여야 한다.

3.5.5 기타장비 설치

(1) 배선기구 및 전원장치는 KS 규격품, 또는 동등한 수준 이상의 규격 및 기준에 적합한 것으로 선정해야 한다.

(2) 공사 착공전, 배선 회로도, 램프 및 안정기의 시험성적서, 조명기구 설치도 등을 감독관에게 승인 받은 후 설치해야 한다.

3.6 교량표지의 설치

3.6.1 교량표지(橋梁標識)의 기능

(1) 선박이 통항하는 구역에 설치된 교량의 시설물 보호와 교량 아래를 통항하는 선박의 안전을 확보하기 위하여, 교량의 상판 및 교각 등의 교량 시설물에 설치하는 시설을 말한다.

(2) 야간표지(교량등)는 다음 각호와 같이 기능에 적합한 특성을 갖추어야 한다.

① 등색 : 백색(W), 홍색(R), 녹색(G), 황색(Y)

② 등질 : 부동등 또는 섬광등

(3) 주간표지(교량표)은 다음 각호와 같이 기능에 적합한 특성을 갖추어야 한다.

① 우측단표에는 꼭지점이 위로 향한 정삼각형을, 좌측단표에는 녹색 사각형의 판을 설치하고 중앙표는 원형을 설치한다.

② 도색 : 좌·우측단표는 백색바탕에 녹색, 홍색, 중앙표는 백색바탕에 홍백 2줄 종선

3.6.2 교량표지의 구성

교량표지는 교량등과 교량표로 구분하며 교량등은 교량표지용 등명기, 전원 시설(상용전원, 태양전지, 축전지), 자동원격감시시스템으로 구성한다.

3.6.3 설치 위치

교량표지는 선박이 교량 아래를 통과하는데 있어 가장 적정한 지점(이하 "통항최적 지점"이라 한다)을 표시하는 것이 필요하며 통항최적 지점은 다음 각호를 고려하여 설치하여야 한다.

(1) 교량아래 통항선박의 최대높이

(2) 교량 아래의 수심, 특히 일정하지 않은 교량 아래의 수심

(3) 교각과 다른 장해물 보호

(4) 한쪽방향 통항 또는 양방향 통항의 필요성

(5) 조석 간만의 차 및 유속

3.6.4 교량용 등명기 및 장비 설치

(1) 교량표지(등) 설치

① 해상용 등명기(국토해양부 공고)의 표준 규격서에 따라 제작되고 항로표지법에 의한 공인검사기관의 시험검사에 합격된 제품을 사용하여야 한다.

② 광도는 유효광도 값이 최소 180cd 이상으로 하여야 하며 교량 통과 최대 이용 가능선박이 교량표지 인지를 필요로 하는 최적거리를 충족할 수 있어야 한다.

③ 교각등과 교량 경간등의 수가 여러 개로 설치되어 이용자에게 혼란을 줄 경우 전체 등화를 동기점멸 방식으로 설치한다.

④ 교량등 설치에 필요한 자재(파이프, 체인 등)는 사용하여야 하며, 볼트 및 용접을 통하여 견고하게 설치하여 한다.

⑤ 교량등 체인은 점검보수에 용이하도록 적정하게 설치하여야 한다.

(2) 주간표지(교량표) 설치

① 주간표지(좌측, 우측, 중앙)는 상부 교량에 견고하게 설치하여 항해자가 주간표지를 명확하게 식별할 수 있어야 한다.

② 교량표의 바탕을 백색으로 하고 테두리 장식 혹은 사각형 배경의 크기는 교량표의 바깥 끝에서 200mm 이상으로 한다.

(3) 제어시스템의 설치

① 제어시스템은 사용 전원을 수전 받아 정류기를 교량등 시간을 설정하여 자동점멸 시키며 점등 시간을 임의로 조절할 수 있도록 설치되어야 한다.

② 제어시스템의 외함은 옆면에는 내부에서 발생하는 열을 외부로 방출하도록 FAN을 설치해야 한다.

③ 제어시스템에 사용되는 모든 부품들은 견고하게 장치하여야 하며 제어장치로 사용되는 전자 부품은 최상의 부품을 사용하여야 한다.

(4) 정류기의 설치

① 정류기는 교량등 등명기 전원으로 사용하는 장치로써 교류 전원을 수전 받아 정전류 또는 정전압으로 출력하여야 하며, 장시간 사용 시에도 발열 등의 원인으로 파손되지 않도록 충분한 용량으로 설치하여야 한다.

② 정류기의 외함은 옆면에는 통풍구를 만들어 발생하는 열을 외부로 방출하도록 제작되어야 한다.

③ 정류기에 사용되는 모든 부품들은 견고하게 장치하여야 하며, 제어장치로 사용되는 전자 부품은 최상의 부품을 사용하여야 한다.

④ 정류기는 전면에는 조정 장치, 입력단자, 출력단자, 출력램프 등이 장착되어야 한다.

3.7 일반적인 해양구조물 표지의 설치

3.7.1 선박 통항이 이루어지는 해상에 '항로표지의 기능 및 규격에 관한 기준'에 일반적인 해양구조물을 설치하는 경우 다음 각 호의 기준에 의거 해양구조물표지를 설치하여야 한다.

(1) 광파표지는 다음 각목의 기준에 의거 설치하여야 한다.

① 광력은 최소 1,400칸델라 이상 광도의 백식광으로서, 등질은 최대 15초 주기의 모르스부호 U(· · –)를 사용하여, 같은 높이에서 동시에 섬광하도록 하여야 한다.

② 등화의 설치 높이 : 해면의 평균 고저 면에서 최소 6m 이상 최대 30m 이하의 높이에 설치되어야 하며, 어느 방향에서나 선박이 구조물로 접근할 때 최소 1개의 등화를 식별할 수 있도록 1개 이상의 백색등을 고정구조물에 설치하여야 한다.

③ 조사등 : 인접한 구조물에 최대광도로 수직으로 조사하여 구조물이 보일 수 있도록 하여야 한다.

④ 항공장해등 : 구조물의 최상부 수평과 수직 끝단은 항공장해등 설치 규정에 따라 적절하게 표시하여야 한다.

(2) 음파표지는 다음 각목의 기준에 의거 설치하여야 한다.

① 음향신호 : 매 30초 주기로 모르스부호 "U (· · —)"를 나타내는 소리로서 단음의 최소주기는 0.75초 이상이어야 한다.

② 음달거리 : 어느 방향에서도 최소 2해리의 범위에서 들을 수 있어야 한다.

③ 설치위치 : 해면의 평균 고조면에서 최소 6m 이상 최대 30m 이하의 높이에 설치되어야 하며, 어느 방향에서도 청취가 가능할 수 있도록 1개 이상의 음파표지를 설치하여야 한다.

④ 음파표지는 기상학적인 시계가 2해리 이하일 때는 운영되어져야 한다.

(3) 표지판은 다음 각목의 기준에 의거 설치하여야 한다.

① 표지판 : 1m 이상의 크기로 노란색 바탕에 검은색 숫자/문자로 구조물의 명칭을 표시하여야 하며 어느 방향에서든지 적어도 한 면을 볼 수 있도록 배치하여야 한다.

② 재질 : 표지판은 주·야간에 쉽게 식별할 수 있도록 전광판이나 역반사재를 사용하여야 한다.

(4) 레이콘은 다음 각목의 기준에 의거 설치하여야 한다.

① 레이콘 : 특수한 구조물로서의 고유한 식별이 요구되는 곳에서는 레이콘을 설치할 수 있으며, 설치되는 레이콘의 탐지범위와 부호는 청장이 결정한다.

② 해도에 표시되지 않은 일시적 해양구조물에 설치되는 레이콘은 모르스부호 "D (— · ·)"를 사용하여야 한다.

3.7.2 해양구조물에 개별적인 등화나 음파표지를 설치하지 않고도 선박의 항행안전에 위험이 없는 지역에서는 청장은 지역 환경을 고려하여 해양구조물 표지의 설치기준을 완화할 수 있다.

3.7.3 집단 해양구조물의 둘레를 표시하거나, 집단 해양구조물을 통과하는 항로를 표시하거나 또는 구조물을 설치하거나 해체하는 동안의 고정된 구조물을 표시하기 위하여 부표나 등표를 설치할 수 있으며 설치되는 표지는 국제 해상부표식에 따른다.

3.7.4 수중 콘크리트 우물통, 파이프라인 및 해저터널 등과 같은 해저장애물이 있는 곳에서는 선박에게 수중의 위험물을 경고하기 위하여 국제 해상부표식에 따라 적절한 표시를 하여야 한다.

3.8 양식장 표지의 설치

3.8.1 양식장 설치지 부근의 해상 교통량의 밀집상태, 항만과의 근접성, 위험도, 조석과 같은 자연 현상을 비롯한 여러 가지 요소를 고려하여 다음 각 호의 기준에 따라 양식장용 표지 설치를 하여야 한다.

(1) 양식장 표지는 일반적으로 특수 표지로 설치하여야 한다.

(2) 양식장 사이에 선박 교통로가 있을 경우에는 측방표지로 설치되어야 한다.

(3) 방위표지만 설치하여도 양식장을 피해 항행이 가능하다고 확실시 되는 경우에는 방위표지만을 설치할 수 있다.

(4) 배후광이 있을 경우에는 여러 종류의 등질을 동기점멸하는 등광을 효율적으로 개선하여야 한다.

(5) 양식장의 시인 효과를 증가시키기 위하여 레이다반사기 등 반사 재질 사용과 레이콘이나 항로표지용 AIS와 같은 전자표지의 사용도 고려하여야 한다.

(6) 양식장은 그 크기나 넓이, 위치에 따라 양식장의 둘레 또는 양식장 중앙에 표지를 설치할 수 있다.

3.8.2 양식장 표지의 배치기준은 항로표지의 기능 및 규격에 관한 기준에 따른다.

3.9 해양풍력발전단지 표지의 설치

3.9.1 선박 통항이 이루어지는 해상에 풍력발전단지를 설치하는 경우 다음 각 호의 기준에 의거 해양풍력 발전단지표지를 설치하여야 한다.

(1) 풍력발전단지 등화는 단지 구역의 가장자리 또는 발전 단지 주변의 중요한 위치에 설치하여야 한다.

(2) 모든 풍력발전단지 등화는 풍력발전기 구조물의 수평면에 설치하여 모든 방향에서 시인할 수 있는 등화이어야 한다.

(3) 풍력발전단지 등화는 특수표지 기능으로 광달거리 5해리 이상의 황색등으로 동기점멸 하여야 한다.

(4) 매우 넓은 풍력발전단지의 경우에도 동기점멸 하여야 하는 풍력발전단지 등화의 간격은 최대 3해리 이내이어야 한다.

(5) 풍력단지 외곽선의 중간에 설치되어 있는 풍력발전구조물에도 항해자가 모든 방향에서 시인할 수 있는 위치에 황색섬광 등화를 설치하여야 한다.

(6) 외곽선 중간 등화는 가장자리 등화와 확연하게 다르게 표시되어야 하며 최소 광달거리가 2해리 이상이어야 한다.

(7) 외곽선 중간등화의 설치 간격은 가장자리 등화에서부터 최소 2해리 이내의 간격으로 설치하여야 한다.

(8) 풍력발전기가 많이 밀집한 풍력단지에서는 항로표지의 집중에 따른 혼란을 방지하기 위하여 등화의 동기점멸, 특성이 다른 등화와 광달거리가 다른 등화들을 사용 등에 관한 충분한 검토를 하여야 한다.

(9) 변전소나 기상관측탑 또는 풍력관측탑이 풍력발전단지에 복합적으로 설치될 경우에는 이러한 시설물들도 풍력발전표시 방식에 포함하여야 한다.

(10) 풍력발전단지 내에서의 해양구조물은 해양구조물 표지(예 백등, 모로스부호 “U(· · —)”)설치 기준을 따를 수 있다.

(11) 풍력발전단지 가장자리 등화와 중간등화 이외에도 항행안전을 위하여 필요할 경우 다음 각목과 같은 항로표지 장비를 추가하여 설치할 수 있다.

① 모든 가장자리 풍력발전구조물에 등화를 설치

② 풍력발전단지 내의 모든 풍력발전구조물에 등화를 설치

③ 레이콘 설치

④ 레이다반사기 또는 레이다타겟

⑤ 항로표지용 AIS
⑥ 최소한 음달거리가 2해리 이상의 음파표지
⑦ 등화가 설치되지 않은 구조물에는 역반사재 설치
⑧ 사다리와 접근플랫폼에 조사등 설치
⑨ 각 구조물에 식별번호판 부착(야간 식별 또는 주간에만 식별)

3.10 해양파력·조력 발전단지표지의 설치

3.10.1 선박 통항이 이루어지는 해상에 해양파력·조력 발전단지를 설치하는 경우 다음 각 호의 기준에 의거 항로표지시설을 단독 또는 집단으로 설치하여야 한다.

(1) 해저에서 수면위로 연장되는 고정구조물일 경우에는 해양풍력발전단지의 표시방법에 따른다.

(2) 해양파력·조력 발전단지는 적절한 두표와 등화가 장착된 항해용 부표를 국제항로표지 해상부표식에 따라 설치하여야 한다.

(3) 해상교통의 수준이나 요구되는 위험정도를 감안하여 레이다반사기, 역반사재, 레이콘 또는 항로표지용 AIS를 등부표에 부가하여 설치할 수 있다.

(4) 해양파력·조력 발전단지 구역 표시용 등부표는 모든 방향에서 수평선상으로 주·야간에 보일 수 있어야 하며, 등화의 광달거리는 최소 5해리 이상이어야 한다.

(5) 동·서·남·북의 구역은 국제해상부표식의 방위표지로 표시하여야 하며, 해양파력·조력 발전단지의 형상이나 규모에 따라 특수표지나 측방표지도 설치할 수도 있다.

(6) 해양파력·조력 발전단지가 넓을 경우에는 구역을 표시하는 등부표의 설치간격이 최소 3해리를 넘지 않아야 한다.

(7) 단지 내 개별적인 파력·조력 에너지 장치는 해수면 이상의 표면은 황색으로 도색되어야 한다.

(8) 단지의 구역 표지가 설치되어 있는 경우에는 개별적인 파력·조력에너지 장치를 나타내는 표지의 설치 필요성은 없지만, 만약 표시가 필요한 경우에는 수평면에서 모든 방향에서 항해자가 인지할 수 있도록 최소 광달거리가 2해리 이상의 황색섬광등을 설치하여야 한다.

(9) 해양파력·조력 발전단지의 적정한 위치에 항로표지용 AIS설치를 고려할 수도 있다.

(10) 홀로 설치된 단독 해양파력·조력장치는 해수면 이상의 표면은 검은 바탕에 홍색 횡선으로 도색되어야 하며, 국제해상부표식에서 규정한 고립장해표지 방식의 등화로 표시 하여야 한다.

(11) 해수면 상에서 시인되지 않는 단독 해양파력·조력장치에는 근접한 해역에 국제해상부표식에서 규정된 특수표지인 황색등부표를 설치하여 항행 위험을 경고하여야 하며, 등부표에는 최소 광달거리 5해리 이상의 황색등을 점멸하여야 한다.

(12) 고밀집 파력·조력단지에서의 항로표지의 증가에 따른 혼란을 방지하기 위하여 동기점멸, 다른 등화 특성 또는 광달거리가 다른 등화 등을 사용하는 등 등화의 설치방법 등에 대하여 충분한 검토를 하여야 한다.

(13) 해양파력·조력발전단지 내에서의 해수면이상으로 도출된 개별적인 구조물의 추가적 표시를 위하여 다음 각목의 항로표지 장비를 설치할 수 있다.

① 각 개별 구조물에 최소 2해리 이상의 광도를 가진 황색 섬광등화 설치

② 각 개별 구조물에 역반사재 설치

③ 각 개별 구조물의 사다리나 접근갑판의 조명

④ 각 개별 구조물의 고유 식별번호 부착(발광 또는 무발광)

(14) 해양파력·조력발전 장치(단지)의 설치사항을 해도에 표시 및 항행통보를 할 수 있도록 해양조사원에 관련사항을 통보하여야 한다.

第12장 항만하역장비

제 12 장 항만하역장비

12-1 항만하역장비 일반

1. 일반사항

1.1 적용범위

본 시방서는 항만시설장비의 설계, 제작, 조립, 시험, 설치, 시운전등에 필요한 일반적인 사항에 대하여 적용한다.

1.2 장비 주요 제원

하역장비 제원은 장비를 선정하고 설계하는 기준으로 처리화물의 종류와 화물량과 장비의 특성에 따라 결정한다.

본 시방서(별표1~14)에 각 장비의 주요제원이 기술되어 있으며 이를 기준으로 하여 적합한 장비제원으로 변경하여 사용할 수 있다. 유사장비 또한 이 기준을 준용하여 사용할 수 있다.

2. 재 료

2.1 개 요

모든 자재는 공급 전에 자재에 대한 관련 규정 및 자재 증명서와 필요시 시험 성적서를 제출하여 공사감독자의 승인을 득하여야 하며, 현장에 반입된 자재에 대한 품질시험이 필요하다고 판단되면 수급인은 국가 공인 시험기관에 의뢰하여 품질의 적합성을 인정받아야 한다.

2.2 참조규격

(1) 주요 부분에 사용되는 재료는 다음 각 호의 1에 해당하는 강재 또는 이와 동등 이상의 것으로 자재증명서 또는 시편채취 검사를 통하여 해당규격과 일치하여야 한다.

KS D 3503 (일반구조용 압연강재)

KS D 3515 (용접구조용 압연강재)

KS D 3529 (용접구조용 내후성 압연강재)

KS D 3566 (일반 구조용 탄소 강관)

KS D 3568 (일반 구조용 각형 강관)

(2) 주요 구조 부분의 고장력 볼트 및 스터드 등은 다음 각 호의 규격 또는 동등 이상의 것으로 한다.

KS B 1010 (마찰접합용 고장력 6각 볼트, 6각 너트, 평 와셔의 세트)

KS B 1002 (6각 볼트)

KS B 1012 (6각 너트)

KS B 1324 (스프링 와셔)

KS B 1326 (평 와셔)

KS B 1102 (열간 성형 리벳, 스터드 볼트)

(3) 모든 볼트와 너트는 ISO 미터 나사로 한다.

3. 시 공

3.1 시공 범위

이 공사는 하역장비의 설계, 제작, 조립설치, 시험, 시운전 등에 필요한 모든 장비, 재료, 인수시험 및 검사사항에 적용된다.

3.2 크레인 설치 부두 및 현장

(1) 크레인 설치시 차륜하중은 안벽 설계시 결정되어야 하며 설치할 크레인의 종류 및 제원에 따라 결정할 사항으로 작업시, 휴지시(태풍), 지진시로 구분하여 해측과 육측의 허용 차륜하중을 단위 m당 최대 차륜하중으로 결정하여야 한다.

(2) 하역장비와 직접 연계되는 토목기초부분 설계시 주행레일, 동력맨홀(power pick-up manhole), 케이블트랜치(cable trench), 타이다운(tie down), 스토이지핀(stowage pin), 잭업베이스(jack-up base), 앤드스토퍼(end stopper) 등에 대한 소요치수, 규격 및 하중에 관한 토목설계 기초 자료를 고려하여야 한다. 또한 설계 및 시공과정에서 문제가 발생하지 않도록 토목 및 장비시공자는 상호 협의하여야 한다.

3.3 크레인 설계

크레인은 기후조건에 관계없이 정격하중 운전조건으로 24시간 연속 사용할 수 있도록 설계되어야 한다. 크레인의 구조물 및 기계장비의 설계는 아래에서 명시한 바와 같거나 동등 이상이 되어야 한다.

(1) 구조물

크레인 구조물 설계는 BS 2573 Part1에서 제시된 사용등급, 부하상태, 군분류 등의 등급 중 상위등급을 적용한다.

(2) 기계장비

기계장비 설계는 BS 2573 Part2에서 제시된 인양. 트롤리 주행, 갠트리 주행, 붐 인양 등에 대하여 설치코자 하는 크레인 특성에 적합한 최상의 값을 선정하여 사용한다.

(3) 설계 풍속

크레인 설계풍속은 지역에 따라 제시된 휴지시(태풍)와 작업시 풍속을 적용하여야 한다.

① 작업시에는 지면상에서 20m 높이기준으로 최대순간풍속 초당 20m 이상으로 한다.

② 휴지시는 지면상에서 20m 높이기준으로 최대 순간풍속은 다음과 같다.

- 서해안 : 55 m/s
- 남해안, 동해안, 제주도 : 60 m/s
- 목포 : 70 m/s
- 울릉도 : 75 m/s

(4) 지진하중

지진을 고려한 지진수평하중은 수직정하중의 20%을 적용하여 설계 한다.

3.4 주요 설계하중

크레인의 설계에 적용할 주요 하중은 아래와 같다. 수급인은 여기에 명시하지 않았지만 크레인에 발생될 수 있는 하중들이 존재하면 설계시에 함께 고려해야 한다.

(1) 주요설계하중

① 사하중

② 트롤리 하중

③ 권상하중

④ 피로하중

⑤ 작업풍하중

⑥ 휴지풍하중

⑦ 지진하중

⑧ 권상 시스템 하중

⑨ 관성력

⑩ 충돌 및 충격하중

⑪ 권상 편심하중

⑫ 스큐(skew)하중

⑬ 스내그(snag)하중

(2) 하중조합기준

① 안정도 조합기준

크레인의 안정도는 [별표 15]의 안정도 조합기준을 적용하여 각각의 경우에 계산된 전도모멘트가 안정모멘트보다 작아야 한다.

② 차륜하중 조합기준

크레인의 차륜하중(wheel load)은 [별표 16]의 차륜하중 조합기준을 적용하여 각각의 경우에 계산된 차륜하중이 허용 차륜하중보다 작아야 한다.

③ 강도하중 조합기준

크레인의 강도계산은 [별표 17]의 강도하중 조합기준을 적용하여 작업시, 과하중 및 휴지시에 예상되는 각종 하중조합에 의한 크레인 구조물의 응력을 해석해야 하며, 가장 엄격한 하중 조합을 충족시킨다는 것을 입증해야 한다. 강도 하중조합 기준에 명시한 하중 외에 크레인의 강도에 영향을 미치는 다른 하중이 있다면 그 하중을 포함한 하중조합으로 강도해석을 하고 설계에 반영해야 한다.

3.5 철 구조물의 요구조건

(1) 일반사항

크레인은 항만법 규정, 모든 구조철강 구성품에 수반된 도면, 관련 장비 및 이 장에서 기술된 기준의 요구조건에 준하여 설계해야 한다. 수급자는 구조철강 부분품의 모든 설계도서를 제출하여 발주자의 검토와 승인을 받아야 한다. 설계도서에는 구조 성능 계산서, 모든 설계도면, 제작명세 및 기타 설계의 적합성과 정확성 및 신뢰성을 증명하는데 필요한 자료들이 포함되어야 하고, 쉽게 검토할 수 있는 양식으로 작성해야 한다.

(2) 설계 요구조건

① 크레인 구조물에 사용되는 원자재, 용접자재 및 부품자재는 KS, JIS, 또는 ASTM 규격 재질을 사용해야 하며, 주요 구조물에 사용되는 붕괴유발부재(FCM) 및 비붕괴유발부재(NFCM)는 ASTM A 709에서 명시한 ZONE1의 충격시험 요건의 최소평균 샬피V노치 충격에너지 값을 보증하는 용접구조용강(KSD3515 SM "B" 또는 SM "YB" 등급이상)으로 한다. 크레인 주요 구조물에서는 철판이나 강재 단면의 두께가 6㎜ 이하인 것은 사용할 수 없다. 기밀박스 내부에 설치되는 파이프(전기배관 포함)는 어떠한 경우에도 전기배관용 파이프를 사용해서는 안 된다.

② 사람이 들어갈 수 없는 밀폐 박스 거더(girder)로 제작되는 주요 부재에서는 기밀검사를 위한 배관 연결구(마개 포함)를 하부에 부착한다. 이러한 구조물에 전선관이 통과한다면 전선관을 먼저 설치한 후 밀폐시켜 기밀검사를 해야 한다.

③ 모든 구조물 요소는 브러싱(brushing)과 주기적인 코팅이 가능하도록 설계하며, 특히 내부방식을 고려하여 제작해야 하고 물이 고이지 않도록 해야 한다.

④ 별개의 부품들(드럼, 롤러, 핀, 쉬브, 기계류, 모터, 전기부품 등)은 통상의 유지 보수와 청소를 위해 쉽게 접근할 수 있도록 하며, 필요한 곳에는 어느 곳이든지 검사용 개구부를 설치한다.

(3) 피로 설계 기준

① 크레인의 사용수명에 맞는 피로설계를 하여야 한다.

② 크레인 구조물의 피로설계는 EN1993-1-9(BS5400, PART10)에 따르며 하중조합은 트롤리하중(TL)+권상시스템하중(LS)+피로권상하중(LLF)으로 한다.

③ 모든 붕괴유발부재(FCM)와 그의 피로 상세등급은 도면에 표기되어야 하며, 붕괴유발부재(FCM)에 대한 손상관리계획(fracture control plan)은 AASHTO/ AWS에 따라야 한다.

④ 붕괴유발부재(FCM)는 “피로상세등급 50(G)”이 존재해서는 안 되며, “피로상세등급 63(F2)″ 또는 더 양호한 피로상세 등급으로 설계해야 한다.

(4) 좌굴 설계기준

① 빔의 좌굴계산은 전단, 압축 및 강성의 합성 효과를 고려하여 정의된 좌굴 설계기준에 따라 계산한다. 또한 양축 응력이 포함되어야 한다.

② 판 좌굴(plate buckling)의 계산에는 양축응력과 합성응력의 효과를 고려한 유한요소해석방법(FEM) 또는 강구조설계기준(한국강구조학회, 2009), DIN, FEM, JIS Code를 따라야 한다. 보강재의 크기, 위치, 개수에 따른 판의 임계 좌굴응력과 실제 작용 좌굴 조합응력과의 비를 계산한 후 허용된 규격에서 명시하고 있는 안전율을 만족해야 한다. 또는 설계좌굴강도가 계수하중에 의한 단면력 이상이어야 한다.

(5) 구조물의 처짐과 강성 기준

① 처짐기준은 항만시설장비 검사기준 제7조 4항 별표 4의 기준을 만족하여야 한다.

② 스판 구간의 구조물의 최대 처짐량은 스판의 1/800 이하로 설계하는 것을 원칙으로 한다.

③ 트롤리 횡행방향으로의 크레인 구조물의 공진 주기가 1.5초 이하가 되도록 강성설계를 하는 것을 원칙으로 하고, 동적 공진문제가 발생하지 않도록 설계해야 한다.

(6) 캠버 설계 기준

① 이동하중이 육측 최대 도달거리에서 해측 최대도달거리까지 횡행할 때 트롤리 횡행레일이 거의 수평을 이룰 수 있도록 캠버(camber)를 주어야 한다.

(7) 핀 연결 설계기준

구조물의 연결에 사용한 모든 핀은 크레인의 구조 설계수명이 다할 때까지 견딜 수 있도록 피로 설계해야 한다.

(8) 계단 및 사다리

① 계단의 경사 각도는 수평에 대하여 50°를 초과하지 않도록 하며, 높이가 10m를 초과할 경우에는 7m 이내 마다 플렛폼이 설치되어야 하고 계단의 발판높이는 300㎜ 이내의 같은 간격으로 한다. 지면에서의 계단은 레일 중심부에서 1.8m 이상의 돌출부가 생기지 않도록 한다. 계단의 폭은 560㎜ 이상이 되어야 한다. 계단 및 통로의 디딤판은 용융아연도금한 그레이팅으로 한다.

② 계단 및 통로의 디딤판은 미끄럼을 방지할 수 있어야 한다.

③ 수직사다리는 계단용 사각 강봉으로 만든다 간격은 250㎜~350㎜의 같은 간격이어야 하며, 폭은 400㎜ 이상으로 발이 빠지지 않는 구조이어야 한다.

(9) 보도 및 통로

① 모든 보도와 통로는 2m의 상부 여유 공간이 있도록 한다. 보도나 통로의 표준 폭은 최소한 600㎜ 이상이 되도록 하고 제한된 구역에서의 폭은 최소한 460㎜ 이상이 되도록 하고 구조물 외 별도의 디딤판이 필요한 부분은 용융아연도금 처리된 그레이팅으로 한다. 구조물 부분이 디딤판이 되는 경우 미끄럼 방지 대책을 강구한다.

② 핸드레일은 외경이 34㎜인 강 파이프를 사용하고 높이는 1,000㎜~1,100㎜가 되도록 한다. 중간레일은 20㎜ 이상의 강봉으로 하고 높이는 600㎜가 되도록 한다.

(10) 용접

① 모든 용접은 자격이 있는 용접사에 의해 수행해야 한다. 용접사의 자격증은 제작전에 공사감독자에게 제출하여 승인을 받는다.

② 용접 자격 시험절차는 KS B 0885 등의 요구조건에 따라 제작 시 적용될 모든 용접 위치에 대해 수행한다. 이 시험은 공사감독자 입회에 시행하여야 한다.

③ 주요 구조부에 사용되는 용접봉의 인장강도는 모재보다 큰 것을 사용해야 하며 주요 부재 또는 구조물을 현지에서 용접으로 연결하는 것은 허락되지 않는다.

④ 구조 프레임 및 주요부재에 대하여 제작시의 결함을 교정하기 위하여 현장에서 가스절단기를 사용하거나 열을 가하여 교정하는 것은 허용되지 않는다. 응력을 받지 않는 사소한 부재에 대한 현장교정은 공사감독자의 승인을 받고 한다.

(11) 구조물 제작의 품질관리

수급인은 품질관리 프로그램을 서면으로 작성하여 공사감독자에 제출하여 승인을 받아야 한다. 구조물 제작의 품질관리 항목은 최소한 다음 사항을 포함해야 하고 이것들에 국한된 것은 아니다.

① 재료성적서, 기계류의 물품 명세서
② 재료에 대한 추적 인식 코드 및 절차
③ 보관, 절단, 조립, 용접, 외관 및 구조요소 등의 치수
④ 용접절차서, 크레인 구조물에 실행할 비파괴의 부위 및 종류를 명확하게 나타내는 시험 및 검사절차서
⑤ 용접, 기계가공, 측정 및 검사장비의 정비와 조정에 대한 확인서
⑥ 구조물의 처짐량 및 고유진동수의 측정방법, 절차 및 측정 장비제원
⑦ 페인팅에 대한 절차
⑧ 구조물의 설치 조립방법 및 절차서

3.6 기계 · 장비 요구사항

(1) 일반사항

① 기계·장비에 관련된 부품의 설계, 제작, 조립, 설치, 시험 및 시운전 등에 필요한 장비 및 재료공급 등에 대해서 규정한다.
② 감속기, 브레이크, 베어링, 와이어로프, 차륜, 쉬브 등의 모든 기계품의 사용연한 또는 설계수명 계산서를 제출해야 한다.

(2) 설계 요구 조건

① 볼트 및 너트

주요 구조부분에 사용되는 볼트 등은 다음 각 호의 규정 또는 동등 이상의 것으로 한다.

가. 고장력 볼트 : KS B 1010
나. 볼트, 너트 및 와셔 : KS B 1002, B 1012, B 1324, B 1326
다. 스터드 볼트 : KS B 1102

② 진동이 생기기 쉬운 곳이나 하중 상태가 자주 변하는 곳의 모든 볼트와 너트는 풀리지 않도록 적절한 조치를 한다. 볼트 및 너트에 대한 점용접은 허용되지 않는다.

③ 볼트는 너트가 체결된 상태에서 너트로부터 최소한 나사산이 2개 이상이 노출되도록 한다. 모든 볼트의 노출된 나사부위에는 나사를 통해 습기나 물기가 들어가지 못하도록 수밀(sealing)을 하여 밀봉한다.

(3) 기어 및 감속기

① 감속기 내의 모든 기어는 치면을 침탄 및 고주파 등에 의한 표면경화 열처리를 한 크레인용으로 특별히 설계되어야 한다.

② 기어 케이스 내에는 기름 속에 묻혀 있는 쇠 조각을 제거 용도로 탈부착이 가능한 자석을 적절한 위치에 설치한다.

③ 모든 기어는 최대한 이음이 나지 않도록 설계하며 공장시험 시 최대 운전속도에서 감속기로부터 1m 떨어진 곳에서 소음을 측정했을 때 80dBA가 넘지 않도록 해야 한다. 진동 시험은 KS B 0142 B급 이상이어야 한다. 시험결과는 인도를 위한 크레인 시험 시 제출해야한다. 또한 기계적 특성을 기술한 공장 확인서도 제출해야 한다.

(4) 베어링

① 비윤활 베어링(bearings)은 주요부품(motor, wheel, sheave, 감속기 등)에는 사용할 수 없으며 핀 연결을 제외한 모든 베어링은 비 마찰형으로 기계장비의 수명과 같도록 한다.

② 고정식 축받이(plummer block) 속에 고정시킬 경우, 고정식 축받이에는 엔드플레이트(end plate)와 오일 씰(oil seal)이 있도록 하고 스터드볼트(stud-bolt)로 지지하는 구조물에다 고정한다.

(5) 커플링

① 감속기의 입력축과 모터(motor)축 사이에는 기어 커플링(gear coupling) 또는 이와 동등한 커플링을 설치해야 하고, 감속기의 출력축과 드럼(drum) 사이에는 말메디(malmedie)형 드럼 커플링 또는 기어 커플링이 사용되어야 한다.

② 주권상, 붐 권상용 기어 커플링의 전달토크는 최소한 정격 부하 토크의 200% 이상, 주행, 횡행용 기어 커플링의 전달 토크는 최소한 정격 토크의 150% 이상으로 설계한다. 기어 커플링은 브레이크 공급업체의 표준품으로 브레이크 디스크와 함께 공급하도록 한다.

(6) 브레이크

① 일반사항 모든 제동장치는 DIN 15431, 15434 및 15435 또는 이와 동등한 규정에 준하여 계산되고 설계된 디스크 브레이크(disc brake)로서 충분한 열용량이 있어야 한다. 주 권상, 붐 권상 및 트롤리 장치에는 전기유압식 스러스트(electro-hydraulic thrustor)의 캘리퍼 디스크 브레이크(calliper disc brake)를 사용한다. 브레이크 라이닝의 성능을 입증하기 위해 라이닝에 대한 동적 시험 및 항만시설장비검사기준 제 12조 ⑤항에 의한 검사를 공사감독자의 입회하에 실시하여 시험 및 검사 결과를 제출해야 한다. 동적시험은 크레인의 사양과 하중 조건에 따라 최대 하중과 속력의 상태에서 실시되어야 한다.

모든 브레이크는 모터의 회생 제동 없이 모든 동작 및 긴급 상태 하에서 정격속도에서 정지까지 개별적으로 구동장치를 정지할 수 있어야 한다.

모든 브레이크는 브레이크 라이닝 마모 자동보상장치 뿐만 아니라 구동장치와 전기적으로 연동되는 외부에 노출된 수동으로 브레이크를 풀기(release)위한 핸들이 장착되고 유지보수가 편리하도록 하여야 한다.

② 주권상 브레이크

주권상 장치에는 스러스트로 작동하는 2개의 캘리퍼 디스크 브레이크가 설치되어야 한다. 각 브레이크는 정격하중을 권상할 때 브레이크가 설치된 축에 요구되는 토오크의 최소한 100% 이상(2개 합은 200% 이상)과 같은 동적인 용량을 지녀야 한다.

③ 트롤리 브레이크(컨테이너크레인 및 언로더)

트롤리 구동장치에는 스러스트로 작동하는 캘리퍼 디스크 브레이크가 트롤리 모터에 의해 구동되는 감속기 입력 축에 설치되어야 한다.

④ 주행모터 브레이크

주행장치에는 전자기(electro magnetic)형의 디스크 브레이크가 설치되어야 한다.

(7) 와이어 로프 드럼

① 모든 로프드럼(rope drum)은 그루브(groove)가 마모(wear and tear)에도 충분히 견딜 수 있고 JIS G3106 SM "YB" 등급 이상의 샬피 노치 충격에너지 값(27J 이상, 0℃ 기준)을 보증하는 고장력강(항복점 34kg/㎟ 이상)이고 Z값을 보증하는 강재를 사용하여 제작해야 한다.

② 그루브는 기계가공 전에 잔류응력이 제거되어야 하고 기계가공 후 경화처리하고 정적 및 동적으로 평형으로 유지되어야 한다. 홈은 비파괴 시험을 실시하여 건전성을 확인해야 한다.

③ 로프드럼의 피치 직경은 최소한 와이어로프 경의 30배 이상으로 해야 한다.

(8) 로프 쉬브(컨테이너크레인, 언로더)

① 로프 쉬브는 롤 단조 쉬브(roll forged sheave) 혹은 동등품 이상이어야 하고, 보스(boss)부와 림(rim)부의 용접은 열박음후 전둘레 필렛용접하고 비파괴검사(MT 100%)를 실시한다. 또한 최저 관성모멘트를 가지도록 설계 제작해야 한다.

② 모든 와이어로프 쉬브의 그루브는 표면에서 최소 3㎜ 이상의 깊이까지 Hs 55~70의 경도를 가져야 하며, 이를 증명하기 위해 각 종류별 시험편 단면을 절단하여 깊이에 따라 경도시험 및 측정 후 단면을 제출하여야 한다. 또한 경도 및 열처리 깊이를 도면에 명시해야 한다.

(9) 차륜, 축, 키 및 키홈

① 차륜(wheel)은 최저 관성 모멘트를 가지도록 설계, 제작해야 한다.

② 답면부는 표면에서 최소 10㎜ 이상의 깊이까지 Hs 46~52의 경도를 가져야 하며, 이를 증명하기 위해 각 종류별 시험편 단면을 절단하여 깊이에 따라 경도시험 및 측정한 단면을 제출하여야 한다. 또한 경도 및 열처리 깊이를 도면에 명시해야 한다.

③ 가공에 따른 비파괴검사는 황삭 가공 후 초음파 탐상시험을 하고 정상 완료 후 자분 탐상시험을 실시하여 유해한 결함이 없어야 한다.

④ 크레인에 사용하는 축은 KSD 3752-85 또는 이와 동등 이상의 것에 준하여 충분한 인장강도를 갖는 고급재질로 제작하고 고하중이 걸리는 축은 축의 직경을 단계적으로 줄일 필요가 있는 곳에는 반경이 큰 곡선을 이루도록 가공해야 한다.

(10) 유압장치

① 유압장치는 항만시설장비검사기준(제22조 유압, 공압장치) 및 산업용 장비를 위한 관련 유압 표준 설계에 따르며, 제작회사의 일정한 규격품으로 주위 환경에 적합한 제품을 사용해야 한다.

② 솔레노이드(solenoid)로 작동되는 모든 밸브는 수동조작이 가능한 기계적 장치를 갖추어야 한다.

③ 파이프 배관의 방향 변경은 피팅(fitting)을 사용하고 배관의 굴곡은 파이프 경의 최소 3배 이상이어야 하며, 모든 호스는 호스 제작자가 추천하는 최소 곡률 반경을 유지하고 꼬이게 설치해서는 안 된다. 또한 마찰 또는 접촉되는 부분이 없어야 한다. 주 공급관의 치수가 변경될 때는 리듀싱 피팅(reducing fitting)으로 연결한다.

④ 호스배관이나 파이프배관의 십자형 교차는 피해야 하고 매니폴드를 사용해야 한다. 유압밸브나 부속품은 국내에서 쉽게 구할 수 있어야 한다.

(11) 트롤리 장치(컨테이너크레인 및 언로더)

① 트롤리(trolley)는 교체 가능한 차축으로 된 바퀴로 움직이는 용접 구조물이어야 한다. 구조물의 상면 답면은 스테인리스 클립, 볼트 및 록크너트로 고정시킨 용융아연도금 플랫폼 그레이팅으로 한다. 트롤리 차륜은 굴림 베어링을 사용한다.

② 트롤리 구동장치는 기계실에 위치한 견고한 베이스에 설치해야 하며 밀봉된 유욕식 헬리컬 기어감속기를 통해 그루브가 가공된 드럼을 구동하는 모터와 브레이크로 구성되며, 드럼은 말메디(malmedie)형 커플링으로 감속기의 출력 축에 직결되어야 한다.

③ 트롤리 본체에는 차축이 파손되는 경우에 본체의 낙하를 12㎜로 제한하는 안전장치인 탈락방지 러그(lug)를 부착한다. 트롤리가 운행 중 어떤 위치에서도 차축 교체가 가능하도록 재킹 러그가 부착된다. 차륜이 레일에서 탈선하는 것을 방지하는 확실한 방안이 강구되어야 된다.

④ 트롤리 레일은 레일단면 중심선과 웨브(web) 중심선이 일치하는 철구조물로 연속적으로 균일하게 지지되어야 한다. 레일지지면은 “항만시설장비검사기준” 규정에 적합하도록 한다. 레일단면은 완전 관통용접으로 연결하며, 정확하게 기계 가공된 형판에 맞게 부드럽게 그라인딩 해야 한다.

(12) 갠트리 주행장치

① 구동장치는 감속기에 의해서 직접 구동되는 1개의 구동 차륜과 종동 차륜, 전동기, 커플링 및 외장형 브레이크로 구성되어야 한다. 갠트리 주행 작동은 가변 속도로 한다.

② 구동장치는 전체 주행차륜 중에서 50% 구동을 위해 각 보기에 1개의 교류 전동기에 의해 작동되게 해야 한다. 디스크 브레이크는 모터 후미의 축에 설치해야 한다.

③ 운전 중 돌풍 등으로 인한 미끄럼에 대비하여 풍속 35m/s에서(지역에 따라 크레인 종류에 따라 풍속을 조정하여 적용)크레인을 유지할 수 있는 레일 클램프를 공급해야 한다. 레일클램프는 쉽게 교체하거나 보수될 수 있도록 설계되어야 한다.

④ 타이다운 및 스토이지 핀은 휴지시 설계풍속에 크레인을 유지할 수 있도록 설계한다.

⑤ 크레인의 각 코너 밑에 있는 갠트리 트럭 조립체는 코너의 총 하중이 모든 차륜에 균등히 분배되도록 해야 하고, 차륜의 평행도 및 조립기준은 항만시설장비검사기준 별표 6에 준해야 한다.

(13) 주권상

① 주권상(main hoist)장치는 받침대에 고정된 헤리컬 기어감속기의 양 출력 축에 기계 가공홈 (groove)이 있는 주권상 드럼을 직접 구동하며, 감속기 입력 축에 커플링, 브레이크가 각각 장치된 전동기로 구성되어야 한다.

② 주권상에는 상부(upper) 제한 스위치를 설치해야 한다. 1단 상부 제한 스위치가 고장 나면 2단 상부 제한 스위치를 작동하게끔 설치해야 한다. 2단 상부 제한 스위치가 가동되면 2단 제한 스위치는 주권상으로 가는 동력을 단전하며, 즉각 브레이크를 작동 되도록 해야 한다.

(14) 그래브 버킷

그래브 버킷은 지지와 개폐용의 2개의 권양통을 지닌 권양장치에 의해 조작되고 버킷을 개구한 채로 화물위에 버킷의 날끝이 자중에 의해서 들어가고 개폐장치는 전동기식이어야 한다.

(15) 선회장치

수평인입 크레인의 선회장치는 주상박스식 프레임에 수평력, 직력을 받는 보올레이스와 하단의 보올베어링으로 지지되어 고 지브선단부위 하중의 합력방향이 지브의 방향과 일치되어야 한다.

3.7 도장 및 표면처리

3.7.1 개요

(1) 기계를 제외한 모든 철재 및 강재 표면은 방식 도장을 하여야 한다.

(2) 페인트의 수명을 증명할 수 있는 시험성적서, 시공실적 및 도장의 특성에 대한 자료를 제출하여 승인된 제품을 사용한다.

3.7.2 도장 방법

(1) 표면처리 등급은 SSPC(미국 철강구조물 도장협의회) 기준으로 조도는 25 내지 75 ㎛로 한다.

(2) 공장 내에서 도장 완료 후 야드에서 최종 마감도장 시에는 종전 도장이 에폭시(epoxy) 일 경우 장기 노출 등으로 인하여 발생된 모든 이물질을 제거하며, 재도장 전구 도막의 오염물질을 제거한다.

(3) 매회 도장 시, 특히 공장(shop)도장 후 현장도장 시 재도장기간이 페인트 공급 업체가 제시한 기간을 경과할 경우에는 페인트 공급자와 협의하여 적절한 표면을 처리한 후 도장을 시행한다.

3.7.3 도장의 특성

각 도장의 특성은 아래와 동등 이상의 내구성이 보증되는 것이 필요하다.

(1) 전처리(shop primer)

① self curing, zinc, filled inorganic coating 일 것

② 건조가 빠를 것(handling : 38℃에서 3분 이내)

③ 건조 도막 내에 최소 85%의 아연 성분이 유지될 것
(ASTM A325 또는 A-490 bolts, Appendix A 참조)

(2) 하도(inorganic zinc rich primer)

① 두 가지 성분이나 혼합된 zinc polyamide일 것.

② 재도장성이 양호할 것.

③ 1회 도장으로 DFT 100㎛ 이상까지 도장할 수 있을 것.

④ 건조 도막에 최소한 88%의 아연 성분이 유지될 것.

(3) 중도(epoxy micaceous iron oxide)

① 2액형 epoxy polyamide 타입

② 후도막형

③ 재도장 간격이 없을 것.

④ inorganic zinc rich primer 하도와 상용성이 있을 것.

⑤ micaceous iron oxide(MIO) 안료사용 도료

(4) 상도(polyurethane finish)

① 2액형 polyurethane isocyanate 타입

② 고광택

③ 내마모성이 좋을 것.

④ 내화학성, 내용제성이 좋을 것.

⑤ 간격이 없을 것.

(5) 에폭시 방청 프라이머

① 2액형 epoxy 방청 하도

② 내마모성이 좋을 것.

③ 내화학성, 내용제성이 좋을 것.

④ 방청능력이 우수할 것.

3.7.4 마감색

마감색과 마감색의 견본은 페인트 시방승인 시 함께 공사감독자에게 제시한다. 기계실과 철구조물에 부착되는 발주자가 지정하는 로고(logo), 장비번호 및 기타 글씨 크기와 색들은 추후에 승인 받는다.

3.8 전기적 요구사항

3.8.1 일반사항

전장품에 관련된 부품의 설계, 제작, 조립, 설치, 시험 및 시운전 등에 필요한 모든 인력, 장비 및 재료공급 등에 대해서 규정한다.

3.8.2 계산서 및 시스템 구성도

(1) 수급인은 단선 결선도, 시스템 구성도, 주 동작전동기 선정 및 주변압기 선정 계산서를 제출하여야 한다.

(2) 수급인은 전기설비 선택을 구체화하기 위해 부하표, 단락전류, 전압강하, 역율 및 조도 등의 상세한 부하계산서와 상세시스템 구성도와 주동작 전동기 및 주변압기 선정 계산서를 제작계획에 따라 제출하여 승인을 받아야 한다.

3.8.3 전력공급

(1) 전력공급방식

3상 6.6KV 60Hz로 공급되며, 전력수전(power pick-up) 맨홀내의 전력케이블과 릴 케이블(reel cable)을 직선 접속하며, 접속 맨홀위치는 공사감독자의 승인을 득하여야 한다.

(2) 케이블 릴 시스템은 단층권선(mono-spiral), 양방향 및 일정한 인장을 가진 케이블 릴 시스템으로써 갑작스런 기동 및 제동 또는 크레인이 전력 공급 맨홀 통과로 인한 케이블 변형이 최소화되게 설계하여야 한다. 케이블 비틀림을 최소화하기 위해 양방향 다중 롤러와 곡형의 케이블 가이드를 설치하여야 한다. 케이블을 트렌치(trench)로부터 릴(reel)로 유도하기 위한 롤러와 가이드(guide)가 설치되어야 하고, 가이드폭은 케이블 외경의 1.12배 이상이며, 가이드 곡률은 케이블 외경의 12배 이상이어야 한다.

3.8.4 접지

(1) 전기장비의 금속외함, 금속관, 케이블의 차폐층 등은 반드시 접지시설을 하며, 접지시설의 모든 연결은 철재와 철재사이의 접속이 완벽하게 구성될 수 있도록 동선 등 접속재를 사용해야 하며, 검사를 위하여 접근할 수 있어야 한다.

(2) 접지선은 KSC 0804의 규격 또는 동등이상의 절연효력이 있는 전선을 사용하고 녹색을 사용하며 접지선이 외상을 받을 우려가 있는 경우에는 금속관 또는 합성수지관 등으로 보호되어야 한다.

(3) 기계기구의 철대, 금속제 외함 및 금속 프레임 등의 접지는 다음 표에 의한다.

기계기구의 구분	접지공사
400볼트 미만의 저압용	제3종 접지공사
400볼트 이상의 저압용	특별 제3종 접지공사
고압용 및 특별 고압용	제1종 접지공사

3.8.5 배선 및 배관

(1) 배선

전선의 굵기는 회로부하전류를 충분히 감안하여야 한다.

(2) 배관

① 전선관, 케이블 트레이(tray) 및 덕트(duct) 등 배관공사에는 고압전로, 저압전로와 제어전로를 필히 구분하여야 하고, 부득이 트레이(tray) 또는 덕트(duct) 내부에서 교차(cross)되는 부분에는 격리판(shielded plate)으로 분리될 수 있도록 하여야 한다.

② 전선의 접속은 전선과, 케이블 트레이 및 덕트 내에서는 할 수 없으며, 급전선 또는 분기선의 접속은 단자함(terminal box)과 접속함(pull box)내의 단자대(terminal block)에서만 하여야 한다.

③ 모든 전선관은 용융 아연도금된 후강금속관의 사용을 원칙으로 하며, 필요시 가요성 전선관, 덕트(duct) 또는 트레이(tray) 등을 사용할 수 있다.

④ 전선관의 굴곡부분은 노말밴드 또는 분기관(condulet)을 사용하고 현장 구부림이 필요하다고 인정되는 경우에는 승인된 기구로 시공하여야 한다.

3.8.6 수전 및 배전시설

(1) 수전시설

크레인 내의 수전 시설에는 최소한 다음의 시설이 포함되어져야 한다.

① 진공회로차단기 : 진공회로차단기(VCB)는 모터(motor) 구동형이고 고정형이어야 한다.

② 3상 접지개폐기(기계적 연동장치 포함) 1조

③ 파워 퓨즈가 부착된 모터(motor) 구동형 부하개폐기(LBS) 1조

④ 프로세서(processor)를 내장한 전력품질감시 장치 : 전압, 전류, 주파수, 역율, 고주파, 무효전력, 유효전력, 및 전력량 등 표시

⑤ 크레인 진동에도 오동작하지 않는 전자식 과전류(OCR), 저전압(UVR), 과전압지락(OVGR), 선택지락(SGR) 등 보호계전기

⑥ 피뢰기(LA) 및 써지흡수기(S.A)를 설치하여야 한다.

(2) 변압기

① 수전변압기는 주동력용과 조명, 제어 및 보조동력용을 구분 설치하며, 최소 10%의 여유용량을 가져야 한다.

② 주동력용 변압기는 싸이리스터(thyristor) 부하 및 인버터(inverter)용 전동기의 4상한 제어특성에 적합한 절연(isolation) 변압기를 사용하여야 한다.

(3) 배전시설

① 배전반과 제어반의 도어(door)는 3.2㎜, 측면, 후면 및 바닥은 2.3㎜ 두께 이상의 철판을 사용하여야 한다. 모든 배전반 및 제어반 내부에 자동 온도 조절기와 히터(heater)를 설치하여야 한다. 전기실 패널 내 각 구획별 냉각팬과 필터를 설치하여야 한다.

② 배전반은 전면안전형(dead front safety type) 폐쇄배전반이 되도록 하며, 모든 배전반과 제어반은 스위치, 보호장치 및 설비 등과 함께 공장에서 완전 조립된 것이어야 한다.

③ 부스바(bus bar)는 상별로 색상구분을 하여 PVC로 코팅처리 하여야 한다. 모든 배전반과 제어반의 제작은 조립식이며 도장은 정전 분체 방식으로서 내외부 두께가 동일하게 60㎛ 이상이어야 한다.

④ 실내외 공통으로 차단기, 개폐기 및 휴즈 등은 상하로 설치되며 항상 입력측은 상부가 되도록 배선되어져야 하고, 배전반 내의 차단기 및 개폐기에는 명판을 부착하여 그 용도를 쉽게 구분할 수 있어야 한다.

3.8.7 전동기

(1) 개요

모든 전동기의 제작은 IEC에 준하며, 규격은 FEM 3판(3rd edition) 전동기의 선정(booklet 4, 5)에 따르도록 한다.

크레인 주동작에 해당하는 주권상(main hoist), 붐 권상(boom hoist), 주행(gantry travel) 및 횡행(trolley travel) 동작에는 교류 전동기를 사용하도록 하여야 한다.

수급인은 주동작 전동기 선정 계산서 및 열용량 계산서를 제출하여야 한다.

(2) 보호장치

모든 전동기는 단자대를 갖춘 전선 접속함이 설치되도록 하며, 노출된 회전 부분은 적절히 은폐되도록 하여야 한다. 용량이 7.5kw 이상인 전동기는 스페이스 히타와 온도 감지장치를 설치하고 과전류, 과온도 및 결상에 대한 보호장치를 갖추어야 한다.

(3) 시험성적서

모든 전동기는 개별적으로 공장에서 시험 및 검사를 수행하고, 과속도, 과부하, 방수, 특성 및 온도시험 등에 대한 제작자 시험성적서를 제출하여야 한다.

3.8.8 제어

(1) 제어방식의 설계는 계약상대자의 최신 표준설계에 준하여야 한다. 모든 교류전동기의 속도제어 장치는 가변 주파수형 인버터 방식(variable frequency inverter)으로 하고 제어반에 전동기 연속 가동시간 기록계기, 아날로그(analog)형 속도계 및 전류계를 설치하여야 한다.

(2) 주권상 속도제어장치와 주행속도제어 장치는 각각 분리 설치하여 권상에서 주행, 주행에서 권상동작 실행 시 시간지연 현상이 없어야 한다.

(3) 권상에서 부하 속도의 특성은 정출력으로서 경부하일 때는 이에 비례하여 정격속도보다 크게 연속적으로 속도가 변화되어야 한다. 주권상, 주행, 횡행은 저속에서 전속력까지 무단 변속해야 하며, 붐 권상은 미리 설정된 2개의 속도를 가져야 한다. 속도 제어기의 명령과 실제 운전속도를 항상 비교 감시하는 장치(encoder 등)를 갖추어야 한다.

(4) 시스템은 표준화된 산업용 통신방식(communication protocol)에 의한 방법으로 내부 접속되도록 하며, PLC와 안정적인 표준화된 통신모듈(communication module)로 연결되도록 한다.

(5) 비상정지, 조명 등의 제어는 PLC를 이용하여서는 안 된다. 특히 비상 AC 전동기 제어는 별도의 제어장치(drive)를 두지 않고 직입 운전을 하여야 한다.

3.8.9 PLC(programmable logic controller)

(1) 비상 보호기능을 제외하고는 구동용 순차제어 및 연동기능은 PLC에 의해 실행하여야 한다. 통신 시스템은 적절히 구성, 조직, 표준화되어 같은 통신망에 있는 어떤 PLC도 서로 손쉽게 통신 가능해야 한다. PLC의 모든 구성 요소들은 고온, 먼지, 진동, 습기, 전기적 잡음 등의 열악한 작업 조건에서도 사용할 수 있도록 견고하며, 안전한 운전을 보장하기 위해 정전에 대한 대비를 하여야 한다.

(2) 운전실에는 PLC와 연결되는 고장진단 표시장치 (한글 및 alphanumeric)를 갖추어야 하며 최소한 다음의 기능을 가져야 하고 계약상대자는 표시장치의 상세한 설명서를 제출하여야 한다.

① 고장내용 표시 및 저장

② 운전상태 표시 및 실시간 시뮬레이션(그래픽)

③ 제한 스위치 동작상태 표시

④ 주요 운전상황 표시

⑤ 주원상/횡행의 속도 유형

3.8.10 조명

(1) 규정된 조도에 부합함을 확인할 수 있는 조도계산서를 제출하여 승인을 받아야 한다.

(2) 전 지역의 조명설비는 먼지 및 진동에 견디는 형태이어야 한다. 특히 옥외용 조명설비는 방진, 방수형이어야 하고, 항만용으로 설치하여야 한다.

(3) 외부조명시설은 최소한 다음 장소에 설치하여야 하며 필요하다고 인정되는 부분은 추가하여야 한다.

① 사다리, 플랫폼, 통로 : 50Lux 이상

② 전동기, 유압장치 및 쉬브 설치 장소, 붐렛치(boom latch) : 100Lux 이상

③ 트롤리 하부 : 300Lux 이상

④ 크레인 직하지면의 어떠한 점 : 200Lux 이상

※ 위 항목에 대한 값은 설치코자 하는 크레인 특성에 적합한 값을 선정하여 사용.

(4) 내부조명시설은 다음 장소에 설치하여야 하며, 각 장소는 최소한 명시한 바와 같은 조도를 가져야 한다. 내부조명은 형광등 기구를 사용하여야 한다.

① 운전실 : 200Lux 이상

② 기계실, 전기 제어실 : 300Lux 이상

③ 검사원실 : 300Lux 이상

④ 붐 운전실 : 100Lux 이상

(5) 기계실, 전기제어실, 운전실, 점검원실에는 정전에 대비한 비상조명 설비를 갖추어야 한다.

(6) 항공장애물을 분명하게 표시하기 위해서 두개의 적색 표시 등을 구조물의 상단에 항공법에 적합한 항공장애등을 설치하여야 한다. 항공장애등의 램프수명을 연장하기 위하여 전압이 부드럽게 변하도록 장치하여야 하고, 24시간 정전 보상형인 타이머(timer)를 설치하여야 한다. 항공장애등은 정전 시 배터리로 자동 동작되도록

장치하며, 조작반에서 동작시험과 상태표시를 할 수 있도록 하여야 한다. 비상조명 및 항공장애등의 동시 사용을 위한 무보수형 연축전지와 자동충전 장치를 설치하여야 하며, 축전지는 비상조명과 항공장애등을 최소한 12시간 이상 동작시킬 수 있는 용량이 되도록 한다. 항공장애등 시설 부근에 피뢰침 시설을 KS 규정에 적합하도록 한다.

1.8.11 안전 및 통신장치

(1) 안전운전을 위해 다음의 연동 및 안전장치를 공급하여야 하며 필요한 장소에는 구내통신장치를 설치하여야 한다.

① 선박의 돌출물과 크레인 붐(boom)의 충돌방지장치

② 인접크레인과의 충돌방지장치

③ 보행자 충돌방지장치

④ 경보등 및 경보벨

⑤ 비상정지스위치

⑥ 하중계 및 풍향풍속계

⑦ 화재감지 및 경보장치

3.9 자동화시스템 요구사항

3.9.1 크레인 자동화 시스템

(1) 일반사항

레일에 설치되어 컨테이너를 자동으로 핸들링하는 원격제어식 자동화 야드 크레인(ARMG) 의 기본 개념은 컨테이너를 야적장 또는 내부샤시 그리고 외부트럭과 관련된 작업, 자동으로 싣고 내리는 것을 통칭한다. ARMG 제어 시스템은 상위의 제어 시스템에서 지시된 것과 같이 컨테이너를 요구하는 위치로 싣고 내릴 수 있는 자동적인 주행, 횡행, 권상 위치제어에 의해 크레인을 제어할 수 있어야 한다. 제어시스템은 제한을 하지 않는 범위에서 다음을 포함해야 한다.

① 사람의 실수와 터미널운영시스템(TOS)의 정보검증을 위해 안전도를 개선하고 위험요소를 제거하기 위하여 주위의 장애물을 인식하는 주변 스캐닝

② 유도 및 자동화된 작업 및 적재

③ 특별 요구조건에 의한 강화된 샤시 위치 시스템

④ 스프레더 미세 조정

⑤ TOS의 작업지시에 근거한 모든 크레인의 자동화된 이동과 무인운전

(2) 운전조건

ARMG는 다음의 3가지 유형의 운전조건에서 운전이 되어야 한다.

① 수동운전방식

수동운전은 운전기사가 원격 운전 조작반 그리고 설치된 지상 제어반에서 크레인을 작동시킨다. 운전자는 수동으로 모든 종류의 조작을 할 수 있어야 한다.

② 반자동 운전방식

반자동 운전은 작업위치와 야적장 사이의 크레인 작동에 적용이 되어야 한다. 크레인의 작동은 주행 위치제어, 착상, 야적장의 컨테이너 픽업 그리고 목표로의 접근은 자동 운전조건으로 수행이 되어야 하고 외부트럭과의 최종 적재, 착상, 그리고 픽업 시 원격 수동운전을 한다.

③ 자동운전방식

자동운전은 컨테이너 야적장과 내부 샤시 사이의 무인자동 착상 그리고 컨테이너 픽업 시 수행되어야 한다. 야적장에서의 리-핸들링은 완전 자동화에 의해 이루어져야 한다. 전반적인 운전은 사람의 개입이나 감독이 없어야 한다. 야적장 및 운전자에 의해 조종되는 내부 샤시에 컨테이너 야적을 위한 정교한 조정은 무인 자동제어에 의해 구현되어야 한다.

(3) 제어조건

① 로컬제어

정비용으로 로컬제어는 운영 중인 운전실의 콘솔 및 지상제어 조작반에서 수행이 되어야 한다.

② 원격제어

원격제어 방식에서 운전자는 원격제어 조작반에서 크레인을 운전해야 한다. 운전자는 ARMG의 모든 이동 및 동작을 제어할 수 있어야 한다. 원격제어반의 각 제어콘솔은 운전자의 선택으로 야드의 모든 ARMG를 제어할 수 있어야 한다.

③ 무인제어

무인제어 모드에서는 ARMG(들)은 TOS로부터 작업지시를 받고 착상, 픽업 및 트위스트락 동작을 포함한 모든 컨테이너 핸들링 사이클을 완전하게 수행해야 한다. 처리과정은 완전자동화로 이루어져야 하고 원격운전자의 개입이 가능해야 한다.

3.10 기타 요구사항

3.10.1 소화기

다음 장소에 소화기를 설치해야 한다.

(1) 기계실

(2) 운전실

(3) 전기제어실

(4) 점검원실(check's cabin)

(5) 엘리베이터

3.10.2 로딩암

(1) 로딩암(loading arm)은 암(arm)내의 유류의 중량, 내압, 로딩암의 자중, 풍압력 및 지진력에 의하여 발생하는 응력에 대하여 안전한 구조여야 하고 퀵카플러(quick coupler)를 연결하여 착탈작업을 신속화 하는 것이 바람직하다.

(2) 하역작업 중 바람이나 조류의 영향으로 탱커(tanker)가 이동하는 경우 로딩암 작동범위 한계에 가까워졌을 때 경보를 알리는 장치를 설치하여야 한다.

(3) 로딩암의 납품자는 운전시 휴지시 및 지진시 최대축하중 및 최대전단력 최대모멘트 등 기초설계에 필요한 설계조건과 규격별 로딩암지지 베이스플레이트와 앵커볼트 규격 개수 등 기초설계에 필요한 자료를 제공하여야 한다.

3.11 인수시험 및 검사

3.11.1 공장시험

주요 전장품 및 감속기 등의 공장시험은 납품에 앞서 실시하여야한다. 이들 시험에서는 특히 하기 시험을 행하여야 한다.

(1) 전장품

① 무부하시험과 병행하여 제반 전기적 및 기계적 특성을 기록한다.

② 진동 및 소음 측정

③ 보호에 대한 장치와 감지기의 시험

④ 절연저항 시험

⑤ 기타 IEC(international electro-technical commission : 국제전기기술위원회) 또는 KS에 규정된 시험 및 검사

(2) 기어감속기

① 무부하시험

② 기어 맞춤 및 축 정렬상태 검사

③ 진동 및 소음측정

④ 정 및 동 평형시험

⑤ 온도시험

(3) 커플링

① 무부하시험

② 진동측정

(4) 제동장치

① 무부하시험

3.11.2 인수시험

인수시험은 인수검사(acceptance inspection), 성능시험(performance & acceptance test)과 내구력 시험(durability test) 등으로 구성된다.

(1) 인수검사(acceptance inspection)

인수검사(acceptance inspection)는 기능시험, 하중시험, 실제운전 그리고 감독이 지시하는 시험 등을 한다.

(2) 성능시험(performance test)

상기의 인수검사에 합격되면 성능시험을 수행한다. 성능시험은 아래에 따라 행하며, 반드시 아래 항목으로 제한되지 않는다.

① 전선, 전동기, 변압기 등의 절연 상태

② 인터록 시스템(interlock system) 작동시험

③ 수전 및 배전 시설의 주차단기 동작시험과 리미트 스위치를 포함한 각종 안전장치 시험

④ 안티스네그 시스템(anti-snag system) 시험(컨테이너 장비경우)

⑤ 안티스웨이 시스템(anti-sway system) 시험(컨테이너 장비경우)

⑥ 장비 조정시험

⑦ 반자동 운전시스템시험

⑧ 정격 하중시험

⑨ 과부하 하중시험

⑩ 안정도시험

⑪ 구조물변형

⑫ 싸이클 타임(cycle time)시험

⑬ 각종 소음측정

⑭ 조도측정

⑮ 권상(hoisting), 횡행(trolley travel), 주행(gantry travel) 및 붐권상(boom hoist) 시험

⑯ 트림(trim), 리스트(list), 스큐(skew) 시험

(3) 내구력시험

상기성능시험(performance test)과 보완작업이 끝난 후 내구력시험(durability test)을 행한다. 내구력시험의 내용은 24 운전시간 동안 실제 운전 상태로 작동되어야 한다. 실제 운전과 유사한(설계기준 정격하중과 무부하 운전) 상태로 선정된 시간 동안 반복적인 싸이클(cycle)이 계속되도록 한다.

별표. 크레인별 주요 제원

[별표 1] 컨테이너크레인

번호	구 분	주요사양	비고
1)	수량	기	
2)	정격하중(스프레다 밑에서)	톤	
3)	바다쪽 도달거리(바다쪽 레일 중심기준)	m	
4)	육지쪽 도달거리(육지쪽 레일 중심기준)	m	
5)	상방 인양고도(갠트리 레일 상면기준)	m	
6)	하방 인양고도(갠트리 레일 상면기준)	m	
7)	갠트리 레일 간격	m	
8)	갠트리 레일 표고(필요시 기재)	약 + m	
9)	갠트리 레일 규격	kg	
10)	권상속도 - 정격하중 - 무부하 - 임의하중(필요시 기재)	 m/min m/min	
11)	트롤리 횡행속도	m/min	
12)	갠트리 주행속도	m/min	
13)	붐 권상, 권하 소요 시간	각각 m/min	
14)	레그(Leg) 간의 내측 간격	최소 m	
15)	Portal Beam 통과 높이	최소 m	
16)	주행방향 크레인 폭(범퍼 끝에서 범퍼 끝까지)	최대 m	
17)	풍속 - 작업시 - 휴지시	 m/sec m/sec	
18)	평균 작업주기 시간(duty cycle time)	sec	
19)	공급전원 - 주파수 - 상수	V Hz phase	
20)	차륜하중 - 육지측(운전시/휴지시) - 바다측(운전시/휴지시) - 차륜간격	 / 톤 / 톤 m	
21)	컨테이너 적재단수/열수(갑판 상 기준)	단/ 열	

[별표 2] 트랜스퍼크레인(레일식)

번호	구 분	주요사양	비고
1)	수량	기	
2)	정격하중(스프레다 밑에서)	톤	
3)	인양고도(갠트리 레일 상면기준) - 컨테이너 적재단수/적재열수	m	
4)	갠트리 레일 간격	m	
5)	갠트리 레일 규격	kg	
6)	트롤리 이동거리	m	
7)	권상속도 - 정격하중 - 무부하 - 임의하중(필요시 기재)	 m/min m/min	
8)	트롤리 횡행속도	m/min	
9)	갠트리 주행속도	m/min	
10)	레그(Leg) 간의 내측 간격	최소 m	
11)	주행방향 크레인 폭(범퍼 끝에서 범퍼 끝까지)	최대 m	
12)	풍속 - 작업시 - 휴지시	 m/sec m/sec	
13)	평균 작업주기 시간(duty cycle time)	sec	
14)	공급전원 - 주파수 - 상수	V Hz phase	
15)	차륜하중 - 육지측(운전시/휴지시) - 바다측(운전시/휴지시) - 차륜간격	 / 톤 / 톤 m	

[별표 3] 트랜스퍼크레인(타이어식)

번호	구　분	주요사양	비고
1)	수량	기	
2)	정격하중(스프레다 밑에서)	톤	
3)	인양고도(타이어 주행 상면기준) - 컨테이너 적재단수/적재열수	m	
4)	휠 간격	m	
5)	휠 베이스	m	
6)	트롤리 이동거리	m	
7)	권상속도 - 정격하중 - 무부하 - 임의하중(필요시 기재)	m/min m/min	
8)	트롤리 횡행속도	m/min	
9)	갠트리 주행속도	m/min	
10)	레그(Leg) 간의 내측 간격	최소　m	
11)	주행방향 크레인 폭(범퍼 끝에서 범퍼 끝까지)	최대　m	
12)	풍속 - 작업시 - 휴지시	m/sec m/sec	
13)	평균 작업주기 시간(duty cycle time)	sec	
14)	공급전원 - 주파수 - 상수	V Hz phase	
15)	차륜하중 - 육지측(운전시/휴지시) - 바다측(운전시/휴지시) - 차륜간격	/　톤 /　톤 m	

[별표 4] 언로더(갠트리식, 그라브식)

번호	구 분	주요사양	비고
1)	수량	기	
2)	정격하중(인양하중)	톤	
3)	바다쪽 도달거리(바다쪽 레일 중심기준)	m	
4)	육지쪽 도달거리(육지쪽 레일 중심기준)	m	
5)	상방 인양고도(갠트리 레일 상면기준)	m	
6)	하방 인양고도(갠트리 레일 상면기준)	m	
7)	갠트리 레일 간격	m	
8)	갠트리 레일 표고(필요시 기재)	약 + m	
9)	갠트리 레일 규격	kg	
10)	권상속도 - 정격하중 - 무부하	m/min	
11)	트롤리 횡행속도	m/min	
12)	갠트리 주행속도	m/min	
13)	붐 권상, 권하 소요 시간	각각 m/min	
14)	레그(Leg) 간의 내측 간격	최소 m	
15)	Portal Beam 통과 높이(필요시 기재)	최소 m	
16)	주행방향 크레인 폭(범퍼 끝에서 범퍼 끝까지)	최대 m	
17)	풍속 - 작업시 - 휴지시	m/sec	
18)	평균 작업주기 시간(duty cycle time)	sec	
19)	공급전원 - 주파수 - 상수	V Hz phase	
20)	차륜하중 - 육지측(운전시/휴지시) - 바다측(운전시/휴지시) - 차륜간격	 / 톤 / 톤 m	
21)	운전실 이동속도(필요장비)	m/min	
기타	시간당 처리능력 - 공칭능력 - 최대능력 그라브 바켙 용량 - 화물 비중 휘더(컨베이어) 운반능력 호퍼용량	 톤/hr 톤/hr m^3 최대 톤/hr m^3	

[별표 5] 언로더(선회식,그라브식), LLC, 다목적크레인

번호	구 분	주요사양	비고
1)	수량	기	
2)	정격하중(인양하중)	톤	
3)	작업반경(선회 중심기준) - 최대 - 최소	 m	
4)	상방 인양고도(갠트리 레일 상면기준)	m	
5)	하방 인양고도(갠트리 레일 상면기준)	m	
6)	갠트리 레일 간격	m	
7)	갠트리 레일 표고(필요시 기재)	약 + m	
8)	갠트리 레일 규격	kg	
9)	권상속도 - 정격하중 - 무부하	 m/min	
10)	수평 인입속도	m/min	
11)	갠트리 주행속도	각각 m/min	
12)	주행방향 크레인 폭(범퍼 끝에서 범퍼 끝까지)	최대 m	
13)	풍속 - 작업시 - 휴지시	 m/sec	
14)	공급전원 - 주파수 - 상수	V Hz phase	
15)	차륜하중 - 육지측(운전시/휴지시) - 바다측(운전시/휴지시) - 차륜간격	 / 톤 / 톤 m	
16)	운전실 이동속도(필요장비)	m/min	
기타	시간당 처리능력 - 공칭능력 - 최대능력 그라브 바켙 용량 - 화물 비중 휘더(컨베이어) 운반능력 호퍼용량	 톤/hr 톤/hr m^3 최대 톤/hr m^3	언로더에 한함

[별표 6] 언로더(연속식), 쉽로더

번호	구 분	주요사양	비고
1)	수량	기	
2)	시간당 처리능력 - 공칭능력 - 최대능력(필요시 기재)	 톤/hr 톤/hr	
3)	작업반경(선회 중심기준) - 최대 - 최소	 m m	
4)	붐 상방 인양고도 또는 각도(갠트리 레일 상면기준)	m or °	
5)	붐 하방 인양고도 또는 각도(갠트리 레일 상면기준)	m or °	
6)	갠트리 레일 간격	m	
7)	갠트리 레일 규격	kg	
8)	봄 상승/하강속도	/ m/min	
9)	선회 속도	m/min	
10)	갠트리 주행속도	m/min	
11)	주행방향 크레인 폭(범퍼 끝에서 범퍼 끝까지)	최대 m	
12)	풍속 - 작업시 - 휴지시	 m/sec m/sec	
13)	공급전원 - 주파수 - 상수	V Hz phase	
14)	차륜하중 - 육지측(운전시/휴지시) - 바다측(운전시/휴지시) - 차륜간격	 / 톤 / 톤 m	
15)	컨베이어 운반능력	최대 톤/hr	
16)	운전실 이동속도(필요시 기재)	m/min	

[별표 7] 스텍카/리크레이머

번호	구　분	주요사양	비고
1)	수량	기	
2)	시간당 처리능력		
	- 스텍킹	톤/hr	
	- 리크레이밍	톤/hr	
3)	작업반경(선회 중심기준)	m	
4)	붐 상방 인양고도 또는 각도(갠트리 레일 상면기준)	m or °	
5)	붐 하방 인양고도 또는 각도(갠트리 레일 상면기준)	m or °	
6)	갠트리 레일 간격	m	
7)	갠트리 레일 규격	kg	
8)	봄 상승/하강속도	/ m/min	
9)	선회 속도	m/min	
10)	갠트리 주행속도	m/min	
11)	주행방향 크레인 폭(범퍼 끝에서 범퍼 끝까지)	최대 m	
12)	풍속		
	- 작업시	m/sec	
	- 휴지시	m/sec	
13)	공급전원	V	
	- 주파수	Hz	
	- 상수	phase	
14)	차륜하중		
	- 육지측(운전시/휴지시)	/ 톤	
	- 바다측(운전시/휴지시)	/ 톤	
	- 차륜간격	m	
15)	컨베이어 운반능력		
	- 붐 컨베이어	최대 톤/hr	
	- 연결 컨비이어	최대 톤/hr	
16)	바켓 휠 원주속도	m/sec	

[별표 8] 벨트컨베이어

번호	구 분	주요사양	비고
1)	수량	기	
2)	시간당 처리능력	최대 톤/hr	
	- 벨트 폭	㎜	
	- 벨트 속도	m/min	
	- 벨트 단면각도	°	
	- 화물 비중		
3)	연장 길이	m	
기타	컨베이어가 여러 기일 경우는 각각 기재 부대설비가 있을 경우 기재		

[별표 9] 스트래들 캐리어

번호	구 분	주요사양	비고
1)	수량	기	
2)	정격하중(스프레다 밑에서)	톤	
3)	자중		
	- 전체 길이		
	- 전체 폭	m	
	- 전체 높이(적재단수)	m	
4)	바퀴		
	- 수량/규격	개/	
	- 휠 하중	최대 kg	
	- 휠 베이스	㎜	
5)	제동방식		
6)	조향방식		
7)	회전반경(내측/바깥측)	/ m	
8)	속도(적재/비적재)	/ km/hr	
9)	엔진출력	kw(hp)	

[별표 10] 야드 트랙터

번호	구 분	주요사양	비고
1)	수량	기	
2)	엔진출력	kw(hp)	
3)	자중 - 전체 길이 - 전체 폭 - 전체 높이	톤 m m m	
4)	바퀴 - 수량/규격 - 휠 하중 - 휠 베이스	개/ 최대 kg mm	
5)	제동방식		
6)	조향방식		
7)	회전반경(내측/바깥측)	/ m	
8)	속도(적재/비적재)	/ km/hr	
9)	견인력	kg	
10)	커플러(인상능력/양정)	kg/ m	
11)	등판능력(경사각도)	°	

[별표 11] 리치스텍카

번호	구 분	주요사양	비고
1)	수량	기	
2)	정격하중(스프레다 밑에서)	톤	
3)	자중 - 전체 길이 - 전체 폭 - 전체 높이	톤 m m m	
4)	바퀴 - 수량/규격 - 휠 하중 - 휠 베이스	개/ 최대 kg ㎜	
5)	제동방식		
6)	조향방식		
7)	회전반경(내측/바깥측)	/ m	
8)	속도(적재/비적재)	/ km/hr	
9)	엔진출력	kw(hp)	
10)	적재단수(단/열) - 인양높이	단/ 열 최대 m	
11)	Top Lift - Telescoping - Side Shifting - Tilting - Slewing	 피드 ± ㎜ ° + °/ - °	

[별표 12] 야드샤시

번호	구 분	주요사양	비고
1)	수량	기	
2)	적재하중	톤	
3)	자중	톤	
	- 전체 길이	m	
	- 전체 폭	m	
	- 전체 높이	m	
4)	바퀴		
	- 수량/규격	개/	
	- 휠 하중	최대 kg	
	- 휠 베이스	㎜	
5)	제동방식		

[별표 13] 모빌하버 크레인

번호	구 분	주요사양	비고
1)	수량	기	
2)	정격하중	최대 톤	
3)	자중	톤	
	- 전체 길이	m	
	- 전체 폭	m	
	- 전체 높이	m	
4)	바퀴		
	- 수량/규격	개/	
	- 휠 하중	최대 kg	
	- 휠 베이스	㎜	
5)	제동방식		
6)	조향방식		
7)	작업반경(선회중심기준, 최소/최대)	/ m	
8)	주행속도	km/hr	
9)	엔진출력	kw(hp)	
10)	작업반경(최소/최대)	/ m	
11)	아웃리거 최대하중	톤	
12)	최대 인양높이	m	

[별표 14] 로딩암

번호	구분	주요사양	비고
1)	수량	기	
2)	정격하중	최대 톤	
3)	자중	톤	
	- 전체 길이	m	
	- 전체 폭	m	
	- 전체 높이	m	
4)	제동방식(형식)		
5)	작업반경(선회중심기준, 최소/최대)	/ m	
6)	아웃리거 최대하중	톤	
7)	최대 인양높이	m	

[별표 15] 안정도 조합기준

크레인의 안정도는 아래의 안정도 하중조합기준을 적용하여 각각의 경우에 따라 계산된 전도 모멘트보다 작아야 한다.

안정도 하중조합기준

구 분		작업시				휴지시
안정도 하중명		경우1	경우2	경우3	경우4	경우5
사하중	DL	1.0	1.0	1.0	1.0	1.0
트롤리 하중	TL	1.0	1.0	1.0	1.0	1.0
권상 장치	LS	1.0	1.0	1.0		1.0
권상하중	LL	1.35	1.35	1.35		
인양빔 시스템 하중	CBLS				1.0	
인양빔 정격 하중	CBRL				1.15	
충격하중	IMP		1.0			
횡 방향 트롤리하중	LATT	1.0				
횡 방향 주행하중	LATG	1.0				
작업 풍하중	WLO		1.0	1.0	1.0	
충돌하중	COLL			1.15		
휴지풍하중	WLS					1.5

주 : 표에서 하중에 대한 숫자는 해당하중의 배수

안정도 하중조합기준에 명시한 하중 외에 크레인의 안정도에 영향을 미치는 다른 하중이 있다면 그 하중을 포함한 하중조합으로 안정도 해석을 하고 설계에 반영해야 함

[별표 16] 차륜하준 조합기준

크레인의 차륜하중은 아래의 차륜하중 조합기준에 따라 계산되어야 하며 각각의 경우에 계산된 차륜하중이 허용 차륜하중보다 작아야 한다. 차륜하중 조합기준에 명시한 하중 외에 크레인의 차륜하중에 영향을 미치는 다른 하중이 있다면 그 하중을 포함한 하중조합으로 차륜하중 해석을 하고 설계에 반영해야 한다.

차륜하중 조합기준

구분		작 업 시				휴지시			
하 중 명		경우1	경우2	경우3	경우4	경우5	경우6	경우7	경우8
사하중	DL	1.0	1.0	1.0	1.0	1.0	1.0	1.0	1.0
트롤리 하중	TL	1.0	1.0	1.0	1.0	1.0	1.0	1.0	1.0
권상장치 하중	LS	1.0	1.0			1.0	1.0	1.0	1.0
권상하중	LL	1.0	1.0			1.0	1.0		
인양빔 시스템 하중	CBLS			1.0					
인양빔 정격 하중	CBRL			1.0					
스톨 토크 하중	STL				1.0				
충격하중	IMP		1.0						
횡 방향 주행하중	LATG	1.0							
작업 풍하중	WLO		1.0	1.0	1.0				
충돌하중	COLL					1.0			
휴지 풍하중	WLS							1.0	
작업지진하중	EQOL						1.0		
휴지지진하중	EQSL								1.0

주 : 표에서 하중에 대한 숫자는 해당하중의 배수
하중은 크레인별로 선정하여 적용할 것.

[별표 17] 강도하중 조합기준

크레인의 정상 가동, 과하중 및 휴지시에 예상되는 각종 하중조합에 의한 크레인 구조물의 응력을 해석해야 하며, 가장 엄격한 하중 조합을 충족시킨다는 것을 입증해야 한다. 강도 하중조합기준에 명시한 하중 외에 크레인의 강도에 영향을 미치는 다른 하중이 있다면 그 하중을 포함한 하중조합으로 강도 해석을 하고 설계에 반영해야 한다.

강도 하중 조합기준

구분		작업시			과하중 시			휴지시	
하 중 명		경우1	경우2	경우3	경우4	경우5	경우6	경우7	경우8
사하중	DL	1.0	1.0	1.0	1.0	1.0	1.0	1.0	1.0
트롤리 하중	TL	1.0	1.0	1.0	1.0	1.0	1.0	1.0	1.0
권상장치 하중	LS	1.0	1.0			1.0	1.0	1.0	1.0
인양빔 시스템 하중	CBLS			1.0					
인양빔 정격 하중	CBRL			1.0					
권상하중	LL					1.0	1.0		
편심 권상하중	LLE	1.0	1.0						
충격하중	IMP		1.0	1.0					
횡 방향 트롤리하중	LATT		1.0						
횡 방향 주행하중	LATG	1.0							
트롤리 스큐 하중	SKT		1.0						
갠트리 스큐 하중	SKG	1.0							
작업 풍하중	WLO		1.0	1.0	1.0	1.0			
스톨(Stall) 토크 하중	STL				1.0				
충돌 하중	COLL					1.0			
휴지 풍하중	WLS								
작업지진하중	EQOL						1.0	1.0	
휴지지진하중	EQSL								1.0

주 : 표에서 하중에 대한 숫자는 해당하중의 배수

하중은 크레인별로 선정하여 적용할 것

第13장 마리나시설

제 13 장 마리나 시설

1. 일반사항

1.1 적용범위

(1) 본 시방서는 마리나 시설 중 부잔교, 방충재, 클리트, 연결도교, 급전·급수 및 오수설비, 부유식 방파제, 상하가 시설, 육상보트 보관소, 수리시설 선가대, 급유시설 등에 관한 일반적인 사항을 규정한다.

(2) 본 시방서에 정해져 있지 않은 사항은 전문시방서와 공사시방서에 규정하는 바에 따른다.

(3) 마리나 시설 중 건축, 기계, 전기, 조경, 소방, 상하수도에 관한 구체적 사항은 해당 분야 표준시방서나 전문시방서에 정해진 바에 따른다.

(4) 마리나의 특정한 기능적, 환경적 요구사항으로 인해 본 장에 언급된 사항과 다른 사항을 적용할 때는 반드시 본 장의 내용 동등이상의 효과를 갖는 기술공법이나 자재를 적용하여야 한다.

1.2 관련시방

(1) 마리나 시설에 포함되지만 본 장에서는 언급되지 않은 고정식 잔교, 고정식 방파제, 준설, 매립, 포장 등에 대한 사항은 본 시방서의 타 관련장에서 정한 바에 따른다.

(2) 본 장의 방충재, 클리트는 필요시 제8장 안벽부속시설을 따르고, 방식에 대해서는 제9장 방식을 따른다.

1.3 용어의 정의

(1) 건현(乾舷, freeboard)

해수면으로부터 잔교 상판(deck) 또는 부유식 구조물 상단까지의 수직거리를 말한다.

(2) 급유시설(給油施設, fuel dock)

요트의 엔진기관에 필요한 유류 등을 공급하기 위한 주유시설로 화재와 폭발위험을 고려하여 마리나의 계류장 및 다중시설로부터 관련법의 규정에 따라 일정 거리 이격된 곳에 설치하는 시설을 말한다.

(3) 마리나(marina)

요트를 계류하기 위한 계류시설과 수역시설, 이를 외부 파랑으로부터 보호하기 위한 외곽시설, 이용자의 지원과 편의를 위한 클럽하우스, 주차장, 주정장(boat yard) 등 기능 및 편의시설을 포함한 종합해양레저시설을 말한다.

(4) 마리나 선박(pleasure boat, yacht)

스포츠 및 레저용 요트와 보트를 총칭한다.

(5) 부력재(浮力材, floater)

부잔교를 부력으로 받쳐주기 위해 부잔교 하부에 설치되는 제품으로 주로 플라스틱, 콘크리트, 고무, 금속 등의 재질이 사용된다.

(6) 부유식 방파제(浮遊式 防波堤, floating breakwater)

방파제의 일종으로 외부 파랑으로부터 마리나 시설과 계류된 보트를 보호하기 위해 공급, 설치되는 부유식 구조물을 말한다.

(7) 부잔교(浮棧橋, floating pier)

육상으로부터 요트로의 이용자 접근성을 확보하고 요트의 안전한 계류를 목적으로 해상에 부유되어 설치되는 시설을 말한다. 주로 상판과 구조물, 부력재, 그리고 이를 고정시키기 위한 앵커로 구성되며, 주잔교(main pier)와 보조잔교(finger pier)로 분류된다.

(8) 부잔교 앵커 시스템(anchor system)

부잔교를 해상에 고정시키기 위한 시설로 주로 강관말뚝으로 된 돌핀이나 체인, 와이어, 앵커 등이 사용된다.

(9) 상판(上板, deck)

부잔교상으로 이용자나 화물이 안전하게 이동할 수 있도록 설치된 상부판재를 말한다. 주로 목재, 합성목재, 콘크리트, 금속제품 등이 사용된다.

(10) 상하가 시설(上下架 施設, slipways, lift or launching hoists)

요트를 수리, 보관, 이동, 유지관리 등의 목적으로 해상에서 들어 올려 육상의 주정장, 보관소, 수리시설 등으로 이동시키거나 반대로 해상으로 진수하기 위한 시설을 총칭한다.

(11) 수리시설(修理施設, boat repair and servicing facilities)

요트를 육상의 선가대에 올려놓고 수리하거나 유지관리하기 위한 시설로 수리공장과 수리야드로 이루어진다.

(12) 연결도교(連結渡橋, bridge, gangway or ramp)

육상과 부잔교를 연결하여 이용자가 부잔교 상판으로 안전하게 이동할 수 있도록 설치된 구조물을 말한다.

(13) 육상 보트 보관소(boat yard, dry stack storage)

요트를 육상에 보관하기 위한 시설로 야외보관소와 실내보관소로 대별되며 주정장(boat yard)과 복층 선반(rack)식이 있다.

(14) 클리트(cleat)

잔교에 보트를 안전하게 계류하기 위해 계류로프를 잡아맬 수 있도록 잔교의 가장자리를 따라 설치된 소형 계선주를 말한다.

(15) 페데스탈(pedestal)

부잔교 상에서 계류 보트에 청수와 전력을 공급하기 위한 급수 및 전기장치와 조명, 안전장비 등을 일체로 구비한 제품을 말한다.

(16) 방충재(防衝材, fender)

잔교에 선박이 접안할 때와 계류 중 잔교와 선박 간의 충격을 완화시켜 주기 위해 잔교에 부착되는 제품으로 주로 고무, 목재, PE재 등이 사용된다.

(17) 흘수(吃水, draft)

해수면으로부터 선박, 부잔교 또는 부유식 구조물 최하단까지의 수직거리를 말한다.

1.4 제출물

수급인은 마리나 시설에 적용되는 모든 제품에 대하여 다음 도서를 공사감독자에게 제출하고 품질 및 기술규격의 적정여부를 승인받아야 한다.

(1) 제품규격서, 평면도, 측면도 및 횡단면도

(2) 재질 성분표

(3) 품질보증서, 시험성적서 또는 인증서

(4) 상세한 설치 및 유지관리 지침서

(5) 설치 후 5년간의 여유자재(spare parts) 목록 등

1.5 운반, 보관, 취급

(1) 마리나 자재는 사전에 모듈로 제작한 후 현장으로 운반, 조립, 설치하는 것을 원칙으로 한다.

(2) 해상작업시는 조석, 수심, 해류, 기상조건 등을 면밀히 검토하여 작업시간과 장비배치, 작업순서 등을 사전에 결정하여야 한다.

(3) 마리나 자재의 보관은 해상조건을 고려하여 부식, 마모, 손상 등이 발생하지 않도록 주의하여야 한다.

(4) 자재의 취급 시 적용되는 장비는 충분한 용량을 가지고 중량을 자유롭게 취급할 수 있어야 하며, 편심하중이 걸리거나 충격으로 인한 손상이 발생하지 않도록 각별히 유의하여야 한다.

1.6 환경요구사항

(1) 마리나 시설 설치 시 환경오염, 안전사고, 화재 및 민원이 발생하지 않도록 수급인은 만전을 기하여야 한다.

(2) 공사용 부표설치 등 해상교통 안전대책을 수립, 시행하여야 한다.

(3) 준설공사 시행중 발생되는 점토 및 모래 등의 부유물질 영향을 방지하기 위하여 공사감독자와 협의하여 필요시 오탁방지막을 설치하여야 한다.

1.7 타공정과의 협력 작업

(1) 마리나 공사 중 건축, 기계, 전기, 조경, 소방, 상하수도, 기타 공사와 관련이 있는 공사는 해당 담당자와 사전 협의 후에 시공하여야 한다.

(2) 본 공사로 인하여 타 공사 공정에 차질이 있거나 타 공사에 하자가 발생하지 않도록 수급인은 모든 책임을 다하여야 한다.

2. 재 료

2.1 강 재

(1) 모든 강재는 공급 전에 KS 관련 규정 또는 동등 이상의 규정 및 자재증명서와 필요시 시험성적서를 제출하여 공사감독자의 승인을 득하여야 한다.

(2) 강재시험의 자세한 기준은 전문시방서에서 정한 바에 따른다.

(3) 모든 강재는 해양환경에서 부식이 발생하지 않도록 주의를 기울여야 한다. 부식방지법은 본 시방서 제9장 방식에서 정한 바에 따른다.

(4) 부식을 피할 수 없는 곳은 강재의 목표 수명기간 동안 부식두께를 미리 예상하여 여유두께를 두어야 한다.

2.2 알루미늄

(1) 알루미늄은 해양환경에 잘 견디는 특성을 갖는 재질을 사용하여야 하며 적정한 강성과 무게를 지녀야 한다.

(2) 알루미늄은 공급 전에 KS 관련 규정 또는 동등 이상의 규정 및 자재증명서, 재질 성분표와 필요시 시험성적서를 제출하여 공사감독자의 승인을 득하여야 한다.

2.3 목재와 합성목재

2.3.1 목재

(1) 모든 목재, 연결재는 공급 전에 KS 관련규정 또는 동등 이상의 규정 및 자재 증명서와 필요시 시험성적서를 제출하여 공사감독자의 승인을 득하여야 한다.

(2) 목재에 사용되는 볼트와 너트, 와셔 등의 연결재는 부식 방지에 특히 유의하여야 한다.

(3) 목재는 보관 시 변형, 오염, 손상, 변색, 부패, 습기 등을 방지할 수 있도록 지면과 직접 접촉하지 않게 하고, 습기 및 직사광선에 노출되지 않는 통풍이 잘되는 곳에 보관하여야 한다.

(4) 목재의 자연건조는 적정한 온도, 습도, 풍속 조건하에서 시행하여 함수율 18~25%의 기건 상태가 되도록 하며, 목재가공 전에 3~6개월 정도 자연 건조된 목재를 사용하여야 한다.

(5) 목재의 건조는 자연건조법과 인공건조법을 적용할 수 있으며, 시공기간, 경제성, 목재의 품질 등을 고려하여 적절한 건조법을 선택하여야 한다.

(6) 목재 표면에 도막 처리를 하거나 기타 물리·화학적 방법을 통하여 해양미생물의 침해 작용을 방지할 수 있어야 한다. 그러나 이러한 조치가 도리어 해양환경이나 마리나 안전에 악영향을 주어서는 안 된다.

2.3.2 합성목재

(1) 모든 합성목재, 연결재는 공급 전에 KS 관련 규정 또는 동등 이상의 규정 및 자재 증명서와 필요시 시험성적서를 제출하여 공사감독자의 승인을 득하여야 한다.

(2) 합성목재에 사용되는 볼트와 너트, 와셔 등의 연결재는 부식 방지에 특히 유의하여야 한다.

(3) 합성목재는 해수 및 기상조건에 대한 내구성이 있어야 하며, 부식, 변색, 수축, 팽창률 등이 적어야 한다.

(4) 합성목재는 일정 비율 이상의 목분과 친환경 소재를 주원료로 제작되어야 한다. 만약 목분 성분이 너무 적으면 미끄러지기 쉽고, 정전기 등의 부작용이 커질 수 있으므로 주의하여야 한다.

(5) 합성목재는 폐기나 소각 시 유해물질이 허용기준농도 이상 검출되어서는 안 되며, 관련 시험성적서를 공사감독자에게 제출하여 승인을 득하여야 한다.

2.4 콘크리트

(1) 콘크리트는 레디믹스드 콘크리트를 사용하여야 하며 KS 관련 규정 또는 동등 이상의 규정 및 자재증명서와 필요시 시험성적서를 제출하여 공사감독자의 승인을 득하여야 한다.

(2) 파랑이나 해수, 해풍의 작용을 받는 해양 콘크리트의 시멘트는 수화열이 적고, 해수에 대한 화학적 저항성이 양호한 고로 슬래그 시멘트(KS L 5210) 또는 동등 이상의 시멘트를 사용하여야 하며, 공사용 가설 및 일반 콘크리트에는 포틀랜드 시멘트(KS L 5201) 1종을 사용하여야 한다.

(3) 고로 슬래그 시멘트는 KS L 5210의 화학성능, 물리성능의 물질규정 및 염기도 규정에 적합한 품질을 사용하여야 하며, 수급인은 제작자에게 KS규정에 따른 시험을 의뢰하고, 시험결과를 공사감독자에게 제출하여 승인을 득하여야 한다.

(4) 특정한 혼화제를 사용할 경우에는 혼화제의 종류와 상품, 배합률에 대하여 공사감독자의 승인을 받아야 하며, 사전시험을 통해 각 구조물에 소요되는 강도 및 성능 이상을 확보하였음을 증명하여야 한다.

(5) 그 밖의 사항은 본 시방서 제6장 콘크리트에서 정한 바에 따르고, 수밀성 확보에 특히 유의하여야 한다.

2.5 고 무

(1) 고무는 공급 전에 KS 관련 규정 또는 동등 이상의 규정 및 자재 증명서와 필요시 시험성적서를 제출하여 공사감독자의 승인을 득하여야 한다.

(2) 고무는 균질하며 이물질의 혼입, 기포, 흠, 균열, 기타 유해한 결정이 없는 것을 사용하여야 한다.

2.6 FRP

(1) FRP는 공급 전에 KS 관련 규정 또는 동등 이상의 규정 및 자재 증명서와 필요시 시험성적서를 제출하여 공사감독자의 승인을 득하여야 한다.

(2) FRP는 얼음, 파랑, 충격, 보트 충돌, 응력 집중 등에 의해 파손되지 않도록 적절한 두께와 강도를 지닌 것을 사용하여야 한다.

2.7 PE

PE는 공급 전에 KS 관련 규정 또는 동등 이상의 규정 및 자재 증명서와 필요시 시험성적서를 제출하여 공사감독자의 승인을 득하여야 한다.

3. 시 공

3.1 부잔교

3.1.1 일반

(1) 부잔교 제작 시 모든 용접은 반드시 자격이 있는 용접사에 의해 수행되어야 한다. 수급인은 사전에 용접사의 자격증, 구조계산서, 성능보증서, 제품규격서 등을 공사감독자에게 제출하여 승인을 득하여야 한다.

(2) 부잔교는 상판 및 구조물, 부력재, 연결부, 부속물, 보호재 등으로 구성되며, 분리된 구조가 상호 연결되어 연속된 형태를 갖는다.

(3) 주잔교와 보조잔교는 보트의 계류 및 이용자의 보행에 용이하여야 하며, 승하선시 편리한 구조, 기능 및 형상이어야 한다.

(4) 주잔교의 폭은 긴급 상황 시 육지로의 이동이 용이하여야 한다. 또한 주잔교 길이 전체에 대해 클리트, 페데스탈, 돌핀말뚝 등이 잘 보여야 하고, 연결도교의 폭보다 넓어야 한다.

(5) 보조잔교는 횡방향으로 이동 설치가 용이한 슬라이드 방식을 채택하는 것이 향후 증설이나 확장 시 유리하다. 보조잔교의 폭은 선박 승하선시 안전하여야 한다.

(6) 부잔교는 활하중 하에서 150mm 이상의 건현을 유지하여야 한다. 부잔교의 건현은 용도와 지역 특성을 고려하여 결정하여야 하며, 자세한 기준은 전문시방서에서 정하는 바에 따른다.

(7) 부잔교의 건현은 설치와 운영 중에 ±25mm의 범위 내에서 변하여야 한다. 또한 보조잔교 끝단과 연결도교가 놓이는 부잔교의 건현은 사하중 하에서 여타 부잔교보다 높아야 하며, 이에 대한 자세한 기준은 전문시방서에서 정하는 바에 따른다.

(8) 부잔교는 해당지역의 기상 및 해상조건에 적합하고, 관리와 보수의 용이성이 확보되어야 한다.

(9) 부잔교는 보트의 충격에 의한 손상이 발생했을 경우 교체가 용이하여야 한다. 특히 본체의 일부가 파손된 경우에도 부품의 보수 및 교환이 용이한 구조이어야 하며, 대형 중기를 사용하지 않고도 수리 및 교환이 가능하여야 한다.

(10) 사용방법이나 용도의 변경, 향후 수요에 따른 추가확장 시에도 별도의 복잡한 작업 없이 변경 또는 추가 연장이 가능하여야 하며, 향후에도 구입이 용이한 제품이어야 한다.

(11) 대부분의 낙수사고가 부잔교 주변에서 발생하므로 적정한 개수의 안전사다리를 부잔교 주위에 설치하여야 한다. 안전사다리는 편리성, 안전성, 유지관리 등을 고려하여 설치하여야 하며, 이에 대한 자세한 기준은 전문시방서에서 정하는 바에 따른다.

3.1.2 부력재(浮力材)

(1) 부력재 내를 발포체로 채울 때는 기공을 최소화하여 빈틈없이 채워야 하며, 물이 흡수되어도 원 부력의 90% 이상을 유지하여야 한다.

(2) 부력재의 외피는 마모와 파손방지를 위해 적절한 두께와 강도를 지닌 코팅재나 고밀도 또는 저밀도 폴리에틸렌, FRP 등을 사용하여야 한다. 또한 외부 충격에 내구성이 좋고 왜곡 또는 변형이 작은 구조 형태를 가져야 하며, 표면은 기공이나 봉합선이 없이 매끈하게 제작되어야 한다.

(3) 부력재의 재질은 부잔교 프레임이나 앵커 등의 기대수명에 상응하는 수명을 가져야 한다.

(4) 부력재의 기술규격을 확인하기 위하여 제품규격서, 평면도 및 측면도, 부잔교 구조물과 부력재의 접합 형태를 알 수 있는 횡단면도, 내부 발포체의 밀도 및 부력을 인증하는 시험성적서, 부력재 외피 및 내부 발포체의 재질성분확인서 등을 공사감독자에게 제출하여 승인을 득하여야 하며, 자세한 부력시험 기준은 전문시방서에서 정하는 바에 따른다.

(5) 부력재는 반드시 부잔교 구조물의 기본골격에 내부식성 볼트 및 너트로 고정되어야 한다.

(6) 부력재는 주잔교나 보조잔교 등 상이한 무게에 따른 소요 부력을 정확히 계산하여 적정한 위치에 확실하게 접합되어야 한다.

(7) 부력재 설치시는 부력재 사이로 흐름이 가능한 공간을 두어야 한다.

(8) 부력재는 일부가 손상되어 교체하여야 할 경우, 중장비의 사용이나 부잔교 전체를 들어내지 않고도 독립적으로 손상된 부력재만을 교체할 수 있어야 한다.

(9) 부력재에는 압출용 체크밸브 등을 두어 온도 변화에 대처할 수 있어야 한다.

3.1.3 콘크리트 부잔교

(1) 콘크리트 부잔교는 일반적으로 구조물과 상판, 부력재가 한 몸체로 이루어지며, 본 시방서의 제6장 콘크리트 조항에 따라 제작하여야 한다.

(2) 콘크리트 함체 내부를 비워둘 경우는 설계강도를 충분히 가질 수 있도록 구조재의 철근 보강이 필요하며, 철근 부식을 방지하기 위해 적정한 콘크리트 피복 두께를 확보하고, 해수 침투를 억제할 수 있는 해양용 콘크리트의 적용 및 방수 조치가 필요하다.

(3) 콘크리트 함체 내부를 발포체로 충전하는 경우는 콘크리트 보강재로 철근 대신 와이어메쉬를 적용할 수 있다. 또한 발포체 주위에 적정 두께의 유리섬유 강화 콘크리트를 둘러싸는 방식으로 제작할 수도 있다. 콘크리트는 발포체의 모든 면을 둘러싸는 것이 원칙이나 때로는 발포체 저면을 생략할 수도 있다.

(4) 콘크리트 부잔교는 필요한 설계강도를 유지할 수 있도록 설계와 제작, 품질 관리를 철저히 하여야 하며, 수평 유지를 위해 콘크리트 두께와 보강재가 균형 있게 배치될 수 있도록 관리하여야 한다.

(5) 콘크리트는 균열이 발생하지 않도록 시공관리를 철저히 하여야 하며, 상판 표면은 경사를 주어 물이 고이지 않도록 하여야 한다. 또한 모서리에는 방충재 등 선박 보호용 모서리 보호를 설치하여야 한다. 콘크리트는 양생 후 볼트 용 드릴을 하지 않도록 모든 연결부를 사전에 준비해 두어야 한다.

3.1.4 강재 구조물

(1) 모든 구조용 강재는 적정한 강성을 지녀야 하고 수선과 교체가 용이하여야 한다.

(2) 부잔교의 강재는 아연도금이나 방식 코팅된 철재 또는 알루미늄재를 사용한다.

(3) 강재의 연결 볼트는 아연도금된 것을 사용하거나 스테인리스 볼트를 사용한다. 부력재, 상판, 클리트, 방충재, 말뚝가이드, 윈치, 전기, 배관 등 부잔교 부착물을 위한 천공 시 마감 처리를 철저히 하여 내부식성을 확보하여야 한다.

(4) 모든 용접은 자격을 갖춘 용접기술자가 KS 관련 규정 또는 동등 이상의 규정에 따라 시행하여야 하며, 적정한 용접 검사가 이루어져야 한다.

3.1.5 상판(deck)

(1) 상판의 재료에는 목재, 합성목재, 금속, 콘크리트 등이 있다.

(2) 상판은 가장 눈에 잘 띄는 자재로 상부 노출과 이용자의 잦은 사용 등으로 인해 마모가 쉽게 발생하고 상태가 악화되기 쉬우므로 재료 선택에 있어 특별히 주의하여야 한다. 또한 유지관리지침서에 의거하여 상판의 수명기간 동안 정기적인 검사와 유지관리가 필요하다.

(3) 상판은 미끄러지지 않고 안전하게 보행할 수 있으며 우수 배수가 용이하도록 하여야 한다.

(4) 상판은 부잔교구조물에 방식 나사못 등으로 적절히 고정되어야 한다. 유지관리를 위한 상판의 일부 교체 시 용이하게 작업이 이루어질 수 있어야 한다.

(5) 상판의 기술규격 확인을 위하여 상판 제품규격서, 부잔교구조물과 상판 접합부분을 알 수 있는 평면도와 횡단면도, 재질성분표, 시험인증서 등을 공사감독자에 제출하여 승인을 득하여야 한다.

(6) 목재상판은 균열, 뒤틀림, 쪼개짐, 물고임 현상 등이 발생하지 않도록 주의하여야 한다. 목재 내로 습기나 벌레가 침투하지 않도록 모든 절단면과 드릴 구멍을 적절히 마감 처리하여야 한다. 상판 제작 시 사전에 습기에 강한 물질을 첨가하여야 하며, 각 목재의 성격에 맞는 보존재 처리가 필요하다.

(7) 목재상판은 아연 도금된 연결 각재나 판재를 사용하여 못, 나사, 볼트 등으로 연결하여 설치한다. 그러나 유지관리상 못보다는 나사연결이 선호되며 나사가 밖으로 튀어나오지 않도록 시공하여야 한다. 목재 상판의 볼트, 너트는 정기적인 육안 검사가 가능하여야 하며, 목재의 건조에 따른 볼트의 풀림을 죄어줄 수 있어야 한다.

(8) 합성목재 상판은 이용자의 잦은 사용을 고려해 내마모성과 강도가 충분하여야 하며, 공인시험기관의 시험성적서를 공사감독자에게 제출하여 승인을 득하여야 한다.

(9) 철재 상판은 울렁거림이나 물고임 현상이 없도록 보강재를 충분히 두어야 하며 표면을 모래분사 후 페인트나 에폭시 등으로 처리하여 부식방지를 하여야 한다. 이때 표면이 미끄럽지 않도록 하여야 한다. 표면 코팅이나 페인트는 시간이 지남에 따라 벗겨지기 쉬우므로 주기적인 유지관리가 필요하다.

(10) 알루미늄 상판은 찌그러짐과 물고임을 방지할 수 있도록 충분한 두께를 갖거나, 하부에 보강재를 적용하여야 한다. 알루미늄 상판에 색상이 추가된 경우 벗겨질 우려가 있으므로 정기적인 유지관리가 필요하다.

(11) 콘크리트 판재를 상판으로 사용할 때는 상부에 물고임 현상이 없도록 경사가 주어져야 한다. 또한 미끄럼 방지를 위한 표면 처리도 필요하다. 드릴 구멍에 대해서는 습기 침투 방지를 위한 마감처리를 하여야 한다.

(12) FRP 상판은 기온 변화에 따른 균열현상이 발생하지 않도록 하여야 한다.

3.1.6 부잔교 연결부

(1) 부잔교의 연결은 체인이나 볼팅, 목판재 등의 방법으로 이루어지며, 고정식, 유연식, 반고정식으로 분류된다.

(2) 부잔교 연결부는 장기적인 피로에 견딜 수 있어야 하며, 상판을 이동하는 사람이나 장비 또는 파도에 의해 유발되는 동요 소음이 작아야 한다.

(3) 부잔교 연결부는 파손된 경우 보수 또는 교체가 용이하여야 한다.

(4) 부잔교 연결부의 자세한 사항은 전문시방서에서 정하는 바에 따른다.

3.1.7 부잔교 앵커 시스템

(1) 부잔교의 고정방식은 체인앵커, 탄성계류로프, 강관돌핀 등이 있으며, 이 중 해당 지역 자연환경과 부잔교 운영방식 등을 면밀히 고려하여 적정한 고정방식을 채택하여야 한다.

(2) 탄성계류로프 방식을 채택할 경우 해당 지역의 수위 변화에 충분히 대응할 수 있는 입증된 제품을 사용하여야 한다.

(3) 강관돌핀 방식을 채택할 경우 말뚝의 과다한 설치로 선박 접이안시 위험을 초래하거나 경관을 해치지 않도록 하여야 한다.

(4) 수급인은 사전에 설치용 보조 설비에 대한 계산서, 제작도면, 설치방법, 설치순서, 설치장비 동원에 대한 절차서를 공사감독자에게 제출하여 승인을 득하여야 한다.

(5) 설치공사에 사용되는 예선 및 대선은 운영에 필요한 앵커와 계류라인 등 자체정박 시설을 구비하여야 하며, 기존 설치되어 있는 여타 구조물 및 주위를 운항하는 선박과 간섭이 생기지 않도록 주의하여야 한다.

(6) 수급인은 설치 공사현장 해상조건이 계선 및 정박에 적합하지 않아 계류를 위한 보조장비를 사용하여야 할 경우에는 사전에 공사감독자에게 통보하고 승인을 득하여야 한다.

(7) 수급인은 설계도면에 따라 각 앵커의 정확한 설치위치 및 좌표를 구하여야 하며 각 위치에 대해서 정확한 수심측량을 수행하여야 한다.

(8) 앵커가 설치될 위치의 해저면은 평탄하도록 하여야 하고 이를 위해 준설이 필요한 곳은 준설하여야 한다. 해저면 바닥에 불필요한 잡석 및 이물질이 있는 경우 이를 깨끗이 제거하여야 한다.

(9) 수급인은 사전에 말뚝 설치 시 양중 및 직립에 대한 절차서를 작성하여 기술적 조건이 초기 설계단계의 구조 해석 조건과 동일한지 검토하여야 한다.

(10) 수급인은 말뚝의 운송 및 설치용으로 부착되어 있는 패드아이(padeye), 리프팅러그(lifting lug) 등을 설치공사 전에 깨끗이 제거하여야 한다.

(11) 말뚝 설치작업대 등에 의해 말뚝 상부 도장이 손상되지 않도록 보호조치를 사전에 시행하여야 한다.

(12) 설치현장까지 운송된 말뚝은 해상기중기선으로 양중 후 해저면에 직립으로 세우고 계획 지지층까지 항타한다. 말뚝 항타작업은 각 말뚝에 대하여 중단 없이 연속으로 실시하여야 한다.

(13) 설치공사 중인 말뚝은 작업 중인 예선이나 대선 혹은 작업기기 등의 충격으로 부재와 도장에 손상을 입을 수 있으므로, 이를 방지할 적절한 조치를 취하여야 한다.

(14) 말뚝이 설치되면 말뚝의 위치를 정확히 측량한 후 상하표고 오차 ±50mm, 평면위치 오차 ±50mm, 경사오차 ±3도 이내를 유지하였는지 검사하여야 한다.

(15) 말뚝이 도면에 명시된 지점까지 관입되지 않았을 때 수급인은 말뚝의 안전성 여부를 검토하여야 한다.

(16) 각 말뚝에 대한 항타기록지를 작성하여야 한다. 항타기록지에는 구조물 명칭, 햄머의 형식과 규격, 정격 에너지, 300mm 관입 당 항타수, 수량과 소요 시간 등을 기록하여야 하며 각 말뚝 항타가 끝난 뒤 24시간 이내에 공사감독자에게 제출하여야 한다.

3.1.8 방충재(fender)

(1) 부잔교와 보트 상호간의 접촉으로 인한 손상을 방지하기 위하여 방충재가 설치되어야 한다.

(2) 연속 수평 방충재에는 고무방충재를 많이 사용한다.

(3) 목재방충재는 50mm×150mm의 크기로 잔교의 가장자리를 따라 수평으로 연속하여 설치된다. 상판이 목재일 경우 목재방충재는 보통 같은 종류로 설치한다.

(4) 콘크리트 부잔교의 경우 함체 접합에 사용된 외부판재(wale)가 방충재로 겸용될 수 있다.

(5) FRP 방충재는 탄력구조로 충격을 흡수하는 PVC, PE, 수지 등을 사용하여야 한다.

(6) 보조잔교의 끝단 우각부에 보트의 정박장 진입을 원활하게 해주는 바퀴형 방충재를 설치할 수 있다.

(7) 방충재는 보트 선체 표면에 착색 또는 부착하지 않는 재질을 사용하여야 하며 백색 또는 밝은 계통의 색상으로 하는 것이 바람직하다.

(8) 방충재의 접합 시 접합 연결재의 부식방지에 주의하여야 한다.

(9) 방충재는 부잔교 구조물 전체에 부착하는 것이 바람직하다.

(10) 방충재는 마모 등으로 교환 시에 손쉽게 교체가 가능하여야 한다.

(11) 수급인은 방충재의 제품규격서 및 평면도, 횡단면도, 재질 성분 표를 공사감독자에게 제출하여 승인을 득하여야 한다.

3.1.9 클리트(cleat)

(1) 클리트는 정박되는 보트의 크기를 고려하여 정박장 주위의 주잔교와 보조잔교의 가장자리에 적절히 설치하여야 한다.

(2) 보조잔교에는 적어도 양면에 2개 이상의 클리트를 가장자리를 따라 배치하여야 하며, 보조잔교 사이로 보트 2척이 나란히 계류하는 양현계류(double berth)의 경우는 주잔교에도 각 보트마다 클리트를 1개씩 추가로 배치하여야 한다.

(3) 클리트 용량 선정 시 계류된 보트에 직각으로 작용하는 풍압과 파력, 조류력 등을 고려하고, 여기에 동적인 충격력을 감안하여 적정한 안전율을 확보하도록 하여야 한다.

(4) 클리트의 모든 부분은 뾰족한 곳이 없어야 하며 계류로프가 여러 번 감겨질 수 있도록 여지가 충분히 있어야 한다. 보통 한 클리트에 2개의 계류로프가 각 2번씩 감겨지는 경우가 많다.

(5) 클리트의 재질은 내부식성이 우수하여야 한다.

(6) 클리트는 부잔교의 가장자리에 배치되어 부잔교 구조물과 일체가 되도록 내부식성 관통볼트로 견고하게 고정되어야 한다. 이 때 볼트 두부는 계류로프가 걸리지 않도록 밖으로 노출되지 않아야 한다.

(7) 요트 계류 시 순간 충격 하중에 의한 안전사고를 방지하기 위해 클리트 고정 시 이중고정 등 충분히 안전한 고정방식을 채택하여야 한다.

(8) 클리트 설치시 주위에 계류삭이 걸릴 수 있는 장애물이 없어야 하며, 주잔교와 보조잔교의 연결부에 수평 연결 부재가 사선으로 추가 설치된 경우는 여기에도 클리트를 설치해 주는 것이 좋다.

(9) 클리트는 좌우이동이 가능할 수 있도록 레일 상에 설치하여 재배치 또는 증설이 용이하여야 한다.

3.2 연결도교

(1) 연결도교는 육상과 부잔교를 연결하는 구조물로 바닥이 미끄럽지 않아야 하고 상판에 목재나 합성목재 사용 시는 횡 방향으로 설치하여야 한다.

(2) 연결도교 보행 시에 불쾌한 진동이나 흔들림이 없도록 하여야 하며, 장애인과 휠체어의 통행을 고려하여야 한다.

(3) 연결도교의 경사도는 운영시간의 대부분을 4:1을 넘지 않아야 한다. 다만 조위 변화가 심한 지역은 최대 3:1로 할 수 있다. 장애인을 위해서는 최대 8:1로 하여야 한다.

(4) 도교의 폭은 난간 사이 간격이 최소 900mm 이상이어야 하며 1.2m 폭이 가장 많이 쓰인다. 그러나 카트(cart)의 통과를 고려할 때는 폭이 최소 2m는 되어야 한다.

(5) 도교난간은 통상 1.1m 높이로 하고 중간 레일을 두는 것이 좋다. 난간은 뾰족한 부분이 없어야 하며, 난간이 끝나는 부분은 상부 레일을 300～600mm 정도 연장하여 이웃 구조물로의 이동이 용이하여야 한다.

(6) 난간은 목재, 철재, 알루미늄 등을 사용하며 통상 도교구조재와 같은 재질로 한다. 난간의 아래쪽에는 발이 빠지지 않게 킥플레이트(kick plate)를 길이 방향으로 설치하여 안전성을 높여야 하며 배수를 고려하여 6～12mm 정도의 일정한 틈을 킥플레이트와 상판 사이에 두어야 한다.

(7) 도교는 보통 육상 쪽을 고정하고 해상의 부잔교 쪽에 롤러나 바퀴를 달아 좌우 움직임을 흡수할 수 있도록 한다. 도교의 양쪽 종점부인 연결부는 틈이 나지 않도록 체크무늬 플레이트를 설치한다. 체크무늬 플레이트의 경사도는 도교의 경사도를 넘지 않도록 한다.

(8) 부잔교 측 롤러나 바퀴는 되도록 작게 하여 높이차를 줄여야 하며 충분한 하중을 견디면서 장기간의 피로와 마모, 부식에 강한 재질을 사용하여야 한다.

(9) 부잔교 상판이 목재나 기타 거친 표면인 경우 롤러나 바퀴가 작용하는 면적에 마모용 플레이트를 설치하여야 한다. 마모용 플레이트의 가장자리는 마리나 이용자의 안전을 위해 부드럽게 처리하여야 한다.

(10) 도교의 부잔교 측 지지점 하부에 부력재를 추가하여 과도한 침하가 발생하지 않도록 한다.

3.3 급전, 급수 및 오수설비

3.3.1 급전케이블 및 급수배관

(1) 급전과 급수는 계류보트에 충분한 양이 공급될 수 있도록 하여야 하며 이 때 보트 자체의 발전기나 급수시설은 고려하지 않아야 한다.

(2) 급전 시 야간보행과 선박접안에 필요한 조명시설을 추가로 고려하여야 한다. 조명시설 설치시 환경을 고려하여 지나친 조명이 되지 않도록 주의하여야 하며, 자세한 사항은 전문시방서에서 정하는 바에 따른다.

(3) 화장실과 샤워실은 계류장 40선석 마다 계류선석 가까운 곳에 설치하여야 하며, 이에 대한 급전 및 급수를 고려하여야 한다.

(4) 급수 및 전력선은 보통 도교를 통해 인입되며, 해수용으로 인증된 전력 및 통신선을 사용하여야 한다.

(5) 부잔교상의 공동구에 설치되는 급전 및 급수시설은 유지관리가 용이하여야 한다. 공동구 덮개는 미끄럽지 않아야 하며 상판의 높이와 같도록 하여야 한다. 공동구는 부잔교의 길이 방향으로 설치한다.

(6) 케이블, 배관, 공동구, 기타 보조설비는 부식 및 해풍에 강한 재질을 사용하여야 하며 동파방지에 유의하여야 한다.

3.3.2 페데스탈(pedestal)

(1) 요트의 크기와 배치를 고려하여 페데스탈을 충분히 배치함으로써 이용자의 편의를 고려하여야 한다.

(2) 페데스탈은 관리가 용이하며, 해상조건에 적합한 견고한 구조와 내구성 있는 재질을 사용하여야 하며, 파손 시에도 손쉽게 복구 및 수리를 할 수 있어야 한다.

(3) 페데스탈 재질로는 알루미늄, 스테인리스강, FRP, PE 등이 있으며, 대상 보트의 크기와 종류에 따라 운영 및 기능, 미관을 고려하여 적절히 선정하여야 한다.

(4) 각 계류선박에 대한 전력사용량을 계측할 수 있도록 하여야 한다.

(5) 이용자의 편의를 위하여 페데스탈의 잠금장치와 계측장치를 사무실에서 원격 모니터링하고 요금을 정산할 수 있도록 시스템을 구축하여야 한다.

(6) 페데스탈의 급전설비는 주잔교 바닥에서 최소한 300mm 상에 설치하여야 하며, 해수 유입이 되지 않도록 해수면을 향하지 않아야 한다.

(7) 페데스탈 공급자는 배전, 배수를 위한 회로도 및 설치계획서와 계량기 및 누전차단기에 대한 인증서를 공사감독자에게 제출하여 승인을 득하여야 한다.

3.3.3 소화전

(1) 소화전의 소방용수는 별도의 배관을 통해 공급하여야 한다.

(2) 소방 설비는 소방법에 따른 필요 시설을 갖추어야 한다.

3.3.4 오수설비

(1) 보트 오수를 바다로 직접 배출하는 것은 금지되며 이를 한 장소에서 집중 수거하거나 각 계류장의 오수배관을 통해 한 곳으로 모아 육상처리장으로 배관압송 또는 차량운송 하도록 하여야 한다.

(2) 마리나 내의 해수 오염 방지를 위한 오수설비 기준 등 자세한 사항은 전문시방서에서 정하는 바에 따른다.

3.4 부유식 방파제

(1) 해당 해역의 파고를 마리나 허용기준 이내로 저감시키기 위한 외곽시설 설치를 위해 고정식 방파제와 부유식 방파제를 종합적으로 비교 검토하여야 한다.

(2) 외곽시설은 마리나의 환경성을 고려하여 부유식 방파제와 같이 해수순환이 양호한 형식의 구조로 설계, 시공되어야 한다.

(3) 부유식 방파제는 태풍시에도 계류된 보트와 부잔교 등이 안전하도록 파고를 효과적으로 감쇄시킬 수 있는 능력을 가져야 한다.

(4) 항주파가 발생하는 곳에는 방파제를 적절하게 설치해 계류선박을 보호하여야 한다.

3.5 상하가 시설(上下架 施設)

(1) 상하가 시설은 기존시설, 주변 여유 공간, 대상 요트의 종류, 크기, 무게 등을 검토하여 적절히 선택하여야 하며, 자세한 선정 기준은 전문시방서에서 정하는 바에 따른다.

(2) 크레인으로 보트를 들어 올릴 때는 선체에 무리가 가지 않도록 충분한 개수의 슬링을 적절히 배치하여야 하며, 선체에 돌출된 부속물 등이 손상되지 않도록 주의하여야 한다.

(3) 경사램프는 트레일러가 보트를 적재 또는 진수할 수 있도록 충분한 여유 공간을 가져야 한다. 램프의 표면은 보통 콘크리트 또는 아스팔트로 포장되며 장비나 사람이 미끄러지지 않도록 홈 또는 돌출재를 두어야 한다. 홈이나 돌출재는 자연배수가 원활하도록 램프 축에 대해 45°로 설치되어야 한다.

(4) 램프의 경사도는 보통 1:7~1:9로 하며, 저조면 이하 1.2~2.6m까지 연장 설치되어야 한다. 램프의 폭은 최소 4.0m 이상 되어야 하며, 램프에서 육상으로의 경사는 완경사로 이어지도록 하여 트레일러 운행에 지장이 없도록 한다.

(5) 중기 이동작업이 이루어지는 구간에서는 이로 인해 기초바닥에 마모나 손괴가 발생하지 않도록 하여야 하며, 자세한 사항은 전문시방서에서 정하는 바에 따른다.

3.6 육상 보트 보관소

(1) 육상 보관소의 형식 및 운영방식은 해당지역 기상, 경관, 보트 종류와 크기, 건축법 등을 고려하여 결정한다.

(2) 육상 보관소의 복층 선반 사이에는 포크리프트의 작업과 운행을 위한 충분한 공간이 확보되어야 한다.

(3) 육상 실내보관소의 출입문은 포크리프트가 보트를 적재한 채 빠져나올 수 있는 충분한 폭과 높이를 가져야 한다.

(4) 육상 실내보관소의 소방설비 설치시 상부 스프링클러에서 분사된 물이 적재된 보트에 실리면서 복층 선반의 붕괴 현상이 발생하지 않도록 주의하여야 한다.

(5) 포크리프트는 육상 보관소 내의 가장 크고 무거운 보트를 취급할 수 있는 충분한 능력과 안정성, 타이어의 접지압, 조종 성능 등을 지녀야 한다.

(6) 육상 보관소의 보트 진수구역은 되도록 보관소 가까운 곳에 위치하여야 하며 충분한 진수 깊이를 확보하면서 다른 장애물이 없어야 한다.

(7) 보트 진수구역에는 보트 세척 및 오수 제거와 처리를 할 수 있는 구역이 별도로 마련되어야 한다.

(8) 보트 보관을 위한 육상 면적이 모자랄 때는 해상 부유식 건식보관소를 설치할 수 있다. 이때는 충분한 부유 안정성과 계류 안전성을 확보하여야 하며 이에 대한 사전 검토가 철저히 이루어져야 한다.

(9) 중기 이동작업이 이루어지는 구간에서는 이로 인해 기초 바닥에 마모나 손괴가 발생하지 않도록 하여야 하며, 자세한 사항은 전문시방서에서 정하는 바에 따른다.

3.7 수리시설용 선가대(船架臺)

(1) 보트가 육상에 놓일 때는 선체나 내부설비가 상하지 않도록 선가대로 보트를 지지하여야 한다. 선가대에 보트를 고정시킬 때는 보트의 무게가 지지대에 균등하게 분산될 수 있도록 하고, 선체의 표면이 상하지 않도록 주의하여야 한다.

(2) 선가대의 종류는 지지되는 보트의 종류, 보트무게, 지반조건, 보관 지속시간 등을 고려하여 종합적으로 결정하여야 한다.

(3) 선가대 중 선체와 지지대가 닿는 부분은 받침판이나 패드를 두어 하중전달을 용이하게 하고 선체의 손상을 방지하여야 한다.

(4) 선가대는 보트가 미끄러지거나 전복되지 않도록 안정된 구조를 가져야 한다. 특히 세일보트의 경우 풍압 면적 중심이 높아질 수 있으므로 주의하여야 한다.

(5) 선가대는 구조적으로 안전해야 하며 받침판이나 패드는 선체의 형상에 따라 조정이 가능하여야 한다. 받침판이나 패드가 마모되었을 때는 즉시 교체할 수 있어야 한다.

(6) 선가대로 단순한 목재 블록 또는 콘크리트 블록을 결합하여 사용하거나 작은 보트의 경우 두 개의 긴 지지대를 사용할 수도 있다. 블록을 사용할 때는 각 블록이 동요, 균열, 침하 또는 밀림현상으로 분리되지 않도록 주의하여야 하며 하중분산을 위해 충분한 개수를 공급하여야 한다. 특히 콘크리트 블록을 사용할 때는 선체와 지면 접촉부에 목판을 두어 선체의 손상을 방지하고 하중 분산과 침하 방지를 하여야 한다.

(7) 카타마란이나 다중선체를 갖는 보트는 선가대 배치 시 특별히 주의하여야 한다.

(8) 선가대는 대상 요트의 종류, 크기, 무게 별로 내구성 있는 재료를 사용하여야 하며, 선가대를 운용하지 않을 때는 한 곳에 깨끗이 정리가 될 수 있도록 한다.

(9) 중기 이동작업이 이루어지는 구간에서는 이로 인해 기초바닥에 마모나 손괴가 발생하지 않도록 하여야 하며, 자세한 사항은 전문시방서에서 정하는 바에 따른다.

3.8 급유시설

(1) 급유시설은 관련 법규와 규정을 준수하여야 한다.

(2) 연료가 누출되었을 때 이를 신속히 격리하여 제거할 수 있는 장비와 지침, 자재, 약제 등이 준비되어야 한다.

(3) 연료공급차량의 접근과 작업이 여타 마리나 활동에 방해가 되지 않도록 하여야 한다.

(4) 화재 및 폭발 위험을 최소화하기 위해 급유시설과 연료공급 도크는 마리나의 여타 시설 및 계류장과 이격되어 설치되어야 한다.

(5) 필요시 급유시설은 이용자의 편의와 환경오염 방지를 위해 해상에 설치하여 운영할 수 있다.

참 여 자 명 단

분 야	집필위원 소속 및 직위	집필위원 성 명	심의위원 소속 및 직위	심의위원 성 명
총 괄	(주)서영엔지니어링 부사장	류혁근	(주)혜인이엔씨 고문	주재욱
제1장 총 칙	(주)서영엔지니어링 전무	홍성대	(주)건 화 부사장	정종진
제2장 조 사	(주)지오시스템리서치 부사장	김태인	건국대학교 토목공학과 교수	전인식
제3장 지반개량	(주)알지오이엔씨 대표이사	이충호	부산대학교 교수	임종철
제4장 준설 및 매립 제5장 사석 및 고르기	(주)세광종합기술단 전무	박대춘	(주)항도엔지니어링 사장	안익성
제6장 콘크리트	건국대학교 교수	원종필	(주)유일종합기술단 실장	이명호
	(주)한국항만기술단 전무	고덕형	(주)동일기술공사 부사장	성효석
제7장 말 뚝	서울과학기술대학교 교수	김은겸	(주)대영엔지니어링 전무	김해성
제8장 안벽부속시설및기타	(주)건일엔지니어링 전무	이욱한	(주)한맥기술 부회장	정해웅
제9장 방식 — 방식분야	한국해양대학교 교수	문경만	(주)디엠상역 사장	윤대현
제9장 방식 — 도장분야	도로교통연구원 차장	이창근		
제10장 부두포장	도로교통연구원 책임연구원	이경하	경희대학교 교수	이석근
제11장 항로표지	한국항로표지기술협회 본부장	석영국	전 국토해양부 수로사무관	김동근
제12장 항만하역장비	(주)코리아테크인스펙션 전무	심영석	국토해양부 항만개발과 서기관	김종래
제13장 마리나 시설	(주)오션스페이스 사장	정 현	(주)얼라이언스마린 사장	나승기
어항관련	(주)덕진종합기술 사장	최상철	한국어촌어항협회 어항관리본부장	황철민

중앙건설기술심의위원회 심의위원

분 야	성 명	소 속 및 직 위
항 만	이 영 재	부산항만공사 부 장
	김 익 중	(주)유 신 부 사 장
	손 일 수	(주)건일엔지니어링 회 장
토 목 구 조	엄 영 호	(주)동명기술공단 부 사 장
토 목 시 공	박 래 선	(주)한도산업 사 장
	김 혜 양	(주)천 일 전무이사
토질 및 터널	김 승 철	삼성물산(주) 상무이사
	양 기 석	(주)한국항만기술단 부사장
품질 및 안전	정 성 훈	한국산업안전보건공단 원장

국토해양부 담당관

성 명	소 속 및 직 위
이 철 조	항만정책관실 항만개발과장
김 종 래	항만정책관실 항만개발과 팀장
송 주 민	항만정책관실 항만개발과 시설서기관
김 광 수	항만정책관실 항만개발과 담당

1967년 제정
1977년 개정
1986년 개정
1996년 개정
2005년 개정
2012년 개정

발 간 등 록 번 호
11-1611000-002639-14

항만 및 어항공사 표준시방서

발 행 일 : 2012년 12월

발 행 처 : 국토해양부 항만개발과

· 전 화 : 044-201-4156
· 팩 스 : 044-201-5617
· Website : http://www.mltm.go.kr

관리주체 : 한 국 항 만 협 회

· 전 화 : 02-2165-0094
· 팩 스 : 02-2165-0099
· Website : http://www.koreaports.or.kr

I S B N : 978-89-98149-61-7

정가 35,000원